# 意匠·空间

## 设计学与环境艺术研究

薛娟 著

東華大學出版社·上海

**图书在版编目（CIP）数据**

意匠·空间：设计学与环境艺术研究/薛娟著. --
上海：东华大学出版社，2023.6
ISBN 978-7-5669-2216-8

Ⅰ. ①意… Ⅱ. ①薛… Ⅲ. ①设计学－文集②环
境设计－文集 Ⅳ. ①TB21-53 ②TU-856

中国国家版本馆CIP数据核字（2023）第104922号

责任编辑　谢　未
版式设计　赵　燕
封面设计　赵　淼　赵英淇

**意匠·空间——设计学与环境艺术研究**
YIJIANG KONGJIAN SHEJIXUE YU HUANJING YISHU YANJIU

著　者：薛　娟
出　版：东华大学出版社
（上海市延安西路 1882 号　邮政编码：200051）
出版社网址：dhupress.dhu.edu.cn
出版社邮箱：dhupress@dhu.edu.cn
营 销 中 心：021-62193056　62373056　62379558
印　刷：上海当纳利印刷有限公司
开　本：787mm×1092mm　1/16
印　张：23
字　数：648 千字
版　次：2023 年 6 月第 1 版
印　次：2023 年 6 月第 1 次印刷
书　号：ISBN 978-7-5669-2216-8
定　价：198.00 元

# 序 一

设计需要重温“意匠”式的温暖
——为《意匠·空间——设计学与环境艺术研究》而作

薛娟教授的《意匠·空间——设计学与环境艺术研究》一书即将付梓，要我写两句前赘之语。有感于薛娟教授的研究成果，勉为其难提笔谈谈个人感受。

薛娟教授为何将书定名为“意匠·空间”，一定是用心良苦、颇费思量。就现在学设计的年轻人而言，面对“意匠”二字已经感到陌生。从辞源角度梳理中国设计理论流变的学者都知道，将西方的“设计（design）”早期曾经翻译成“意匠”，日本人是二传手，似乎汉译成“意匠”日本明治学者享有原出权。其实，“意匠”二字本身源自中国，还不能说是日本人的专利。日本文字中的大量词汇本就来自于中国的汉字和词组。如果我们从中国古文字的源流上考察所谓“意”字，即可以看出其实“意”是“音”与“心”的结合，指向了人的心思和思虑，是人类为了达到既定目的而自觉努力的一种心理状态，而设计的谋划就需要缜密的心思和思虑。用今天眼光看，儒家倡导“正心诚意”，如果用在设计行为上，更是一种道德修为的境界，涉及到设计责任和设计伦理范畴。《札记·大学》曰：“欲修其身者，先正其心；欲正其心者，先诚其意；欲诚其意者，先致其知；致知在格物。”正心，指心要端正而不存邪念；诚意，指意必真诚而不自欺。认为只要意真诚、心纯正，自我道德完善，就能实现家齐、国治、天下平的道德理想，这似乎阐述的又是“设计之仁”。

所谓“匠”，从匚（fāng），是盛放工具的筐器、箱子，从斤（斧），意指工具筐里放着斧头等工具，表示从事手工、木工之类。所以，“匠”的本意即是指筐里背着刀斧工具的木工，后泛指手艺人；或可以释义为灵巧、巧妙；亦或也能解释为技能熟练，但显得平庸板滞和匮乏，可称之为匠气。上述解释可以说明设计之举又离不开工具和技术。

追溯“意匠”的历史之源，有利于立体地认知现代设计释义中的历史转换。更何况我们可以看到薛娟教授书稿的第一部分即是从设计史的论述开始的。晋代陆机早就在《文赋》中说：“辞程才以效伎，意司契而为匠。”到了唐代杨炯又云：“六合殊材，并推心於意匠；八方好事，咸受气於文枢。”宋朝诗人陆游则在《题严州王秀才山水枕屏》诗中写道：“壮君落笔写岷嶓，意匠自到非身过。伟哉千仞天相摩，谷里人家藏绿萝。”而闻一多又在《龙凤》中说：“这天生巧对是庄子巧思的创造，意匠的游戏。”但是，我们也不得不承认，西方“设计”一词和“意匠”对译起来，明治维新时代的日本设计学者确实是作出贡献的。虽然“设计”一词在中国古代词语中有阴暗的计谋和狠毒的算计的意思，但随着时代变迁，“设计”的词义内涵已经是根据一定要求，对某项工作事前制定图样、方案和规划的意图。薛娟教授在她即将出版的著作名称上，用了意蕴深远的“意匠”二字，并强调其历史语境，在我看来和我主张的在现代设计中呼唤“意匠”的温暖不谋而合，彰显其独特的学术意义。

谈及从“意匠”到“设计”，其间也总是有另一个词汇——“图案”相间隔。张道一先生曾经说：“实际上我国古代不但有设计，而且很高明，只是没有将设计和制造明确分开，一般也不使用这个词，叫做‘百工’和‘意匠’。”“中国近百年来，从近代发端的图案学，到20世纪50年代初的工艺美术学，再到‘文革’之后的设计，这三个概念是顺理成章的、很自然的一个延展，而不是三个不同的阶段，绝对不能一个代替一个。在30年代，陈之佛先生就是三个词同时并用，这个可以查到几十个例证，不是随便说的。”从已掌握的文献资料看，尽管“意匠”二字似乎来自于日本人早期对“设计”的翻译，从我本人收藏的日本上世纪五十年代花样设计稿上就钤有“东京意匠协会”的印章。由此可见日本的设计协会就叫“意匠协会”。去年为纪念薛娟教授的博士导师诸葛铠先生逝世十年，本人为十年前诸葛先生逝世时，我自己对自己的承诺，撰写了两篇研究诸葛铠先生学术思想和成果地位的长篇论文，其中一篇题为“‘图案’与‘设计’之辩——设计学理论建构历史维度中诸葛铠先生的学术贡献”的长篇论文。该文对“意匠”“图案”“工艺美术”“设计”也有比较详细的论述。似乎冥冥之中，薛娟从她导师那里继承来的学术传统，在她即将新出版的著作中有了神妙的回应。

薛娟教授走过的学术之路，生发自江南，耕耘于齐鲁，中年学术研究成熟期又重回江南腹地苏州。从中可以感受到她筚路蓝缕、孜孜不倦追求设计研究之路的学术艰辛。书稿中既有设计史学理论的研究，也有对现代环境与空间设计理论的阐述，更有对新媒体跨学科设计实践的探讨，甚至还有设计课程教学经验的总结。可以说薛娟教授所涉及的设计理论研究内容广泛，也是她学术研究的阶段性总结。薛娟教授在设计研究语境中将早已弃用的“意匠”二字，反映了她研究设计的学术追求视角和蕴含其中的学术深意。以我的理解，她正是要用“意匠”深藏的寓意来阐述现代设计仍然需要“意匠”式温暖的迫切性。薛娟教授重提“意匠”二字，意在强调现代设计仍然需要设计人文和情感思虑的注入。精神与物质同时付诸于设计产品的功能和形式之上，设计产品除了它功利性的使用功能外，很大程度上还要满足消费者的审美需求。特别是今天，在讨论设计的过程中，常常论及工具理性的重要性。重温“意匠”的温暖，实则上是对唯工具主义的某种善意批判。如若将一切现代设计问题归结为工具理性，则是矫枉过正的极端方式。磁悬浮列车的诞生并不不仅仅是磁悬浮技术本身，而是将磁悬浮技术运用于交通工具的设计和设计师。

我们讨论设计产品和设计行为问题，一定有着体现国家美学品格的内在自发力和外在推动因素。而且这种设计内驱力和外在推动力有时候是长久的、潜移默化的，甚至是很难改变的。譬如：德国人以其日耳曼民族的性格铸就了工业产品“冷峻”的设计美学风格；法意两国设计师似乎血液里都流淌着“巴洛克”和“洛可可”的基因，他们的设计产品多曲线，显示的风格就是“柔媚”的；美国近一百多年来完成了工业化的进程，两次世界大战美国获得了极大利益，二战后又不断寻求霸权，作为新生国家各方面都蒸蒸日上，设计产品彰显的是“霸气”；日本早在一百多年前进行“明治维新”，学“光荣革命”君主立宪，生活上曾经倡导全盘西化，甚至法律都照搬，但他们在近一百年中又糅合了东方的设计美学思想，产生了介乎于德国的“冷峻”和法意的“柔媚”之间特有的“和式”设计风格。“有车必有路，有路必有丰田车”的广告词几乎遍及世界各地。而韩国的设计商业气息浓郁，但总觉得有些“设计过度”，怎么看总感觉哪里多了一点什么。再有就是印度的设计，看印度是复杂的，全社会两级分化，等级森严，城市里奢华的和贫穷的泾渭分明，他们的设计似乎有些“精神分裂”状态，颇有设计视觉张力。还有波兰、南非的设计业颇有风格都有其独特之处。所以，即便是设计审美趋同化的今天，设计所体现的美学精神也很难用一根尺来衡量，有时甚至是互为转换的。

从“意匠”二字的深沉理解着手，特别是面对大数据、智能化时代现代设计强调“扁平化”“符号化”，薛娟教授重提“意匠”二字，因此也具有了很深的学术意义，特别是其中体悟和秉承的多元设计价值观，契合了当今时代面对文化多样性的尊重和肯定，似乎也是劝诫设计学术界有必要再次探讨“意匠”在设计行为过程中丰富的意义和内涵。事实上任何设计客观上都富含着本民族的历史人文底蕴，体现着国家设计美学品格。在智能化时代设计形式不段被所谓“扁平化”“符号化”趋势下，让设计能够重视人的情感价值、文化的传承价值，重新回归“意匠”的温暖，真正理解和发挥“匠人精神”的内置力量，不失为设计学研究的另一种认识视角。

苏州大学艺术学院教授

博士生导师

2023 年 8 月 22 日于“MSC”邮轮旅行中的尼斯

# 序　二

随着智能化时代的到来，人类已进入计算机竞争和设计力竞争新时期，数字空间、物理空间和生物空间的深度融合，极大推进了人工科学——设计科学的并行发展，促使当今设计学科的交叉特性愈发显著，大设计、系统设计、社会设计等新兴设计理念的蓬勃兴起，完全颠覆了传统设计的能指与所指，智能化已成为当今设计学理论研究与实践创新的技术底色，基于该底色的对于技术性、艺术性、社会性、思维性等的关注与探究，不断推进设计学科内涵的嬗变与升华。

技术的创新与迭代并非意味着传统设计思维的淘汰，传统的设计智慧反而体现出更加弥足珍贵的价值，在当今文化空间中熠熠生辉，特别是意匠之美，从来都是设计理论研究与设计实践必然关涉的话题。

两千多年前的老子提出的“凿户牖以为室，当其无，有室之用。故有之以为利，无之以为用”，被美国建筑大师弗兰克·劳埃德·赖特誉为是“最好的建筑理论”，正体现出中国传统的意匠与空间思维对于人类文明的贡献。直至当下，“有无相资”依然是对于意匠与空间关系的最好注解。

当前，随着设计学跨学科特质的不断升级，传统的设计学思维必然要与时俱进，特别是在当前智能化科技高速发展和快速迭代的背景之下，对于在新文化生态影响下的意匠与空间关系的探讨，就显得更为必要。

薛娟教授常年深耕于设计理论和环境艺术的研究与实践，对于意匠与空间的关系具有清晰且明确的判断，在《意匠·空间——设计学与环境艺术研究》中，薛娟教授不仅着重于文脉性、精神性等要素回归与营建的阐发，更对智能化的当代发展给予了深刻的洞察，学术观点明晰且深邃，读后醍醐灌顶，受益良多。

鉴于传统理论研究、教学实践运行、空间生态再造、新媒体技术的演进和跨学科趋势发展等多个维度，本书从对于传统造物、人居、工艺、装饰等理论的探析到聚焦当代空间展示、公共服务、交互体验、数字沉浸等新型业态的探讨，薛娟教授回望历史，投射未来，全方位地从现象到本质，从微观到宏观，从理论到技术，从概念到实践等给予了深入浅出的析导，文理工特色兼具，传统与当代并行。

本书版块清晰，论议结合，宏微相映，彰显出薛娟教授深厚的理论功底和宽广丰富的知识结构，可谓德技并彰，令人钦佩。

当代语境已发生深刻变化，科技至上，创新为先，服务第一的理念已成为设计学科当代发展的必然趋势。薛娟教授对于设计学科所进行的古今交汇、传统与当下的探讨，正是薛娟教授对于设计学科多年关注、谛视的理性成果。

薛娟教授为本人师姐，嘱我写序，诚惶诚恐。大作拜读之后，心折殊深，当以师姐为楷模，不断鞭策自己，笃行致远，砥砺前行。

谨以为序！

南京师范大学美术学院
教授、博士生导师

2023 年 6 月

# 目录

## 第一章　设计史论篇 / 10

1　从“中体西用”到“西体西用”——清末与民国时期的设计艺术研究　/ 11
2　论中国近代西方设计观念对传统设计观念的冲击 / 16
3　论中国近代设计观念的转型 / 21
4　中国与古希腊设计文化的环境因素之比较分析 / 24
5　21 世纪初中国建筑在多元化设计背景下的发展特点 / 30
6　浅谈“天人合一”的明式家具对现代室内设计的启示 / 34
7　新折中主义艺术设计在中国的发展 / 38
8　浅谈厦门宗祠建筑中石作雕饰的传承与创新 / 43
9　世界多元文化格局与我国成人艺术设计教育的和谐发展 / 48
10　女性解放与中国近代艺术设计教育 / 52
11　论中国设计艺术从近代到现代的演变 / 56
12　威廉·莫里斯的思想在现代设计中的地位和意义 / 70
13　以图证史：由建筑遗存考据唐代高僧义净的生平及海上丝绸之路求法功绩 / 74
14　从杂糅到重构——论中国近现代建筑设计的“西化”/ 83
15　从历史延续性角度谈后现代主义对当代设计的影响 / 91

## 第二章　专业教学与课程思政篇 / 94

16　艺术设计类专业“德艺传创”跨界人才培养研究 / 95
17　艺术设计专业思政课程的教学改革创新思路研究 / 102
18　论我国设计艺术教育理论建设的发展趋势 / 107

## 第三章　空间生态设计再造篇 / 112

19　城镇化背景下传统村落民居的空间设计创新——以济南市章丘区万山村为例 / 113
20　度假酒店景观特色营造探析——以庐山西海希尔顿度假酒店为例 / 118
21　南京老门东历史街区传统院落空间设计研究 / 124
22　浅析木结构装饰在现代室内设计中的应用 / 128
23　浅析商业空间内多重视角下标识导向系统的设计——以济南印象城为例 / 133

24　浅析 SOHO 办公空间中的隔断艺术 / 140
25　基于老龄化背景下居家养老模式空间设计研究——以济南市甸柳新村社区服务项目为例 / 143
26　建盏艺术在茶室陈设中的应用研究 / 147
27　LED 节能灯在节日夜景景观中的应用设计——以济南恒隆广场圣诞夜景景观为例 / 151
28　论 LOFT 艺术在中国的发展和变异 / 156
29　中式婚礼空间的可持续设计研究 / 161
30　当代中国环境艺术浅析 / 166
31　现代居室空间中植物景观的功用研究 / 170
32　生态设计和整体设计在室内设计中的应用 / 175
33　初探当代中国城市建设的生态美学之路 / 179
34　论可回收环保材料与临时性建筑在中国的发展 / 185
35　烟台山近代领事馆的环境艺术设计研究——以美国领事馆官邸、丹麦领事馆为例 / 190
36　浅析“可持续发展思想”在城市生态环境设计中的运用 / 193
37　“水旱两用式”校园水景设计研究——以山东大学校园为例 / 198
38　浅析人性化照明设计在空间环境中的运用与创新 / 202
39　公共文化服务体系中公共图书馆创客空间的设计创新 / 209

**第四章　新媒体新技术篇 / 214**

40　论新媒体与沉浸式数字技术与展示设计艺术的融合 / 215
41　论交互体验在展示空间设计中的创新应用研究 / 222
42　利用同感评估技术测量空间因素对设计创造力的影响 / 229
43　现代化语境下传统戏剧观演空间的设计创新 / 241
44　浅析博物馆展示交互设计的新趋势 / 249
45　老龄化背景下居住空间家具产品的适老化设计研究 / 253
46　浅谈 VR 技术对未来展示空间设计的影响 / 258
47　浅析商业综合体空间中沉浸式体验设计的应用价值 / 264

## 第五章 传统文化篇 / 267

48 江南地区运河沿岸民居建筑及其装饰符号研究 / 268
49 壮族传统文化在现代室内设计中的应用分析 / 276
50 科学与艺术的新型关系刍议 / 282
51 山东非物质文化遗产的价值——以汉代画像石为例 / 287
52 西北丝绸之路沿线州府级文庙的形制调研 / 291
53 浅析“中国风元素”在现代室内设计中的运用 / 300
54 传统佛教纹饰在我国现代环境艺术中的应用 / 302
55 访艺术大师 叹陶塑之美 / 307
56 《鲁班经》对明清设计活动的影响及探析 / 311
57 师法天地 行以载道——从几个考古新发现解读中国古代车马设计观 / 317
58 泰安石头村建筑特点与价值的探析 / 322
59 济南市东泉村民居照壁研究 / 324
60 我国商业银行营业厅的环境艺术设计研究 / 328

## 第六章 会议论文篇 / 334

61 生态化的室内中庭设计探析 / 335
62 文庙照壁装饰纹样的探析 / 342
63 刍议儒家文化对韩国传统建筑设计的影响 / 350
64 中国南北方妈祖建筑差异及成因探究 / 356
65 养体、养心、养德——中国古代人居环境设计理念的思辨与传承 / 362

后记 / 366

# 第一章

## 设计史论篇

# 1 从“中体西用”到“西体西用”——清末与民国时期的艺术设计研究

原载于：《文艺争鸣》2011 年第 2 期

【摘　要】西方近现代设计思想的产生和发展是基于其物质和精神的坚实基础的，不免有其自身缺陷。清末，中国在经济薄弱、价值观转换仓促之时被动接纳西方设计，对其“体用一致”关系的认识不足，导致了对西方封建末期的手工艺设计思想的一知半解以及对于现代设计思想的盲目取舍。民国时期的“现代化”努力，对中国设计有一定推进，但是距离全面、彻底的改革还很遥远，其本质仍然是改良性质的变革。

【关键词】设计；清末；中体西用；民国；西体西用

西方近现代设计思想的产生和发展，是与欧美的科技发展历史、哲学思想、社会结构变化、艺术运动等密切相关联的，是特定时代的产物，具有物质和精神的坚实基础，同时也带有其自身缺陷。清末和民国时期理论上对于西方先进科技、经济、城建等方面的学习并不能掩盖实践中的盲目，对于西方各种设计思想的“拿来”和拼贴实质上都是片面的改良，因为“祖宗之法不可变”的影响根深蒂固，决策者和设计师仍然受到牵绊。

## 一、清末“中体西用”思想对设计本质的误导

中国自古以来以上下传承为主的封闭型大陆文化，与古希腊多元兼容性质的海洋文化截然不同，设计思想受限于农业经济及传统儒学、理学等“道”的约束。“华夏中心论”形成的世界观使士大夫们以“天朝上邦”之国自居，对待外来文化的态度也是在“中上西下”的前提下加以接受。最早评论西画的清代画家邹一桂虽认识到“西洋人善勾股法，故其绘画于阴阳远近，不差锱铢，所画人物、屋树，皆有日影。其所用颜色与笔，与中华绝异”；但是仍斥之为“笔法全无，虽工亦匠，故不入画品”。对待西来设计奇器，则更是斥之为“奇技淫巧”，先进的工业产品在帝王权贵眼里还不如壁画、鼻烟壶等工艺品的价值高。

1860 年，冯桂芬著《校邠庐抗议》一书，提出中国在科学、技术、经济等方面比西方落后，主张“采西学”“制洋器”；郑观应在《盛世危言》中也大力提倡学习西方技艺和教育等。洋务派的李鸿章、左宗棠等，用官督商办的形式办起许多新式工业。在建筑和工业设计领域开始吸收西方的科学思想，以“制器为先”。但是，在半殖民地半封建的社会形势下，他们对西方文化的认识还基本停留在器物层面，在具体实践中表现为“实用理性”的改良和盲目的“拿来”。在科学的自然观、哲学观、商业观尚未建立之时，清末设计思想的本质实际上是一种分割体用、采末固本、变器卫道、用夏变夷的折中主义变革，这种“中体西用”的“乌托邦”

思想并不能改变近代中国设计的根本面貌。

### 1. 移植西方科学设计思想的表象

西方19世纪末的工艺美术运动将科学思想发展到纲领性、思潮性的阶段，并且影响到世界各国的设计转型。当西方设计新材料传入中国时，清政府对于科学设计思想的推崇也清晰可见。清末的南洋劝业会已成功建成薄壳拱桥，其科技的先进程度与西方几乎同步。北京内城正门“正阳门”的几次修葺也说明了这一点：“民国四年，北京政府聘请德国建筑师罗克格•凯尔设计改建正阳门道路……改建后的正阳门箭楼增加了西洋色调。”先是采纳西方“之”字形人流通道的合理性设计，继而采纳水泥挑檐、护栏、遮阳、玻璃等。更重要的是“礼”数的突破——94孔的箭窗，与传统象征皇权、极数的数字“9”的倍数大相径庭，为了科学实用，“礼”的限制已经被搁置了，原先“效天法祖”的设计思想在建筑的科学性面前改变了。但是仅仅靠外来设计师、进口的先进材料、挪用照搬的科学设计结构，是远远不能改变设计落后局面的。传统的价值观依旧限制着科学思想的地位，以科技为“匠作”的观念仍占主导，科学技术得不到普及，移植而来的科学设计思想必然难以成活。

### 2.“致用为先”的设计思想及其后果

传统中国学术文化思维的特征是术士重技而儒士重学，鸦片战争使人们意识到西方的“长技”，而洋务派改革家们大力提倡西学，似乎拉开了中西之学融合的序幕。但就其实践来看，中国近代改革者最初的目标是功利性的西方近代技术，因为当时富国强兵的需要远远大过了对于文化的需要。李鸿章曾毫不隐讳地申明学西的目的：“鸿章以为中国欲自强，则莫如学习外国利器。欲学习外国利器，则莫如觅制器之器，师其法而不必尽用其人。”西方的“坚船利炮”在他们眼里是最能体现西学的“致用性”的“技艺”；而对“技”的学习绝对不能逾越中学之“体”，这种“致用为先”式的设计思想的后果就是，仅仅达到了切入西方设计文化的目的却又得不到充分发展，在捆绑中艰难前行。

19世纪60年代—90年代的洋务运动，其一是大量购进西方的武器和机器；其二是模仿西方开办现代化工业企业，自己制器，最早始于1865年创办的江南机器制造总局。这两种看上去很理性的变革手段，实质上盲目地花费了大量资金用于“制器”，对于中国的设计水平促进不大。李鸿章也不得不承认，由于技术上的依赖性，他们根据西方淘汰了的图纸制出的兵船炮舰，既劳民又伤财。船政局本质上仍是官营军工企业，对于民用亟需的商业设计并无用处，缺乏创造性的工业设计和制造技术，对于经济发展、社会风气的改变均无裨益。

由于工业结构不合理、工业分布及投资上的不科学，洋务运动兴办的其他企业也都先后失败，尤其是与现代设计息息相关的棉纺织业、印刷业等。清末官督商办的棉纺织业，依赖引进的机器、缺乏设计人员、依赖进口棉花，又怎能与西方已经发展成熟的资本主义企业竞争？开办近代工业的社会基础尚未成熟，洋务思潮不可避免地走了弯路。

### 3. 重商思潮对设计的催生及其局限

早在甲午之战后，郑观应深切地认识到经济侵略比军事侵略更加危险，提出“习兵战，不如习商战”的著名命题，建议由国家政权来实行“保商之法”，包括给予专利、帮助组织公司、举办商品博览会、裁减厘税等。康有为在《请励工艺奖创新折》中明确提出了去农业国，定工业国，实现国家工业化的主张；谭嗣同在《仁学》里主张“尚奢”，即通过大力发展工商业，充分满足人们的物质需要。以康、梁为代表的维新派人士都有提及美术工艺可以促进工商业的问题。这些观点引起了各种学堂和师范学校对图画手工教育的重视，并使它们意识到开设艺院传授技艺的重要性。虽然“戊戌变法”失败，但清政府还是采纳了一系列改革措施，如废除科举制、办起新式学堂、举办工业学堂教育品陈列馆、设工艺总局、举办工业展览会等，开设工艺性质的学科，中小学开始试行从日本舶来的图画手工课等课程。

清末颁布的一系列奖励工商的措施，无疑也促进了设计的发展。清政府为鼓励国人投资近代工矿企业、发明创造与仿制西洋器物、制法，先后颁布了一系列的奖励措施如《奖励公司章程》等。为了减少中国对外贸易逆差和争取顺差，商人马建忠主张由“商人纠股设立公司”来兴办新式工商业，以此反对洋务派的官僚垄断政策，对推动工业设计起到了重要作用。在重商思潮的影响下，中国民族工业在1903—1911年资本额指数达到了清末前所未有的一个高潮。江南大力发展丝织手工业，缫丝工业一度给江南市镇带来繁荣。有了物质基础，现代化教育文化事业与工商事业得到了同步发展。在陶瓷艺术设计方面也有所改进。1904—1910年，全国创建了7个新式瓷厂，部分采用机器制瓷，民窑有所振兴，仿古、颜色釉、彩绘、瓷雕等方面都有很大发展。

但是，清末的这些新兴工商业并不长久，明显地暴露出在社会背景、体制不同的情况下，单纯模仿西方的商业和设计是徒劳的。清末的地主官僚阶级出身的商人缺乏现代管理和经营理念，设计师在设计上根本处于被动盲从的局面。

## 二、民国时期“西体西用”思想对设计的推进

孙中山先生创立中华民国，其所著的《建国方略》中对于中国现代工业、城市规划等方面的设想蕴含着先进的现代设计思想。

20世纪20年代末到40年代末，推行了许多模仿西式的现代化建设政策，近代设计呈现一度的发展景象，不同行业、地域的设计呈现多元化特点；但是其代表官僚资产阶级利益的各种“假民主”政策，根本无力抵御帝国主义的进一步侵略，更不可能为近代中国大多数民众带来彻底的解放，设计师们在政治更迭、经济波动以及混乱的价值导向中艰难地寻找出路。受政治、经济、文化的影响，民国时期的设计思想整体上呈现出“西体西用”的特点。

### 1. 西式城建规划思想

对于西方城建规划的学习和借鉴主要表现在南京和上海以及抗战胜利后的重庆等大中城市，这个时期政府主导的由中国设计师团体模仿西方同时期规划设计的活动步入高潮。1929年国民政府公布《首都计划》，把城市分为中央行政区、市行政区、工业区、商业区、文教区、住宅区六大区，并对“中央行政机关”的建筑形式有所规定。其中明显可见当时欧美城市规划理论的影响，尤其是霍华德的“花园城市”思想中卫星城市的设计。而对于上海这个“特

别市”的规划，全面“西化”的特点更显著。

抗日战争中断了“大上海都市计划”，1945 年，国民党政府对于城市人口一度增加到 600 万以上的上海市再次进行规划。规划中充分运用了当时一些从欧美留学回来的建筑师带回的“卫星城镇”“邻里单位”“有机疏散”“快速干道”等最新的城市规划理论，与 1929 年的“大上海都市计划”图相比，注意了城市功能及交通问题，对某些细部的技术问题也有较周密的考虑。但是这个规划由于种种原因没有实现。其最主要的原因是国民政府经费短缺，在不成熟的建设条件下盲目上马许多项目，给国民经济带来沉重负担，解放战争爆发后“计划”停止。

国民政府在重庆期间曾于 1945 年前后编制《陪都十年建设计划》，该设计同样搬用了资本主义国家中流行的“邻里单位”和“卫星市镇”的规划理论，设 12 个卫星市、18 个预备卫星市镇，均采用圆形图案，但是明显可见粗浅、仓促、简单的模仿痕迹，贯彻和实施尚有很大距离。西方侵略及经济危机影响、本国通货膨胀、买办官僚垄断金融、地价炒卖等诸多原因，使这些形式上的模仿建立在政局不稳、物价不稳、文化差异大的基础上，必然产生“本位位移”。

在建筑单体设计上也体现出这种“位移”：20 世纪 30 年代受美国芝加哥学派、“功能主义”“国际主义”等现代设计思想影响，许多方盒子式的现代建筑出现在上海等大城市，但是中国建筑木结构及其派生的飞檐、翘角、斗拱、彩画等古典形式与以近代大工业生产为前提的新的建筑技术、功能之间横着一条几乎不可逾越的鸿沟，加上这一时期中国大量涌现的高层现代建筑多由西方设计团体或建筑公司承办，是为西方资本主义经济发展服务的，1929—1933 年的欧美世界经济危机更使中国建筑市场成为他们倾销各类建材之地。因此，各沿海城市出现了许多不伦不类的“宫殿式”“混合式”等建筑，也导致“国粹”派与现代派之间争论不休。

## 2. 西式市政建设思想

上海等城市租界或殖民地的市政建设在清末已经具有相当的示范作用，煤气、洋油灯、电灯、自来水、电车，五光十色，喧嚣而有序。最初的西式市政建设，一是为了满足工业动力需要，二是为满足外侨的需要。在这些建设中，西式交通、桥梁、照明等设计被一一引进。但是“各个租界及中国地界内各种管线均各自为政，没有统一的计划”，造成“租界内外国人集中的地区与中国人集中的地区”设备悬殊、布局极不合理、城市绿化极为缺乏等状况。这些市政设计多由殖民当局规划承办，以商业化方法经营，招标承包，其营利性质决定了“凡是有利可图的如供电及自来水就发展，无利可图的如下水道及污水处理厂就无人过问”。洋人还懂得“铁路修到哪里，权益就到哪里”，纷纷在中国攫取筑路权、修建铁路。1865 年英商杜兰德在北京宣武门外修建小铁路、1874 年英商在上海修建淞沪铁路等，洋人侵略野心昭然若揭，英国人甚至要把铁路修到西藏去。

民国后，以新式交通为代表的西式市政建设被提上日程。孙中山先生重视“民生”，在《建国方略》一书中制订了“实业计划”，将交通建设放在首位，提出了修建 10 万英里铁路的计划。他对于当时香港的西式市政建设极为推崇，但是由于国事混乱，他的呼吁常常陷入曲高和寡的地步。民国时期的市政建设呈现割据中发展、各地水平发展参差不齐的特点。尤其是

1930—1932 年杭江铁路、钱塘江大桥的设计和修建，将欧美设计经验与中国国情结合，是质优价廉、多快好省的中国自造路桥代表。而东北地区铁路尤其发达，根据 1924 年的统计，当时全国国有、民有、洋人官办铁路总长 12000 千米，而东北铁路的总长就有 6000 千米，占了半数。

但是，北洋政府时期的军阀混战、各自为政以及民国政府的“攘外安内”误国政策，使许多西式市政建设流于形式，美国与国内四大家族等互相勾结，垄断金融、出口贸易，实际上绝大多数“合资”的市政建设成为他们搜刮民脂民膏的途径。民国时期所建之铁路、公路和公共设施，规格、标准不统一，时作时辍，西方设计师主导的设计局面仍占主体。交通工具的设计甚至燃料多由国外引进，民国时期要员、资本家所用轿车无不是从美国购得的“通用”“福特”“克莱斯勒”“劳斯莱斯”等品牌。本国虽有少数有志者做出木炭汽车、火车自动车钩等民族化设计、创新，但都未曾对政府主导的“西体西用”设计局面有所动摇。

通过以上对清末“中体西用”的思想和民国时期“西体西用”的思想在艺术设计方面的表现进行梳理、剖析，本文可以得出比较客观的结论：这两个阶段对于西方设计思想的理解和借鉴是不全面的，其本质仍然是改良性质的变革。当代中国的设计家应该引以为鉴，要深刻认识到“设计”对经济振兴、民族复兴的重要性。学习西方设计要在理性的前提下“拿来”，这才是中国当代设计的良性发展保障。

## 参考文献


[1] 薛娟 . 中国近现代艺术设计史论 [M]. 北京：中国水利水电出版社，2009.

[2] 李一 . 中西美术批评比较 [M]. 石家庄：河北美术出版社，2000.

[3] 昌切 . 清末民初的思想主脉 [M]. 上海：东方出版社，1999.

[4] 张先得 . 明清北京城垣和城门 [M]. 石家庄：河北教育出版社，2003.

[5] 王先明 . 中国近代社会文化史论 [M]. 北京：人民出版社，2000.

[6] 董鉴泓 . 中国城市建设史 [M]. 北京：中国建筑工业出版社，1989.

[7] 汪坦 . 第三次中国近代建筑史研究讨论会论文集 [C]. 北京：中国建筑工业出版社，1991.

[8] 刘炜 . 中华文明传真 [M]. 上海：上海辞书出版社，2001.

## 2 论中国近代西方设计观念对传统设计观念的冲击

原载于 :《东岳论丛》2012 年第 11 期

【摘　要】中国传统设计是基于农耕文明的封建社会手工艺体系而发展的，曾经一度辉煌；清末统治阶级“重道轻器”、闭关自守、忽视创新的观念造成了近 200 年的设计滞后，鸦片战争迫使国门洞开，各阶层的传统观念才被动地发生了“千古未有”的转变，“师夷长技以制夷”的洋务运动以及各种民用企业引进了西式机器和工业设计，改变了过去一味拒斥西方设计的观念。无论是“道器观”“夷夏观”、人才观还是传统价值观等方面，都显示出西方设计观念对传统设计观念的强烈冲击和影响。

【关键词】鸦片战争；传统设计观念；西方设计观念

中国传统设计在东亚大陆相对封闭的自然背景下产生、发育、延传，其博大精深的中国造物哲学和自成一统的手工艺传统，无论是木构建筑、陶瓷工艺、缫丝纺织还是冷兵器等，在 19 世纪之前，在这些方面中国一直领先于世界其他各国。到了清代雍、乾时期，这种自信走向了极端，发展成为“汉魂洋才”思想，自认为“天朝无所不有”，将一切外来先进的设计都斥之为“奇技淫巧”，并没有意识到西式设计蕴含的先进科学观念，直到殖民者用武力打开中国大门，传统观念才被动地转变。

鸦片战争如晴天惊雷，惊醒了许多有识之士，中国人由此不得不正视“西化”的现实，正视西方的长处并试图“学西”。这种“千古未有的观念骤变”正如著名近代史学者李喜所先生说的 :“如果说 17 世纪前后主要是来华的传教士自觉不自觉地从东土‘取经’，那么到 19 世纪中叶之后则来了个一百八十度的大转弯，变成了先进的中国人向西方寻求真理。”知识分子们提出“师夷长技以制夷”的口号，在兴办军事工业的同时，西方设计观念和技术伴随而来；第二次鸦片战争后，有识之士开始意识到西方的富强在“商政”而不只是在“军政”，由此各种民用企业在“自强”“求富”的口号下兴起，引进了大量机器工业，过去一味拒斥西方设计的观念也改变了。

### 一、“道器观”的转变

在中国传统思想中，“重道轻器”是阻碍设计观念进步的重要观念。所谓“道”即“尧、舜、禹、汤、文、武、周公、孔子之道”，乃伦纪、圣道等祖宗之法，是“体”，是“本”，不能轻易改变；而工艺技术等匠人所做之事乃“器”而已，不足以跟“道”相提并论，由此形成了对设计创新的轻视，并且忽视设计人才的培养。晚清士人在此问题上有了一些新的认识。

1894年，郑观应的《盛世危言》刊行问世，其中有关西学的《道器》一文从理论上阐述了中学与西学的关系。他认为中学“穷事物之理”，是“道”；西学“研万物之质”，是“器”。中国上古是道器兼备的，也讲究“名物象数之学”，只是“秦、汉以还”，才形成“学人莫窥制作之原，循空文而高谈性理”之“堕于虚”而不务实的局面。而实学则在西方发达起来，“其工艺之精，遂远非中国所及”。他认为，“道器”应当兼备，“本末”理该相合，这是时代发展的趋势，在中国就是要学习西方，“博采泰西之技艺”，以弥补自身在“器”和“实”方面的不足。同时他又指出“西学皆有益于国计民生，非奇技淫巧之谓也”。由此可见，郑观应是近代对“道器观”开始客观认识并提出“器”的重要性的先驱。

1898年，严复译介的英国著名生物学家赫胥黎的《天演论》出版，其“优胜劣汰”的观点对改变中国传统的“天不变，道亦不变”的观念起到很大的推动作用。先进的知识分子们大声疾呼发展工艺、科技，废除科举制度，振兴商务外贸。福建船政学堂的倡办者左宗棠和首席船政大臣沈葆桢将此学堂命名为“求是堂艺局”，指明这是一所讲求实际、实用的学堂。“求是”就是讲求实际、实事求是，“经世致用”“不尚空谈”；“艺”就是技艺，与“道”是一对传统议题，即“器”。这在当时来说，无疑也是“道器观”的一大进步。

王韬总结了多数士人的观念：“形而上者中国也，以道胜；形而下者西人也，以器胜”“器则取诸西国，道则备自当躬”，这实质仍是两者的妥协——“中体西用”。妥协必然有个自欺欺人的理由在“道”不变的前提下，器械、工艺等“器”，即“用”“末”，可以变。伴随洋务运动始终的李鸿章，其主流思想也是“中体西用”，但他没想到，“西用”的结果必然要改造体制，物质的东西会逐渐改变人的思想观念，艺术设计等的载体——西“器”以五光十色的日用品、殖民建筑等形式涌入通商口岸，“道”还能继续保持不变吗？

随着商业美术设计在大城市兴起，各种载有西方工业革命以来设计信息的出版物、印刷技术以及新式设计经营公司涌入人们的生活，它们一下子就吸引了大多数年轻人的目光。一部分人抛弃了“君君、臣臣”的伦理观念，以“致用”为先，实用科学的设计观念逐渐传播开来。19世纪末的“大器”——建筑设计就是向传统礼教发起挑战的先锋，先是模仿西式的技术、材料和卫生设备，继而内部装饰、家具都逐渐西化，富人建造别墅，民居则向里弄或大杂院发展，一改传统的不可僭越的等级观念；香烟广告上也出现了裹脚美人的形象，令保守的“卫道”者惊愕；吴淞铁路筑了拆、拆了筑，从1876年到1898年，历经二十多年，终于在上海立足，也体现着“道”的妥协。

## 二、“夷夏观”的转变

中国自古有“夷夏之防”的传统观念。早在鸦片战争前，持“经世致用”观念的龚自珍就倡导改革封建内政，并且主张学习西方“火器”的设计与技术；而真正冲破习俗，把着眼点落到“师夷长技”上的，还是魏源和其所著之《海国图志》。从“鄙视洋夷”到“师夷长技”，无疑是一大突破，这不仅表现在武器上，对于科学技术，由过去认为的“饥不可食、寒不可衣”“奇技淫巧”到倍加赞扬，而且对于衣食住行等方面的设计也大加赞扬。魏源在《海国图志》中一方面大力赞美西方的火车、轮船、火炮、蒸汽机“可奇可赞”，另一方面提出了学习的具体方法。他要求开办近代化的工厂、企业，“量天尺、千里镜、龙尾车、水锯、风锯、火轮车、火轮舟、自来水、自转锥、千斤秤之属，凡有益民用者，皆可于此造之”。

其后，诸多知识分子又提出了“师夷”的具体方法。郭嵩焘主张“利民”，要求对封建专制制度进行改革，要求为发展资本主义开辟道路。在教育方面，他主张学以致用，学习西方的教育制度，教学内容主张多设声光化电等实用之学。此时，以他们为代表的进步观念已经不鲜见，渴望对西方的了解并由此译介出版了许多西书，间接地传入许多西方生活方式和设计知识，如林则徐编译《四洲志》和《华事夷言》，梁廷枏出版《合省图说》，类似的书籍使国人的设计观念逐渐西化，见识渐广，眼界愈开。

第二次鸦片战争彻底破除了洋务官员及清朝廷最高决策层的“夷夏之防”的防线，洋务要员李鸿章指出：“中国在五大洲中，自古称最强大，今乃为小邦所轻视。练兵、制器、购船诸事，师彼之长，去我之短，及今为之，而已迟矣。若再因循不办，或旋作旋辍，后患殆不忍言。”从不能“师夷”到必须“师夷”，是当局政治观念上的一大进步，也是设计技术引进的思想前提。1895 年甲午战败后，中国人在耻辱和惊愕中再次发现“东夷”在明治维新后的短短几十年也超过了我们，日货也滚滚涌入中国国门。因此，向日本学习强国之道成为间接“学西”的捷径。这时，清末“用夏变夷”的观念已彻底被“师夷长技”所代替，至 20 世纪初，全国上下已经涌动着彻底革命的浪潮。

## 三、人才观的转变

晚清的冯桂芬是意识到人才问题的代表，他的许多观点进一步推动了近代对设计人才观的认识。在《制洋器议》中，他指出中国有六个方面不如夷：“人无弃才不如夷，地无遗利不如夷，君民不隔不如夷，名实必符不如夷。……船坚炮利不如夷，有进无退不如夷。”这里所言的“弃才”，指的就是“制器”人才，因为这种人才在中国历来被轻视，古代称之为“百工”，而西方技艺被视为“奇技淫巧”，被排斥在儒学大门之外。近代中国的危殆时局迫使中国人逐渐转变传统的人才观，向西方学习，办学堂、兴工艺成为洋务运动的“自强”之道，对设计教育的提倡初见端倪。传统人才只论道不言艺，沈葆桢主持下的福建船政学堂培养的人才是道艺结合型的人才，既论道又言艺，表现出育才观念的一大进步。福建船政学堂设计科明确提出其教学目的是培养制订建造计划的人员，即制图和放样的技术人员，基本的西学课程包括法文、算术、平画几何和画法几何等。1872 年，清末第一批留学生踏上了西去“师夷长技”的航程，这些留学生中以主攻制器技术、建筑技术、外国法律等专业为多，可见李鸿章、曾国藩、容闳等对于培养技术人才的重要性的认识已经有所进步。

在兴办实业的浪潮中，民间设计人才的培养也被提上了日程。徐光启在上海创办的“土山湾画馆”培养了许多手工艺制作人才，甲午战争之后“弃儒经商”的张謇、蔡元培等在各地兴办的学堂也设立了实用设计等相关专业，沈寿等在苏州、北京、南通、上海等地办起许多以刺绣工艺为主的传习所。整个社会对于设计人才的尊重程度也有所提高，越来越多的家长不再逼孩子走科举之路，而是根据实际情况让孩子或进入教会主办的画馆、实业学堂，或进入女红传习所，学得一技之长。

## 四、传统价值观的转变

中国自古以农为本，重农抑商，结果就是统治者及士大夫阶层空谈义利，不研究理财、经济、商务，社会长期停留在自给自足的自然经济阶段，没有现代设计成长的商业土壤。其中最突出的就是传统的儒家学说将抑商思想附丽于各种文化思想，这最终导致儒家对于工艺和“百工”的轻视。从儒家的“义利”之辩即可见，所谓“君子喻于义，小人喻于利”（《论语·里仁》）。将“义”和“利”作为二元对立的事物，以贵族阶层的“义”否定百姓的“言利、求利”之正常需求，这不仅限制了社会经济的发展，而且造成了海运、商业的不发达。就设计技术、艺术的商业环境来说，这种思想无疑更是一种障碍。

晚清思想家龚自珍的义利观可谓对封建传统道德观的大胆质疑。他认为“圣人之道”“始乎饮食，要生存，就要求利、求富”。在考举人的卷子上，龚自珍赫然写道：“未富而讳言利，是谓迂图。”对于“悦上都少年”的“洋货”如玻璃、水晶、衣饰等物，以及开埠地区的商贸活动，在龚自珍的眼中已经是合情合理的了，但他的思想仍然停留在改革封建内政的层面。

至魏源的“睁眼看世界”和他的“富民”经济观，价值观的转变才迈出实质性的第一步。魏源主张“以工商为国本”，他把发展农业看作“本富”，认为这是最基本的；把手工业、商业看作“末富”，认为这是不可缺少的补充。但在当时的特定情况下，他认为“末富”比“本富”更迫切。他的思想进一步发展到“师夷长技以制夷”，表现出对于技术创新和商业兴国的初步认识。

洋务派的求富运动和早期改良主义者的重商主义思潮促进了资本主义化的经济伦理萌生，政策上由传统的以农为本、以商为末、重农抑商政策向以商立国和振兴工商转变。1895 年，以康有为为代表的维新人士在“公车上书”中提出了以发展工商业为主的“立国自强之策”，诸如精印钞票、设置银行、扩充商务、建筑铁路、制造机器和轮舟、奖励工艺等，都在应提倡发展之列。维新派还制定了中国近代第一个鼓励发展工商业的法规——《振兴工艺给奖章程》，共 12 条，对传播科学知识、改进工业生产技术、发明创造新式产品等给予奖励，由此改变了传统的重农抑商政策。此外，在清末经济体制中出现的官商易位举措、社会地位上的四民平等倾向以及求利意识及其行为的强化等，也都说明了资本主义经济伦理观的出现。

受西方的进化论、社会学和经济学原理影响，维新时期求富、求利观念的认知基础从感性认识阶段上升到理性认识阶段，其中以严复的“开明自营”理论和梁启超的“乐利主义”理论最为突出。《原富》是严复翻译引进中国的第一部经济学著作，对传统的轻商贱利的经济思想有所突破，他把经济学被接受的重要性提高到关系国之贫弱富强、民族之存亡盛衰的高度来认识，在当时很切时弊；对于认清侵略者的商业侵略本质也起到了帮助作用。梁启超则认为“人既生而有求乐求利之性质”，其过分膨胀虽有害于社会，但不应“因噎废食”而加以泯灭，正确的办法是“如何因而利导之，发明乐利之真相，使人毋狃于小乐而陷大苦，毋见小利而之大害”，要去谋求大乐大利。由此产生了以实现个人快乐和利益为善的道德准则，“使人增长其幸福者谓之善，使人减障其幸福者谓之恶。此主义放诸四海而皆准，传诸百世而不惑。……故道德云者，专以产出乐利、预防苦害为目的。”尽管维新派和改良主义者的思想因变法失败而未能落实，但“求利”意识的强化和合法化仍对近代工商阶层的设计观念转化起到了很大作用。

总之，近代中国人的价值观逐渐由尚虚转为务实，进而注重商业求利，新的设计观念随之滋长。早在第二次鸦片战争后，随着外国经济侵略的扩张，洋务官员也认识到单纯引进机器工业而忽视制造产品的商品化，忽视商务，机器工业是发展不起来的。于是各种商办工业应运而生，棉纺织业、面粉业、火柴业、卷烟业等投资少、见效快的轻工业纷纷上马。生产方式也朝资本主义阶段过渡，清末长江流域的丝织业中已有相当发达的商人与手工业者之间的计件外包制，与欧洲工厂制度的前身 putting-out 制度相类似。同时，各种维护民族利权的商会、工商学校开办起来，经营模式和管理方式向西方看齐，许多近代早期的设计家在烟草公司的广告设计部、培训班中成长起来。中下层民众的生活方式也逐步西化，出现了“四民向商”的价值观转变。晋商、徽商等近代民族金融业、工商业的代表，不仅向现代经营方式转变，其商号、住宅设计也都是“求利意识”“以洋为尚”的体现；江南士绅们弃文经商，积累财富后大兴土木，南浔“四象”的洋式住宅给传统水乡市镇增添了新的色彩。此时的近代中国街道上，毗邻而立的是传统的典当行、钱庄、票号和外国银行，也不乏挑担沿街叫卖的传统商贩，传统招幌和西式建筑、广告等形成多元并存的设计局面。在通商城市，买办、新商人阶层逐渐兴起，他们热衷于使用洋货，住洋房，引进西洋体育活动和文艺形式。西方戏剧的化妆、服装、布景等，也对中国舞台美术设计产生了影响。此后，消遣娱乐行业的内部竞争致使建筑装饰业也逞奢斗华，如有“竹枝词”记载戏院装潢之奢华，云：“群英共集画楼中，异样装潢夺画工。银烛满筵灯满座，浑疑身在广寒宫。”诸如此类的商业设计体现出与传统价值观截然不同的西方价值取向。

概言之，自鸦片战争以来的这次设计观念转型对中国现代设计的发展影响深远，而导致这种转型的根源在于西方设计观念对中国传统设计观念的强烈冲击和影响，这也是中国历史上几次“西学东渐”中影响最为深刻的一次。在当前世界多元文化融合的时代，新的观念和新的冲击并行而来，设计师和设计教育者应该清醒地认识本民族的设计历史以及本民族文化的价值，更好地结合中、西之所长，更高地提升中国当代的民族设计水平。

## 参考文献

[1] 李喜所．中国近代社会与文化研究 [M]. 北京：人民出版社，2003.

[2] 刘志琴．近代中国社会文化变迁录（第一卷）[M]. 杭州：浙江人民出版社，1998.

[3] 郑剑顺．晚清史研究 [M]. 长沙：岳麓书社，2003.

[4] 周建波．洋务运动与中国早期现代化思想 [M]. 济南：山东人民出版社，2001.

[5] 熊月之．论郭嵩焘 [J]. 近代史研究，1981（04）：169-183.

[6] 虞和平．中国现代化历程（第 1 卷）[M]. 南京：江苏人民出版社，2001.

# 3 论中国近代设计观念的转型

原载于：《装饰》2005 年第 8 期

【摘　要】中国设计的转型在近代已经开始，但为何错失追随西方的脚步？本文试从历史学的角度分析近代中国设计观念滞后的原因，以期鉴古知今。

【关键词】设计观念；近代；转型

## 一、从鄙视洋夷到“师夷长技”

鸦片战争是导致中国近代设计观念发生质变的开始。在此之前，清朝百余年的“闭关主义”长久地影响着近代中国人的思想进步，表现在设计观念上，就是对外来先进设计的鄙视与排斥，斥之为“奇技淫巧”。然而，列强的大炮轰开了中国紧闭的大门，同时也开启了一扇窗口，使中国人能够“放眼看世界”，由此带来“千古未有之观念奇变”。魏源“师夷长技以制夷”的思想，在当时闭关锁国的心理定势下，不仅承认西方物质文明的先进，而且明确提出学习西方、赶超先进的开放胸怀，预示了中国近代设计转型、变迁的基本方向。

“师夷长技”是近代设计观念进步的重要推动力，在此影响下，大量的工业设计涌入中国：电话、电灯、汽车、电报、轮船、火车、军舰等相继在东南沿海城市出现，许多颇具规模的民族工业在半殖民地半封建社会的母体上萌发出新芽，更刺激了工商企业对设计知识和专业人才的需求。

兴办“西学”奠定了设计观念进步的知识基础。为了培养外交和工程技术人才，清政府还兴办了许多新式学堂，形成所谓的“西学”。在学校教育中，实行“中学为内学，西学为外学，中学治身心，西学应世事”的做法，并加入了不少“声、光、化、电”的“西文”和“西艺”，工程测量制图等课程的开设则使中国学生直接接受到了欧洲工艺设计和装饰艺术的教育。

西方设计直接冲击了旧的设计观念。在学习西方“长技”的过程中，中国传统设计的“美卑宫恶峻宇”等旧观念也发生了彻底的动摇。人们开始从审美、卫生、舒适、居住环境等新角度，重新评价传统设计，并提出了新的要求。

## 二、中西文化的互动

明末以来，中国对西方的影响在文化方面主要体现在两个时期：一个是在上流社会流行“洛可可”艺术风格的法国路易十五时期，另一个是法国新艺术运动时期。

鸦片战争后，欧洲的“艺术与手工艺运动”“新艺术运动”和“装饰艺术运动”等设计思潮随着通商口岸的开放涌入中国，形成一个中西方文化互动的高峰期。尤其在上海，反映更为强烈：1928 年英国建筑家设计的沙逊大厦，成为“装饰艺术运动”风格高层建筑出现的标志；1926 年美国建筑家亨利・墨菲设计的燕京大学，其建筑形式是中式的，室外还设计了优美的飞檐和华丽的图案，而主体结构却是钢筋混凝土，并配有现代化的照明、取暖和管道设施。不仅外国建筑家在中国大兴土木，中国近代第一批建筑设计家也在西方文化的熏陶中成长起来，如 1935 年建造的北京大学地质馆和女生宿舍的设计者梁思成。在商业美术设计方面，由于社会风俗和价值观念的转变，观众越来越青睐新奇的外来题材和表现技法，像我们熟悉的月份牌画家杭樨英、郑曼陀、李慕白等融合中西的设计，对人们观念的转变又起到了推动作用。中国近代设计家的观念由被动输入逐步走向主动汲取，并初步形成了中西融合的设计思维模式，为后来向现代转型奠定了基础。

## 三、设计观念的更新

民主革命从政治上促进了设计观念的更新，其后的新文化运动更彻底地破坏了传统观念的深层结构，加速了近代人观念的转换。鲁迅先生对近代中国设计观念的转变起到了重要的作用，他在用文章针砭时弊的同时，还大力提倡木刻艺术，大力介绍国内外古典艺术和西方现代文艺思潮。受他影响的设计家有许多，如陶元庆、钱君、郑川谷等，其成熟的设计风格可与现代设计家相比。他们的许多封面装帧设计，不仅融合古代线装书的风格，还把传统纹样、书法与西方现代派表现形式结合起来，展现出新时代的设计思维。留学归来的杰出知识分子更以自身的探索直接带动了设计观念的变更，如陈之佛、庞薰等艺术家，为西方现代主义理念的传入做出了不可磨灭的贡献。

## 四、不彻底的变革

### 1.“中体西用”的误区

近代早期的一系列变革，客观上为工艺、科技的发展提供了动力。然而，以“制器为先”的洋务运动和维新变法，其本质仍是“闭关主义”。这使中国近代的设计不但没能摆脱封建政体的束缚，还错失了许多追随西方的机遇。实质上，具有资本主义性质的“西学”和具有封建主义性质的“中学”从根本上讲是不相融的，二者的硬性杂糅势必造成对内改革的缓慢。

这些变革者一方面大声疾呼发展工艺、科技，废除科举制度，振兴商务外贸，另一方面却坚持“卫吾尧、舜、汤、文、武、周、孔之道”，机械地分裂了文化整体的本来规律，这是造成中国近代精神文化滞后的根本原因。

设计是观念的外化表现，中国古代设计文化是思想多元统一的局面及诸多积习相传而成的，如“重道轻器”“男尊女卑”“重农抑商”等封建观念，沿传至近代，形成稳固的思维定势，无法与西方的现代设计运动接轨。设计愈落后，社会经济就愈贫弱，直到甲午战争时期日本轻而易举地侵入中国，“中体西用”的弊端和严重后果才显现出来。

### 2. 工业化的盲区

中国自古以农桑为本，自给自足的生活方式孕育了中国传统的文化观念和意识。到近代中西文化发生交锋时，中国还未脱离工艺美术的手工业时代，更谈不上进入现代工业文明的母体。虽然辛亥革命使中国近代设计摆脱了封建意识的束缚，新文化运动也大力弘扬了西方现代设计思想，但是，这些革命都缺乏工业革命的迅速和彻底，导致中国近代民族工业的步履艰难。在民国时期、抗战时期和解放战争时期，中国的工业设计几乎是一片空白，唯一的建筑成就是南京的中山陵。战争和经济迫使近代设计向现代设计转型的航船再次搁浅。与此同时，西方近代工业化进程高速发展，欧美设计在第二次世界大战后一度兴盛。中国的许多有志之士力图“以艺术和手工艺的结合”来振兴民族工业，也只能在手工艺领域内，进行一些倡导和改良工作，如张仃、林风眠、张光宇、郑可、雷圭元等，做了许多挽救陶瓷、丝绸、漆器、景泰蓝等传统工艺的工作。但是，近代这种滞后的、不完整的设计观念已经绊住设计转型的脚步，20 世纪 80 年代改革开放、经济蓬勃发展后，中国的设计才真正走上正确的转型之路。

## 参考文献

[1] 朱铭，荆雷 . 设计史 [M]. 济南：山东美术出版社，1995.

[2] 陈瑞林 . 20 世纪装饰艺术 [M]. 济南：山东美术出版社，2001.

# 4 中国与古希腊设计文化的环境因素之比较分析

原载于：陈望衡主编《环境美学前沿》（第二辑）

【摘　要】本文通过梳理“轴心时代”古代中国、古代希腊的设计文化的显著不同，比较和分析了在不同自然条件、经济模式、社会体制及哲学文化等环境下形成的不同的设计美学观念，阐述了中国与欧洲古代造物哲学思想的既有差别及其不同的发展轨迹，以期对“全球化”趋势下的中国艺术设计的发展有所启迪。

【关键词】环境设计文化；中国；古希腊；比较

19世纪末20世纪初，中国经历的“欧风美雨”到现代“全球化”阶段的文化大融合，使中国发生了翻天覆地的变化。但是，无论怎样改变，中华传统文化始终影响着中国人的思维和生活的方方面面。众所周知，中西方文化的确存在与生俱来的差异，尤其抛开科技水平的差距，中西方的艺术无所谓“落后”与“先进”，这一点从中国与古希腊艺术的显著不同即能证实。公元前600年至公元前300年是地球上的“轴心时代”，四大文明的发源地都出现了宗教和精神导师，古希腊的苏格拉底、柏拉图、亚里士多德以及中国的孔子、老子提出的思想原则塑造了不同的文化传统，对于东西方的艺术也产生了深远的影响。

那么，是什么因素使得这两种文化走向了截然不同的两条路呢？我们可从它们各自产生的环境因素诸方面进行比较分析。

## 一、地理环境的不同造就不同的文化方向

地理环境是文化生态的最基础层次，是文化创造的自然基础。抛开“地理环境决定论”所谓的“地理条件规定着民族性与社会制度，制约着历史和文化的发展方向”，我们也应当客观地认识自然环境对人类社会的影响，黑格尔在《历史哲学》中将这种影响归为三方面：对生产方式、经济生活产生作用；对社会关系、政治制度产生作用；对民族性格产生作用。

### 1. 封闭与自信

源于东亚内陆腹地的中华民族，东临浩瀚的太平洋，北临漫漫戈壁和原始森林，西北是万里黄沙和盐原、雪山，西南耸立着地球上最高的青藏高原——从而形成与异质文化相对隔离的状态；但是内陆辽阔的疆域、复杂的地貌和气候又为中华文化的多元并存提供了地理条件，使红山文化、龙山文化、仰韶文化、河姆渡文化、巴蜀文化、楚越文化等多种文化形成“满天星斗式”的文化格局。再加上自奴隶社会以来的封建专制统治制度，自然铸成了中国人

的内向型性格，决定了中华民族对传统的重视和对礼仪规范、宗法道德的尊崇，因此才有了所谓的崇尚群体伦理、抑制个性自由的价值取向。中国特有的设计文化就是在这样相对封闭的自然背景下产生、发展、延传的，其博大精深的造物哲学和自成一统的手工艺传统，无论是木构建筑、陶瓷工艺、缫丝纺织还是冷兵器等，在 19 世纪之前一直领先于世界之林。到了清代雍、乾时期，这种自信走向了极端，发展成为“汉魂洋才”思想，自认为“天朝无所不有”，对一切外来先进的设计斥之为“奇技淫巧”，并没有意识到西式设计蕴含的先进科学观念，落后导致的社会危机成为必然。

### 2. 开放与拿来

与中国不同，古希腊文明形成于风光秀丽、气候宜人的海岛、半岛之自然环境中，其先民占据地中海区域航海贸易的中心，这有利于对外贸易的发展，并由此铸成了希腊人的外向型性格，决定了他们对于开拓冒险精神的尊崇和对人的个体价值的尊重。他们不仅选择了有利于社会发展的民主的城邦制，还借助地理优越条件直接汲取古代东方文明（古埃及、希伯来文明）成果并加以吸收、利用，于古典时期的那两个世纪（即公元前 5—公元前 4 世纪）达到了其文明的顶峰。其后的古罗马人更是将这种不断创新、进取、借鉴的优良传统发挥得淋漓尽致，历经中世纪、文艺复兴、新古典运动，西方的设计文化遂逐渐超越中华文化。

## 二、审美取向的迥异乃经济环境的不同使然

世界各地的种种不同经济模式皆由自然环境的不同决定，基于不同地理条件影响的经济形式和经济结构在日积月累中渐渐塑造出不同的民族性格和艺术风格、审美习惯等。

### 1. 农业与守常

杰姆逊在《后现代主义与文化理论》中曾经论及民族性格的形成，“他认为民族性格的形成与各民族的空间意识，对人体的认识有关系。这种现象当然是表现在各方面的，比如说建筑、日常生活、食物等”。整体上来说，中国古代农耕民族创造了一种不同于工商业的经济结构模式：家庭手工业与小农业相结合的自然经济并辅以周边的游牧经济。但是历史的发展使其呈现出“跛足农业”的特征：重农耕、轻畜牧，间以蚕桑业、家畜家禽的圈养业和家庭手工业。这种自给自足的复合型经济的后果是直接影响了华夏汉族的生活习惯、民族体质、民族性格：日出而作、日落而息，性格温顺，安土乐天、随遇而安，追求稳定和平，故土重迁，保守，执著于“文化本位精神”，对外来文化兼容并蓄，在与异质文化碰撞时，难以完成质的飞跃。

譬如“务实精神”，就是“一份耕耘一份收获”的农耕生活导致的典型群体倾向，体现在文化思想上，就是中国人的“实用—经验理性”的思维定势和运思方法；对待外来文化，尤其是宗教和艺术，中国人是实用主义的，几种宗教的神同时拜，加上本土的儒学、墨学，构筑了不同于西方迷狂单一的宗教观、世界观。西方人重试验、分析的科学精神和精密谨严的思辨精神正是中国人缺乏的，这直接导致了设计观念上的滞后，使中国的手工业时代特别漫长，满足于老祖宗的“稼穑而食，桑麻以衣”的生活方式，重道轻器，缺乏想象力和独立的个性自由。

又如“循环论和变易观”，这种观念也来自汉人对农业生产、四季交替等自然现象的理解，并于汉代又发展成为“阴阳五行学说”，佛教的因果报应、修行解脱说也是循环论的体现。这种循环论和变易观的主要形态就是习故蹈常的惯性、求久求稳的保守自闭，虽然也提到变易，但实际上是“托古改制”，于变易于保守之中，本质上仍是保守、原地打转。这种观念体现在手工业设计上，如行业体制的僵化：“祖宗之法不可变，变则必乱”，制约了许多创造性的思想。例如，古代的匠户制度，师徒相传、传子不传女，导致了许多工艺的失传。最典型的实例是近代史上的“中体西用”，一方面“制器为先”，提倡学习西方的工艺、科技，另一方面却又坚持传统思想，不对社会制度加以变革，即所谓的“中学为体，西学为用”，这也是阻碍中国走向工业化的关键原因。

再如：尚调和、主平衡的“中庸精神”，其也是农耕民族的本性使然，体现在艺术设计上，其一是表达方式的含蓄、内敛，中国人“重情尚礼”“以象尽意”，不像西方人大胆直白，直接用裸体雕塑等表达情感，中国人表达感情用吉祥图、瑞应图（如“鸳鸯贵子”“龟鹤齐龄”“天地长春”）等借物抒情。其二是艺术思维观念的四平八稳、中庸和谐，如纹样以对称、对比、对偶为美，如阴阳鱼图、龙凤图、古钱图、云气四福图等，都是“物必有对、事必可比”的思维体现。其三是中国设计文化的开放性、包容性，在农耕民族与游牧民族的冲突融合中，不断吸取外来文化，壮大自身肌体，既有输出，又有输入——只有中庸才能做到这一点。其四是中国人才缺少思辨能力，缺少质疑权威的勇气，更谈不上大胆表现了——这也是中国的表现主义发展得比较晚的原因。

当然，中国古代也有商品经济，但是由于封闭性的农耕经济的牵绊，生产力得不到飞跃，19 世纪初仍裹足不前，导致中国的近代设计较之西方工业革命以来的设计一落千丈。

## 2. 商业与民主

古希腊自然环境多山而少河流和平原，土地贫瘠不足以进行农耕，只有少许地区出产少量大麦和小麦。希腊拥有世界上最曲折的海岸线，天然良港众多，加之地处地中海地区的核心地带，使希腊人很早就开始了航海、移民、海外贸易，埃及、意大利、波斯、黑海沿岸都留下了他们的足迹。他们给希腊带去精湛的工艺品和土特产——葡萄酒、橄榄油等，并从那里带回新的观念和物品，形成了亚非欧三洲的交流枢纽。我们从米诺斯王宫的壁画、东方纹样时期的陶器和古风时期的雕刻等，明显看到外来文化基因的痕迹。当然，也正是由于地处交通要塞，历史上的希腊屡遭入侵，长期被异族占领，这一原因又加深了希腊人热爱自由、热爱生活、热爱和平的大同精神，许多工艺品和雕塑艺术都有此体现，如黑绘式陶瓶《阿卡琉斯和埃阿斯掷骰子》，战争间隙的人们专注于游戏却是那么宁静、快乐，这其中蕴含着多么简单而又朴素的人生哲理！

与中国古代专制社会不同，公元前 8 世纪，雅典已具有真正意义上的民主。梭伦改革后，因债务而卖身为奴的自由民恢复了人身自由，许多外国手工艺人移居希腊城邦，为希腊设计文化的发展创造了有利条件。雅典的民主氛围，使当时的设计作品是建立在实用、平易近人的人文主义基础上的，而不是专为统治者服务的，这一点从其陶器、青铜器的自然纯朴、轻盈活泼等特点即可看出，与中国古代青铜器的威严冷竣之风格迥然相异。

## 三、社会环境的差异产生不同的设计思维与审美精神

古代中国与希腊截然不同的社会体制造成社会环境的巨大差异，也深深影响了人们的设计思维方式以及自由发挥创造性的能动性。

### 1. 宗法制度与“通用设计”

中华民族主要由血缘家族组合而成的农业社会形态形成了千年不衰的宗法制度，注重血脉相承的纯正性、长幼尊卑的秩序伦常，虽然历经动乱，社会经济形态、国家政权形式多有变迁，但是由血缘纽带维系的宗法性组织——家族，始终占据着中国社会的基础。“家”“家族”“家国同构”，从中可见“家”是社会思考的基本单位，这一点在室内、外环境设计上有着深刻的反映。

以家为起点的特征，导致了中国古代建筑以“住宅”为发展原型的设计规律。在中国古代建筑中，有明显的特点表明一切建筑形制均由住宅发展而来，一切均以住宅概念为原型。无论是佛寺、官衙还是皇宫、商店，采用的都是住宅的形式，皇宫是皇帝的住宅，商店也是“前店后居”。无论是古代的皇家园囿还是贵族的私家园林、百姓的四合院住宅，其室内、外设计都遵循同一套礼法制度，都体现出“家”的概念：长幼尊卑、主次分明、色彩装饰、器用等级，都要严格遵守，不得逾越。用现代的术语可以称之为“通用设计”，四合院式的“家”成为成熟的“标准化”建造方式：中轴线上的一道道大门、一个个院落、一座座建筑序，形成相似的韵律，却又生出无穷的变化，从而满足人们恒久与变异的社会心理需求。

这种“通用”思维还表现在古代中国的“传神”“顿悟”“气韵生动”等宏观概念上。这类概念通常没有严格的内涵和外延，套用在任何艺术设计领域都不为过。不像古希腊亚里士多德谈“模仿”时那样条理分明，也不像达芬奇那样通过解剖人体精确地绘出人体的比例和结构；古代中国对于设计经验的总结，也不是判断、推理，而是靠直觉、品味、感悟。“道可道，非常道；名可名，非常名”，以及“大巧若拙”“拈花微笑，体道心传”等，都是这个道理。

### 2. 宗教与哲学酝酿出的审美文化

目前比较流行的看法认为，中国文化是一种伦理文化，而西方文化是一种宗教文化。也有人认为中西文化其实都是宗教、伦理、政治相统一的文化，只是前者统一于伦理，后者统一于宗教。就设计文化来说，西方受到宗教的影响远远大于中国，宗教是西方政治思想、道德理想、审美理念的主要根源之一，不论是其建筑、绘画、雕塑，还是音乐、诗歌，都不过是培养和教育希腊人的宗教思想的工具，正如亚里士多德说的“暴君们盖起一座像萨摩斯神殿那样的大型神殿，为的是使老百姓整天忙个不停，没有闲工夫去谋反”。例如，用大理石雕刻的众神，特别是雅典卫城里菲迪亚斯和它的弟子们雕刻的神像，就符合了受国家保护的奥林波斯山的宗教，是为城邦利益服务的。

虽然早期人类都创造了自己民族的神话体系，但是中国的神话远不及古希腊的发达，神话对于希腊设计文化基因的影响是全局性的、根本性的。与中国古代“神人相隔”“君权神授”等观点不同，古希腊认为“神与人同形同性”，神话中的人甚至可以与神通婚，神也具有人的

身体、情感和思维。所以才有了形态精确、典雅美好的诸多人体雕塑，建筑中也处处体现着人体的和谐比例和理想美，如多利安柱式的男性美、爱奥尼亚柱式的女性美等；又如，供奉雅典娜女神的帕特农神庙，世世代代受到西方人的景仰。中国自古就重人事，《考工记》中“左祖右社”，王宫居中的形制即说明神权和族权都不过是皇权的陪衬而已；对于鬼神的有无，孔子机智地加以回避：“子不语怪力乱神”“未能事人，焉能事鬼？”。二者的不同由此可见一斑。

古希腊文中，“哲学”一词的语义是“热爱知识”，即要求人们竭尽全力用自己的思想去理解所有的事物，这也是希腊人怀疑精神、科学精神的体现。希腊哲学充满着思辨精神，苏格拉底和柏拉图提倡的辩证法，其原意即为对话，后来亚里士多德把它发展为辩证推理。如：一和多、静和动、主体和客体、本质和现象、必然和偶然、永恒和变化、存在和生成、原因和结果、纯粹和杂多、理智和感觉、形式和质料，等等，都是对子。对子就是矛盾，解决矛盾的途径是辩证法。当代法国哲学家德里达（J.Derrida）把希腊哲学的这种传统称为“逻各斯中心主义”，“逻各斯”(logos)就是理性，希腊哲学的理性特征是二元对立与一元中心的统一。

这种理性特征也构成了希腊设计文化基因的重要部分，如毕达哥拉斯学派认为事物的本原不是物质而是抽象的数，“数学的原则是万物的原则”。为了创造美，希腊人发现了比例，而发现人体比例的希腊人首先就是伯利克里托斯，他认为人体的比例要依靠“数”的关系，人体最理想的比例是头与全身的比例为7:1。伯利克里托斯对人体比例结构的探索，实际上是艺术发展到成熟阶段出现的一种程式化现象。体现伯利克里托斯理论的雕像是《持矛者》和《束发运动员》，这两座裸体青年男子雕像是完全依人体比例为7:1的法则创造的。他们体格壮健，肌肉发达，雕像还从力学上探索和解决了人体重心和各种动态之间的关系：人体的重心都落在右脚上，左脚因此获得解放，为适应人体重心的平衡，人体各部分的动作与肌肉也做了相应的塑造，表现出力量美感。当然，这种黄金比在建筑中的应用更是数不胜数，如希腊人建筑神庙的柱廊时，为了视觉上的正确和美，修改了正常的比例或尺度，使柱子上粗下细，以此矫正视觉偏差——这是当规范与审美发生矛盾时理性的选择。

由此可见，希腊哲学重形而上学和认识论，其逻辑分析、演绎推理的思维方法决定了西方设计文化基因的重试验、重形式、强调秩序、和谐、主客体分离等特点。而与此相反，中国哲学传统中，几乎从来没有脱离人事的形而上思考，所谓“天人合一”，实际上是将“天文”纳入“人文”规范，以人为中心、为本体，“知性则知天”（孟子）的世界观。在这种世界观的支配下，中国人的哲学思维就从来没有真正的主客分离，也没有超越物质世界的形而上精神。中国文人借物比德、寄景托兴，比兴抒发的都是政治道德人伦理想。

正如梁漱溟曾认为，中国文化与西方文化分属两条道路，不能用一种价值观比较孰优孰劣，近代西方异质文化的涌入，必然会有冲突和不兼容。但是，从另一个角度来分析，异质相吸，中西之间的和谐相处以及互补和融合，不是不可能。“全球化”趋势下的中国现代艺术设计，正经历着新一轮的中西文化交融和更大的挑战，梳理和认识这两种文化形成的环境因素的本质不同，是为设计师的创新有所启迪。

## 参考文献

[1] 冯天瑜．中华文化史 [M]. 上海：上海人民出版社，2005.

[2] 后现代主义与文化理论——杰姆逊教授讲演录 [M]. 唐小兵，译．西安：陕西师范大学出版社，1986.

[3] 梁思成．中国建筑史 [M]. 天津：百花文艺出版社，1998.

[4] 姜澄清．易经与中国艺术精神 [M]. 沈阳：辽宁教育出版社，1990.

[5] 李砚祖．造物之美 [M]. 北京：中国人民大学出版社，2000.

[6] 萧默．中国建筑艺术史 [M]. 北京：文物出版社，1999.

[7] 李聃，庄周．老子・庄子 [M]. 长春：时代文艺出版社，2001.

## 5 21世纪初中国建筑在多元化设计背景下的发展特点

原载于：《中华民居》2012年第3期

【摘　要】21世纪，在各种新技术、新材料和各种各样的设计思潮的影响下，中国建筑兼容并蓄，慢慢凸显出一些自己的发展特点。本文通过分析21世纪以来中国的典型建筑案例，对这一时期中国建筑的特点进行了总结和论述，并探析这些特点在中国建筑中的表现形式。

【关键词】21世纪初；中国建筑；多元化设计；发展趋势；特点

从20世纪中叶到现在，西方的建筑风格理论可谓丰富多彩、百家争鸣。“20世纪40年代—50年代是现代主义建筑、国际主义建筑风格垄断时期，70年代到现在是后现代主义时期，这里的‘后现代主义’包括了现代主义风格之后的各种各样的艺术运动，比如后现代主义风格、解构主义风格、新现代主义风格、高科技风格等。”这些西方的建筑风格和设计思潮都前前后后、或深或浅地影响过中国的建筑创作，经过实践的洗礼之后，又出现了新的分野，使得21世纪中国当代的建筑创作也呈现出繁荣多元的景象。

### 一、时代性与民族性相融合

时代性，是指当代建筑与时俱进的全球发展趋势；民族性，也可以说是地域性，是指建筑要体现一个地方的历史文脉特色。时代性与民族性相融合，也就是指一个建筑的设计既要与世界设计的趋势相一致，又要不失这个建筑本身的地域特色与历史文化底蕴。

纵观中国历史，在“外来文化”的时代性与“传统文化”的民族性的融合问题上，就有不少争议和尝试。在20世纪50年代中期，以“大屋顶”为特征的中国传统建筑的现代化继承思潮迅速蔓延全国，这是中国传统建筑与现代化建筑相融合的第一次高潮。但这次民族形式复兴的起因来自苏联历史主义的影响，具有明显的政治色彩。当代中国建筑出现的时代性与民族性相融合的趋势多受到后现代主义的影响，运用新材料、新技术、新结构，通过隐喻和象征的手法，达到一种当代建筑和传统建筑的复古折中、新旧糅合的设计。

2010年的上海世博会的中国馆，便体现了中国当代建筑时代性与民族性相融合的趋势。

首先，在表达中国特色方面，设计者从中国传统的艺术意境、色调等文化印象方面，从古代冠、鼎等器具方面，从中国古都城市的营建法则和斗拱等建筑构件方面加以整合提炼，抽象出“中国器”的构思主题，表达中国的传统建筑文化特色。

其次，在表达时代精神方面，中国馆用现代立体构成手法生成一个结构严密、层层悬挑的三维立体空间造型体系。这个体系外观造型上整体、大气，有视觉震撼力；内部空间上穿插流动、视线连通，满足了现代展览空间的要求;结构上既表现出力学美感，同时又四平八稳，合理安全。

总之，2010 年上海世博会的中国馆采用现代技术与材料，运用立体构成手法对传统元素进行了现代转译，是当代建筑中时代性与民族性相融合的完美案例。

## 二、新科学技术在建筑中的运用

吴良镛先生在《北京宪章》中指出："21 世纪必将是多种技术并存的时代。"这里的"多种技术"包含各种对建筑创作具有促进意义的科学技术，如新建筑材料、新结构技术、现代信息化设计手段（参数化设计）等。这些在新世纪出现的一系列科学技术都体现了当代建筑的一个发展方向。

2008 年北京奥运会的主体育场"鸟巢"就是运用新建筑材料的突出案例。首先，它的外形是一个反向的双曲线钢结构构成的巨大钢网围合，观光楼梯是相互交织的钢结构的延伸，立柱也消失了。可以说，"鸟巢"把钢材的可塑、抗拉、抗压性能发挥到了极致。其次，"鸟巢"采用双层膜结构，外层用 ETFE 膜材防雨雪、防紫外线，内层用 PTFE 达到保温、防结露、隔音和光效的目的，ETFE 和 PTFE 都是后工业时代出现的新型环保建筑材料。

表皮建筑也可谓是当代建筑多元化发展中的一枝独秀。随着现代科技的不断发展、新结构的不断出现，建筑表皮脱离结构具有独立性，有了任意伸展的可能性，形式也变得多种多样。例如：外观呈半椭球体的国家大剧院，就需要有高度发达的科技来实现大穹顶的结构，使剧场的外观不同于以往的形式。另一个中国当代建筑中有名的表皮建筑是 2008 年北京奥运会的游泳馆（水立方），它的表皮材料也是 ETFE 膜材，其结构是世界上最大的结构设计公司 ARUP 设计的。

"参数化设计，这个正在从前卫转向主流的新设计思潮和技术，在 21 世纪数码技术蓬勃发展的今天，如雨后春笋般呈现出勃勃生机。"除了形态多样的表皮建筑，现在许多建筑都具有弯曲自由的表面或者复杂错位的空间，这样的建筑除了要有新材料、新结构的支撑之外，还需要数字技术的支持。由美国 NBBJ 公司与 CCDI 中建国际设计公司共同设计的杭州奥体中心主体育场便使用了参数化设计方法（图 1）。该体育场的外观由 14 组花瓣形单元构成，无论是"花瓣"的形态，还是体育场自身的协调关系，都非常复杂。参数化设计的运用则极大地提高了工作效率和质量，简化了体育场设计上的复杂性。

图 1 杭州奥体中心主体育场

## 三、可持续发展的绿色建筑

1999 年，国际建协第 20 届世界建筑师大会在北京召开。会议上一致通过的《北京宪章》提出了“人居环境”概念——建立一个可循环不息的生态体系，并倡导建筑师们要不断扩展学习，保持建筑学在人居建设中主导专业的作用。另外，《北京宪章》中还指出：“走可持续发展之路是以新的观念对待 21 世纪建筑学的发展，这将带来又一个新的建筑运动，包括建筑科学技术的进步和艺术的创造等。”这正预示了中国建筑在 21 世纪中向可持续发展的绿色建筑靠拢的必须和必然。

事实证明，新世纪以来我国在绿色建筑的发展上也做了很多工作。2000 年，我国执行新建建筑节能 50% 的标准。2004 年，科技奥运十大项目之一的“绿色建筑标准及评估体系研究”项目通过验收，应用于奥运建设项目。同年 8 月，上海市绿色建筑促进会成立，标志着“绿色建筑”所体现的生态的、人本的、可持续发展的理念，已倍受社会各界关注，是全国第一家以“绿色建筑”为主题的社会团体法人。2005 年至 2009 年分别召开了第一至第五届国际智能、绿色建筑与建筑节能大会，不断强调绿色建筑的重要性。

由此可见，可持续发展的绿色建筑是中国当代和 21 世纪建筑发展的一个主导方向。在理念上，可持续发展的绿色建筑观念已经深入人心；在设计上，可持续发展的绿色建筑理论及其创作设计方法被积极探索；在技术上，一系列的可持续发展建筑技术和建筑材料被研究和使用。华南理工大学建筑设计研究院设计的长沙市“两馆一厅”（博物馆、图书馆、音乐厅），是长沙市的地标性建筑群，是按绿色建筑标准建设的重点标志性工程。“两馆一厅”应用了电气系统节能、雨水收集系统、废弃建材回收利用等多项“绿色建筑”环保节能系统，是长沙的绿色建筑示范项目。

## 四、建筑创作个性化、艺术化

当代中国建筑越来越趋向于个性化、艺术化，其奇异的外观、特殊的材料与施工技术等，都令人眼前一亮、耳目一新。其个性化、艺术化的原因可以分为两个：第一，当代科学技术迅猛发展，新技术、新材料的出现促进或者实现了建筑师的大胆设计;第二，受西方设计思想，尤其是后现代主义、解构主义和高技派的影响。

图 2 广州歌剧院

后现代主义是通过拼贴、隐喻和象征等手法，运用新颖的现代建筑语言和形式来诠释文脉的传承和精神的表达。解构主义是采用非中心、无次序的流线造型和解构、重组的破碎造型，达到功能与形式之间的叠合与交叉。高技派，则是运用新技术、新材料、新结构来实现对当代建筑的诠释。这些西方的设计思想都不同角度、不同深度地影响了21世纪中国当代建筑个性化、艺术化的趋向。

例如，扎哈•哈迪德设计的广州歌剧院（图2）。哈迪德采用几何形体、不规则的外形设计，使广州歌剧院成为广州独一无二的地标性建筑。从平面图上看，广州歌剧院好似由珠江用水冲来的两块大石头而组成，所以又名“圆润双砾”。在形式上，两块石头以看似圆润的造型表达了内心的纯真，摆放在珠江岸边十分特别、显著。在功能上，“圆润双砾”的封闭造型提供了绝佳的音响效果，“大石头”是1800座的大剧场、录音棚和艺术展览厅等功能空间，“小石头”则是400座的多功能剧场等。这样的造型设计不但实现了形式上的独特性，同时也完美地满足了功能上的需求，做到了功能与形式之间的叠合与交叉，是解构主义的设计与表现手法之一。

## 结语

在多元化设计思潮的影响下，中国建筑在21世纪初有了多方面的发展和特点。这些特点从不同的角度体现出中国建筑在应对国外设计潮流的情况下自身的发展和进步——从保持自身建筑传统和顺应设计潮流、与时俱进的角度上，从新材料、新科技、新结构的应用上，从学习环保设计的理念上等，都体现出中国建筑在新世纪发展的一些优势特点。除了以上论述的优点之外，21世纪初的中国建筑同样也存在一些弊端——多元化的设计思潮的冲击使得人们眼花缭乱，国内建筑也有盲目模仿国外建筑设计的做法。例如，一度受到热议的央视大厦新楼，其热议主题就是新颖的异形造型与巨大的预算费用之间的取舍问题以及异形造型与安全隐患之间的问题。因此，国内建筑在学习国外设计的同时也应该从中国的实际出发，处理好建筑在功能与形式上的关系。

## 参考文献

[1] 王受之．世界现代建筑史 [M]. 北京：中国建筑工业出版社，1999.

[2] 薛娟．中国近现代艺术设计史论 [M]. 北京：中国水利水电出版社，2009.

[3] 华南理工大学建筑设计研究院，中国馆创作设计团队．中国 2010 年上海世博会中国馆创作构思 [J]. 南方建筑，2008（1）：78-85.

[4] 吴良镛．国际建筑师协会《北京宪章》[J]. 中外建筑，1999（4）：6-8.

[5] 高岩．篇首语 [J]. 世界建筑，2008（5）：16-17，11.

[5] 吴良镛．21 世纪建筑学的展望——“北京宪章”基础材料 [J]. 建筑学报，1998（12）：4-12，65.

[6] 薛娟．居以养体 [M]. 山东：齐鲁书社，2010.

[7] 江天梅．中国绿色建筑的发展 [J]. 上海建材，2009（3）：33-35.

# 6 浅谈“天人合一”的明式家具对现代室内设计的启示

原载于 :《戏剧之家》2020 年第 13 期

【摘　要】明式家具的设计思想内涵对现代室内设计的发展方向有着积极的指导意义，对传统美学的传承和再发展一直是艺术家进行创作和艺术设计所追求的目标。设计师们需要对明式家具传统文化进行深入了解，并将其美学内涵融合于现代室内设计，营造出具有中国文化特色的现代室内设计氛围。这是一条能持续发展的道路，其美学意义和实践意义是深远的，因此让古人艺术手法再现是我们紧跟时代、注重创新的新课题。

【关键词】现代室内设计；明式家具；美学思想；融合传承

明式家具在艺术上的辉煌成就是大家有目共睹的，但是很多学者的研究只是停留在其表面，没有对明式家具本身蕴含的美学思想进行深入研究与探讨。本文将从明式家具所具有的“天人合一”的中国传统美学思想入手，通过对明式家具的造型、结构、材质等艺术特征的分析，阐述明式家具设计美学思想对现代室内空间设计的几点建设性启发意义，旨在将传统文化与现代时尚能完美地融合到现代室内设计中做一些可行性研究与探讨。

## 一、明式家具诞生的背景

经过历史的不断变化、演进和发展，中国古典家具的形式从秦汉席地跪坐方式的低型家具向隋唐高低错落的高型家具演变，到了明清时期，家具匠人们用精湛的手工艺塑造出了独特的艺术造型，使得明式家具成为了中国工艺美术发展史上的典范。其当时诞生的背景主要有以下两个方面。

### 1. 社会经济背景

(1) 木材丰富。明代隆庆年间开放海禁，海航技术得到了蓬勃发展，尤其是郑和下西洋返回时带回了大量的南洋地区产的优质珍贵的硬木原料，如花梨木、紫檀木等。这些木材质感坚硬细腻、纹理清晰优美、色泽沉重亮丽，为造就明式家具发展成为中国古典家具的巅峰提供了极好的原料。

(2) 手工艺的发展。明代手工业发达，在江南地区出现了专业水平很高的作坊，特别是木制和金属工艺较为成熟，家具的精细加工水平很高，为历朝历代最高峰。

### 2. 社会文化背景

明代兴起了兴建园林的风气，这些建筑基本上设计雅致不俗，有很高的艺术设计水准，再加上规模庞大，根据建筑使用功能的不同，配置了大量的明式家具，这无疑推动了明式家具的迅速发展，并且明代出现了如《天工开物》《园冶》《鲁班经》等总结工艺技术经验的百科全书式的典籍，还有像髹漆这样的工艺在明代家具上也有所飞跃，明代黄成编著的《髹饰录》就论述了各种漆工艺的分类特点，为后世提供了重要的专业参考价值。

## 二、“天人合一”的美学思想

中国的传统文化博大精深，经过几千年的沉淀，形成了儒、道、禅三家为主的美学思想，因此，明式家具在这样的文化氛围的熏陶下受到了很大的影响。这使得明式家具无论是在选材、造型还是结构等方面，都是对我国传统文化的一种阐释，散发出和谐中庸、崇尚自然的韵味，其中最具代表性和影响力的就是“天人合一”的美学思想。“天人合一”的宇宙观是中国传统文化的中心思想，由此所体现出来的造物理念，其实也是造就了明式家具繁盛的根源所在。中国古人认为人与自然要和谐发展，因此，在明式家具设计上也一直强调人与家具要在所处的环境中协调统一。

### 1. 从造型上来看

“返璞归真”“自然天成”的审美意识是古代匠人们一直所崇尚的，因此，明式家具在设计上一直以来都保持不施雕琢而浑然天成，追求自然美的艺术风格。

《考工记》曾记载：“天有时，地有利，材有美，工有巧，合此四者，然后可以为良。”明式家具在造型上讲究物尽其用，不进行表面过多的修饰，尽量保留木材纯天然的纹理，物尽其美地使材料的本身属性与匠人的想法融合在家具中，尽其物性，又尽了人性，正所谓“天人皆物，心物合一”，以此达到“虽为人作，宛若天成”的最高境界。明式家具设计比例适中、方方正正，体现了儒家思想的“中庸之道，不偏不倚”，并且在适应功能要求的同时没有一点累赘，与当代的人体工程学相吻合。如花梨圈椅的各部比例，研究结论是各项尺寸与现代座椅的造型、形式、功能都极为相似（图 1）。由此可以看出明式家具的造型，是“天人合一”思想的完美演绎，最大程度上体现了亲近自然、道法自然的思想理念。

图 1 明式花梨圈椅

### 2. 从结构上来看

明式家具之所以能成为经典，其灵魂就是采用榫卯结构，完全不用钉子或黏合剂，可谓“内

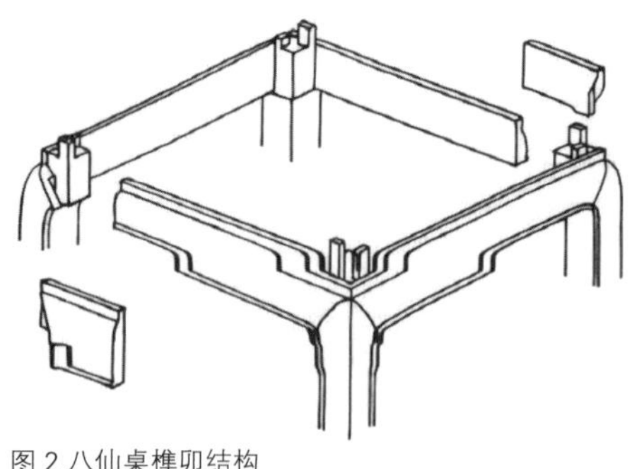
图 2 八仙桌榫卯结构

外兼修”。整个构架全凭榫卯就可以将高与低、长与短的木件巧妙紧凑地咬合在一起，不仅美观，而且非常牢固。榫卯结构将匠人们的奇思妙想和传统中式木建筑融汇在了一起，甚至体现出中国传统的八卦阴阳理论。“昔者圣人之作《易》也，将以顺性命之理，是以立天之道，曰阴曰阳；立地之道，曰仁曰义。兼三才而两之”（《说卦传》），这个“易”就阐明了天、地、人道的法则，揭示出生生不息的宇宙万物所遵循的阴阳变化的内在律动。阴阳就是榫卯，榫头是凸出的部分，卯眼是凹进的部分，一凸可为阳，一凹即为阴，榫卯结合即阴阳结合、凹凸相补、相生相克。能做出如此巧夺天工的艺术结构，无疑是由于匠人们对自然的学习和研究以及精心推敲和细致入微的观察。明式家具在结构上使用榫卯结构，其表现出的美观性与实用性，体现了“天人合一”思想的整体美（图 2）。

### 3. 从材质上来看

在材质的适当运用上，明式家具是非常讲究的，老子云：“人法地，地法天，天法道，道法自然。”道家美学认为要遵循自然，以自然生态美为大美，美在本真。正所谓庄子所提的“天地有大美而不言”。明式家具崇尚先人的质朴之风，追求大自然本身的朴素无华，不加装饰，注意材料美，并且巧妙地将木材的自然纹理与结构相结合，不做过多雕琢，只在局部小面积内做一点雕饰，既顺应了木材的本质属性，又不失美感。更值得一提的是经验丰富的匠人们还能一木连做，保持木材的整体性。这种从整体上把握的大局观，使得木材的纹理属性和造型结构保持了完美统一，也体现了明式家具崇尚自然的质朴之美和“天人合一”的造物思想，值得当代设计师学习。

## 三、现代室内设计对明式家具的几点思考

通过对明式家具“天人合一”美学思想的探究，本文总结了以下几点思考，以期帮助现代设计师们更多地探索和开拓发展方向。

### 1. 崇尚自然的设计思想

“道法自然”的思想可以说完全体现在明式家具的结构上，不用钉胶完全用榫卯构件将其固定，是技术性与美观性的完美结合。组装出来的家具使用百年后整体结构依然完好，体现了极高的实用价值和工匠精神，显而易见就是儒家道家所推崇的“天人合一”的崇尚自然的造物思想。明式家具的设计总是以最自然的形式展现出来，既尊重了自然也实现了节约环保的理念。这种追求自然美的品格特点无疑与当代的“自然为本”设计思维不谋而合。当代人的生活节奏日新月异，生态危机频发使得有识之士不得不警醒反思人类的生存、生活空间如何才能持续发展下去，那种豪华奢靡、金银堆砌的室内环境已经不是理想的追求，而那些清新简洁、绿色环保的设计才是当代人的追求，人们的生活空间趋向生态化、自然化，反观“天人合一”的明式家具，的确能给当代设计引领潮流、树立典范。

### 2. 以人为本的设计思想

我们已经知道明式家具在结构上既符合现代物理学的力学原理，又有着完美匀称的美学比例。如《长物志》中描述脚蹬“以木质滚凳长二尺，阔六寸，高如常式，中分一档，内口空，中车圆木二根，两头留轴转动，以捌拽轴，滚动往来。盖涌泉穴精气所生，以运动为妙。竹踏凳方面大者，也可用。”如明式家具的 S 形椅背，比例尺度均衡，既符合人的生理特点，又别具一格。这些都体现了古代匠人们是从以人为本的需求出发的。在现代室内空间设计中，为了营造安全舒适的空间环境，设计师要以人为本，首先要考虑人体工程学，其次要尊重地域性与当地的文化习俗，以满足人们物质功能和精神功能的需要，从而使空间更具人性化的特点。

### 3. 提倡民族化和地域化的设计思想

“只有民族的才是世界的”，这是当代艺术提倡的共性。艺术之所以能够不断地出现新的特色，并不断蓬勃发展，是由全世界各国家各民族不同的历史和地域文化所塑造的。明式家具在中国浓厚的传统文化背景下，形成了独特的审美思想，才成为世界家具设计史之最。从这里可以看出，只有蕴含传统文化的设计作品，才能使艺术品“活”过来，才能最具有灵魂。同样，在多元化室内空间设计中，如何挖掘和吸收传统文化的精髓，并转化为当代设计语言，成为当代设计师的新出路、新追求。注重挖掘民族文化和地域文化的潜在资源，塑造室内空间的新特性，也许是当代室内设计创新发展的根本出路。在全球化文化异彩纷呈的国际背景下，发展和完善明式家具设计美学，创作出具有民族文化和地域文化的室内设计，不仅会受到本地区人民的喜爱，还会赢得世界人民的认可。

## 结语

现代室内空间艺术设计所遵循的创作原则和审美准则，是通过对明式家具的分析与研究，唤醒和激发了人们对传统文化的再创造而得到的。为了使明式家具与现代人的生活相适应，使明式家具能够在现代室内环境设计中发挥其新的作用，能够再创新利用，设计师在遵循上述一些原则和方法的基础上，也需要从美观性、功能性、实用性等各方面综合考虑和推敲。由此，明式家具所蕴含的美学元素可以通过设计师的主观再造完美融入到现代设计中，使传统与现代、民族与世界的文化在艺术设计中接轨。

## 参考文献

[1] 彭富春 . 哲学美学导论 [M]. 北京：人民出版社，2005.

[2] 文震亨 . 长物志图说 [M]. 海军，田君，注释 . 山东：山东画报出版社，2004.

[3] 徐贺一 . 中国古典家具在当代室内设计中的运用探析 [J]. 大众文艺，2018（1）：48-49.

[4] 张宏达 . 中国古典家具对现代家居的影响和启迪 [J]. 美与时代（上旬刊），2016（4）：33-35.

[5] 欧阳代明 . 中国古典家具设计的功利与伦理 [J]. 艺术与设计（理论），2017（7）：122-124.

[6] 金丽萍 . 试论中国古典家具审美 [J]. 职业圈，2017（4）：66-67.

# 7 新折中主义艺术设计在中国的发展

原载于：《苏州工艺美术职业技术学院学报》2010年第2期

【摘　要】改革开放以来，中国现代文化呈现中西思想之争，在艺术设计界体现得尤为突出。经过二十余年的发展，新折中主义逐渐成为设计家们的共识，这是一种科学、理性的折中，是将民族风格与外来风格、现代主义与后现代主义、雅与俗等诸多因素置于平等的文化语境中的异质同构性的再创造。

【关键词】新折中主义；风格；多元共存；中国；艺术设计

20世纪80年代以来的“中西之争”是20世纪的中西之争的第三个高潮(潘耀昌先生认为：第一个高潮就是“五四”新文化运动，第二个高潮是50年代学习苏联，第三个高潮是80年代开始的改革开放，体现出不同文化交融时必然的矛盾和冲突)。与以往两次不同的是，这次与西方文化的对接不仅要面对西方自第二次世界大战后发展起来的各种新思想、新现象，而且要重新认识百年现代化背景下多种意识形态及其演进特征，因此，其广度、深度和难度都更为复杂。就设计思想而言，各种因素相互交织，没有了近代二维性质的“西上中下”“中上西下”等思维定势，取而代之的是一种多维度、多元化的异质同构局面，暂且称之为“新折中主义”，以区别于近代的“折中主义”。它是一种相对于近代的盲目折中的一种理性的、中庸的、科学的、创新的折中主义，在“人文主义”与“反人文主义”并存、装饰与反装饰并存、规范与无序并存的文化语境中，设计思想不再截然对立，时刻处于动态变化和适应更新之中。

## 一、民族风格与外来风格并存

20世纪80年代，面对“西方”这个久违的“老师”，一度又有全盘西化、摒弃民族文化的浮躁。许多学者盲目认同韦伯（Max Weber）等人的“西方中心主义”话语，他在《儒教与道教》（1915年）中开出的诊断药方：以儒家伦理为核心所构成的“中国精神”（Chinese ethos）妨碍中国发展资本主义——似乎传统文化被抛弃得越彻底，中国的现代化就越有希望。庆幸的是现实并非如此，20世纪90年代以来二元对立思维模式逐步改变，人们对民族文化的认识趋于认同，对外来文化趋于客观和动态地分析；外来的并非都是好的，西方的科学和技术发展的利弊已是事实，那么中国必须汲取其可取要素而求自新；民族的也并非都是落后的，中国传统思想也与现代运动的思想有许多吻合之处。

在设计界，取得这个共识必然经历了许多“产前阵痛”。以建筑为例，当高耸林立、钢筋水泥的方盒子建筑遮住了昔日的阳光，各大城市继之而起的却是政府提倡的“大屋顶小亭子”“画蛇添足”式建筑，在“崇洋”与“国粹”两极之间摇摆的类似例子还有很多。幸有贝聿铭驾轻就熟的“新现代主义”，成为国内设计师的标杆：中国香港的中国银行（1988年）的塔楼，其独特的创意来自民族文化中的哲学理念“竹子生长节节高”，隐喻蒸蒸日上、欣欣向荣的新中国现代化建设；香山饭店成功地将江南园林和民居的抹灰墙及漏窗、宫灯、月洞门、砖饰等元素与现代化的功能分区、结构设计融合，证明了民族特色也可加入“阳春白雪”之列。贝聿铭接受的是西方建筑教育，在西方生活了半个世纪，却没有完全步西方国际风的后尘，反而更加注重民族风格的创新。他说：“中国的建筑要有自己的面孔，要贴近生活。如果中国的生活与西方相同，就可抄西方的。但如果不同呢？中国的建筑要看中国建筑的历史、文化。中国香港、新加坡学欧美，都是走错路。”他还在论及一个城市、一座建筑的统一思想问题时提出：不要把自己的城市搞成五花八门的“大世界”，尤其北京这样的大城市；他列举了巴黎、伦敦、华盛顿等城市都因规划简单完整、建筑式样少、颜色材料统一而具有自己的风格。

国内设计师在建筑设计上擅长对西方风格分门别类，无论是欧陆风情还是国际风格的现代社区，功能与装饰有度，择需而用；对内则依据地域特点开发出不同风情的建设项目，风土、语言、民族性等差异性概念成为吸引消费的最终源头。在商业操作的经济环境中，多重风格和设计元素跨越地域限制，进行新的折中，如成都的房地产开发商将徽州民居风格与现代四合院相加，一并植入西南文化古城；伊斯兰清真寺风格的屋顶与海派建筑构成特征明显的现代酒店，出现在上海街头也未尝不可；而室内装饰风格，则更是将中外古典、现代一一分类，根据业主喜好或商业需要来定夺。在地球村概念的影响下，中西建筑之间的鸿沟消失了，西方风格与民族风格不再是对立的关系，而是可以互相对话、毗邻并列的关系，代表高科技现代化的鸟巢体育场可以出现在中国古都北京市，苏州园林式庭院也已经在美国安家。

越来越多的设计家从民族文化中汲取营养，民间美术研究者挖掘民间剪纸的母题，表述这个古老民族在现代境况下的生命意识；中国香港平面设计师则较内地设计师更注重传统文化如书法、戏剧等的隐喻表现，对于中国传统建筑与传统书法、绘画、音乐等艺术的共通性与现代审美应用……各个领域、各个层次的设计师都在努力尝试，从改革开放初期的盲目追随外来风格过渡到对民族文化的新的认识阶段。但是，对于民族风格和外来风格的乱用现象，不负责任、不理性的设计师仍旧存在，当贝聿铭先生推出香山饭店的“菱形”设计母题、北京中国银行大厦的“贝氏月洞门”后，又有多少盲目抄袭、跟风的国内青年设计师将此复制在各地的大小酒店、银行的装修中呢？

另一种现实存在是：上海、广州、北京等大城市的高层建筑，几乎全部由国外著名的设计事务所设计、组织营建，法国的夏邦杰（Charpentier）、美国的SOM和KPF、日本的森大厦株式会社等著名事务所主导着中国高层建筑市场，短时间内我们还没有能力赶超他们。“创新是一个民族进步的灵魂”——这是江泽民同志对新世纪中国与世界命运的崭新概括，也是中国艺术设计进步的努力方向。如果还是停留在“冲击-反应”或二元对立的中西观上，这势必会影响中国设计实践的提高。由著名科学家李政道和画家黄胄发起的探讨科技与艺术如何更好地“携起手来”的国际学术会议已经深入人心，几届“科学与艺术”设计大赛和展览取得的成绩也已经表明我们革故鼎新的积极主动性和创新性。

## 二、现代主义与现代主义以后的设计思想多元并存

20 世纪中后期，西方国际风格逐渐式微，继现代主义以后出现了诸多从不同的文化角度出发的设计思想，有回溯历史的新古典主义（万书元将它诞生的时期界定于 20 世纪 50 年代到 60 年代初）、新理性主义、新地方主义，有反叛功能主义的后现代主义，也有反对结构主义的解构主义、针对装饰主义的技术主义、有机主义设计等，热闹非凡。那时中国的现代化建设才刚刚复苏，无论是经济还是文化土壤都不可能立即合理地嫁接植入这种种设计思想。如 20 世纪 60 年代西方提出的后现代主义，其意义在于质疑“主流”的同时，挖掘过去被忽略或压制的要素，用装饰、冲突和不平衡、标新立异、残缺、游戏等形态表达其审美观念。它的产生自然是西方的文化发展到精神危机阶段的必然。正像有学者指出的，西方后现代的文化是一个无边界、无中心、不确定的世界，改革开放使西风渐入，封闭多年的中国设计界通过美国建筑师和建筑理论家罗伯特·文丘里（Robert Venturi）的《建筑的矛盾性和复杂性》（1966 年）和《向拉斯维加斯学习》（1972，1977 修订），以及美国建筑理论家、环境设计师查尔斯·詹克斯（Charles Jencks）的《后现代建筑语言》（1977）、美国作家汤姆·沃尔夫（Tom Wolfe）《从包豪斯到我们的房子》（1981）等认识了后现代主义，懵懂之中将后现代视同金科玉律，许多作品出现盲从也是必然的。

西方衡量后现代主义审美文化的标准是几个方面的“去分化”（De-differentiation）现象：艺术和非艺术区别的消失、艺术内部界限的消失、现代文化中高雅文化－大众文化两极的抹平。那么，当代中国的设计，是否已经有了以上的几种特征呢？从中国的整体经济和文化水平来看，尚不能说进入了后现代阶段，西方现代设计依旧是我们借鉴的首选，功能领先的原则迄今仍适用于人口众多的中国。种种事实表明，中国还需要功能主义，还有一段时间要发展现代主义。或许平面设计界可以用戏谑的手法表现许多创意，服装设计也大可实现许多“朋克之母”（维维安·威斯特伍德，Vivienne Westwood，英国服装设计师）式的搭配，但是就工业设计和建筑设计而言，中国还有很长的现代主义之路要走，因此，现代与后现代并存共生的局面是当下的现实。尤其是现代主义产品设计强调的道德、社会责任感、社会功能方面，我们做得还很不够。

在各大中型城市，外国连锁的超级市场建筑场所越来越多，显示出城市消费生活时代的到来，也正符合弗雷德里克·杰姆逊（Fredric Jameson，美国文学评论家、马克思主义理论家）所说的“超级市场时代，这是后现代主义的标志之一”。不可否认的一个事实是，现代主义尤其是国际风格的单一美学理念是后现代要竭力改变的，这种情形恰好符合封闭多年又开放的中国许多设计师的反传统、反权威、反统一的审美需要，而且盲目地追随现代主义的确会带来许多问题，因此，在 20 世纪 90 年代以来多元开放的环境下，许多学者不再极力否认“中国有后现代设计”的问题。在平面设计界，后现代主义与解构主义在汉字艺术设计中的创造已经体现得淋漓尽致，作为现代书艺、纯艺术的“汉字绘画”等边缘形式，以双重译码产生新的意义，早已进入后现代艺术的表现范畴，如徐冰、陈幼坚等人的汉字解构设计。对于民间美术的热衷，也恰恰说明了人们回归自然、追求精神寄托、反对单调的现代主义的精神需要。近年来，对于中国古建筑设计思想的研究也印证了许多与西方后现代生态主义的共通之处，

如1969年保罗•索勒里（Paolo Soleri，意大利裔美国建筑师）阐述的建筑生态学（Arcology）理论："一种试图体现建筑学与生态学相融合的关于城市规划与设计的理论。依据这种理论，理想的城市被构想为：高度综合且具有合适的高度与密度，在最大限度地容纳居住人口的同时，将居民安置在最为生态化、美好和缩微的环境中。"这与中国古语所说的"宅者，人之本"的思想具有相似的出发点。

20世纪90年代以来得益于文化交流的便捷，弗兰克•盖里（加拿大裔美国建筑师）、扎哈•哈迪德（Zaha Hadid，伊拉克裔英国建筑师）等解构主义大师也渐入中国人的视野。在广州、上海、北京等城市，当代解构主义的大师们已经刮起又一阵西风，新世纪之交的广州歌剧院、广州地铁、广州艺术博物院等都披上了国际及解构主义大师的前卫色彩。解构主义对设计界的重要作用就是多元化思维方式的出现，学者们把解构主义引入中国，这就开启了一种多元论的思考方式。基于社会经济建设的需要和人性追求创新、个性等需求，现代主义与现代主义之后的各种思想在当代中国已形成多元并存的局面。

## 三、雅文化与俗文化的并存

现代审美文化的转变始于艺术向工业和影像业设计的转移，正如杰姆逊在《后现代主义与文化理论》、迈克・费瑟斯通（Mike Featherstone，英国诺丁汉特伦特大学艺术与人文学院教授）在《消费文化与后现代主义》中提到的，"艺术与日常生活之间的界限坍塌了，被商品包围的高雅艺术的特殊保护地位消失了"。在这种转变中，艺术和美学不再是一种具有自律性的价值体系，而是如杰姆逊所说被广泛地"移入"人们的生活世界。

德国犹太思想家瓦尔特・本雅明（Walter Benjamin）将摄影技术和电影的发明视作"机械复制的艺术"时代的到来，从那时到现在，与艺术有着密切关系的听觉与视觉两方面工具的改进大大改变了人类的精神生活。在20世纪80年代前期的中国，以宗白华和朱光潜为代表的美学理论学者追求的是一种以听觉或精神美为主导的美学热，相应的艺术设计观是以朴实、节俭、实用、素雅为特点的；而到了20世纪90年代之后，文化语境演变为视觉图像主导，思想年代的听觉美退位给视觉的中心化。扑面而来的充满诱惑力的电视画面和影碟镜头、琳琅满目的时新商品、五彩缤纷的商业广告、富有诱惑力的时装展示、精确逼真而又丰富繁杂的电脑图像、令人晕眩的取之不尽的国际互联网世界，都在展示视觉图像的无所不在的神奇力量。可见，思想年代以听觉主导的清纯美已经飘逝而去，取而代之的是视觉图像主导及其所标举的繁丽美。艺术、设计不再是政治话语的工具，而是根植于日常生活的本质构造，大众化的设计文化作为无物质性的形式无处不在地影响着中国人的审美。

社会价值观、审美文化观的转变将雅与俗之间的界线打破。在设计领域，现代主义精英们那些僵硬、冷漠、简洁的"功能至上"的产品，已被"大众化""个性化""生活化"的设计取代。像麦当劳、卡通文化的蔓延那样，西方消费文化的影响已经让人们将中国传统的单一审美观时代置之脑后，国内各种特意远离意识形态，摒弃"严肃""神圣""深刻"等意义的设计形式甚至比西方的大众文化更"俗"。如以"女体盛"为题材的某些设计家（抑或艺术家）早已经熟悉这个媒体时代的利益追逐原则，甚至比不上"非典"时期中学生们对波普艺术的运用。但是我们也不得不承认，像周星驰的电影那样，大众文化的娱乐性、商业性、消费性是顺应时代潮流的，雅和俗本来就是辩证的关系：雅可以透过大众传播，成为时髦的追求，成为至俗；俗的东西在经过精英分子精心的选择和特定的使用后，也会有新的意义或者“雅”的诠释。因此，在当下的社会，各层次需求的设计都有其生存空间和文化空间，积极的与颓废的、严肃的与幽默的、严谨的与戏谑的并存，不论雅俗。

以室内装饰设计为例，上海的石库门建筑文化，众所周知是近代市民文化的浓缩，许多现代设计家也紧紧抓住俗文化的亮点，将许多空间打造成雅俗共赏的高档场所。上海 1994 年度十佳商业建筑店面设计的“都城大排挡酒家”，将传统石库门的装饰风格演绎得真假难辨，路人经过或迈入店堂，恍惚回到 20 世纪二三十年代的老上海：“大红灯笼衬托下的石库门，半敞着两扇黑漆大门，石青板天井内，前后客堂、东西厢房依次排列；昏黄的煤油灯下，一张张发黄的旧照片……”更具时尚影响的是香港瑞安集团 2000 年打造完成的“上海新天地”石库门建筑一条街，这不仅成为上海最亮丽的一道风景线，而且荣登网易的中国年度新锐榜 2001 年度建筑奖，人们公认这是一个将历史植入时尚的杰作，风格各异的店铺室内设计显示出商家们独到的文化品位。

## 结语

新折中主义在中国艺术设计领域的发展仍然继续着，并引发人们更多的思考。设计师若从积极的角度看待这个问题，融合中西之长，必将有益于民族文化的继承与弘扬；那种一味盲目折中中西文化之设计，则是我们要竭力避免的。

## 参考文献

[1] 黄健敏．阅读贝聿铭 [M]. 北京：中国计划出版社，1997.

[2] 万书元．当代西方建筑美学 [M]. 南京：东南大学出版社，2001.

[3] 周宪．中国当代审美文化研究 [M]. 北京：北京大学出版社，1997.

[4] 后现代主义与文化理论——杰姆逊教授讲演录 [M]. 唐小兵，译．西安：陕西师范大学出版社，1986.

[5] 宋晔皓．鲍罗·索勒里的城市建筑生态学 [J]. 世界建筑，1999（2）：62-67.

[6] 费瑟斯通．消费文化与后现代主义 [M]. 南京：译林出版社，2000.

[7] 李建盛．当代设计的艺术文化学阐释 [M]. 郑州：河南美术出版社，2002.

[8] 徐纺．中国当代室内设计精粹 [M]. 北京：中国建筑工业出版社，1998.

## 8 浅谈厦门宗祠建筑中石作雕饰的传承与创新

原载于:《艺术科技》2021 年第 1 期

【摘　要】厦门宗祠建筑中的石作雕饰兼具结构性、教化性和装饰性，是体现家族地位与实力的重要手段。在传承的过程中出现雕饰造型固化、内容题材趋同、现代营造与传统理念相矛盾等问题。本文采用现场调研、案例分析的方法，对厦门海外侨居地宗祠建筑中优秀的案例进行分析，总结相关经验与启示，结合厦门实际情况，为宗祠石作雕饰的传承和发展提出切实可行的措施。

【关键词】宗祠建筑；石作雕饰；海外经验；传承创新

随着中国对外开放的步伐不断加快，海外侨胞往来大陆日益频繁，每年清明都有大量的华人从海外归乡谒祖。尤其是“十三五”期间，国家推出一系列侨胞入境的便利措施，回乡寻根祭祖的海外华人更是不断增加。作为著名侨乡，厦门每年都要迎接众多来自世界各地的族亲。近年来，大量的宗祠建筑被修葺或重建，石作雕饰作为家族文化的表征，是装饰和翻修的重点。本文通过调研，发现石作雕饰传承发展过程中面临的问题与不足，借鉴海外华人宗祠发展的优秀经验，为厦门宗祠建筑的传承和发展提供建议。

### 一、厦门宗祠建筑中石作雕饰传承面临的问题

厦门地区的宗祠建筑来源于民居，清王朝对氏族宗祠的功能有明确的规定，宗祠不仅是祭祀空间，还是教育空间与家族集会的公共空间。建筑功能的增加，使宗祠的使用面积逐渐从正厅扩展到整个院落。门厅外的镜面墙和凹寿处由等级低的砖砌演变为等级高的石作。墙面的升级说明了宗祠建筑逐渐从民居中分化出来，成为独立的建筑形式。为了服务空间功能，石作上开始出现各种题材的雕饰，雕饰分布疏密有致，处理手法灵活多变，表达题材丰富多元，每块雕饰都有明确的寓意，逐渐形成独特的建筑文化。厦门宗祠建筑石作雕饰兼具审美价值和文化价值，是建筑装饰中的重中之重。在近几年的翻修过程中，由于对传统建筑营建理念缺乏考究、追求修葺速度和盲目的家族攀比等原因，宗祠建筑在发展中面临一些问题，具体可总结为以下两个方面。

#### 1. 建筑功能弱化导致雕饰表达题材缩减

步入现代之后，宗祠原有的教育等空间功能被取代，宗祠建筑逐渐演变为家族象征性建筑。原有的教化子孙、积极入仕等题材渐渐消失，取而代之的是大量的龙凤瑞兽。为了显示

家族的财力和地位，族人投入更多的资金装饰祠堂，墙面石作雕饰采用装饰等级最高的剔地雕工艺，整个墙面变成雕饰的堆砌，以压迫性的态势呈现在人们面前。

### 2. 机器生产下雕饰造型、工艺与材质的多方面影响

首先，现代机器的广泛使用改变了石料的开采与加工工序。早期石材开采艰难，石作多用在使用频率较高或者防风雨侵蚀的重点部位，每个堵块都经过精密的计算和工匠细心的打磨，即使没有雕饰的素面石，也会经过工匠手工錾平，留有一定的纹理，风格质朴。如今借助现代工具，石材已经不是奢侈的建筑用材，可在宗祠建筑中大量使用。部分宗祠为了增加建筑装饰，特意将下落两侧的对看堵延伸至前埕，以增加展示空间，凸显家族地位。机器开采的石材表面平整，若要呈现“荔枝皮”等墙面纹理，需要再加一步工序，与传统过程截然相反，不少宗祠便省去这一步骤，导致工业痕迹明显。

其次，批量生产的雕饰远达不到手工雕琢的精致。即使构图饱满丰富，但整个图像造型浑圆、缺少细节，外加整个墙面雕刻手法单一，容易让人产生视觉疲劳。青、白搭配是厦门传统宗祠建筑石作雕饰的典型色彩，尤其身堵部分，白石雕刻的堵框中央镶嵌青石雕刻的石窗原本是墙面中最引人注目的地方，如今新修葺的宗祠建筑中已经很少再见传统材质的搭配。现代化工具生产下的宗祠建筑逐渐偏离原有的风貌。

## 二、新材料应用与传统营建理念相悖的矛盾局面

石材作为闽南地区独具特色的建筑材料，具有良好的抗压性和抗腐蚀性，是闽南沿海地区传统建筑不可或缺的一部分。清末民初，下南洋的商人从海外运回大量瓷砖，这种新颖的建筑材料颜色丰富、花纹美观，在很多宗祠建筑中代替了墙面的石作，成为新的建筑防护材料。瓷砖的应用完全打破了传统宗祠建筑墙面形式，摒弃了传统营建的理念。清末民初后，厦门宗祠建筑石作墙面开始向两个方向发展：一类是石作墙面雕饰越来越丰富，在如今的厦门地区占据主流地位；另一类是镜面墙和凹寿转变为砖墙，表面贴瓷砖防护，这类宗祠在厦门地区虽然较少，但已经形成一种类别。

作为矿产资源，石材正日益减少，不少家族尝试用新的建筑材料来修葺宗祠。新材料是否可以代替石作在宗祠建筑中应用以及如何运用，是厦门宗祠建筑物面临的又一个问题。

### 1. 海外华人宗祠的石作雕饰的发展经验借鉴

18 世纪后期，厦门港逐渐成为华人前往东南亚的主要港口，掀起了自明朝初年以后又一次向东南亚移民的浪潮，1893 年清政府废除海禁政策，华人更是如潮水般涌入南洋各地。他们以家族聚集，在海外延续了原乡的宗族制度，人口达到一定的数量之后，就在当地建造起家族的宗祠。经过长时间的发展，海外的宗祠已经成为人们的信仰场所和公共活动空间，在多元文化的环境中促进了各种族交流。

早期华人宗祠追求建筑的原乡性，工匠和建筑材料坚持从原乡取得，尤其建筑中的石作，不少宗祠特意从厦门港海运石材，请惠安和泉州的石匠前去雕刻。虽然建筑形式等尽量向原

乡靠近，但是在当地多元文化和西方艺术思潮的影响下，装饰细节上还是发生了改变，形成了与原乡不一样的装饰风格，在海内外族亲交流的过程中，对原乡的宗祠建筑也产生了一定的影响。

### 2. 艺术语言的在地化翻译

根植传统文化、采用新的艺术语言表达是海外华人宗祠石作雕饰中独具特色的处理手法。

马来西亚槟城谢氏家族分支于漳州府海澄县石塘社（今厦门市海沧区石塘村），当地的谢氏宗祠被称为世德堂谢公司。1933 年，世德堂谢公司进行翻新，谢昌霖提倡“鼎新”“革旧”，在石作中创造性地以西洋风格的石狮代替中国传统风格的石狮。堂前放置石狮是中国的传统，在几百年的发展过程中，人们赋予其不同的文化和感情，使石狮子造型变得夸张、顽皮。在海外，不同文化的参观者很难理解其中的含义，世德堂谢公司将石狮子回归原始，以海外易于理解的艺术语言再现中国传统装饰。

此外，槟城龙山堂邱公司宗祠建筑也使用了这种手法。邱氏族人来自漳州府海澄县新江社（今厦门市海沧区新垵村）。18—19 世纪殖民统治下的槟城经济不稳、社会不安，邱氏族人在宗祠建筑大殿前两侧雕刻一对印度教的锡克兵作为家族守护者，打破了一直以来以门神守卫家族的传统。一方面表明当时统治下锡克兵侍卫威武、严肃，给人相当强的震慑力；另一方面，华人希望在海外可以拥有强有力的人来保卫他们的安全。石作的造型虽然变了，但依然表达了传统的含义。

### 3. 折中的借鉴与自发的发展

在海外艺术思潮和建筑思潮的影响下，宗祠建筑逐渐吸收并融入新的艺术理念。以世德堂谢公司为例，宗祠建筑中摒弃了传统的石柱，选择使用新的、西方的方柱来支撑。方柱粗壮，直线条的装饰让方柱在视觉上更有力量感。受工艺美术运动的影响，柱子之间以金属压片做成拱券，以舒展的植物纹样装饰。虽然样式已经改变，但柱子上依然刻有楹联等中国传统文化元素，保留了传统宗祠建筑的气质。

折中的借鉴是石作在海外发展过程中最早使用的手法之一，在石作雕饰中，最常见的是融合新的艺术理念，将原有题材再次创作。如世德堂谢公司的身堵，保留了闽南宗祠建筑中常用的花瓶宝器的元素，采用新的构图方式和元素符号，使画面别具一格。原乡传统宗祠建筑中的石作雕刻完成后，一般在花瓶等器物上施以彩绘。世德堂谢公司则融合当时伊斯兰文化，在画面中以蓝色为底，突出主体。

### 4. 空间功能导向下的新题材表达

海外的宗祠建筑集合了血缘、地缘和业缘关系，在原乡宗祠建筑的基础上新增了一些功能和空间意义，反映在建筑石作雕饰中。

马六甲海峡沿岸的大家族几乎都是有名的华商，宗祠建筑石作雕饰所表达的内容，除了传统的民间信仰和孝道文化之外，还有商人最崇尚的诚信和对原乡故土的怀念。以龙山堂邱公司为例，建筑中每块石作的雕饰都有不同的寓意，如题材选自《二十四孝》《三国演义》等在当地喜闻乐见的传统故事，来表达“忠、孝、仁、义、礼、智、信、勇”等传统中国精神。这不仅能展现邱氏族人所崇尚的文化风貌，也符合空间的功能，让不同身份的参观者都有所感悟。

## 三、厦门宗祠建筑中石作雕饰在设计中的传承策略

传统建筑不会一直停留在保护阶段，传承和发展是时代的趋势。从海外华人宗祠建筑石作雕饰的发展历程中，我们发现传承传统有很多种方式，结合厦门实际情况提出以下建议。

### 1. 明确受众群体，转换选材思路

习近平总书记提出“凝聚侨心侨力，共圆共享中国梦”，要最大限度地将海外华人华侨的力量凝聚起来。作为我国著名的侨乡，厦门的宗亲遍布我国台湾以及东南亚等国家和地区，每年都会有大量的华人华侨回乡谒祖，由于政策的支持，今后往来会更加密切。宗祠建筑近几年也逐渐被重视，开始了大规模的修葺。在修葺的过程中，首先要明确受众群体和空间意义，宗祠建筑不是纪念碑性质的建筑，石作装饰题材的选择要服务于空间功能。其次要根植传统营建理念，尊重本土建筑文化，在选择雕饰图案时要灵活多样，注意避免地位攀比。此外，近几年为了适应社会的需要，厦门地区一些宗祠建筑又重新被利用起来，不少宗祠已经出现新的空间功能，如老年人活动中心，在修葺或翻新过程中，也应将此考虑在内。

### 2. 传统技艺与新兴技术的有机整合

传统工艺在机器化大生产的时代一直处于进退两难的局面，宗祠建筑中的石作雕饰不同于石雕艺术，它是建筑装饰的一部分，其创作手法、表现形式等方面都受到一定的限制，同时由于体量大等特点，不可避免地要使用现代技术。

为了不让传统建筑文化消失，可以使用传统技艺与现代机器相结合的做工方式。如身堵部分一直是石作墙面中装饰的重点，在施工时可以选择用机器打磨外框，中间石窗部分则换成工匠手工雕刻，机器生产和人工配合的同时，还可以解决用材单一的问题。或者先使用机器加工成坯，然后再请工匠在此基础上雕刻细节。采用现代化机械和人工相结合的方法，既可以避免整个石作墙面雕刻粗糙、毫无重点，又可以传承建筑文化，保护传统技艺。

### 3. 根植传统装饰理念，石作雕饰微更新

我国文物古迹保护遵循“不改变文物原状”的原则。对文物原状的阐释是多方面的，包括实施保护状态之前的状态，历史上经过修缮、改建、重建后留存的有价值的状态，以及能体现重要历史因素的残毁状态等。由于石材的耐腐蚀性，宗祠建筑中的石作雕饰可以长久保留，在修葺或者翻新宗祠建筑时，可以采用微更新、适度装饰的思路，将较为完好的石作保留下来，对损坏较为严重的石作进行修补或替换，来取代将墙面全部摒弃、使用现代工艺仿古的做法。

每个历史时代都有独特的文化和审美，现代语境下会产生与古代不同的艺术形象，一味地仿古只会阻碍雕饰的发展。正如杜仙洲先生在修缮卢沟桥时所说，“如果历代都在做旧处理，

那我们今日就看不到金、元、明、清和民国的石狮子了，看到的必定是类似金代的假狮子”。雕饰文化的创新在于传统符号的灵活运用，将传统元素转化为现代造型，或者沿用传统造型使用新的构图等，无论使用哪种方法，关键要抓住建筑所表达的文化内涵。

## 结语

厦门宗祠建筑连接海内外华人，有着不同寻常的意义。石作雕饰是宗祠建筑的门面，也是海外华侨历史记忆的一部分，其作用并未随着历史的发展而消失。宗祠建筑石作雕饰良好的发展将大大增强华人家族的荣誉感，加深他们与侨乡的互动往来。石作雕饰不仅是装饰符号，而且是一种可转化为经济资源的社会文化资源。因此，厦门应该结合实际，抓住这一文化血缘纽带，根植传统，适度装饰，创新发展，让更多的华人甚至外国友人了解和认同中华传统文化，这才是闽南石作文化不断传承和发展的根本。

## 参考文献

[1] 陈志宏 . 马来西亚槟城华侨建筑 [M]. 北京：中国建筑工业出版社，2019.

[2] 林添财，黄越 . 解读马来西亚槟榔屿乔治市街道景观的文化多样性 [J]. 南方建筑，2016（1）：56–59.

[3] 陈斌 . 东南亚闽南民间美术传播的多元族裔融合现象探讨 [J]. 齐齐哈尔大学学报（哲学社会科学版），2018（7）：154–157.

[4] 王付兵 . 二战后东南亚华侨华人认同的变化 [J]. 南洋问题研究，2001（4）：55–66，95.

[5] 梅青 . 马六甲海峡的华人会馆 [J]. 建筑史论文集，2000，12（01）：220–227，232–233.

[6] 石沧金 . 原乡与本土之间：马来西亚客家人的民间信仰考察 [J]. 八桂侨刊，2014（4）：23–29.

[7] 国际古迹遗址理事会中国国家委员会 . 中国文物古迹保护准则（2015 年修订）[M]. 北京：文物出版社，2015.

# 9 世界多元文化格局与我国成人艺术设计教育的和谐发展

原载于 :《中国成人教育》2008 年第 11 期

【摘　要】本文论述了世界文化多元格局下的我国高等院校的艺术设计发展问题，回顾了近年来我国设计教育发展的历史，提出了新时期进一步和谐发展的方向，探讨了特色教育、职业教育的可行方法与途径。

【关键词】艺术设计 ; 教育 ; 成人教育 ; 和谐发展

伴随着我国经济的快速发展，构建和谐社会的文化建设提上日程。和谐社会主要体现在三方面 : 人与人之间的和谐、人与社会之间的和谐、人与自然之间的和谐。那么，作为社会文化的最重要的组成部分之一——成人教育，尤其是素质教育之不可或缺的成人艺术设计教育，其发展状况必然是值得研究的一个重要课题。

## 一、成人艺术设计教育的发展对于构建和谐社会的促进作用

改革开放以来社会主义市场经济建设使社会对艺术设计人才的需求日益增加，加之当前世界多元文化碰撞、社会价值观愈来愈功利、人生道德水准日益下降、人与人之间的隔阂越来越深，因此在成人艺术设计教育领域强调和研究“如何做到和谐发展”的问题，对于教育、塑造全面发展的艺术设计人才、构建和谐社会意义深远。

完整的艺术设计体现的是科技水平、生产条件、工艺材料与社会环境、社会需求之间的和谐关系。艺术设计与纯粹的、个体性的、非实用性的艺术创作不同，艺术设计不仅具有艺术性，更重要的是它具有较高的综合性和实用性。艺术设计强调设计与生产的契合、设计与大众的沟通以及设计是否能满足市场和时尚的需求。王受之先生说 :“美术和任何一种单纯的艺术活动是非常个人化的东西，是艺术家个人的表现 ; 而设计则是为他人服务的活动。一个是为本人，一个是为他人，为社会和为市场。”艺术设计的创作过程也不仅局限于某个艺术家，而是与投资者、生产者、消费者等密不可分的，在此过程中，设计师个体素质的和谐发展以及人与人之间、人与社会之间、人与自然环境之间的和谐发展问题，成为决定设计成败的关键。

过去我国的教育有过科学教育与艺术教育各自分野、不和谐发展的误区。近年来，科学与艺术教育和谐发展的观念成为共识。尤其是艺术设计教育与单纯的文科或理科教育都不同，它是介于科学和艺术之间的交叉学科。设计的过程既有科学思维的参与，也离不开艺术素养的支持，回顾中外设计史，科学与艺术紧密结合的例子很多，如数学中的“几何比理论”“数学比理论”等在建筑、工艺美术领域一直被广泛应用，帕特农神庙的正立面就是根据黄金分

割原理设计的；现代流线型的工业产品是依照流体力学的科学原理设计的。

但是在设计的实际应用中，迄今仍存在许多不和谐之音。比如，在产品设计中，许多厂家、设计师单纯追求设计的技术性是否先进，只考虑产品设计的功能美而轻视其形式美，或者只考虑产品投放市场后的经济效益而不考虑其生态问题等；又如，在建筑与环境设计领域，迄今仍存在大量良莠不齐的模仿性设计，对于西方设计风格的照搬和拼贴使许多中国城市缺乏环境意识，而且面貌相似、个性缺失、污染和浪费严重；再如，大部分设计专业的毕业生由于缺少深厚的文化积淀以及经济管理、市场学等必要的知识结构而不能适应社会上的激烈竞争——这些都是长期以来中国设计教育中艺术与科学教育不平衡发展的后果。

可见，研究和发现当代中国设计教育的发展，在成人艺术设计教育中贯彻和谐发展的人文理念，是促进社会文明进步、社会和谐发展的一个重要途径。

## 二、接纳、整合——我国成人艺术设计教育与世界设计文化的接轨

### 1. 世界多元文化格局带来的压力

随着信息时代的到来，世界上不断涌现的新技术与各地域的文化理念给中国的艺术设计教育带来许多启发和发展机遇，但是知识经济带来的挑战和压力也随之而来。电子技术、网络技术、能源技术、生态技术、生物技术等都为现代设计制定出种种新的原则和更高的标准。整个世界已经变成一个多重空间、多元文化交叉的环境，设计观念与风格也更加丰富多彩：古典与现代、东方与西方、现代与后现代、结构与解构等。

相应的挑战也接踵而至：环境恶化、人口爆炸、人类的精神失落与道德危机、心理危机、文化冲突等，都不可避免地对艺术设计带来负面影响。因此，艺术设计教育的观念和方法变革亟待提上日程。

### 2. 寻求设计教育规模、质量、结构和效益内在统一的健康和谐发展

众所周知，按照科教兴国战略和深化教育改革、全面推进素质教育的要求，根据经济发展形势需要以及人民群众的愿望，1999 年国家决定实行全国高等教育的“扩招”。2002 年，我国高等教育毛入学率达到了 15% 的标准——我国高等教育在“十五”期间进入了国际公认的大众化发展阶段。2005 年，教育部又调整了高等教育的工作重心，更加注重提高高等教育的质量，“素质教育”“通识教育”等理念的提出，使我国的高等教育朝着“厚基础、宽口径、增强适应能力与创新意识”的方向发展。

在上述各发展阶段，我国的艺术设计成人教育担当了重要的旗手作用，对于社会群体的全面素质教育起到了不可替代的作用。据有关资料显示，目前艺术学科已跃入我国高等教育各学科的前十位，其主要专业大多属于艺术设计学科，在经济、文化建设中都发挥着重要的作用。从经济角度来讲，我国近二十年的设计教育无论是教育观念还是课程设置，都逐渐与西方现代设计教育接轨。随着全球经济一体化进程的加速，在以中国为主的亚洲市场上，机遇和竞争将迅速增加和扩大。我们的设计教育已经越来越重视高科技产品的研发、市场调研、知识产权、对外贸易等问题，在许多设计类院校，有关的经济、管理、金融等课程陆续开设。

而在文化方面，艺术设计教育界已提出诸多挽救“非物质文化”“民间美术”的口号、措施，各地还陆续建立了相应的专业机构。从人文角度看，“可持续发展设计”“无障碍设计”“绿色设计”等理念日益普及。从设计教育管理模式看，各地的艺术设计院校纷纷着手科研、社会实践、实验室建设，健全学士—硕士—博士等多层次的教育模式，加大职业教育、社会办学、开放办学的力度等。种种措施和已有成效都说明中国艺术设计教育正在竭力寻求教育规模、质量、结构和效益内在统一的健康和谐发展。

### 3. 寻求成人艺术设计教育在世界多元设计文化中的特色与独立

综观目前日益“西化”、趋同的各国艺术设计文化，紧迫感和责任感已经深深地触动诸多学者，如何在这种局面下保持中华民族艺术设计的特色？如何在成人艺术设计教育中贯彻和实施特色教育理念？笔者提出如下认识。

（1）弘扬艺术设计教育的民族特色是促进和谐社会构建的途径

在多元文化语境中，首先要加强中华民族传统文化艺术设计教育的力度。民族的文化精神和文化意识是无形的资产，是构建和谐社会的民族精神底蕴，在教育中贯彻和培养学生的民族自信心、自豪感，提高他们的文化艺术修养和民族传统文化品格，引导他们传承优秀的传统设计文化，才能擦出学生艺术设计思维的火花，提高一个民族的竞争力和创新能力。

东西方思维的固有差异决定了中国的现代设计和设计教育不会“全盘西化”。西方从文艺复兴就开始的科学思维方式使他们的科技领先于中国，而我国秦汉以来言传至今的重人伦、重整体的思维方式也不可能在西方文明的影响下彻底改变。东西方的设计智慧各有所长，西方的设计师已经大量地在借鉴中国的传统文化。树立正确的时代观、民族观是当务之急，每一位有责任感的中国人都应当深入理解我们深厚的传统文化，革故鼎新、取其精华，为民族设计文化的传承和中华民族的振兴、社会的和谐发展而努力。

（2）艺术设计教育产业化是建设和谐社会的必由之路

新经济形势下的设计教育理念不仅在于教育内容由技能型教育向管理型教育转变，更重要的是更新传统公益性教育的观念，建立“教育产业化”的观念。市场经济与知识经济的新体制必然带动更多的积极性和师生的参与意识，尤其是与社会经济相关联的设计实践基地、文化交流等相关项目的建设，是促进“教”“学”“用”协调发展的可行途径。目前已有众多的设计院校相继斥资建立了各类实践基地，为学生“学以致用”、联系社会、走向社会、全面发展搭建了桥梁。学生在实际的“项目课题设计”中，熟悉了市场、锻炼了能力、提高了理论认识、开拓了眼界、加强了合作、发现了差距，可以说综合能力与全面素质就在此过程中潜移默化地培养出来。

根据发达国家经济腾飞的经验，职业教育是把科学技术转化成生产力的桥梁，因此大力发展职业教育是振兴经济、全面建设和谐社会的必由之路。2002 年的《国务院关于大力推进职业教育改革与发展的决定》，指明了深化职业教育教学改革的方向，制定和完善了职业资格证书等制度，推动了职业院校的普及及校企之间的密切结合。设计教育领域也不例外，根据社会需求及教育产业化目的建立的设计职业教育，是艺术设计与市场联系的一个切入点，也是贯彻“产、学、研”理念、促进教育成果转化的重要途径之一，为学生的自我教育、个性发展提供了可选择的途径。

因此，我国的设计教育应该充分认识到职业教育的重要性，并且付诸实践，不断探索和改进，为我国培养出越来越多的理论结合实践、高素质、高技能的设计人才。

# 10 女性解放与中国近代艺术设计教育

原载于:《美术大观》2008年第9期

五千年的华夏历史上虽然涌现出众多的杰出女性，但是绝大多数女性受传统文化的束缚，不仅没有抛头露面的权利、独立自主的婚姻自由，更缺乏与男性一样平等的受教育的权利。始于教会女校的女塾，开了女性教育的先河，是人所共知的史实。但是，很少有学者强调这一事实：近代女学教育内容中设计文化的输入占很大比例，而且是作为西学中的“亮点”被当地群众所接受的；其设计教学内容如编织、花边、十字绣作为实际的谋生技巧，在当时颇受群众欢迎。尔后自维新运动、辛亥革命中各类公办、私立的女学堂中，绘画、女红及西式手工艺的内容也一直是教育的重要内容。可以说，设计教育既是近代女性智育开化不可或缺的辅助，又是独立孕育的艺术之花。

虽然清末的政治变革轰轰烈烈，但维新志士没有从根本上解放女性。辛亥革命的知识分子模仿西方女性主义思潮的各种举措，标志着现代女性话语权的建立，而相对自由的商业环境也为女子设计教育的大众化提供了可能。“五四”以后女性能够进入各美术学校，接受全新的图案、服装、建筑设计教育，无不得益于此前对于自由、个性的斗争和争取。新文化运动也是女性设计教育冲破封建樊笼、走向新生的开端。

## 一、传统的女性生活与女红设计传承

封建时期女性对于自身教育权利的麻木和忽视缘于“男尊女卑”的文化定势，中国文化在构造阶级等级的同时确立了男尊女卑的性别秩序的本体论和价值观。这就造成中国妇女在传统社会里没有经济地位和社会地位，也没有独立人格，在农村对守寡妇女的道德要求甚至苛刻到“饿死事小，失节事大”的程度。在这样的环境中，传统女性家庭生活中孕育出的女红等活动无疑成为女性精神生活的一部分。她们在教育子女、当家理财等基本家事之余，无不有些刺绣、剪裁之类的手艺爱好，家境好的才会有绘画、对弈、抚琴、读书等相关活动。江南地区手工业在明清之际比较发达，民间女性的手工业活动也限于家庭，如黎里“小家妇女，多以纺纱为业，衣食皆赖之。……有印神佛纸马者。……世以为业”。

将纺织称为“妇功”始自商周时期，这是传统社会女性手工劳动中最主要的一个行业。不论是皇帝穿的精美龙袍还是百姓穿的土布褂衫，都离不开历代中国妇女的辛勤和灵巧之手。她们是传统纺织生产的主力，却只能以牺牲自己青春的代价换来微薄的劳作报酬，而女性织造的五光十色的纺织品又成为礼仪教化的工具，成为封建尊卑贵贱的象征符号。

“妇功”发展到明清之际，江南地区已经出现了资本主义萌芽性质的生产方式，女工可以从“账房”包头手中接收原料，带回家生产并计件取得报酬。以苏州的民间丝织业为例，19

世纪 70 年代经过太平天国的影响，其逐渐恢复并向商品经济过渡，工艺的分化也越来越细，如织挽匠、绣匠、绣洋金匠、绊丝匠、画匠等工种。女工们在生产中发挥了重要作用。

## 二、基督教女学堂带来西式设计教育

1844 年，英国传教士爱尔德赛女士最早在宁波开设女塾，至 1860 年，各国传教士已在 5 个通商城市即广州、福建、厦门、宁波、上海建立了 11 所类似的教会女学堂。开办女校是西方传教士为了能顺利地传教、吸引教徒的一个途径，传教士也早就注意到中国女性的低下社会地位及精神束缚，“解救”她们，帮助她们似乎是神圣的使命。

因此，教会女学堂的兴办不畏艰难，披荆斩棘，甚至不收学费、提供衣食起居。许多贫苦人家的女儿因此反而比富裕家庭的女儿得到了更多受教育的机会，这不能不说是中西文化嫁接得来的“种豆得瓜”现象。在这些女塾的课程设置中，除了必修的宗教课程之外，大多为职业化的谋生技术知识，而设计教育无疑是重头戏。许多西方贫困孩童赖以谋生的手艺，如十字绣、绳类编结、手工陶瓷、花边制作等，被一一复制到中国来，加上传统中国的女红等技术的加强，教会女校毕业的学生都能以一技之长在社会上谋生。1893 年《点石斋画报》刊登的《女塾宏开》这幅画就表现了各国女士参观中西女塾的情景，这是该校努力获得社会支持的一项举措。

第二次鸦片战争以后，随着口岸城市的增辟和教会势力的扩张，教会女校又从沿海发展到内地，数目急剧增加，1876 年，仅基督教教会就办有女校 121 所，招收学生 2101 人。教会女校为极少数中国妇女提供了难得的教育机会，她们十分珍惜这个机会，勤奋学习，学成毕业后，或创办医院，或参与其他社会工作，为中国的近代化做出了不可磨灭的贡献。教会女校学生以其卓越超群的才智打击了当时中国社会普遍存在的“女子不必受教育，并且以为不配受教育”的陈腐观念。

教会学校的设计传播还促进了近代工艺品的外贸出口，山东烟台、博山，江苏无锡，浙江萧山等手工艺的外贸事业都与教会女学堂的设计传播有关系。如 1893 年山东烟台教会学校性质的“德仁洋行”即英国传教士所办，这是山东抽纱和花边外贸业的发端。教会女学堂使女性在职业领域发展的潜能得以向都市社会显露，到 19 世纪末，富家小姐也开始走向家庭之外的世界，更多女性接触到教会女校的启蒙教育。

## 三、“女德”宗旨下的女学设计教育

维新时期代表人物的女学教育思想，对于工艺设计教育基本是提倡的态度。早在 1892 年《盛世危言》中郑观应就呼吁开设“艺院”，学习西方的工艺设计教育；他认为“道器”应当兼备，“本末”理该相合，这是时代发展的趋势，在中国就是要学习西学，“博采泰西之技艺”，以弥补自身在“器”和“实”方面的不足。在此基础上，他又提出女子设计教育的设想，指出应“增设女塾，参仿西法，译以华文”，指出女塾课程中“仍将中国诸经、列传、训诫女子之书别类分门，因材施教，而女红、纺织、书数各事继之”。但是，关于女子受教育之后的社会作用，他认为："庶他日为贤女，为贤妇，为贤母，三从四德，童而习之，久而化之，纺绣精妙，书算通明，复能相于佐夫，不致虚糜坐食。"由此可见，郑观应的认识并未摆脱传统观念的框框，对于女子设计教育的作用依旧局限在"佐夫""三从四德"的前提下。

1904年初荣庆等起草的《奏定蒙养院章程及家庭教育法章程》也重申了清廷对女子教育的三项原则：①女子只可于家庭中教之……②女子教育应沿袭三代以来传统，"教以为女为妇为母之道也""不宜多读书，误学外国风俗，致开自行择配之渐长蔑视父母夫婿之风"。③女子教育内容为持家教子为范围……这些原则与当时的"中学为体、西学为用"之说相符。

在此宗旨下，维新志士兴办的新式女学陆续出现了，其中设计教育兼采中西之长。如最早的上海桂墅里女学堂（中国女学会书塾），由官绅商三方合办，梁启超起草章程，创办《女学报》；校舍设计采取"外盖华房、内用西式装饰"，辟草园，凿池种树，为学生游息之地。在教学内容中，中文功课"女红、绘事、医学，皆日习之……"及私立的上海务士女塾的图画课程，有描绘自然界景物、起居服等物的装饰等相关内容；对家事教育十分重视，教授烹饪、缝纫、医药卫生常识等内容。借鉴古今中西的办学实践而精心设计的各类学科，满足了女性人格全面发展的需要。

20世纪初，越来越多的人认识到兴女学的重要性，他们把兴女学看成是改造社会、振兴中华的重要手段，兴办职业女学堂之风蔚然成势。据统计，"截至1907年全国共有女学堂428所，女学生15498人"，设计教育因此得以发展。各地女学开设工艺教育课、举办美术展览会，还在1910年"南洋劝业会"上展出她们的陶瓷、刺绣等工艺品，促进了传统工艺与西方设计工艺的融合。

另外一类女学是传习所，其设计教育内容明显带有中西融合的特点。如1904年上海义绅姚义门自设女工师范传习所，"采东西各国工艺成法传授""用速成传授法教授各种女工，养成女子自立资格，兼备女学堂教师之选"。手工分绒线、针黹、织造、车造四科。针对不同资质学生，分三个教学层次：①专教手作针黹、织造；②专教机器造中西衣服、手帕、毛巾、鞋袜等；③专教机器绣花，制作帽子、手套、丝带、卷边、打褶、云肩、领头、钱袋等物的缝纫技巧。显然，该传习所教授的并非传统的女红，而是以缝纫机为生产工具，兼做中西服饰的技能，带有近代城市手工业的特点。沈寿及其学生金静芬等也借此办起许多以刺绣工艺为主的传习所，如苏州、北京、南通、上海等地都有她们弘扬传统工艺的女学场所，为近代中国培养了大批刺绣技艺的接班人。而沈寿晚年口述、张謇记录整理的《雪宧绣谱》一书，为刺绣技法和理论不可多得的著作。其中的"绣要"理论分为：审视、配色、求光、妙用、绣品、修德、秀节、绣通等方面，对刺绣技法加以详细论述；其中的许多技法乃中西合璧的成功典范，如"求光"法、编织法等。

## 四、民初新文化运动中的女子艺术、设计教育变革

虽然中国历史上不乏对于个性的提倡，但是对于女性则另当别论。儒家传统的三纲五常、程朱理学的"革尽人欲"，多半是针对女性的，维新志士也没有从根本上解放女性，女性教育

真正摆脱封建束缚是从辛亥革命时期的女性主义思潮的暗流汹涌开始的。当然，20 世纪初的中国女性思潮与西方完全有女性自身觉悟的女权主义大相径庭。但是，毕竟这种思潮带来了女性教育的新思维，艺术设计教育也因此展开，由传统向现代转型。

个性主义对于民主、对于女性解放至关重要，从 20 世纪初的争取“男女平权”到“男女同校”再到“自由恋爱”，十几年内民国初期的女性焕发出全新的自由面貌。胡适于 1918 年 9 月《新青年》第五卷 3 号上发表《美国的妇人》一文，主张女子应有“超贤妻良母观”，标志着女子教育正从闺阁女子的装饰物，转为引领女性掌握谋生技能，以自立于社会的必经阶梯。这种“超贤妻良母观”与维新时期“女德”宗旨下的教育观已经有了质的改变。

与女性启蒙思潮相应的是男女同校的开始、裸体模特的出现，1918 年的上海美专《美术》杂志的封底《裸女图》在当时社会上引起轩然大波，甚至被视为离经叛道之举。女性进入美术学校接受现代的美术、图案教育之举，也逐渐为世人接受，许多美术学校还出现了引进日本、欧美的服装设计的相关课程，近代中国女性的设计教育开始起步。身有一技之长的现代女性不仅用心灵手巧的手艺美化着人们的生活，在五四运动的潮流中还肩负起挽救民族危亡的公民责任。

许多新女性从旧的封建牢笼里脱身而出，她们或追求婚姻自主，或加入了社会革命，或在自己钟情的事业领域执著地追求，做出了与男性分庭抗礼的不凡事迹。在美术界，从近代女学中走出的女画家、设计家越来越多，虽屡遭世俗重压，却从未放弃对艺术追求的潘玉良，就是上海美专第一批入学的女学生中的一个。其他女画家如何香凝投身革命运动，以及 20 世纪 20 年代后成名的女画家兼设计家如李珊菲、美术家兼建筑设计家林徽因、漫画家兼服装插画家梁白波等，她们的设计生涯与思想成长无不与这个轰轰烈烈的时代背景相关。

尽管在先进知识分子的呼吁下，女性设计教育萌生新芽，但是民国初期走马观灯似的政权更迭，封建势力的卷土重来，使这种文化上的进步陷于迟滞。这些都是造成中国的女性现代艺术设计教育无法与西方相比拟的社会原因。

# 11 论中国艺术设计从近代到现代的演变

原载于：张道一主编《艺术学记（第一集）》2008 年

【摘　要】本文是以中国近现代艺术设计的演变为核心展开的，通过梳理“西风东渐”背景下中国近现代艺术设计的演变过程，运用比较研究的方法，依托近代典型的设计史实与现当代的典型设计案例，总结和揭示了中国近现代艺术设计各个阶段的演进特征，以及此过程中存在的本质问题及其“异”“同”。目的在于“鉴古知今”，总结历史经验、展望未来。

【关键词】中国；艺术设计；近代；现代；演变

中国设计在近代艰难曲折的转型过程，是中国设计史上最具革命性的一次转型，对中国当代设计的发展影响深远，造成这种转型的根源在于深层的社会观念、传统文化心理等意识转变。因此，本文以中国近现代艺术设计的演变为核心展开，通过梳理“西风东渐”背景下中国近现代艺术设计的演变过程，运用比较研究的方法，依托近代典型的设计史实与现当代的典型设计案例，总结和揭示了中国近现代艺术设计各个阶段的演进特征，以及此过程中存在的本质问题及其“异”“同”，是当下设计界极为必要的一个研究课题。

本文本着“鉴古知今”，总结历史经验、展望未来的目的，从近代中国人设计观念的变化源起入手，历时性地梳理、论述中西设计观念强烈冲突、被动“学西”、主动更新的整体时代特征；与此同时，辩证地看待近代设计观念“被动”转型中的主动性以及现代设计观念“主动”转型中的被动因素，进而做出客观评判。

## 一、从被动到主动——对“西化”的两种态度

从明代中期到清代前期，基督教文化中传入的许多科学设计一直在试图潜移默化地改变中国人的设计观念，但是，在传统观念的强大惯性之下，中国设计“西化”的进程极其缓慢。直到殖民者用武力打开中国大门，传统观念才被动地转变。鸦片战争使有识之士正视西方的长处并试图“学西”，在“师夷长技以制夷”的口号中，洋务派兴办起许多军事工业机构；随着甲午战败、第二次鸦片战争的打击，有识之士开始意识到西方的富强在“商政”而不仅是“军政”，由此各种

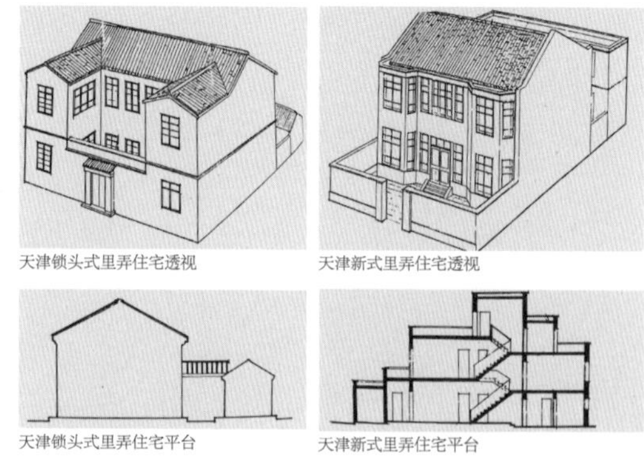


图 1 天津锁头式里弄住宅和新式里弄，体现了建筑等级观念的转变

民用企业在“自强”“求富”的口号下兴起，引进了大量机器工业，改变了过去一味拒斥西方设计的观念。无论是夷夏观、道器观、人才观还是传统的价值观等方面，都显示出古老中国对西方设计观念的逐步接纳和一定的吸收（图 1）。

辛亥革命推翻清朝政体，带来了民众思想的大解放，有了民主制度，近代中国设计步入又一个转型关口。由于远离第一次世界大战的战场，中国经济得到了喘息和回升的机会，尤其是 20 世纪二三十年代的沿海大中城市，是先进的近代工业集中之地，“西化”的程度是前所未有的。在用物观念上，自给自足的传统用物观被洋货冲击，人们开始根据自身需求及承受能力消费洋货，西方的产品设计理念和形式得以传播。如 20 世纪二三十年代的画刊上，关于西方工艺美术设计动态的介绍和中国设计家的模仿性设计已经有很多，1934 年第 1 期《美术生活》杂志登载的张德荣先生设计的经济木器家具，令人联想到麦金托什的设计作品，颇具西方现代设计的风范（图 2）。随着商业经济的发展，商人阶层、城市知识分子、市民阶层以及农民的竞争观念、求利意识都有所转变，带动了商业艺术设计的发展。与设计相关的法规也产生了，给商业设计尤其是广告设计的竞争提供了一定的保障。设计观念的“西化”也带来了民国时期的时尚风潮，尤其是服装方面的巨大改观，清晰可见民国时期中国人与封建礼教的决裂。剪辫放足运动、中山装取代长袍马褂以及《服饰条例》的颁布、女装服饰的简化、发式的变化等，都表征着几千年封建思想禁锢人性的锁链被打破（图 2）。在探求“中西合璧”的道路上，建筑设计界体现得最突出，无论是清末以来殖民建筑移植的原因还是国民政府试图探索“民族化”的折中主义建筑的尝试，以及留洋归来的学者所受到的西方学院派建筑教

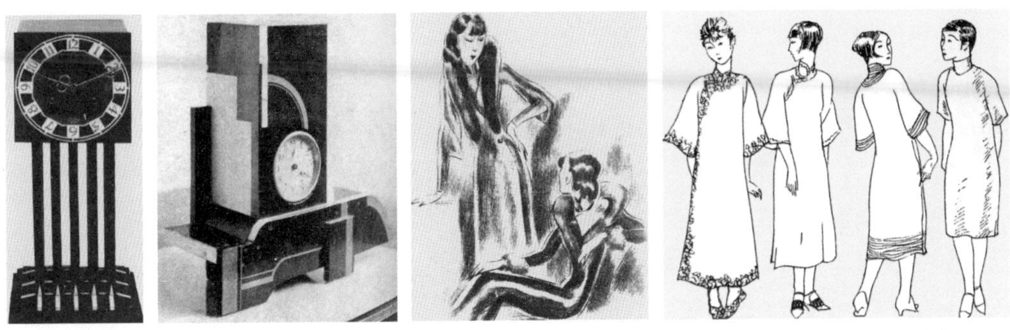

图 2 麦金托什设计的直线风格座钟（左一）与张德荣设计的经济木器家具（左二），方雪鸪作品（右二）和叶浅予的西式时装画（右一）

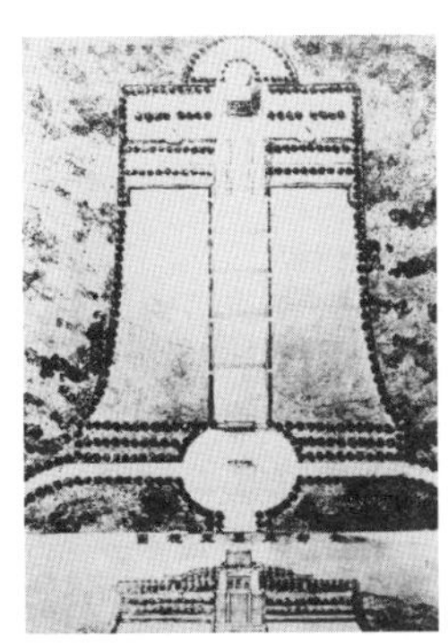

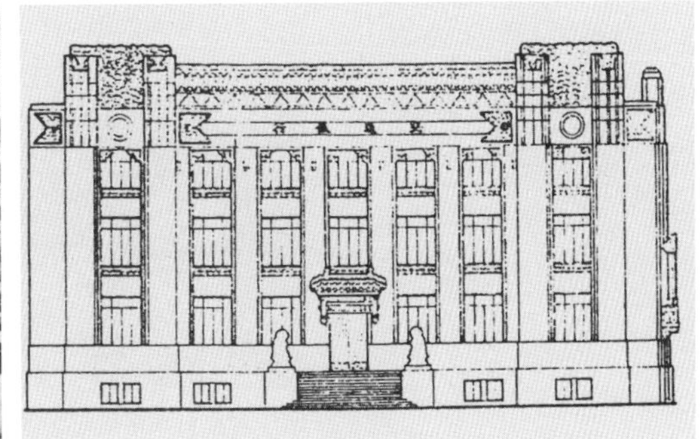

图 3 20 世纪 30 年代吕彦直设计的南京中山陵平面、立面图案（左）；杨廷宝设计的北京交通银行正立面图（中）；梁思成、林徽因设计的北京仁立地毯公司（右）

育的影响，都显示出力图融合中国审美习惯与现代设计观念的努力（图 3）。当然，囿于时代局限，这种设计观念在转型之始不久就被阻滞了。

直到改革开放，中国设计从本质上又一次开始与西方设计对接，这个过程可以说是近代的继续，但又有巨大的差异。它是一个连贯的、主动的、动态的发展过程，在这个阶段，关于改革与保守、传统与现代、科学与艺术等问题，出现了反复的争论，新的设计观念和方法被艺术家试验、被批评家反驳、被新人类重新解读——设计语态在反复中更新、在变化中继承，由盲目的“西化”向理性的“西化”转变。

由于统购统销的经济政策以及对苏联的技术依赖，中国 20 世纪 50—70 年代的设计处于相对较低的起点和缓慢发展的阶段，在苏联专家指导下的许多中国的建筑设计，如北京的苏联展览馆、上海的中苏友好大厦（今上海展览中心）都是典型的苏式 20 世纪初折中主义公共建筑，不仅耗材奢侈，而且雕饰繁缛，明显具有“复古”和对“形式”的片面追求。针对解放初出现的迷信苏联、一切照搬的错误观念，毛泽东于 1956 年提出全面系统地学习资本主义国家的先进经验，要树立起民族自信心，做到以我为主，大胆学习，洋为中用。他说：“我们的方针是，一切民族、一切国家的长处都要学，政治、经济、科学、技术、文学、艺术的一切真正好的东西都要学。但是，必须有分析有批判地学，不能盲目地学，不能一切照抄、机械搬运。他们的短处、缺点，当然不要学。”20 世纪 50 年代末为庆祝新中国成立十周年兴建的北京“十大建筑”正是“洋为中用”观念的体现，在中西结合、探索民族化形式的建筑方面迈进了一大步。尤其是建筑构件的装饰，如天花、檐口、门头等，许多设计师将传统的和少数民族的特色图案与现代建筑技术相融合，达到了一定的水平，这种设计观念一直影响到以后几十年的中国建筑装饰（图 4）。

图 4 奚小彭设计的民族文化宫和北京展览馆门头镏金花饰（上）；人民大会堂大礼堂的室内设计（下）

1978 年改革开放、市场经济的到来，新旧价值观念强烈冲突，首都机场壁画的揭幕，被视为中国社会走向开放的一个象征。由于《生命的礼赞·泼水节》画了三个裸体的女性人体，出现了争议，体现了中国人文化观念在半遮半掩中的艰难转型。之后，中国的设计快速发展，甚至出现盲目追随西方、摒弃民族文化、模仿多于创新的状况（图 5）。当然，这种非理性的赶超在越来越多的反思和批评中得到纠正，当代设计师们正日益走向将外来风格为我所用、“以中为主”“以中化西”的理性追求阶段。

图 5 首都机场壁画即袁运生的《生命的礼赞·泼水节》（左）；温州“欧洲城”的欧式景观设计（右）

## 二、从盲目到理性——对西方设计思想的筛选

本文从如何学习西方的现代设计思想，并且有目的地根据社会现实筛选、吸纳西方的先进设计思想，通过对清末、民国和改革开放以来的三个主要时段进行研究，论述了近代中国对西方设计与社会经济、生产关系之间“体用一致”关系的认识不足，走了一条盲目改良、中体西用的道路的过程和原因；认识到民国时期的“现代化”努力，对中国设计有一定推进，但是距离全面、彻底的改革还很遥远。而改革开放以来，新的一轮中西设计思想的交融、中国逐渐崛起的经济、复苏的文化意识，为理性地接纳、借鉴西方设计思想提供了条件，中国现代设计才步入一个真正多元、百家争鸣的时代。同时，本文总结、反省近代中国接纳西方风格的误区，论述了中国当代设计风格理性折中、良性发展的可能性。

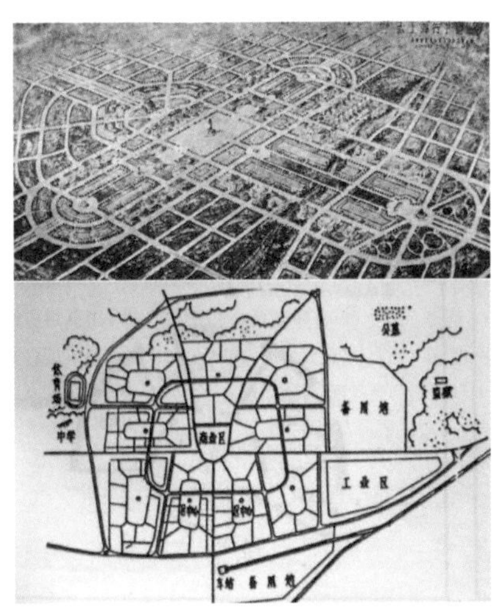

图 6 1930 年上海市中心规划鸟瞰图（上）；1946 年重庆陪都十年卫星市计划图（下）

清末“中体西用”的思想和民国时期的“西体西用”思想在艺术设计方面的许多典型表现表征着近代中国设计思想的改良本质：清末在“中上西下”的前提下移植西方科学设计思想的表象事实上限制了科学设计思想的普及速率；改革者“致用为先”的设计思想造成的后果是仅仅达到了切入西方设计文化的目的却又在捆绑中缓慢前行，致使洋务运动 30 年没能改变中国设计的落后局面；维新运动和戊戌变法后的重商思潮对设计转型有所裨益，以康、梁为代表的维新派人士已经认识到美术工艺可以促进工商业发展。清政府最后采纳了一系列改革措施，如废除科举制，办起新式学堂，举办工业学堂教育品陈列馆，在大都会设劝工陈列所、开南洋劝业会、设工艺总局、举办工业展览会，开设工艺性质的学科以及颁布奖励工商的措施等。但是由于变法失败而无法避免体制对设计的羁绊。民国时期“西体西用”思想对设计的推进主要表现在五个方面：西式城建规划思想（图 6）、西式市政建设思想、商界的国货设计思想、西式经营团体与设计管理、西式的消费文化与传播方式。孙中山先生的《建国方略》就提出许多这些方面的现代设计思想，但是由于北洋政府倒行逆施、20 世纪 20 年代末到 40 年代末蒋介石国民政府的各种“假民主”政策，根本无力抵御帝

图 7 1890 年建于天津英租界的古典风格工部大楼“戈登堂”（上）；1900 年前后建成的新艺术风格哈尔滨火车站（中）；建于 1946 年的上海淮阴路姚宅带有现代主义特点（下）

国主义的进一步侵略，更不可能为近代中国大多数民众带来彻底的解放，设计师们在政治更迭、经济波动以及混乱的价值导向中艰难地求索。加上战争的影响，中国近代设计向现代转型被迫搁浅。

由于以上局限又造成中国近代设计风格的混乱，19 世纪末、20 世纪初当古典复兴设计思潮、新艺术运动设计思潮、新艺术运动、折中主义、现代主义思潮、装饰运动思潮等相继传入中国时，中国设计师在被动接受的情形下，也有相应的改良和学习。但是，大多数设计还停留在表面的模仿，以中国本土的历史为基础而处境化，与原生态的西欧现代设计内涵发生了错离；许多设计师尚不能用正确的历史观、发展观理解其思想本质，很少顾及各种风格的缺陷与不足，因此造成设计风格与设计思想的混乱，主要表现在五个方面：对古典复兴主义的盲从、对新艺术设计风格的热衷、对折中风格的误读、对包豪斯工艺理念及风格的有限择取、对装饰艺术运动风格的推崇（图 7）。

与近代相比，当代中国设计思想本质上形成了理性和多元共存的局面。跨越中西文化交流的断裂带，改革开放再次激活中国设计文化向现代转型的机制，重新面对西方乃至整个世界。良性的社会机制为设计的发展提供了深入发展的保障和方向，与这种语境共生的艺术设计理念也由此走向开放、对话、理性的折中，设计师和艺术界的探索也在实践和交流中积极展开，与近代中国设计思想的单一、改良、盲从大相径庭。从种种表现可见，当代中国设计步入一个积极探索的、多元共存的理性时代：在“人文主义”与“反人文主义”并存、装饰与反装饰并存、规范与无序并存的文化语境中，设计思想不再截然对立，时刻处于动态变化和适应更新之中，出现了民族风格与外来风格并存、现代主义与现代主义以后的设计思想多元并存、雅文化与俗文化并存的新折中主义思想，并且出现了以中青年一代的个人或创作团体，尤其是海归派为主创的新概念设计思想。由于差异消费引导新的设计思想、通信时代带来非物质设计思想，中国各地涌现出与西方最新设计思潮同步的前卫设计团体或个人，有意识地推动中国艺术设计反叛传统、赶超西方先锋艺术，并且在平面和建筑领域做出了许多成绩，甚至得到国际上的承认（图 8）。这些都显示出中国当代设计思想的多元化本质。

图 8 张永和设计的席殊书屋（左）；马岩松设计的位于加拿大密西沙加的梦露大厦（右）

## 三、从量变到质变——不同的演变特征

从中国近现代设计思想的演变过程中的许多相似之处着手进行比较，可看到相似的同时总结出它们的本质区别，即从量变到质变。近代中国虽然大量地引进西方设计风格和手段，但是没有从根本上改变其改良型设计的本质，中国设计的主体性地位和本位文化没有得到弘

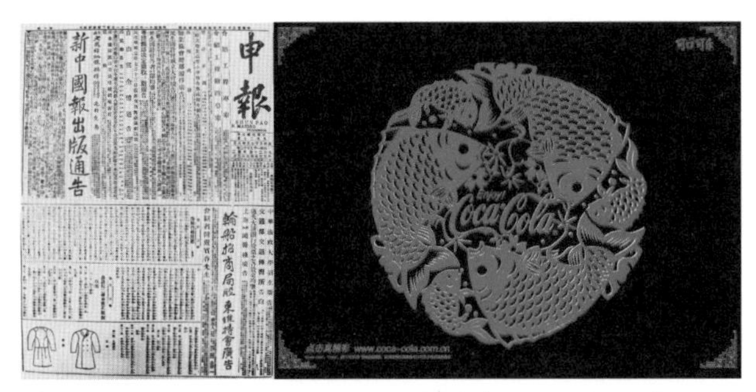


图 9 近代媒体——1912 年 8 月 12 日《申报》版式、现代媒体——可口可乐的“中国化”网络广告

扬，大多数设计呈现出简单认同欧美文化、不辨良莠的演变特点；而改革开放以来的现代设计基于社会性质、文化类型等根本上的转型，真正具有民主性、多元性、理性等演变特质，其启动方式来自社会内部，是自发性的，无论是从演变过程的整体特征还是从各个历史阶段的变革效应进行具体分析，都显示出比近代具有巨大飞跃的本质。

首先从变革语境、变革手段、变革效应三方面考察，可见“晚清—民国”时期的演变特点与改革开放以来具有形同而质不同的整体特征。近现代中国艺术设计变革是传统与现代两种文化的过渡，尽管这两次世纪之交的政治、经济、文化背景不同，但是艺术设计被推上历史变革的舞台的情形和态势还是具有许多可比之处的。从两次世纪之交、市场经济的催化作用、“西风东渐”的相似、设计文化传播的地域不平衡性四个方面对中国艺术设计的影响，可以说明变革语境的相似与不同。经研究发现，近现代设计的变革手段有以下几大相似之处：个人作用的相似、群体作用的相似、两次“留学热”和“海归热”的相似、媒体作用的相似（图 9）。

由于上述种种原因，近现代设计的转型的宏观特征存在许多相似之处，但有目共睹的是，由于体制和决策以及世界环境等的客观差别、人们变革意识的主观因素不同，近现代设计转型所取得的结果和效应是截然不同的，近现代设计演变的影响范围有局部与整体的根本不同，改革彻底程度与传统象征元素也是不同的。

其次，从较具体的角度分析近现代各个不同的时期，跨越时空，大胆进行对比，也可看到许多相似之处，得到许多启示。将民国中后期与改革开放初期的艺术设计演变状况对比，至少以下几个方面是相似的：两次相似的文化争论、简单化的复兴古典、两次接受构成主义、盲目追随功能主义。将改革开放初期与信息社会阶段对比，发现这两个阶段的设计文化转型无疑是一脉相承、共同发展的，在理念和变革措施方面存在许多共同点，许多学者目前仍将这两个阶段作为一个整体进行研究；但是实际上这两个阶段已经具有明显的不同特点，可以进行对比性研究，通过研究认识到两个阶段的转型速度明显呈倍速发展。主要从科技对艺术设计的引领作用、市场观念的成长、设计外延的扩大（图 10）、文化交流的促进等方面可见此特点。

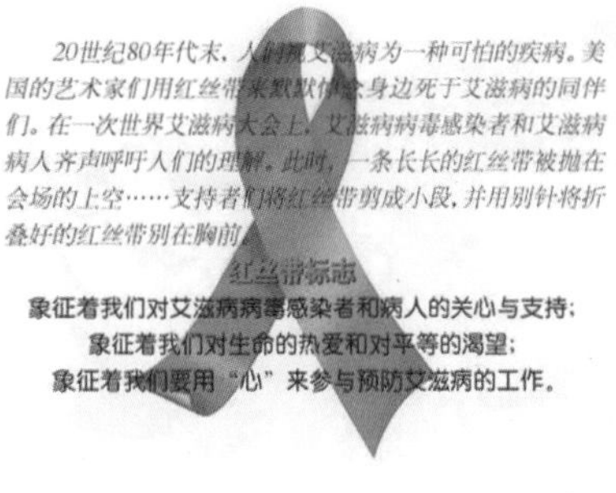

20世纪80年代末，人们视艾滋病为一种可怕的疾病。美国的艺术家们用红丝带来默默悼念身边死于艾滋病的同伴们。在一次世界艾滋病大会上，艾滋病病毒感染者和艾滋病病人齐声呼吁人们的理解。此时，一条长长的红丝带被抛在会场的上空……支持者们将红丝带剪成小段，并用别针将折叠好的红丝带别在胸前。
红丝带标志
象征着我们对艾滋病病毒感染者和病人的关心与支持；
象征着我们对生命的热爱和对平等的渴望；
象征着我们要用“心”来参与预防艾滋病的工作。

图 10 “红丝带”标志设计与公益广告设计体现了中国现代设计观念及外延的情感化、人性化

## 四、从杂糅到重构——不同的变革途径

从设计语言、形式的角度对中国近现代设计进行比较研究，探讨这两个阶段设计变革的具体途径、差异及其本质原因，并总结其客观原因和主观认识方面的原因，认识到改革的误区和现代设计不断重构的特质。近代设计对中西设计语言的杂糅特点背后蕴藏的是深层的社会原因：近代设计演变，是从对西方设计语言的积极模仿开始的，许多设计师自觉地将西方的设计技法直接复制，但是传统语言并没有随之消失，而是与新技法并行，形成折中或混乱的局面。民国之后，本土设计师对外来技法趋于理性的借鉴，加强了对民族化设计的研究，不乏优秀的现代设计作品出现；但是整体上来看，尚未形成民族化的设计语言，仍旧以被动地跟随西方的现代设计技术和新材料为主要局面。从书籍装帧设计的新旧杂陈、广告招贴设计的拼贴式画面构成等具体设计实例，可见平面设计语言的中西杂糅；从男装具有革命意义的服装结构设计、女装体现人欲复苏的西式改造、服饰面料和配件的取西弃中等具体设计史实，可见服装设计技法的长足进步。从照搬西方的产品造型设计（表1）、近代机械设计的技术依赖等，可见民族工业技术和造型“拿来主义”式的照搬，从而造成近代中国工业难以崛起的局面。从西式装饰图案的复制与拼贴、西式建材、科技的引进与吸收等建筑遗存、实例，可见近代建筑设计技术的中西调和特点。

表1《申报》登载的产品图片

| 产品名称 | 时间 | 厂家及经销商 | 造型特点 | 风格 | 《申报》图片 |
| --- | --- | --- | --- | --- | --- |
| 市都华铁灶炉 | 1875年 | 美国华息公司 | 精致华丽 | 古典 | |
| 新式华字时辰表 | 1878年 | 天裕洋行 | 西式造型，加中式时辰 | 古典向现代过渡 | |
| 铁壶、铁锅、铁碗、咖啡机 | 1879年 | 英国根立父子公司 | 简洁实用、咖啡机带有精致纹样装饰 | 古典向现代过渡 | |
| 不用灯罩火油灯 | 1880年 | 美国赖特和巴勒特灯具制造公司 | 造型古典，装饰精致 | 洛可可风格 | |

（续表）

| 产品名称 | 时间 | 厂家及经销商 | 造型特点 | 风格 | 《申报》图片 |
|---|---|---|---|---|---|
| 酒杯、花瓶等 | 1881 年 | 英国红房制造玻璃厂 | 造型古典，颜色各异，雕饰精致 | 古典 | |
| 自鸣鱼尾式挂钟、摆钟 | 1884 年 | 日本东京精工舍名厂 | 造型简洁大方，鱼尾形，可根据顾客需要改制造型 | 古典向现代过渡 | |
| 光耀洋灯 | 1908 年 | 不详 | 豪华型、普通型造型各异，实用美观。豪华型装饰繁琐 | 普通型向现代派过渡；豪华型为洛可可风格 | |
| 光耀来提奥风扇 | 1913 年 | 上海汉口路光耀洋行 | 设计简洁，有机曲线造型 | 新艺术风格 | |
| 家具（椅子） | 1913 年 | 奥地利上海兴利洋行 | 曲线型设计、简洁、适用、美观 | 新艺术风格 | |

注：因《申报》所登载图片或为照片、或照当时实物绘制，因此具有可研究性，图片采自苏州大学图书馆 1875—1919 年《申报》影印本

不同的是，从现当代中国对西方现代设计的接纳程度、吸收与扬弃等方面，可见现当代中国设计师对中国自己的设计语言的重构本质。这种重构是基于“以我为主”、科学理性的技法的创新、自省和重组，是建立在对世界经济环境的清醒认识以及民族自强的决心和勇气基础上的新生活的追求。这种重构不同于近代“马赛克式”的拼贴，现代设计师正在将中西之间、民族之间的个性差异熔于一炉，形成中国自己的全新时尚；这种重构不再盲目跟从西方，而是去伪存真，将传统不断提炼升华。尽管在此过程中，中国当代设计尚存在许多问题和误区，但应该看到总体上理性、乐观的发展方向。主要从以下四个方面可见其“重构”特点。

①“古为今用”与“洋为中用”并举。当代中国设计“重构”的第一方面体现在设计师

图 11 寓意“塔”的金贸大厦顶部（左）和第 55 层的金茂凯悦大堂（右）

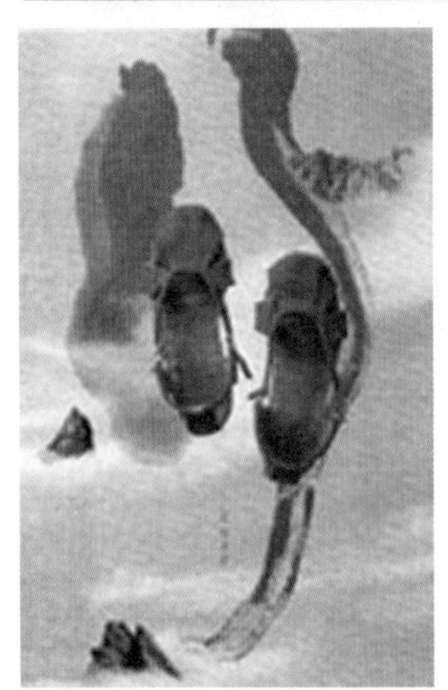

图 12 靳埭强（上三）、陈幼坚（下二）“古为今用”的设计作品举隅

对于古今中外的设计语言的自如取用，以及对古代设计中有生命力的东西和西方设计中精华的继承精神。诸多设计案例在取形延意、融合高科技与传统文化方面，逐渐显示出中国自己的设计语法。如平面设计、包装设计中“形”与“意”的新构，广告设计、服装设计以及建筑规划方面的高科技与传统设计的交融。

② 从“机器为本”到“以人为本”。中国现代设计经历了工业化固有差异的逾越、重构与国际环境相适应的设计意识的演变过程。近 20 年来中国社会经历了从以生产为中心向以生活为中心的转变，这突出表现在赶超西方工业设计水平的过程中从“机器为本”向“人本主义”的产品设计语言形态转变。

③ 新古典主义的产生。在西方源远流长的新古典主义，作为哲学意义上影响人们认识和表达思想的一种思潮，在当代中国设计界再次大行其道，并且在中国设计师的笔下被赋予中国特有的设计语义。无论是源于吉祥图案而又经过形象再创造的标志设计（如靳埭强设计有限公司的标志设计和中国联通的标志都采用传统的“方胜”图案，并加以简化、变形），还是服装设计、建筑

设计的装饰复古，都不拘泥于历史语义，而是对于古典主义的新变和再创造（图 11、图 12）。新古典主义设计赋予中国现代设计更多的个性化、人性化和形式美感，使我们的城市规划、日用品、建筑与服饰、环境变得越来越现代而又不失“中国味”，这点从服装设计语言从“西风”到“东风”的自我重构和中国建筑文化符码的现代应用等设计表现中尤其可见。

④ 设计法规的建设。随着知识经济时代的到来，中国设计师、生产经营者、使用者都越来越感到知识产权的重要性，尤其是加入 WTO 后，中国设计法规的许多条款合理性明显与西方有差距。为此，中国的立法者积极调整，逐渐加大了设计法规的建设速度和力度。这也促进了中国设计的自我重构。各种相关法规进行了制定与修订，如《中华人民共和国商标法》《中华人民共和国著作权法》《中华人民共和国专利法》《中华人民共和国反不正当竞争法》等法律条例，其中的相关法规逐渐健全了中国设计行业的法制机制，使得中国设计竞争“有法可依”，并且逐步与国际相关标准接轨。与西方先进国家相比，我国的设计法规还存在许多不足，还在影响中国设计的进步，如现行专利法对产品外观设计的保护力度和范围不够、著作权保护的缺陷等。中国设计师创新意识、法律意识也必将随着相关法制建设的完善而提高（表 2）。

设计教育作为设计理念演变的前沿阵地，无疑可以更好地阐明近现代中国设计的艰难建构。梳理现代设计教育体系的逐步完善、蜕变特点，可见其脉络：中国古代的工艺美术具有令世人惊叹的高超技术和艺术水平，但是两千年的传统文化铸就的“百工”观念，使得传统工艺美术的传承仅限于“师徒相传”“传男不传女”的狭窄视野，而科举制度更使得美育在整体文化中的地位极其低下。西方侵略者不仅用鸦片和大炮打开了中国大门，为了进一步控制中国人的思想，他们竭力输入宗教教育，近代先进的印刷和工艺教育也得以“裹挟”而来，无形中成为中国设计教育的演变契机，但是这种被动输入和“外发性”也决定了其转型的艰难。对于西方现代科技的仰慕和救国之志使得一批批留学生飘洋过海、前赴后继去寻求救国之路，其中不乏受到西方现代设计教育影响之士，他们奠定的不仅是现代设计教育的第一块基石，而且是一个国家和民族经济文化吐故纳新、移风易俗、寻求独立自强的演变的开端。而近代女性设计教育的兴起，对于促进近代女学、女性思潮的崛起，都起到了无形的推动作用。

表 2 相关设计法规的建设

| 法规名称 | 制定时间 | 修正 | 与设计师相关的条款举隅 |
|---|---|---|---|
| 《中华人民共和国著作权法》 | 1990 年 9 月 7 日第七届全国人民代表大会常务委员会第十五次会议通过 | 2001 年 10 月 27 日第九届全国人民代表大会常务委员会第二十四次会议修正 | 对“作品”的定义包括了设计作品：“本法所称的作品，包括以下列形式创作的文学、艺术和自然科学、社会科学、工程技术等作品：……（四）美术、建筑作品……（七）工程设计图、产品设计图、地图、示意图等图形作品和模型作品…… |

（续表）

| | | | |
|---|---|---|---|
| 《中华人民共和国商标法》 | 1982 年 8 月 23 日第五届全国人民代表大会常务委员会第二十四次会议通过 | 1993 年 2 月 22 日第七届全国人民代表大会常务委员会第三十次会议第一次修订；根据 2001 年 10 月 27 日第九届全国人民代表大会常务委员会第二十四次会议第二次修订 | 根据第三十条规定，对初步审定的商标，自公告之日起三个月内，任何人均可以提出异议。对于三个月异议期内初步审定公告的商标，任何人可以直接向国家工商行政管理总局商标局提出异议申请，也可以委托国家认可的商标代理机构办理异议申请 |
| 《中华人民共和国专利法》 | 1984 年 3 月 12 日第六届全国人民代表大会常务委员会第四次会议通过 | 1992 年 9 月 4 日第七届全国人民代表大会常务委员会第二十七次会议《关于修改〈中华人民共和国专利法〉的决定》第一次修正；2000 年 8 月 25 日第九届全国人民代表大会常务委员会第十七次会议《关于修改〈中华人民共和国专利法〉的决定》第二次修正 | 第一章第二条中对发明、实用新型和外观设计的定义：（1）发明是指对产品、方法或者其改进所提出的新的技术方案；（2）实用新型是指对产品的形状、构造或者其结合所提出的适于实用的新的技术方案；（3）外观设计是指对产品的形状、图案或者其结合以及色彩与形状、图案的结合所做出的富有美感并适于工业应用的新设计 |
| 《中华人民共和国反不正当竞争法》 | 1993 年 9 月 2 日第八届全国人民代表大会常务委员会第三次会议通过 | | 第二章第五条 经营者不得采用下列不正当手段从事市场交易，损害竞争对手：（一）假冒他人的注册商标；（二）擅自使用知名商品特有的名称、包装、装潢，或者使用与知名商品近似的名称、包装、装潢，造成和他人的知名商品相混淆，使购买者误认为是该知名商品；（三）擅自使用他人的企业名称或者姓名，引人误认为是他人的商品；（四）在商品上伪造或者冒用认证标志、名优标志等质量标志，伪造产地，对商品质量作引人误解的虚假表示 |

通过对近代中国设计教育的发展过程进行梳理，我们可以明显看出它是一个从无到有、从被动植入到主动创设的过程，这种本质上的变化体现在以下五个方面：

① 教会学校的“移花接木”。近代初入中国的西方科技文化知识，最初多为基督教殖民文化裹挟而来，这种中西文化嫁接中出现了“种豆得瓜”的鲜明特点。设计教育，也是这一大规模文化输入中的一部分，在以西洋装饰画、新式女红、建筑设计为主的技术传授中，西方设计教育的新枝以“工艺教育”“手工教育”“工程教育”等形式悄然萌发，如土山湾工艺院的工艺技能课。

② 洋务学堂的设计教育萌芽。甲午战争之后当局对于日本政体、美术教育的羡慕和提倡也从另一角度促使设计教育与大美术教育结合。也就是在这摸着石头过河的过程中，19 世纪末逐渐出现“化西为中”的工艺美术专业。但是也应该认识到，这些试图以中学统摄西学的

教育变革对于摇摇欲坠的清末统治政权来说，并没有起到任何作用。

③ 教育体制更新与美术学校的工艺教育。20 世纪初在辛亥革命思潮和学界风潮的的双重压力下，清政府不得不改革弊制，废除科举；1901 年—1913 年，辛亥革命时期的整体教育变迁，带给美术教育存活的契机，各地相继成立私立性质的工艺美校，民国时期的公立美术专科学校等也纷纷引进西方的工艺美术教育内容。思想家和远见卓识的图案设计教育家扛起了时代的重担，开始了艰难的启蒙工作。

④ 工程设计教育的启航。以张謇为代表的清末商人不仅推动着近代立宪运动和商品经济的发展，也对设计教育尤其是工程教育产生了显著的推动作用。清末实行新政以后，商人的社会地位明显提高，他们发迹之后，往往投资教育，资助留学生，开办各种近代工厂吸收女工，聘请先进知识分子教书，传播了新知识，包括工程设计教育新理念。

⑤ 冲破封建礼教的女子设计教育。始于教会女校的“女塾宏开”，开了女性教育的先河，这是人所共知的史实。但是，很少有学者强调这一史实：近代女学教育内容中设计文化的输入占很大比例，而且是作为西学中的“亮点”被当地群众所接受的，其设计教学内容如编织、花边、十字绣作为实际的谋生技巧，颇受当时的群众欢迎。尔后自维新运动、辛亥革命中各类公办、私立的女学堂中，绘画、女红及西式手工艺的内容也都是教育的重要内容。女学的兴起改变了过去中国女红非生计特征的设计活动形式，将她们从闺房中解放出来，使得她们能够将自己的聪明才智转化为生产力，提升为艺术品、工艺品。可以说，设计教育既是近代女性的智育开化的不可或缺的辅助，又是独立孕育的艺术之花。

从中国近代设计教育的萌芽及发展历程可见，出于被动移植和民族生存危机的近代设计教育在理论建设上尚处于摸索和不稳定状态。由大美术观念衍生而来的实利主义教育也有时代的局限性，实际上仍受“经世致用”思维的影响；只有当陈之佛、庞薰琹等设计专业的留学生承担起设计教育的重任，将设计教育从艺术本体和纯粹的功利主义中拯救出来，与时代的需要和深厚的人文思想结合起来，近代中国设计教育思想与理论建设的起步才真正踏上正轨。但是，在当时的社会现实语境中，这些理论家的思想贯彻、实施都带有相当的难度，直到今天我们仍可以从中得到深刻的反思和启示。近代中国设计理论的建构由许多不知名或知名的先驱者所共同努力而成，有毕生专注于设计教育事业的学者，也有文坛、艺坛各领域的学者，还有政界、商界的有识之士，其中以下几位主要的思想家，无疑起到了摇旗呐喊、筚路蓝缕的开创作用，他们的思想是值得我们现代的设计师和教育者毕生去追寻、研究和学习的。第一代设计教育理论家，如陈之佛注重实践的图案设计教育思想、庞薰琹融合中西的装饰艺术设计教育思想、雷圭元的图案设计教育思想，在近代设计史上立下了思想拓荒之功，促进了中国工艺美术由古典形态向现代形态的实质性转变。鲁迅先生对于近现代设计教育的推动也是不可忽视的，先生不仅是文学革命的先驱，而且精通中外美术、注重“洋为中用”，力荐欧洲的木刻艺术等设计形式、技法，身体力行地践行美育事业。学者们对于他的文学、美术等有诸多研究，但是对于他在设计教育方面的影响研究并不深入，有待系统地总结。简要来看，他的设计教育思想主要体现在以下三方面：

① 对儿童设计教育的呼吁和提倡；

② 言传身教的设计思想导师；

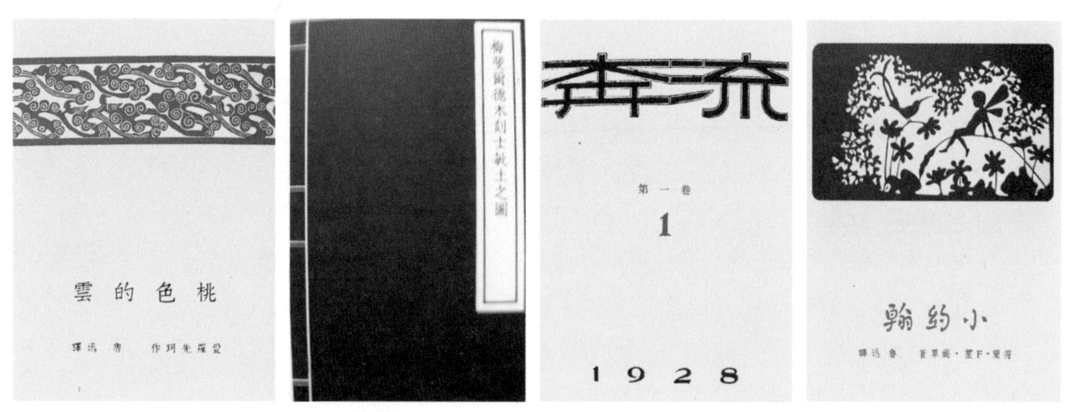


图 13 鲁迅灵活运用古今中西设计语言的封面设计:《桃色的云》封面纹样（左一）、线装形式《梅菲尔德木刻士敏土之图》（左二）、《奔流》字体设计（左三）、《小约翰》封面设计（右一）

③“拿来主义”与传统承继的设计思想（图 13）。

20 世纪初的中国现代设计教育之路历经坎坷，各种交织复杂的原因导致了人们对现代设计思想的片面理解和忽视，老一辈设计理论家筚路蓝缕地建构的理论思想陷入曲高和寡的地步——直到改革开放开始的思想解放，我国的现代设计教育才焕发新貌。现代设计教育家们努力建构起以人才教育为目标的全新教育观念，改变了近代以来美术教育、职业教育两相分离造成的后果，也力图改变文、理科分离带来的相关问题。因此，这一次全方位的理念更新基于近代设计历史的教训和得失，基于理性地学习西方、融合传统的新里程，是中国现代设计逐步走向成熟的表现所在。从图案教育到工艺美术教育，再到现代“设计”教育的新方向，中国现代设计教育观念正在不断更新。

通过对近现代设计教育理念发展的分析，从深层次上认识到“古为今用”“洋为中用”“智德双修”等人文理念早就蕴含在老一辈设计教育家的深邃思想中，迄今仍在启迪现代设计师：身处全球化环境，不能只顾匆忙“学西”，而应更多地解读历史，从新的视角理解历史，避免重复历史性的错误，更清醒地认识当代中国设计在继承传统与建构未来之间的许多成绩和不足，这样才能吐故纳新、走向世界、走向未来。

总之，通过对中国近现代设计的不同本质特点研究，我们可以自信地看到中国现代设计的前景和目标，这种信心应该来自中国传统文化的博大精深，来自信息社会我国科学技术对西方的赶超和跨越，来自“学无中西之分”的思维本质——艺术设计，不论中西，不论古今，都是改变人类生活的哲学，只要我们改变传统的二元对立思维和各种中心主义视角，在新世纪必将走上一条正确的转型之路。区别中国和非中国的重点不在种族、血统而在于文化和道德，艺术设计作为科学和艺术的桥梁、一门新兴但又古老的交叉学科，对于中华民族新文化和道德的建构、重构无疑是至关重要的，这条转型之路的成败得失值得我们边行边看、不断反思、上下求索。

## 参考文献

[1] 汪坦，张复合．第三次中国近代建筑史研究讨论会论文集 [C]. 北京：中国建筑工业出版社，1991.

[2] 张绮曼．环境艺术设计与理论 [M]. 北京：中国建筑工业出版社，1996.

[3] 刘志琴．近代中国社会文化变迁录（第一卷）[M]. 杭州：浙江人民出版社，1998.

[4] 刘志琴．近代中国社会文化变迁录（第二卷）[M]. 杭州：浙江人民出版社，1998.

[5] 刘志琴．近代中国社会文化变迁录（第三卷）[M]. 杭州：浙江人民出版社，1998.

[6] 林希．老天津·津门旧事 [M]. 南京：江苏美术出版社，1998.

[7] 张绮曼．室内设计经典集 [M]. 北京：中国建筑工业出版社，1994.

[8] 张竞琼．西“服”东渐——20 世纪中外服饰交流史 [M]. 合肥：安徽美术出版社，2002.

[9] 陈瑞林．中国现代艺术设计史 [M]. 长沙：湖南科学技术出版社，2003.

[10] 王绍周．中国近代建筑图录 [M]. 上海：上海科学技术出版社，1989.

[11] 徐纺．中国当代室内设计精粹 [M]. 北京：中国建筑工业出版社，1998.

[12] 陈汗青，万仞．设计与法规 [M]. 北京：化学工业出版社，2004.

[13] 上海陆家嘴（集团）有限公司．上海陆家嘴金融中心区规划与建筑——建筑博览卷 [M]. 北京：中国建筑工业出版社，2001.

[14] 上海鲁迅纪念馆．鲁迅与书籍装帧 [M]. 上海：上海人民美术出版社，1981.

[15] 希利尔，麦金太尔．世纪风格 [M]. 林鹤，译．石家庄：河北教育出版社，2002.

[16] 南京工学院建筑研究所．杨廷宝建筑设计作品集 [M]. 北京：中国建筑工业出版社，1983.

[17] 毛泽东．毛泽东选集（第五卷）[M]. 北京：人民出版社，1977.

[18] 陈汗青，万仞．设计与法规 [M]. 北京：化学工业出版社，2004.

# 12 威廉·莫里斯的思想在现代设计中的地位和意义

原载于 :《艺海》2014 年第 10 期

【摘　要】19 世纪下半叶至 20 世纪 20 年代，由威廉·莫里斯领导的英国“艺术与手工艺运动”逐渐流行开来，对世界现代设计产生了积极而深远的影响。倡导传统手工艺，强调艺术为大众服务、艺术与技术和谐统一的威廉·莫里斯在现代设计史上占有重要地位，被公认为“现代设计之父”。虽然莫里斯的设计思想与其设计实践不能完全相呼应，也存在一定的局限性，但是不能否认其设计思想的现代性，更对经济全球化的现代艺术设计思想和设计教育理念有着十分重要的借鉴作用和现实意义。

【关键词】设计思想 ；艺术 ；设计 ；艺术与手工艺运动

“现代设计之父”威廉·莫里斯（William Morris）是 19 世纪英国杰出的艺术家、设计师、浪漫主义诗人及自学成才的工匠，同时又是英国早期社会主义运动先驱者之一。他亲力亲为的建筑设计作品，监制或亲手制造的家具、纺织品、花窗玻璃、壁纸以及其他各类装饰品，一改维多利亚时代以来的流行品味，直接推动了“艺术与手工艺运动”，并迅速影响到欧洲各国及美国，其审美设计思想也得到广泛传播。

## 一、英国“艺术与手工艺运动”与威廉·莫里斯

1880—1910 年，英国掀起了一场轰轰烈烈的“艺术与手工艺运动”，这场运动以英国为中心，波及不少欧美国家，并对后世的设计运动产生了深远的影响。威廉·莫里斯，正是这场运动的主要倡导宣传者与领导者。

### 1. 英国“艺术与手工艺运动”

1851 年“水晶宫”国际工业博览会上的展出作品，暴露了工业革命以后工业设计领域的一系列弊端，如机械制品粗糙、丑陋，设计上矫揉造作、无实用性，漠视任何基本的设计原则等，都与其建筑形制产生强烈对比。追随拉斯金工艺美术设计思想的莫里斯对于这些很反感，这为他日后投身于反抗粗制滥造的工业制品奠定基础。

1857 年，莫里斯和韦伯设计的以红砖瓦构成的“红屋”，依照自己的构想布置室内，充分体现了工艺美术运动在建筑设计方面的思想，建筑设计的四条基本原则也在这时候形成。在拉斯金的参与下，他和马歇尔一起组织了“艺术工业联合会”，真正拉开了“艺术与手工艺运动”的序幕。

19 世纪末，在英国著名的社会活动家拉斯金提出“美术家与工匠结合才能设计制造出有美学质量的为群众享用的工艺品”的思想主张之后，各种工艺品生产机构如雨后春笋般迅速崛起，此后拉斯金和莫里斯的工艺美术思想得到了广泛传播并影响到欧美许多国家。

“机器是祸根”使之不可能成为领导潮流的主流风格。英国“艺术与手工艺运动”强调设计为大众服务，其设计风格涉平面、家具、陶瓷、建筑、纺织品、书籍装帧等各个方面。但是，由于受浪漫主义和社会主义的文化思潮影响，以及工业革命初期人们对工业化的认识不足，英国工艺美术的代表人物始终站在工业生产的对立面，他们批判机器，反对机械化大生产，提倡复兴中世纪哥特式手工艺，正如威廉·莫里斯所认为的“机器是祸根”，是机器摧毁了有个性的手工技艺的价值，过去艺术家们所达到的高水平业已停止。对工业化的否定，暗示“艺术与手工艺运动”不可能成为领导潮流的主流风格。

进入 20 世纪后，英国的工艺美术设计逐步注重形式主义。设计者过分追求作品的装饰效果，并且在建筑设计上，从建筑本身到室内外布置、室内装饰，全部经由一人之手进行整体塑造，由此产生昂贵的生产成本和支付费用，使设计未能达到为广大民众享有的目的，导致这条设计改良之路没能很好地走下去，反而让其他欧美国家从中取其精华，找到更适合自己国家的艺术发展道路，赶超英国。

然而，英国“艺术与手工艺运动”毕竟是现代设计史上第一次大规模的设计改良运动，成为西方现代艺术设计蓬勃发展的良好开端。在“艺术与手工艺运动”感召下，欧洲大陆终于掀起了一个规模更加宏大、影响范围更加广泛的艺术设计运动——“新艺术运动”。

## 2. 威廉·莫里斯设计思想的主要内容及其局限性

威廉·莫里斯的审美设计思想。威廉·莫里斯是拉斯金审美设计理念的最早支持者之一，认为艺术是改造现实生活的手段。他的审美设计思想可以概括为以下四个方面：① 反对矫饰的维多利亚风格，提倡中世纪的、哥特式的、自然主义风格；② 进一步提出设计的民主思想，主张设计为大众服务，提倡中世纪行会的情调协作精神；③ 主张艺术与技术和谐统一，否定工业化和机械化生产，希望回到中世纪设计讲究手工艺精湛的局面；④ 提倡劳动直接同艺术相联系，艺术是人在劳动的过程中所产生的快感的表现。威廉·莫里斯追随拉斯金的审美设计思想，但又不仅仅满足于拉斯金的思想理论，而是力图把这些思想付诸于自己的设计实践。莫里斯一手创办了世界上第一家设计事务所，促进了英国和世界现代设计的发展。莫里斯的新婚住宅“红屋”力求接近哥特式的建筑风格，“绿客厅”也是一个值得我们对未来室内设计深入研究的优秀作品。他还认为，艺术不是为少数人的，而是为所有人的，这一点非常重要。

威廉·莫里斯设计思想的局限性。莫里斯的设计思想对世界现代设计的影响力不容置疑，但由于思想上没能深刻认识到工业社会发展的特征，因此也存在一些内在的矛盾性和局限性：

① 最明显的表现就是排斥工业化，否定工业革命后机械生产所能产生的价值，违背了人们物质生活的要求和历史发展的趋势；

② 提倡手工艺产品，但这无疑增加了产品和设计成本，是普通民众消费不起的，与其提倡的“艺术服务大众”的理想背道而驰；

③ 提倡中世纪的哥特式艺术和自然主义的装饰，却反对传统，严厉抨击新古典主义。因此，

莫里斯对现代设计所产生的影响同时也包含着积极的和消极的两种因素：肯定艺术家负有时代和社会的责任，却又否定机械生产的价值。他的设计思想与设计实践存在的矛盾性，对现代主义设计的产生与发展也提供了宝贵的经验教训，由此，在某种意义上来说，他作为现代设计的伟大先驱是当之无愧的。

## 二、威廉·莫里斯的设计思想在现代设计中的意义

### 1. 威廉·莫里斯设计思想对现代设计的影响

在欧洲，他的理念直接引导了后来的“新艺术运动”，波及欧洲许多国家。不同的是“新艺术运动”主张机械生产，试图在总体艺术作品的意涵下，建立建筑、绘画、雕刻和工艺之间一种新的统一性。

在美国，他的“艺术与手工艺运动”思想受到了极力推崇，美国的企业精神与莫里斯的设计思想结合，为大众服务的设计思想得到良好体现，结出了丰硕成果，使“艺术与手工艺运动”在美国取得了很高的市场利润。

在亚洲，他的思想甚至传播到了大洋彼岸的日本，成为日本“民艺运动”的影响因素。20 世纪二三十年代，威廉·莫里斯的思想也辗转传入中国，在一定程度上影响了中国近代设计的发展。

### 2. 威廉·莫里斯设计思想的现实意义

①“美就是价值，就是功能”，培养功能与实用相统一的设计思想。正如威廉·莫里斯所言“不要在你家里放一件虽然你认为有用，但你认为并不美的东西。”设计多元化的今天，人们进行的各种设计前提依然是功能的需要，设计目的依然是造福人类，为人们所用。当今优秀的设计师应该综合考虑时代美学特征和产品结构的协调统一，即功能与实用相统一的审美设计理念。只有这样的设计作品才能适合时代发展规律，才能与现代设计注重实用、经济和美观的功能主义审美思想相吻合，从而广泛流传，真正发挥其艺术价值。

② 发扬“以人为本”的设计观，提倡为大众服务的设计教育理念。“以人为本”是经济社会的发展核心，“以人为本”的设计观也必然顺应当今时代的发展潮流。因此，对文化和人性极为重视的威廉·莫里斯的设计思想再次受到了设计理论界的垂青。

莫里斯的“艺术为大众服务”的设计原则启示未来的设计工作者，首先应该树立正确的人生价值观和责任感，不仅要吸收当代的先进技术和先进文化，更要注重挖掘自己国家的传统文化中的精髓。立足本国传统文化基础的艺术设计更能贴合人的精神价值需求，独具现代精神。

③ 技术和艺术相结合，打破传统专业界限，培养综合型设计人才。技术是产生新文化的重要因素之一，艺术又通过无限的创造性和审美性特征来推动设计的发展。威廉·莫里斯主张美术家从事设计，反对“纯艺术”。受美与技术相结合的设计原则的影响，部分艺术家移开他们以往只停留在画布上的目光，积极投身到相关的日常物品设计中。包豪斯的成功创建使这一现代的设计教育理念得以实现。创始人格罗皮乌斯（Walter Gropius）就把自己看作

是莫里斯的追随者，“莫里斯奠定了现代风格的基础，通过格罗皮乌斯，它的特征最终得到了确立”。

目前，我国的艺术设计基础仍然比较薄弱，技术和艺术结合型人才奇缺。艺术类学生对新技术生疏，缺乏设计实践，创造力难以发挥，而工科类的学生因缺乏审美能力和设计创意想象力，其作品黯然失色，这是普遍而广泛存在的弊端。充分利用综合资源，打破传统的专业界限，优势互补，培养“全能型设计师”是我们今后共同努力的目标。

## 参考文献

[1] 阿纳森．西方现代艺术史 [M]. 邹德侬，巴竹师，刘珽，译．天津：天津人民美术出版社，1994.

[2] 滕晓铂．威廉·莫里斯设计思想研究 [D]. 北京：清华大学，2008.

[3] 柯霍．建筑风格学 [M]. 陈滢世，译．沈阳：辽宁科技技术出版社，2006.

[4] 佩夫斯纳．设计的先驱者——从威廉·莫里斯到格罗皮乌斯 [M]. 王申祜，译．北京：中国建筑工业出版社，2004.

# 13 以图证史：由建筑遗存考据唐代高僧义净的生平及海上丝绸之路求法功绩

原载于:《中国宗教》2021 年第 10 期,刊载题目为《由建筑遗迹考据高僧义净的求法功绩》

【摘　要】唐代高僧义净是继玄奘法师之后借道海上丝绸之路西行求法的国际文化交流先行者，但是有关记载一直湮没在历史中。本文经田野考察、实地测绘、史料研究，从艺术考古的角度，对义净法师的生平、出行路线和主要驻足地的现存建筑遗存进行梳理和考据，并予以图像学对比分析，还原了义净法师不畏艰险、海路求法、功同玄奘的历史史实，也印证了我国古代海上丝绸之路的历史悠久、商贸繁荣。不置可否，曾经为中外文化交流做出杰出贡献的义净法师，为求真理置生死于度外、百折不挠的精神值得当代人学习和弘扬，并能对 21 世纪海上丝绸之路沿线各国的合作与发展问题予以启迪。

【关键词】海上丝绸之路；义净；建筑遗存；文化交流；图像学

2013 年 10 月，习近平总书记提出了“21 世纪海上丝绸之路”的概念和构想。2015 年 3 月，国家发展改革委、外交部、商务部联合发布了《推动共建丝绸之路经济带和 21 世纪海上丝绸之路的愿景与行动》。站在新的历史起点，中国开始建立和加强沿线各国互联互通伙伴关系，以推动沿线各国多元、自主、平衡、可持续的发展。

在此时代背景下，古代海上丝绸之路研究也日渐活跃，其中湮没在历史中的唐代高僧义净就是继玄奘法师之后借道海上丝绸之路西行求法的国际文化交流先行者，各方学者日益开展了研究工作。他本姓“张”，字“文明”，公元 635 年出生于齐州（今山东省济南市），出家后僧名“义净”，是中国古代“三大求法高僧”“四大译经家”之一，另两位求法高僧是东晋法显和唐代玄奘，另三位译经家是后秦鸠摩罗什、梁朝真谛和唐代玄奘。

据记载，义净法师西行取经，公元 671 年出发，历经 25 年，其间到过 30 多个国家，公元 695 年才回到东都洛阳。玄奘法师去印度是从长安出发向西北，去和回都是走的陆路。但是义净法师西行时，因为吐蕃和唐王朝的敌对关系，陆路危机重重。而此时，南海海上交通已繁荣通畅，所以义净从广州出发，去和回都是经苏门答腊走的海路，就是“海上丝绸之路”航线，“中国僧人海上西行求法第一人”的美誉实至名归。玄奘在外 18 年，义净在外 24 年，两位高僧在中华文化史上的功德如日月相辉映。义净法师带回佛经 400 多部，并记录了沿途大量的风土人情，为中外文化交流做出了杰出贡献，也留下了关于“一带一路”的珍贵历史印迹。他的作品被译成英、法、日、韩等多种文字，对世界佛教、历史、文化都产生了重要的影响。

义净法师九死一生经海路到达了印度那烂陀寺，在那里学习佛法，公元 695 年自广州回到东都洛阳，当时的皇帝武则天，亲自携文武百官及僧俗大众，出城迎接义净法师。义净在回国前就开始着手翻译经书，回国后又在洛阳和西安主持大量且大型的翻译工作，直到圆寂。他还把西行的经历见闻，在室利佛逝国（Srivijaya）写成了《南海寄归内法传》和《大唐西域求法高僧传》两部著作，详尽记载了唐初 40 年间共 60 名僧人到印度求法的感人事迹，不仅记载陆路、海路的情况，还记述了沿途及印度的风俗、建筑、语言等各种珍贵资料，后来被法国沙畹、英国比尔，以及日本足立喜六、高田、高楠顺次郎等，译成各国文字，成为世界文化的瑰宝。

义净法师不仅在佛学、翻译方面的贡献卓著，在地理、外交、历史、医疗等方面也为南海地区及东南亚的历史文化研究填补了许多空白。本文从建筑遗存考古的角度进行研究，分析义净的生平、求法足迹以及他为中外文化交流做出的杰出贡献。

## 一、济南四禅寺、双泉庵、神通寺遗址——义净法师的出生地考据

义净高祖曾为东齐郡守。“仁风逐扇。甘雨随车。化阐六条。政行十部。爰祖及父。俱厌俗荣。放旷一丘。逍遥三径。”——《大唐龙兴三藏圣教序》。

他 7 岁时，在当地土窟寺出家成为一名小沙弥，土窟寺后来改名为“四禅寺”，遗址在今济南市长清区的土屋村。当年的“万菩萨殿”宏大壮观，唐朝时四禅寺规模很大，非常兴盛。现仅存一座经幢、一座石钟亭及北山腰 300 米处义净法师真身塔一座。

考察现存遗迹（图 1），经幢高约 5 米。建于唐代，历尽千年沧桑。石础四层，由下到上，逐层递减。底层方形，边长 1 米，四角上各有一石兽，现在底层已埋于土下，地面上仅能看到四只残缺不全的石兽；第二层为八棱形，每边长 40 厘米，上下直面；第三层是下翻莲花，底边长 40 厘米与下层相连，上边长 30 厘米与上层相连，高 15 厘米；上面相连第四层也是八棱形，每边长 30 厘米，上下直面，高 12 厘米，每一立面均雕有花木纹样。幢身部分由下到上三层，均为八棱形，第一层主体，高度 2.5 米，每边长 22 厘米，每个面各刻有经文及题记，年代久远，风化严重，大多已内容不清，很难辨认；第二层每边长 35 厘米，高 35 厘米，每个棱角上都雕有一个嘴里衔环的龙头，环中左右垂珠相续相连；第三层高 85 厘米，在东西南北四个面，

图 1 四禅寺经幢（上）、钟亭（下）（自摄）

各雕有一尊立式佛像，形神各异。最上面是塔型宝瓶状幢盖，高约 80 厘米，顶部有残缺。钟亭为石质，四柱单脊式，钟已经遗失不见。

仰首北眺，四禅寺遗址北山腰 300 米处的义净法师真身塔（又名“证盟塔”），清晰可辨。义净法师真身塔（图 2）保存完好，近年重新修砌过。有记载说义净法师的舍利子，一部分回葬故里，在四禅寺建塔保存，应该就是此塔。此塔方形，东、北两面借助山体，另两面砌墙，门开南面，塔檐 3 层，锥形屋顶为石板收叠而成，石板有 19 层，顶部仰莲塔刹。塔内两侧石壁上有浮雕，一侧为一尊佛像，另一侧是两尊菩萨像。由于年代久远，义净法师的舍利子早已遗失。据记载四禅寺“五柏三槐”，现存古柏两棵，枝繁叶茂。

图 2 义净法师真身塔及塑像（自摄）

四禅寺的下院双泉庵，门朝西北，因正殿前并列双泉而得名，位于济南市长清区张夏通明山（图 3），现已在此重建山东义净寺。重建前的遗址仅存顶瓦全无的门楼、瓦脊毁坏的正殿和南配殿。南配殿结构与正殿相同。院内有碑碣 8 块。

公元 655 年，义净 21 岁那年在神通寺正式出家，受具足戒成为一名比丘。神通寺遗址，现在当地人习惯称之为四门塔，位于济南市柳埠镇，东晋初僧朗创建，为山东最早的寺院遗址，除了著名的四门塔，还有龙虎塔、摩崖石刻、塔林等遗存，基本都是隋唐时期建造的。

图 3 四门塔（左）、龙虎塔（右）（自摄）

四门塔古朴庄严，是我国现存唯一的隋代石塔，隋大业七年建造。它既是中国现存最早、保存最完整的单层亭阁式佛塔，又是我国早期石质建筑之典范。塔身用大块青石筑成，平面作正方形，每边长 7.4 米，通高 15 米，四面各有一半圆形拱门。外墙厚 80 厘米，上部略向内收。塔身上部用 5 层石板叠涩出檐，檐上用 23 层石板，层层收进，形成截头方锥形塔顶。中央置方形须弥座、山花蕉叶和相轮组成塔刹，与云岗石窟中浮雕塔刹形制相同，古朴庄严。塔内部有一方形塔心柱，立于石墩上，墩台四面各置佛像一尊。四门塔造型简洁，墙身平直，四面券门亦与墙平，整座塔除刹略有雕饰外，全为素洁石块砌筑而成，在古松掩映下更显朴素无华（图 3）。

龙虎塔位于神通寺“祖师林”的南面，与四门塔隔谷相望，因塔门上雕有龙虎而得名。

始建年无考，据建筑风格推断，塔基、塔身建于唐，塔顶补于宋。塔呈方形，高10.8米。石砌3层须弥座塔基，上有覆莲、狮子、伎乐等精致券门，塔身每面有刻着火焰状纹样的券门，周身布有刻工精致的高浮雕龙、虎、佛、菩萨、力士、伎乐、飞天等。内有方形塔心柱，塔室内有石雕四面的佛龛，龛额刻飞天。每个龛内置雕佛一尊。截顶为砖砌，重檐，檐下又挑华拱承托，顶置覆盆相轮塔刹。此塔建筑优美、造型华丽，与四门塔的古朴风貌遥相辉映。

## 二、义净法师杖锡西极、海路求法的路线和建筑遗址考据

### 1. 广州出发、居留地——光孝寺（制旨寺）

义净在青年时期，就仰慕求法先贤，应该也受到玄奘法师事迹的影响，立志西行求法。公元670年，他相识了几位有此志向的僧人，相约同行。但在次年11月从广州搭乘波斯商船启程时，同行的却只有善行一人，其他几名僧人因各自原因未能相随。

制旨寺，现广州光孝寺，历史上寺名几经更改，是当时广州最大的佛寺之一。有学者推断制旨寺是义净西行的始发地。公元693年义净法师从室利佛逝最终回到广州，至公元695年去往洛阳，其间也应当居留于此。

义净法师东归历程中，在室利佛逝停留了六年，学法、整理翻译经书，他对后世影响最大的两部书，就是在这段时间中完成的。这期间为了招募助手及译经所需纸墨等物，义净在公元689年回国一次，住在广州制旨寺三个多月，这些在他的著作里有详细的记载。

该寺始建于三国时期，是目前广东省最古老的建筑之一，位于广州市越秀区。寺内有众多珍贵的佛教遗迹遗物（图4）。

图4 光孝寺大雄宝殿、西铁塔

### 2. 重要驻足地——室利佛逝

公元671年11月，义净搭乘波斯商船出发，当时的海上航行非常艰苦和危险，可以说是惊心动魄、危机四伏。所幸这次航行还算顺利，不到20日就到达了室利佛逝。

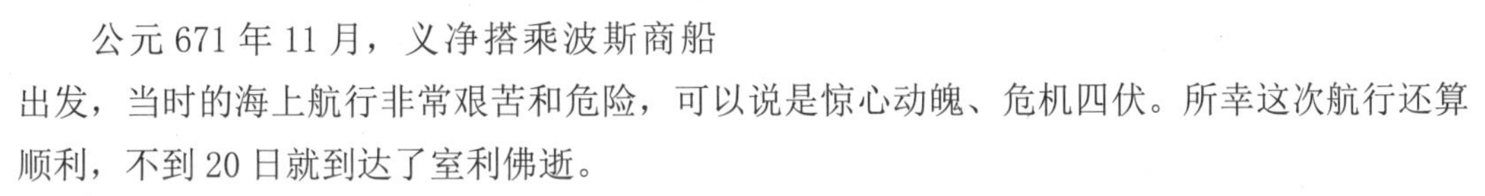

公元685年，义净在东归途中，再次经过室利佛逝，在那里停留达六年之久。

对于义净法师侨居的古佛逝都城，经过专家们考据，有七八个不同结论，众说纷纭，至今没有定论。被大家普遍认可的，是今苏门答腊岛的巨港（Palembang），音译为“巴邻旁”，原称“旧港”。

室利佛逝地处马六甲海峡南端交通要冲，经济繁荣，是南海交通贸易及佛教中心，在当时是东南亚的强国之一。义净在这里停留了半年学习声明（梵语）。其间，弟子善行因病归国。

### 3. 最大的佛教建筑遗址——末罗瑜国（Melayu）的慕阿拉占碑佛塔区

室利佛逝的国王对义净非常友好，提供了很多支持，义净启程时还亲自派船相送。公元672年义净首先到达末罗瑜国（一译末罗游，今苏门答腊的占碑），停留两个月。

就在距离今占碑城30千米外，沿巴当哈里河岸，考古学家发现地下埋有80多处遗迹，至今仍在考古挖掘中，出土有很多中国的古代文物，是目前发现的东南亚地区当年最大的佛教建筑群遗址，专家认为此地应是旧占碑的中心。慕阿拉占碑佛塔区（Muara Jambi Temple Complex，图5），面积近40千米$^2$，当年义净法师应该就于此地居留。

### 4. 马六甲海峡的重要遗址——羯荼古国

2个月后，义净继续乘船向北航行，来到位于马来半岛的吉打州的羯荼古国，并在此居留4个月。这里地理位置十分重要，是通过陆路横穿马来半岛的要冲，更是马六甲海峡的重要港口。

布秧河谷（Lembah Bujang），在今天马来西亚双溪大年市（Sungai Petani）的莫柏镇附近。当年是马来半岛三条主要商道河流——姆达河、马莫河及布秧河的交接地，是往返古印度及中国贸易航海路上一个非常繁忙和重要的港口。羯荼古国的遗迹就在这里，考古区面积约224千米$^2$。多年来，布央谷不仅挖掘出很多庙宇遗迹，还出土了不计其数的手工艺品——青瓷、陶瓷、粗陶、黏土、陶器，以及玻璃、珠子和波斯陶瓷的碎片，这也是布央谷曾是国际转口贸易中心的明证。此处也是布央谷考古博物馆(Lembah Bujang Archaeological Museum)所在地(图6)。布央谷考古博物馆，是马来西亚建于1978年的唯一的考古博物馆。博物馆展出约1000多件文物，展品数量庞大且类别丰富，有各类陶瓷制器具、泥雕、青铜像、金制品及各类宝石等。东归途中，义净又在这里停留了将近一年。

图5 慕阿拉占碑佛塔区遗址

图6 羯荼古国的遗迹、布央谷考古博物馆宣传册

## 三、义净大师到达印度后的求学轨迹和建筑遗存考据

### 1. 耽摩立底

义净再次登船启航时，已是公元 672 年的 12 月。经过长时间的航行，终于在公元 673 年的 2 月 8 日在印度登陆。他首先到达的是东印度的耽摩立底国（Tararalipti）。

公元 685 年，义净东归再次回到耽摩立底，从这里登船去往羯荼国，当时他 51 岁。

耽摩立底故地位于印度东部古代恒河的入海口，是当时的重要港口。应该是因为淤涨，海岸线变迁，这座城市现已深埋地下。为了保护当地的文化遗产，1975 年建立了相关的研究中心和塔姆卢克考古博物馆，在它官网上的介绍里有如下文字：......and it was visited by renowned Chinese pilgrims Fahien，Hiuen Tsang and I Tsing who have left vivid accounts of the flourishing center. Besides being a prosperous commercial town it was a great religious centre also...... 意为：并且中国著名的朝圣者，法显、玄奘和义净，他们在这个繁华中心留下了生动的描述，这里不仅仅是一个繁荣的商业城镇，也是一个伟大的宗教中心。

### 2. 到达印度，寻访瞻礼各处佛教圣地

当时的印度并不太平，人们长途跋涉往往要结伴同行。公元 674 年，跟随一支商队，义净和大乘灯启程去往中印度，路上义净因病掉队，遭遇劫匪，也算是九死一生。

抵达中印度后，义净开始周游各处佛教圣迹。

义净在印度遍礼圣迹的详细路线没有明确清晰的记载，很难一一追寻。但笼统的记述还是有据可查的。

义净所著《大唐西域求法高僧传》中记载，他来到印度后，先去礼敬根本塔，此塔现在已不存，当时名为根本香殿。又去佛陀当年开示佛法的灵鹫山，然后去了菩提伽耶，这里是释迦牟尼的悟道成佛处。礼拜了众多的佛教圣地：毗舍离，曾经是跋耆国首都，佛陀在此城预言自己即将入灭；释迦牟尼涅槃的地方拘尸那罗；佛陀觉悟后开始传法的鹿野苑；以及鸡足山等地（图 7）。

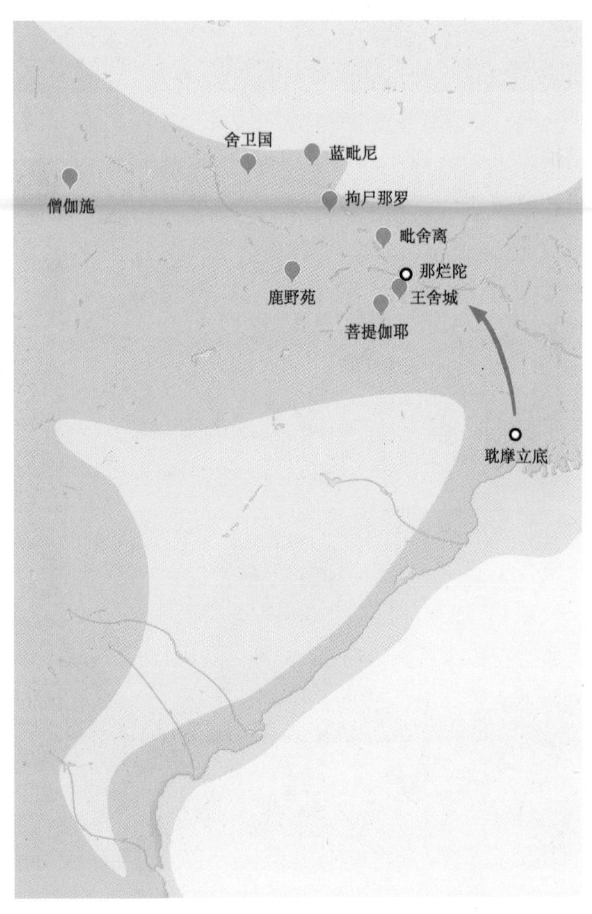


图 7 佛教八大圣地及那烂陀寺、寺耽摩立底地理位置示意图（自绘）

从义净翻译的《根本说一切有部

毗奈耶杂事》中一条注提供的信息，可以了解到，义净亲见佛陀从出生、成道、传法到涅槃的 50 余年间重要的 8 所居止之处（图 8、图 9）。

在义净的著作里，还记载了位于中印度的菴摩罗跋国，和他同行的是大乘灯禅师。

### 3. 那烂陀寺的十年求学

公元 675 年义净法师 41 岁，回到那烂陀寺。那烂陀寺，又译为阿兰陀寺，意译为施无厌寺。在现在印度的比哈尔邦，是当时印度佛教中心，尤其是大乘佛教，高僧云集。义净法师在这里学习十年有余。

图 8 灵鹫山讲经台、菩提伽耶大觉塔

图 9 阿难舍利塔与阿育王石柱（印度北哈尔邦毗舍离）、大涅槃寺及僧舍遗迹（印度北方邦拘尸那罗）、达美克塔（印度北方邦鹿野苑）、摩耶夫人祠和帕斯卡尼水池（尼泊尔鲁潘德希蓝毗尼）

十年间学习佛教经典的同时，义净也在搜集准备带回大唐的梵文佛经，并完成了两部初稿的翻译。

那烂陀寺当时的规模非常宏大，鼎盛时期有几十所寺院，占地面积达 48 千米$^2$，藏书 900 多万卷，1000 多名教师，万余学僧，精通经律论者不计其数，大师辈出。

义净在他的著作中对这些寺庙多有记述，书中记录了中等寺院和小寺院每边的僧室数量分别是 7 间和 5 间，书中还附有义净绘制的图，可惜很早就丢失了。他在书中对这里的建筑细节也有所描述，并且包括当时寺院规章制度、僧人的起居、卫生及生活习惯，都有详细的记录。

那烂陀寺于公元 12 世纪毁于战火，遗迹从 1861 年被发现后开始陆续挖掘，已发掘出十多所寺院遗迹。2016 年入选《世界遗产名录》（图 10）。

图 10 那烂陀寺遗址现状

那个时期，西行求法在这里学习的大唐僧人还有很多，义净在他的著作中提到姓名的就有多位，但路途艰辛，求法坎坷，有所建树最后能回国的没有几人。

10 年后，即公元 685 年，义净携金刚座真容、舍利及梵本三藏五十万余颂，踏上了东归的旅途。当时义净 51 岁。

义净东归和来时的路线相同，离开那烂陀寺后路上又一次遭遇劫匪，万幸脱险后终于到达了耽摩立底，从那里登船经过两个月的航行，到达羯荼时已经是来年的农历二月，在那里停留了将近一年，冬天继续启程乘船航行了一个月左右到达末罗瑜。此时已是公元 687 年的农历二月间，并且此地已被室利佛逝国吞并。义净这次在那里停留 6 年之久，直到公元 693 年才乘船返回广州，终于在公元 695 年，回到东都洛阳。

一代高僧义净，在整个生命历程中，西行用了 25 年，其间游历了 30 多个国家，在那烂陀寺求法 10 年。691 年，义净将他所著的《南海寄归内法传》和《大唐西域求法高僧传》，以及他翻译的 20 余部译典，交由大津法师带回国内，直到 695 年，已经 61 岁的义净法师才在贞固等弟子的陪同下，回到国内。

回国后，义净先后于洛阳和长安等地译经，据《开元录》记载统计，共有 56 部 230 卷。但他实际翻译的佛经数量，远不止这些，现存《根本说一切有部》的多种律中，7 部 50 卷是义净翻译的，就没有包括在内。

除了译经，义净其他的时间教授了很多学生，遍及长安和洛阳。

公元 713 年正月十七日夜，义净 79 岁高龄，于长安大荐福寺，溘然长逝。僧龄 59 年。

## 结语

经过梳理和考据以上义净法师走过的足迹和建筑遗址，与玄奘取经行程图对比，不难看出，义净法师不畏艰险、海路求法、功同玄奘，回归故土、译经传法，为中印文化交流做出了杰出的贡献，他对于唐代海上丝绸之路的记录和南海诸国的体验是史无前例的，功被后世，福泽中华。他为法忘身，为求真理置生死于度外、百折不挠的精神以及对世界文化交流做出的杰出贡献，值得当代人大力弘扬和学习，并能对 21 世纪海上丝绸之路沿线各国的合作与发展问题予以启迪。

# 14 从杂糅到重构——论中国近现代建筑设计的“西化”

原载于：《中国建筑装饰装修》2007年第6期

【摘　要】本文主要研究“西风东渐”背景下中国近现代建筑设计装饰和技术的演进，通过分析近代典型的设计史实与现当代的典型设计案例，总结和揭示了中国近现代建筑艺术设计从复制西方建筑、一味地将中西建筑设计进行各种“折中主义试验”到逐渐走向理性地重构本土建筑文化的各个历史阶段的本质特征，目的在于“鉴古知今”，总结历史经验、展望未来。

【关键词】中国；近代；现代；建筑；西化

近现代中国的建筑设计可以说都处在“西风东渐”的背景下，由于体制的不同，中国建筑设计从本质上呈现不同的特质，而这种不同背后蕴含着深层的社会原因和设计师以及接受主体的原因等。本文通过分析许多具体的设计史实和案例，有助于看清这种特点。

## 一、近代建筑技术与艺术的“中西糅合”

近代中国建筑的“西化”可以追溯到16世纪西方殖民者对中国的觊觎。从现存北京宣武门、300年前西方传教士利玛窦始建的南堂、到皇家园林圆明园中的西洋式建筑“远瀛观”和“大水法”（第二次鸦片战争时被烧毁），以及中西结合的京师同文馆大门、江南南浔“四象”的洋式住宅、通商城市的西式剧场（如上海的兰心剧院）等，可见鸦片战争前的相当长一段时期，以传教士、来华使者和商人为媒介，少数清廷贵族、权贵对西方设计已经有所接触、了解，并且在西方设计师的主导下进行了大量的西式建筑“复制”。如果说鸦片战争前传教士在中国建造的诸多教堂建筑还是以宗教目的为掩护的话，那么鸦片战争后租借地及通商城市大肆兴建的各类教会学堂、洋行建筑、公用设施等则毫不掩饰各侵略国“殖民”的野心。从中西建筑技术和设计理念固有的巨大差异，到逐步包容、折中，再到主动探寻民族风格的过程中，各种设计构件、细节的演变体现了文化冲突的存在。近代中国的许多实业家和建筑师努力学习、引进西方技术，突破殖民风格的垄断，在当时的环境制约下显得尤为可贵；许多设计家“折中主义的试验”虽有许多局限，但仍为探寻民族风格与现代装饰的有机结合奠定了基础——尽管从今天看来，那些“试验”实质上是不太科学的中西杂糅。

### 1. 西式装饰图案的复制与拼贴

19世纪末，在东南沿海各大城市租界的西方建筑中，除了教堂，其他建筑形式多为“殖民式”建筑，即一种周边作拱券回廊的二层砖木混合结构的房屋，这是欧洲建筑传入殖民地印度和东南亚一带，为适应当地炎热气候而形成的一种建筑形式。这种形式与传统江南的骑楼有相似之处，但是本质不同。

骑楼的产生是从中国古代建筑的外走廊发展而来的。据学者考证，“远在二里头遗址时代就看出有围廊环绕房屋，以后经过周、秦、汉以来，廊子接连不断，它已成为建筑组群中不可缺少的一项建筑，从围廊到片儿廊，从内廊到外廊，比比皆是，到元明清各代，都一一继承下来……长江以南的广大城市里的商业大街，骑楼建筑比较普遍。这种骑楼建筑，从清代中叶一直沿用到民国年间”；传统的骑楼“不重华丽”，多用“砖木混合式的构造砖柱”“没有什么雕刻与绘画，也没有什么大的奇异的构造”，但是鸦片战争后的许多骑楼，尤其是中国香港、广州等地的骑楼发生了演变，从建筑结构和柱式都可见模仿西方“殖民式”建筑的痕迹。在发展本地商铺建筑功能的同时，将西式拱券、浮雕、柱式等应用其中，建筑的艺术性和装饰性增强了。许多老照片如清末民初的广州商馆建筑就体现了这种特点（图 1）。

图 1 1832 年的广州商馆

图 2 北京恭王府门坊（左）、1911 年的北京农事试验场大门（右）

宫廷的洋式建筑早就始于圆明园，晚清许多王公贵胄纷纷仿效，如北京恭王府门坊就是圆明园式门楼的代表。这种门在西洋式立柱之上的女儿墙表面做中、西式花饰，如将西洋式草花与中式的花卉、走兽、岁寒三友、暗八仙等古典图案结合在一起，成为一时风尚。“在 1898 年‘百日维新’前夕，中国的思想和体制都刻板地遵从中国人特有的源于古代的原理。仅仅 12 年后，到了 1910 年，中国人的思想和政府体制，由于外国的影响，已经起了根本性的变化。”“在思想方面，中国的新旧名流（从高官到旧士绅，新工商业者与学生界），改变了语言的思想内涵，一些机构以至主要传媒也借此（作者注：新学）表达思想。”如 1906 年建的北京农事试验场，其大门是一个拱柱结构，即西方的“帕拉蒂奥母题”——用两根柱子顶着一个拱券。但是此门的比例与西方母题不同，看上去并不美观，更甚者上面的雕刻是密布的中国传统纹样如龙纹等。这一阴一阳的两种东西结合在一起，显示出明显不兼容（图 2）。

建于民国初年的苏州东山春在楼，反映出近代海派资本家引进西式建筑并且大兴土木的特点，其设计格局采用中国传统的规矩方圆、轴线分明、均衡对称等特点，但是从彩色玻璃、铸铁栏杆和西式壁橱、西式柱头等又可见洋风的踪迹。其中春在楼前楼二楼跑马廊的十二根檐柱，柱身设计为竹节形状，取传统寓意“节节高”，而柱头却为木制“科林斯”柱头，是一个与柱身、柱础割裂开来使用的饰物。西式铸铁栏杆上的“寿”字纹、蝙蝠纹样装饰，以及观景台的西式拱券上面中式的四角亭，诸如此类不恰当的组合方式一方面反映出工匠们对西方建筑文化充满好奇同时又缺乏必要的了解，另一方面表现了工匠们试图为传统建筑模式开辟一条新的发展道路的尝试。这些对西式建筑装饰图案的复制拼贴史实也应了老百姓常说的那个比方：只有一只脚挪了地方，另一只脚还牢牢地扎根在旧秩序中。

### 2. 西式建材、科技的引进与吸收

近代西方建筑技术的传入是从砖（石）、木混合结构建筑技术的引进开始的，1900 年左右步入迅速发展时期，从砖（石）钢骨混凝土混合结构发展到砖（石）钢筋混凝土混合结构，而 1920 年以后钢筋混凝土框架结构、高层结构、大跨度建筑结构甚至现代建筑声学等技术的引进，标志着中国近代建筑技术发展高潮期的到来——中西建筑技术经历了从不相容到逐步兼容的过程。

中西文化各自有着不可动摇的文化内涵，利玛窦初入中国时，为柔化矛盾，曾以“自上而下”“尊崇儒学”的策略使传教工作得以开展。在建造京师第一座天主堂时，其建筑形制曾借喻“书院”（明，士大夫流行的书院）的传统式样，以减少异种文化内核的输入阻力。万历三十八年（1612 年）—康熙五十一年（1712 年），南堂的建筑风格维持了 100 年的中国式样才易为西式，可见文化差异的力量。

这种冲突并没有因为鸦片战争后洋务运动提倡西学而消失，欧美传教士借炮舰神威和不平等条约大量兴建教堂建筑，更激化了原有的矛盾。许多地方“教案”频起，甚至有焚毁教堂者，大多数地区的建筑工匠对西洋建筑取仇视态度，不肯学习西式建筑技术。因此，在原材料、建筑结构不同，缺乏西式建筑师、建筑工匠的条件下，传教士不得不亲自充当建筑师。1845 年在建造外滩的怡和洋行时，墙壁用泥塑或本地砖砌成，外墙粉刷得雪白，周围是配置着大拱门的敞开游廊。房虽简陋，且用的是本地建材，但其承重墙结构与中国传统的木构架迥然不同，因此非出身建筑师的传教士不得不亲自设计，指导施工。一位英国传教士描述了当时充当教堂建筑师的窘境：“1850 年 4 月 1 日，为筹建新堂（指郑家桥今福建南路福音堂）事，已劳烦数月，因本地工匠不谙西式建筑，需亲自规划。我侪来华，非为营造之事也，因情势不得不然，遂凭记忆之力，草绘图样，鸠工仿造。”19 世纪五六十年代，在较为开放的上海出现了专门设计西式建筑的营造厂，在本地建筑工匠中出现了“本帮”和“红帮”之分。

图 3 济南洪楼天主教堂西立面细部（上）、南京石鼓路天主教堂拱顶（中）、上海徐家汇天主教堂的肋拱（下）

对于内陆则较上海落后几十年，在儒学传统深厚的济

南，建于老城区的将军庙天主教堂（1650 年始建）1866 年重修时，不得不采取坐北朝南的中国建筑传统形式；而远离老城区的洪楼天主教堂（1660 年始建）1902—1905 年重修时则大胆地运用哥特式风格，并且坐东面西。南京石鼓路天主教堂（1870 年）和上海徐家汇天主教堂的“肋拱”（或棱拱），都是采用中式传统木结构加粉刷的方法做出来的，虽然形似西方的“四分尖券肋拱”，但实际上与西方传统的将棱建于支承的固定石结构上的做法大相径庭（图 3）。“南京石鼓路教堂不仅拱券用木材与板条、泥灰做成，不起结构作用；且屋顶结构采用中国传统的木屋架。”从材料上、技术上一定程度地反映了当时教会建筑文化为缓和文化矛盾所作的努力。

图 4 北京饭店外立面（上）、大华饭店舞厅（下）

当然，在逐渐的摸索中，也出现了较好的折中例子。譬如 1903 年前后，美国基督教会在我国开办了 13 所教会大学，其中的东吴大学洋式校舍，主体建筑林堂、孙堂、维格堂、葛堂和子实堂都是以红砖叠砌为主的欧式建筑，有罗马式的石柱和券廊结构。1906 年建的北京饭店，摒弃了雕梁画栋，采用钢筋水泥砖石材料，简洁美观的现代风格——立面壁柱分隔红色墙面、局部古典装饰，迄今仍视为经典。建于 1910 年的上海大华饭店，采用砖混结构，室内装饰完全西化，首层舞厅的中央装有大理石喷水池和半圆形音乐台，爱奥尼亚式廊柱精美华丽（图 4）。

1919 年之后，上海的新式石库门里弄大量修建，单间单厢、双间一厢的设计可以适应 200 多万人口的剧增和大家庭的解体；新式石库门多采用机制红砖或青砖石灰勾缝的清水墙面，弄内过街采用砖发券，石库门的框柱由原来的石料改用斩假石、汰石子等材料，马头山墙和观音兜式被摒弃，开始安装卫生设备。其后的花园式里弄住宅在设计、装修方面则更加明显地采用近代西方的独立式住宅，在采光、绿化、外观装饰方面极尽奢华，如上海现存的许多近代买办、资本家的洋房就是各种建材、技术和风格的万花筒：盛（宣怀）公馆的新古典气派、具有“白宫”气派的法租界总董官邸、黄楚久建的中式宝塔与现代建筑结合的大世界游乐场、荣宗敬故居的花园洋房等，尤其是建于 1918 年的叶铭斋故居，既有北欧式的陡峭屋顶，又有英式乡村的宽大平台、现代主义的明快装饰等，中西式建筑技术的混合不一而足（图 5）。

图 5 上海荣宗敬故居（上）、上海叶铭斋故居（中）、大世界游乐场（下）

图 6 上海陆家嘴 CBD 方案的形成，法国、英国、上海，最终深化方案模型

## 二、现代中国艺术设计的自我重构

"'文化重构'是指一个社会群体对文化观念的调适和对文化因素的重新建构。人的主体性和处境的变化是促使文化演变的内外动力，一旦它们与新的文化资源、新的价值观念结合，就造成文化重构。从社会再生产的角度看，社会群体在一代一代的人口再生产、物资再生产的同时，还进行着文化及生活方式的再生产。这种再生产在一定时期显得像是一成不变的复制，在一定时期又显得像是焕然一新的重构，在很多时期则是介于复制与重构之间。"中国建筑设计由传统向现代设计演变的过程，也是从中西设计语言形式的复制、杂糅走向合理性重构的动态过程。

这种重构是基于"以我为主"、科学理性的技法的创新、自省和重组，是建立在对世界经济环境的清醒认识及民族自强的决心和勇气的基础上的新生活的追求。这种重构不同于近代"马赛克式"的拼贴，现代设计师正在将中西之间、民族之间的个性差异熔于一炉，形成中国自己的全新时尚；这种重构不再盲目跟从西方，而是去伪存真、将传统不断提炼升华的过程。尽管目前中国建筑的现状还有许多的不尽人意之处，学术界对于现当代中国建筑还有诸多的争论；但应该看到其理性、乐观的整体发展方向。从诸多的现代优秀设计中我们可以看到这种本质特征，我们这一代设计师也应该更加积极地朝这个美好的目标奋进。

### 1."洋为中用"的建筑科技

中国当代的建筑设计越来越注重中国传统因地制宜、整体环境规划的设计原则，同时注重结合西方先进的环境设

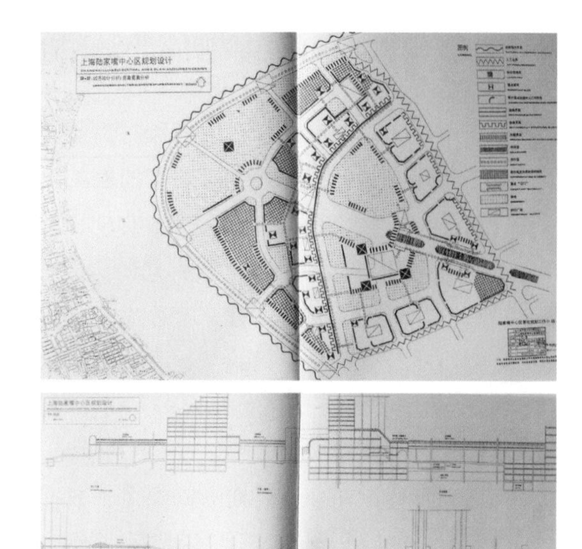

图 7 上海陆家嘴中心区规划设计平面、剖面图

计科学。上海浦东陆家嘴的系统规划就是成功按照国际惯例招标、借鉴国外智力并体现上海特色的案例。这种规划改变了近代以来上海老城区改造“见缝插楼”的单体建筑规划设计局面，尤其是科学地规划高层建筑以及景观、交通、绿化等。这个 CBD 方案是在吸取英国罗杰斯和法国贝罗两个方案优点的基础上，以上海方案为主深化形成的，其城市形态布局充分体现了城市功能、建筑美学、环境科学、基础设施和交通组织管理等整体空间设计的思想（图 6）。

其中西结合的设计理念表现在整体思路和具体功能的结合上，整体上按照凯文·里奇的的城市意象原理来分析陆家嘴的意象，有①标志性建筑，电视塔与核心区三幢超高层建筑；②边界：连续沿街的建筑界面、敞向旷地的断续界面、构成韵律的建筑界面；③节点、中心：核心区与中央旷地形成的空间序列、东方明珠电视塔二期、“富都”一期与轴线西口等；④路径：步行、车行、水上等形成视觉运动渠道；⑤区：1.7 千米 $^2$ 的整体“区”，依环形绿化带，绿化面积大于 30%。在综合中外不同的设计要素中，充分体现出具体情况具体对待、科学理性、注重文化传承的设计思想，如法国方案的轴线设计按照欧洲的做法是虚轴线，而最后采取的是符合中国传统功能和视觉习惯的实轴线，结合英国方案的公共交通设计，形成“环形 + 轴线”的交通轴、绿化轴和开发轴网络（图 7）。

## 2. 中国建筑文化符码的现代应用

21 世纪初“上海新天地”对于石库门文化的成功解读、应用，在明确的时尚与中产阶层定位前提下将 20 世纪 20 年代的弄堂修缮、改建，打造成为现代商业和办公环境，“传统文化资源已经在消费社会的大背景下，轻易而自然地被重组，然后被重新定义，最终以代表时尚的设计符号被不剩点滴地消费了”；但是随后杭州西湖边的“新天地”以及各地类似的历史文化小区改建活动再次证明了中国建筑设计的盲从习惯。

  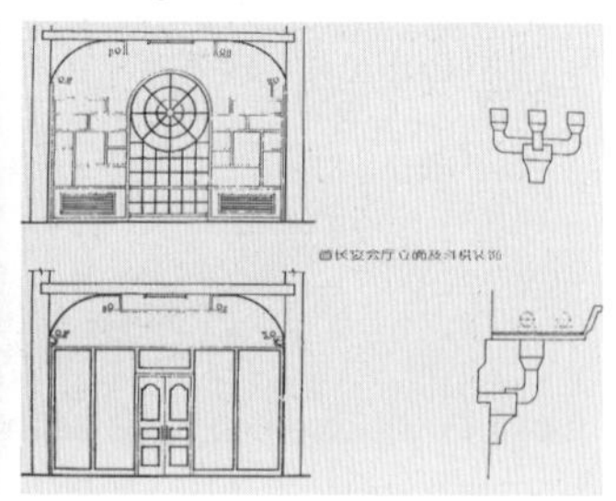

图 8 人民大会堂澳门厅、钓鱼台国宾馆的首长宴会厅设计及斗拱示意图

可见，中国建筑设计并不乏历史文脉资源，而恰恰相反，我们缺少的是理性、恰如其分地运用传统文化符号。在这方面，近年来优秀的案例还是很多的，譬如吴良镛教授等在北京菊儿胡同设计的新式四合院住宅群，受到国际建筑界的称誉；人民大会堂澳门厅 1993 年的室内设计，将传统建筑符号和木构做法融入到现代厅堂的设计中，使同胞至此有回家的感觉；1995 年钓鱼台国宾馆的首长宴会厅的室内设计，将斗拱装饰、琉璃屋顶的传统功能和木作法摒弃，仅仅作为设计符号将斗拱装饰、玻璃屋顶巧妙地融入现代室内立面的装饰，尤其是斗拱与灯槽的结构衔接非常巧妙，没有丝毫生拼硬凑之感（图 8）。

从诸多类似的成功案例可见，传统设计文化的重构在当代并不是“乌托邦”。关键是对于传统建筑符号的使用应当建立在全面、透彻地理解中国文化理念的基础上，而不是蜂拥而上，片面趋同或附会“符号”风。对于不同地域文化特色的环境建设，布正伟先生关于中国城市建筑风格的文脉理论可以说是较好的建议和方向：东南沿海以现代风格和新地方风格为主，西部和东北以少数民族风格为主，各地应在创造城市整体面貌时适当保持特色风格，形成多元共存的和谐发展。

后来，随着改革开放的步伐加快，在众多的奥运建筑、新城区规划中，再次出现了洋建筑师主导中国建筑设计的问题，对其利弊，学者们各执一词。尤其是许多本土建筑设计师打着西方生态建筑理念的口号，盲目将古人的“阴阳五行”“天人合一”等哲学观念予以附会，而不是踏踏实实地研究和学习西方生态、环保、节能、可持续发展的建筑设计科学及中国传统文化的精华。因此，笔者认为，是否能从上文所言带给大家一点启示：中西文化再度交锋，在新的时代和机遇面前，如何“以史为鉴”、将洋建筑的优势文化“拿来”为我所用，将博大精深的传统建筑文化与西方先进的建筑科技予以创造性地重构，使之更适合中国人的生活和精神需求，才是设计师们的首要目标。

## 参考文献

[1] 张驭寰 . 中国城池史 [M]. 天津：百花文艺出版社，2003.

[2] 王先明 . 中国近代社会文化史论 [M]. 北京：人民出版社，2000.

[3] 上海建筑施工志编委会编写办公室 . 东方巴黎——近代上海建筑史话 [M]. 上海：上海文化出版社，1991.

[4] 汪坦 . 第三次中国近代建筑史研究讨论会论文集 [C]. 北京：中国建筑工业出版社，1991.

[5] 潘谷西 . 南京的建筑 [M]. 南京：南京出版社，1995.

[6] 中国建筑学会，建筑历史学术委员会 . 建筑历史与理论（第三、四辑）[M]. 南京：江苏人民出版社，1984.

[7] 高丙中 . 现代化与民族生活方式的变迁 [M]. 天津：天津人民出版社，1997.

[8] 上海陆家嘴（集团）有限公司 . 上海陆家嘴金融中心区规划与建筑——深化规划卷 [M]. 北京：中国建筑工业出版社，2001.

[9] 王绍周．中国近代建筑图录 [M]. 上海：上海科学技术出版社，1989.

[10] 陈从周，章明．上海近代建筑史稿 [M]. 上海：上海三联书店，1990.

[11] 张绮曼．室内设计经典集 [M]. 北京：中国建筑工业出版社，1994.

[12] 宋路霞．回梦上海老洋房 [M]. 上海：上海科学技术文献出版社，2004.

[13] 上海陆家嘴（集团）有限公司．上海陆家嘴金融中心区规划与建筑——深化规划卷 [M]. 北京：中国建筑工业出版社，2001.

[14] 徐纺．中国当代室内设计精粹 [M]. 北京：中国建筑工业出版社，1998.

# 15 从历史延续性角度谈后现代主义对当代设计的影响

原载于 :《大众文艺》2016 年第 21 期

【摘　要】针对后现代主义的概念，理论界一般认为它是产生于 20 世纪 60 年代末 70 年代初的文化思潮，在哲学、宗教、建筑、文学中都有充分的反映。经济基础决定上层建筑，1980 年中期欧洲经济恢复增长，建筑设计领域开始批判“二战”后形成的“少就是多”的现代设计理念，而狭义的后现代主义设计的出现则具有区别于现代主义反对任何装饰和标准化的许多新特点，其设计形式体现在多元化、强调历史延续性的装饰以及折中的处理手法等。后现代主义对当代设计回归传统、地域文化的兼容并蓄以及可持续发展的现代化设计等许多方面的探索都有着深远的意义。

【关键词】设计 ；后现代主义 ；历史延续性 ；多元化

## 一、设计理念的追本溯源

后现代主义作为一种设计流派具有不确定性，它的实质是对现代主义形式和内容的一个修正、再创造阶段，并不是单纯的反对，因为现代主义设计中对功能主义和民主方面的关注是不容抛弃的。后现代主义具有历史主义、装饰主义、折中主义、娱乐及含糊性等主要特征，常采用古典传统、自然、华贵等历史装饰、绚丽的色彩、奢华的材料、折中的处理方法，以达到视觉上的丰富，开创了装饰新阶段；同时在现代主义设计构造基础上对历史的风格采取抽出、混合、拼接的方法，从而满足人们对具有人情味的、装饰的、多元化的传统表现形式的追求。

## 二、建筑设计中后现代主义历史延续性的体现

1966 年，美国建筑师文丘里在《建筑的复杂性和矛盾性》一书中提出了与现代主义建筑针锋相对的一种建筑理论的主张。被誉为“美国建筑的教父”的菲利普 • 约翰逊作为从理论上发展起来的建筑设计师，在 1983 年和建筑师伯奇设计了后现代主义建筑中规模最大、最著名的代表作 ：纽约的美国电话电报公司大楼。在设计中，约翰逊把历史上古老建筑构件进行变形，加在现代化的大楼上，有意造成一种隐喻和不协调的尺度。幕墙是石头质地材料，具有一定的古典主义效果，细节处理则运用了罗马、文艺复兴及哥特风格，整个建筑融入了历史主义、装饰主义、折中主义。值得肯定的是他大胆地把历史上的家具经典符号糅合到自己的设计中，虽然其设计也有一定争议，如对过于豪华的装饰探讨其必要性，但对建筑批判性的讨论也给了人们更多关于后现代主义的思考。

在国内，1978 年年底，美籍华裔建筑师贝聿铭受中国政府邀请设计北京香山饭店。他善用钢材、混凝土、玻璃与石材，设计呈现出三大特色：一是建筑造型与所处环境自然融合；二是空间处理独具匠心；三是建筑材料考究和建筑内部设计精巧。北京香山饭店的屋顶采用了中国传统建筑的轮廓，大堂就像历史建筑形式里的庭院，内庭将内外空间串连，使自然融于建筑。设计中贝聿铭大胆地重复使用两种最简单的几何图形即正方形和圆形，大门、窗、漏窗、窗两侧和墙面上的砖饰、灯，都是正方形，又巧妙地与圆组织在一起，南北立面上的漏窗由四个圆相交构成。建筑整体设计偏折中主义，西方现代建筑原则与中国传统的营造手法融合，是一般“历史主义”的后现代主义。从外观上看，北京香山饭店呈现出集传统色调元素与现代简洁的符号语言于一体的设计风格，虽然有些过多拼凑堆砌的痕迹，但这也是设计师对后现代主义设计的大胆尝试。而后发展起来的建筑设计代表作如鸟巢，它的外部结构采用了中国传统文化中镂空的手法、“哥窑”瓷的纹路，将中国元素与钢结构设计巧妙结合，钢材和新型环保建筑材料的使用也是一大突破，而内部设计也体现出后现代的人性化设计需求。后现代主义建筑中，不论是鸟巢、水立方，还是央视新大楼、苏州东方之门等，都具有中西方艺术设计理念的碰撞和冲击。好的建筑离不开当地民众的文化习俗，历史传统审美喜好，本土要素的选取才是历史延续性的最好体现。

## 三、环境设计中后现代主义历史延续性的体现

在设计理念上，首先是重视历史的装饰主义和历史的隐喻性。后现代主义室内设计抛弃了现代主义的严肃与简朴，注重细节装饰，肯定装饰对于视觉的作用，强调空间关系、历史性和文化性。处于这样的理念之中，装饰的手法上自然有了很多新发展，后现代主义室内装饰主张多样化融合，不同的文化风貌并存，体现在对于光、影以及建筑构件组成的空间感，更贴近人性化的设计理念，表现在起居室和餐厅的空间大都互通，没有明确的界定。设计上运用一些自然装饰元素、自然光线等，也有机地联系着室内室外的空间。其次，从折中主义的立场出发，表达了新旧融合、兼容并蓄的主张。而这一主张的主要表现就是承认历史的延续性，对古典主义的投入很多，而通过历史建筑中具有代表性的古典元素，以及具有意义的文化象征符号运用，简化、解构、混合拼接、新材料的使用等手法，都呈现出一种新的设计形式与理念。装饰色彩的大胆运用，夸张、裂变、变形等非传统的设计方式，传统构件的创新组合，这样的理念对文化具有极大的包容性，也是装饰主义新阶段的一大特点。最后是设计手段表现出一种含糊性和戏谑性。这是因为后现代主义设计运用到空间里大多选择分裂和解析手法，打破了原有的既定形式，形成了新的细节组合，设计意图旨在强调非理性的因素可以营造出的轻松氛围，简单来说可以理解为对仪式化和人性化的体现和关注。

## 四、后现代主义设计中历史元素的延续

哲学是美学的基础，可以说后现代主义是哲学思想在设计上的一种反映，是人们物质生活极大提高后的精神解放。在资本主义初期，设计趋向典型的理性主义，到了 20 世纪 60 年

代以后，非理性的人本主义和存在主义逐渐被认可推崇。而历史延续性作为后现代主义设计风格的一大体现，包含在后现代主义整体理念之中，有着不可忽视的地位。后现代主义设计风格通过对传统文化的追溯，延续历史性和古典装饰元素，不断地推陈出新，二者不可分割。后现代主义要的是混合丰富，不要单一的统一明了，要多样性不要简约，而表达历史延续性就需要设计师发掘传统之中的元素，加以继承和重塑，在历史的文脉中寻找到新的意向，赋予设计作品以新的价值和意义。

## 结语

后现代主义是具有争议的，具有一定的社会价值，值得所有设计师关注并探索。社会开放时代，设计有着百家争鸣的发展趋势，后现代主义理念作为不可或缺的存在，需要我们不断理性地借鉴学习，探索出一条适合中国民族传统的本土设计道路，汲取精华，把历史延续下去，融入到设计作品里，使设计建立在符合传统文化基础之上，又发挥地域文化和历史延续性，并且做到多元化发展，为中国设计的创新和推陈出新做出贡献。

## 参考文献

[1] 多默 . 1945 年以来的设计 [M]. 梁梅，译 . 成都：四川人民出版社，1998.

[2] 王受之 . 世界现代设计史 [M]. 北京：中国青年出版社，2002.

# 第二章
## 专业教学与课程思政篇

# 16 艺术设计类专业“德艺传创”跨界人才培养研究

原载于 :《艺术教育》2023 年第 4 期

【摘　要】2020 年 11 月 3 日，教育部新文科建设工作会议研究了新时代中国高等文科教育创新发展举措，发布了《新文科建设宣言》，对新文科建设做出了全面部署。近年来，文科领域的艺术设计学科建设成果丰硕，但是仍旧存在学科交叉融合程度不足、人才与产业需求匹配度低、实践意识与创新能力欠缺等一系列“痛点”问题。新时代需要培养新人才、新能力，对人才的培养也提出了新要求。在此背景下，研究构建艺术设计类专业下具有高校地域特色的跨界人才培养模式具有重要意义。

【关键词】新文科 ; 艺术设计类专业 ;“德艺传创”; 人才培养 ; 创新

## 一、“新文科”概念缘起及其价值内涵

### 1. 新文科建设概况

2017 年“新文科”与“新工科、新医科、新农科”首次被提出，2018 年国家将发展“四新”写进中央文件，在 2019 年 4 月的“六卓越一拔尖”计划 2.0 启动大会上提出了加快“四新”建设，2020 年 11 月，教育部新文科建设工作组发布《新文科建设宣言》，明确新文科建设对于推动文科教育创新发展、构建以育人育才为中心的哲学社会科学发展新格局、加快培养新时代文科人才、提升国家文化软实力具有重要意义。随后，2021 年教育部办公厅发布了《关于推进新文科研究与改革实践项目的通知》《新文科研究与改革实践项目指南》，为落实、全面推进新文科建设，构建世界水平、中国特色的文科人才培养体系指明了方向。

2021 年 6 月，设计教指委召开“新文科建设语境下的设计学科建设”线上会议，正式吹响了设计学新文科建设的集结号。在新技术、新需求、新国情的背景驱动下，新文科建设要立足新时代，回应新需求，促进文科建设的融合化、时代化、中国化和国际化，引领人文社科新发展，服务人的现代化的新目标。

### 2.“新文科”的内涵

根据已发布的各级各类政策文件可以总结出新文科建设的三个主要内涵 :

新文科建设要以思政引领为核心。习近平总书记曾强调“为党育人、为国育才”“加强美育工作”和继承“中华优秀传统文化”的目标。文科教育是培养自信心、自豪感、自主性，产生影响力、感召力、塑造力，形成国家民族文化自觉的主战场、主阵地、主渠道，是传播思想观念，塑造人生价值、社会责任感，培育人文精神和政治引领力的学科。在新时代、新

使命的背景下，“新文科”需要构建“强思政”的育人系统，以德化人、以美化人，将专业教育和思政教育深度融合，不忘本来，吸收外来，增强理论自信与文化自信。以思政引领为核心，坚持立德树人的根本政治任务，培根铸魂、启智润心，把社会主义核心价值观融入教育教学全过程，落实到质量标准、课堂教学、实践活动中，构建中国特色、中国风格、中国气派的学科体系、学术体系、话语体系。

新文科建设要以优化专业、夯实课改为基础。新时代需要培养新人才、新能力，对人才培养提出新要求。专业是人才培养的基本单元，教学改革改到要处是专业。专业建设直接关系到高校人才培养质量，关系到高等教育服务经济社会发展水平，还关系到能否真正成为推动国家创新发展的引导力量。因此，构建世界水平、中国特色的文科人才培养体系，就需要优化专业，积极发展文科类新兴专业，推动原有文科专业改造升级，紧跟市场产业趋势，紧扣国家软实力建设与文化繁荣发展需求，不断优化专业结构，提升文化软实力。同时，还要夯实课程改革，紧紧抓住课程这一最基础最关键的要素。课程是人才培养的核心要素，教学改革改到深处是课程。课程教育是最微观的问题，但解决的是教育最根本的问题。培养新时代下新文科人才，就是要牢牢夯实课程改革，体现课程“以学生发展为中心”的理念，落实“立德树人成效”根本标准的具体化和操作化。

新文科建设要以守正创新为要求。满足社会不断更替的社会价值是学科建设探寻创新发展的根本所在。“创新是一个民族进步的灵魂，是一个国家兴旺发达的不竭动力，也是中华民族最深沉的民族禀赋。”在传承中创新，是文科教育发展的必然要求。丢弃传统，就是自断根基；不求创新，必然走向枯竭。文科建设在于“新”。新文科之新，是相对于传统文科之旧而言的。新文科建设，不仅是新旧的“新”、新老的“新”，更是创新的“新”。新文科的本质和核心是创新，是要突破固有思维模式，增强创新意识，提高创新能力，激发主观能动性，实现为国家和社会培养适应时代需要的复合型高层次创新人才的目标。

## 二、艺术设计类专业建设的现实痛点与建设预期

### 1. 艺术设计类专业在发展中的现实痛点

《新文科建设宣言》强调，新时代新使命要求文科教育必须加快创新发展，在坚持走中国特色的文科教育发展之路下，构建世界水平、中国特色的文科人才培养体系。在新文科建设指导下，艺术类学科作为文科下的特殊分支，在学科建设成果方面收获丰硕，但是仍旧存在学科交叉融合程度不足、人才与产业需求匹配度低、实践意识与创新能力欠缺等一系列“痛点”问题。

（1）学科交叉融合程度不足

艺术学本是文学门类下的一个一级学科，2011 年艺术学首次从文学门类中独立出来，成为第 13 个学科门类。艺术学门类又下设艺术学理论、音乐与舞蹈学、戏剧与影视学、美术学、设计学 5 个一级学科。传统学科划分越来越细，不同学科间抑或是学科内部存在隔阂，当前许多学科面临专业划分过细，学生缺乏综合能力与知识面狭窄，专业划分过宽，学生基本功底不扎实，学科知识浮于表面的现状。究其根本，还是因为固守于单一的学科建设，忽视学科交叉融合，已无法

切实满足、回应新环境、新需求。学科发展的过程是一个不断调整的过程，学科的划分与融合应当满足时代与市场要求，尤其是在新科技和产业革命浪潮奔腾而至的现在，社会问题日益综合化、复杂化，应对新变化、解决复杂问题需要跨学科专业的知识整合。

（2）人才与产业需求匹配度低

学科建设的本质是有目的地培养国家经济社会发展所需的人才，在经济迅速发展、信息科技进步的当今社会，市场结构与产业需求也发生了巨大的变革。新行业、新业态、新岗位的不断更新对人才培养提出了更高的要求与期待。作为传统文科门类下的艺术类学科往往市场导向不强，与产业需求匹配度低甚至不对应，人才的专业培养方案更新不及时、内容单一、缺少融合与进步，这不仅无法切实满足社会需求，也造成了大批量的学生就业问题。人才的培养应当以满足社会不断更替的社会价值和产业需求为根本，推动国家经济建设与文化繁荣双丰收。

（3）实践意识与创新能力欠缺

目前，许多高校在实践意识培养方面重视程度不够，尤其是专业技术的实践环节，尚未开办相对应的系统化、高质量的实践类课程，学生在校学习的理论知识与社会实践之间存在脱节，高校对于实践环境与设施的管理相对薄弱，校企合作的预期目标难以落实，导致学生学习成效相对滞后。此外，在学生创新意识、创新能力的培养方面力度依然不够，面对国家创新体系建设的发展要求，高校作为人文社会科学领域人才的聚集地、创新的策源地，要自觉担负起新时代的重要职责。

## 2. 新文科视域下艺术设计类专业建设预期

在以“面向世界科技前沿，面向国家重大需求，面向经济主战场，面向人民生命健康”的战略规划指导下，新文科建设，尤其是新文科视域下艺术设计类专业的建设，应该突破传统的思维模式，以继承与创新、交叉与融合、跨界与协同为主要途径，促进多学科交叉与深度融合，推动传统艺术的更新升级，从适应服务转向支撑引领。首批新文科建设项目单位在全国的分布较有规律，各个主要经济圈、文化圈内均有设立，各建设单位更应该依据所处地域及高校定位的不同，明确各自的新文科建设特色，以苏州科技大学艺术学院为例，作为地处长三角地区的综合性大学内的艺术学院，依托学院的视觉传达设计、环境设计、数字媒体艺术等专业及建筑学的学科优势，传承“吴地”江南文化，构建“德艺传创”“艺工融合”的培养模式和特色，积极进行专业建设和教学改革，取得丰硕成果（图 1）。下面以苏州科技大学艺术学院艺术设计专业建设为例，探讨新文科视域下艺术设计类专业的建设预期。

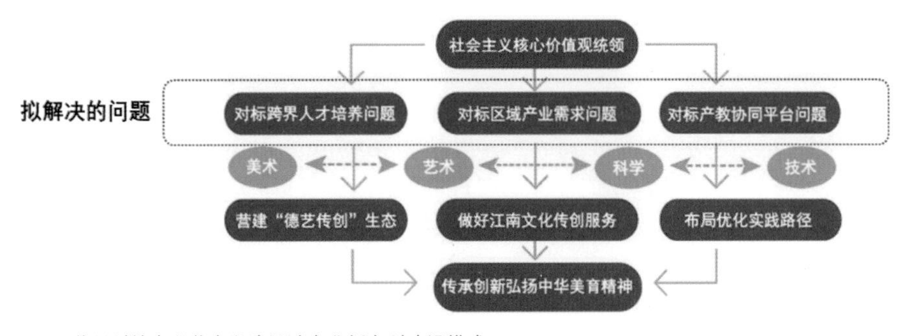


图 1 苏州科技大学艺术学院设计专业新文科建设模式

（1）构建跨界协同下的“德艺传创”艺术设计类专业人才培养体系

教育部《国家中长期教育改革和发展规划纲要（2010—2020年）》要求改革瞄准行业需求，通过合作办学、联合培养等方式，不断调整人才培养方向。苏州科技大学已联合各学院教研力量进行多学科复合知识背景训练，初步建立了跨学科合作的办学模式。新文科视域下的艺术设计类专业应该协同耦合学科、课程、专业关系，主动布局，架构新型的艺术设计类专业本科人才培养体系，有效推进新型艺术设计类文科建设的供给侧结构性改革和长远发展。

那么何为“德艺传创”的人才培养体系？德艺传创的人才培养模式是指：以社会主义核心价值观为统领，对标跨界人才培养问题，对标区域产业需求问题，对标产教协同平台问题；通过美术、艺术、科学和技术的跨界融合，打造人才培养生态，生成江南文化传创服务体系，布局优化实践路径；最终实现传承创新弘扬中华美育精神的人才培养目标。构建跨界协同下的“德艺传创”艺术设计类专业人才培养体系，就是要在充分调研、分析市场需求的基础上，优化专业人才培养方案及课程改革方案、教材建设、以“德艺传创”统领跨界整合、强化思政教育、实践教学。

（2）加强校地共建的产教基地融合、打造地方艺术类新文科培养模式

区域科技创新的发展需要有坚实的人才、智力和技术支撑，高校的人才培养需要满足社会上不断更替的价值诉求，因此加强校地共建的产教基地融合，坚持“德艺传创”的学科建设思路，充分展现地域特色，构建“传创并举”的人才培养路径是重要的建设举措。以苏州科技大学艺术学院为例，学院立足长远发展需要，积极对接乡村振兴、江南文化多元化传播等重大战略需求（图2），与地方企业签署了共建产学研基地实施协议。基地定位于一流应用型本科示范基地、高水平学科建设基地、延揽高层次人才基地、服务地方政府和社会基地，在深化校地互动、校企互动、产才互动及推进产教融合方面，积累了丰富的经验。此外，人才培养还应着眼于中华传统文化教育，致力于地方传统文化的传承与传播，可以通过设置大师工作坊发挥名师示范作用，宣传大师匠艺特长及匠人精神，吸引学生主动传承创新，从而有效推进专业教学的深层次发展，打造地方艺术类新文科培养模式。

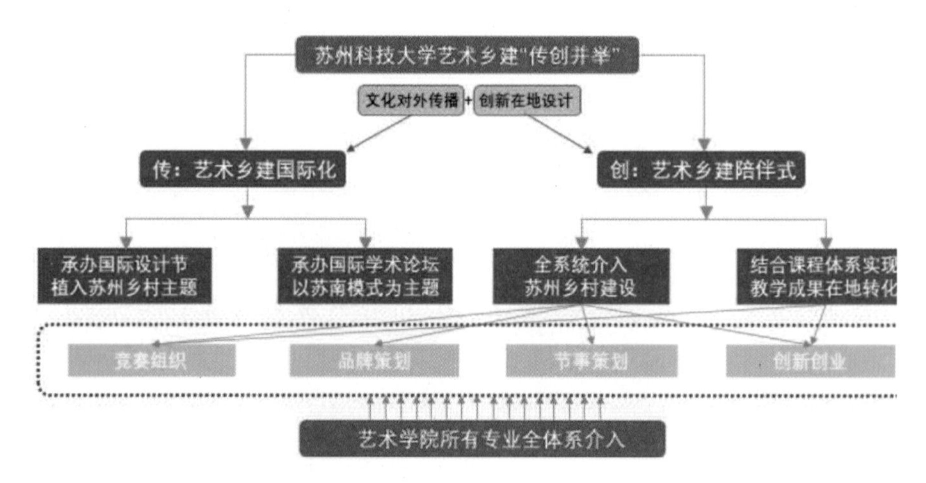


图2 苏州科技大学艺术乡建“传创并举“模式

（3）建设学科交叉融合、产教融合的复合型师资队伍和团队

在社会问题日益复杂交错的新时代，面对新问题、新变化，需要建设学科间的交叉融合。交叉融合是新文科建设的有效途径，“交叉融合”既是突破边界，又是协同发展。对于学科的交叉融合而言，即打破传统学科之间的壁垒，通过多学科的交叉融合，构建协调可持续发展的学科体系，促进基础学科与应用学科交叉融合，促进文理渗透、艺工结合等多形式的交叉融合，并且，围绕学科群“大艺术”概念，大力引进和培养复合型师资、产业一线的师资，搭建大类招生与本科跨界培养、信息共享的产学研教多维平台。在这方面，苏州科技大学艺术学院实施了“大师进课堂”培养举措，将设计教育与江南文化、产业经济相结合；设置玉雕、核雕、苏绣、建筑彩画等手工艺门类的非遗大师工作坊，将吴地传统匠艺融入当代艺术设计教育，传扬江南地区优秀传统文化，提高学生文化素养；同时，还开设行业大咖课堂，聘请行业大咖作为兼职导师，形成了设计课程教学校企合作新模式，切实将行业精英引入课堂，传授能“落地”的专业技能，组建复合型师资队伍，为今后“学科交叉融合、校地产教协同”的艺术设计类应用型跨界人才培养提供了高水平的实训平台和师资保证。

## 三、“德艺传创”跨界人才培养实践路径

新文科视域下艺术设计类专业的人才培养需聚焦习近平总书记关于“为党育人、为国育才”“加强美育工作”和继承“中华优秀传统文化”的目标，锻造具有鲜明地方文化特色和深厚的学术积淀氛围的人才培养模式，构建“中国特色、中国风格、中国气派的学科体系、学术体系、话语体系”。那么，新文科视域下艺术设计类专业“德艺传创”跨界人才培养实践路径是怎样的？下文从人才培养基地打造、专业布局结构构建、人才培养体系建设、实践平台四个方面进行探究。

### 1. 打造艺术设计类应用型高级人才培养示范基地

艺术设计应用型高级人才的培养应当遵循“以德化人、以美化人”的原则，高校应积极开办培养艺术设计领域实践应用型人才的艺术设计类专业。立足区域发展战略和行业产业企业需要，深化校地互动、校企互动、产才互动，推进产教融合，培养高素质人才，打造一流应用型人才培养示范基地。同时，积极响应新时代江苏省委教育厅关于新文科建设部署要求，依托学科既有优势，围绕当地资源特色和产业需求，打造以地方文化、乡村振兴和优秀非遗文化匠艺研究为特色的高水平学科建设基地。借助地区资源优势，面向国际延揽专业高端人才，打造高端人才的引智窗口，积蓄国内外艺术设计精英，为区域科技创新、经济转型提供人才、智力和技术支撑。此外，构建“学生团队＋基地＋项目＋教师与专家指导＋社会化运作”大学生实践教育操作模式，激发学生创造力和团队合作精神。充分发挥学科优势，依托既有的科研、服务平台，面向地方经济发展和企业需求，围绕地方文化资源特征，开展区域可持续发展设计文化研究，打造服务区域发展的一流“学、研、产”一体化基地。

### 2. 构建多学科联动的“大艺术”专业布局结构

在学科建设自身纵深发展的基础之上，高校应当关注“大艺术”背景下与毗邻学科间的横向协作,关注专业知识与产业集群间的多重相倚关系。紧密结合“双一流”建设,调整方向,优化布局，拓展专业，搭建与学科建设相耦合的知识生产框架。以苏州科技大学艺术学院艺术设计类专业下的“环境设计”为例：环境设计专业依托江南古城苏州的历史积淀与区位经济优势，突出了江南传统文化的传承创新与现代建筑室内、外环境设计互相融合的特点，共建共享长三角著名地产装饰企业和建筑类专业资源，以“厚基础—宽口径—重实践”的多元协同培养模式，打造了面向未来、跨界融合、“艺工传创”江南地域文化特色的复合创新应用型设计专业。就学科方向而言，其划分为室内环境设计、外部环境设计、陈设艺术设计、公共艺术设计、展示设计以及建筑遗产保护六大方向。同时，根据每个方向搭建与其耦合的专业群:室内环境设计——环境设计、室内设计;外部环境设计——环境设计、建筑学、风景园林;陈设艺术设计——家具设计、室内设计；公共艺术设计——工业设计、家具设计、视觉传达设计;展示设计——环境设计、视觉传达设计、数字媒体艺术设计;建筑遗产保护——建筑学、环境设计、风景园林。环境设计专业通过构建多学科联动的“大艺术”专业布局结构，探寻和优化人才培养的新型实践路径。

### 3. 构建新时代信息平台上的艺术与科技新专业人才培养体系

基于学科的发展与建设日渐完善成熟，艺术与科技专业比较适应新科技及互联网的发展趋势，高校应借鉴英美、日本等国家和我国港澳台地区的艺术设计建设经验，对应创新驱动产业发展，强调移动互联网及大数据等新一代信息技术渗透，把促进人的全面发展和适应社会需求作为衡量人才培养水平的根本标准。高校应从设计学、美术学、建筑学等多个学科方向，耦合相近相关专业，协同艺术设计产教专业群，积极建设公共艺术、艺术与科技新专业；推动联合培养项目，推进教师互派、学生互换、课程对接、学分互认，完善人才需求预测预警机制，形成招生计划、人才培养和就业联动机制，建立健全本科专业动态调整机制。

### 4. 践行以“教学联项目”为育才机制的实践平台

高校应与当地政府进行政校联合，对接实际项目。积极开拓行业资源，引入公益推广、品牌设计等多元化横向项目。针对三创人才培养目标，着力解决创意、创新、创业互相转化的难题，形成并完善一条完整的艺术学科人才培养模式，实现创意落地、创新落实、创业落户的有效转化。

竞赛创意落地。高校应广泛发动学生参加国内外专业竞赛项目，激发大量创意产业，将创意进行项目化包装，进而参加创业竞赛，进一步孵化创业项目，形成专业竞赛—创意生产—项目化包装—创业竞赛—创业项目的闭环正向转化链。

项目创新落实。高校应鼓励、指导学生申报国家级、省级创新创业项目，联合企业搭建创新创业平台，遴选、落实、孵化有价值的创新项目，为进一步实现创业落户做好准备。

孵化创业落户。高校应利用教师团队横向项目、校企政合作项目，直接吸纳、转化学生创意，产生经济效益。利用大学科技园、创业实践园和校外创新实践基地等创业平台培育优秀创业项目、组织创客训练营、开展创业培训，为学生提供良好的创业孵化环境，帮扶学生较成熟创业项目落户。

## 结语

人才培养模式虽尚无定论，但其应当是超越专业、立体复合、因人而异、鼓励自主的。哲学社会科学是一个国家软实力和巧实力的重要体现，全面推进新文科以及新文科视域下艺术设计类专业的建设，理应着眼于培养具有自信心、自豪感、自主性的新时代关键领域人才，为构建哲学社会科学中国学派、创造光耀时代、光耀世界的中国文化奠定基础。

# 17 艺术设计专业思政课程的教学改革创新思路研究

原载于：2022 年山东工艺美术学院会议论文集《高校艺术类专业课程思政教学研究》

【摘　要】本文通过分析当下教育改革中思政与专业课程结合的重要性，探索艺术设计类专业教学内容和教学组织与思政教育融合的自身优势，结合实际教学案例和体会，提出思政育人的创新路径和策略。

【关键词】艺术设计专业；思政元素；教学改革；创新

我国目前的教育教学亟需改革，从 2016 年起，习近平总书记多次发表关于立德树人的重要论述，如 2016 年 12 月 8 日全国高校思想政治工作会议、2017 年 10 月 18 日中国共产党第十九次全国代表大会、2018 年 5 月 2 日北京大学师生座谈会、2018 年 9 月 10 日全国教育大会、2019 年 3 月 18 日学校思想政治理论课教师座谈会上的重要讲话、2019 年 4 月 30 日纪念五四运动 100 周年大会，六次强调思政教育的重要性，并高屋建瓴地指明了改革方向。

## 一、思政教育改革的必要性、紧迫性分析

### 1. 习近平总书记对思政教育建设的重要论述

习近平总书记对学校思政课建设高度重视，他强调“办好思政课，最根本的是要全面贯彻党的教育方针，解决好培养什么人、怎样培养人、为谁培养人这个根本问题”。新时代，加强党对思政课建设的领导，全面贯彻党的教育方针，坚持社会主义办学方向，落实立德树人的根本任务，是办好思政课的根本依循。党的十八大以来，他多次亲身参与各大学校的思政教学课堂和科研单位进行考察研究并做出重要指示，主持召开学校思政课教师座谈会并发表重要讲话。通过参与这些思政建设活动，他充分明确了思政课在中小学及各高校中的重要地位，明确指出思政课“今后只能加强不能削弱，而且必须提高水平”。

习近平总书记要求高校“要用好课堂教学这个主渠道，各类课程都要与思想政治理论课同向同行，形成协同效应。”课堂教学是“主渠道”，是对以往“育人”队伍局限在党群口的提醒；“各类课程”要和思政课同向同行，是对全体专业教师的要求；形成“协同效应”，说明“课程思政”和“思政课程”既有联系又有区别，要发挥各自长处“协同”育人。也就是说，要把做人做事的基本道理、把社会主义核心价值观的要求、把实现民族复兴的理想与责任这三方面的大义融入各类课程教学之中，与专业课程的传授自然地融合，起到润物细无声的作用。

### 2. 思政教育改革与乡村振兴发展结合的必要性

中国是有着40%农村人口的泱泱大国，农村地区的发展建设是国家的重要任务。近年来，习近平总书记多次在会议中强调了乡村建设的重要性。在党的十九大报告中，他提出了“乡村振兴战略”，包括乡村产业、人才、文化、生态、组织五个方面的振兴。由于乡村振兴所涉及的领域甚广、内容庞杂，所需的人才也必须具备过硬的专业水平以及先进的道德素养。这需要全社会各领域集体的力量共同努力来实现乡村振兴战略。作为社会的一员，高校十分有责任和义务来宣传、推广国家政策与方针。

譬如高校在艺术设计类课堂，可以建立社会调研的常态机制，开展专业实践，发掘地方文化、传播优秀文化、参与农村文化礼堂建设、美丽乡村建设等，服务地方文化建设，组织文化志愿者利用文化技能为社会和他人提供服务；同时，通过开展诸如美术欣赏、手工制作、儿童美术辅导、艺术心理辅导等多种形式的“乡村基础美术辅导”社会实践活动，在活动中融入社会主义核心价值观相关内容，为农村义务教育提供支持，为农村留守儿童提供美育体验；通过培养高素质人才，加强思政素养与道德品质教育，为乡村振兴战略做出贡献。

### 3. 思政教育改革在新时代下具有更多需求

思政教育是实现国家立德树人以及全方位人才培养的重要一环。思政教育涉及的领域十分广泛，宣传教育的方式也各种各样。在新媒体时代，大学生的思想、观念、精神需求试图通过各式各样的核心或衍生型媒体平台应用得到满足。新媒体拥有更广阔的时间和空间，使得高校思政教育的发展迎来更好的机遇。艺术类院校在思政教育改革方面则是更胜一筹。思政课教学具有思想性、理论性、亲和力、针对性四大特点，和普通高校相比，艺术类院校的创新性、课程体系、教学模式都与思政课程有着不谋而合的默契。当前，众多高校的环境艺术设计专业课程中都专门开设了思想道德类的思政课程，与此同时，大部分专业教师在专业理论课程中都相应地加入了思想理论的内容，达到立德树人的目的。

## 二、思政教育改革在目前实际运用中存在的难点问题

### 1. 高校对思政教育的认识普遍较浅

“思政教育”在高校的实践运用中存在着各种问题，其突出表现为：与专业基础课程结合不到位、与实践教学脱离等。而导致这些问题出现的原因有很多，包括部分教师对思政教育的忽视，部分学生对思政教育的抵触、缺乏兴趣等。

### 2. 缺乏系统性的发展体系

结合当前艺术院校课程思政具体实施情况而言，存在的主要问题是没有一个完善的发展机制。首先，艺术类院校的思政教学课程与专业理论课程相脱离的现象十分普遍，学校对思政课程只停留在表面，而没有从宏观的角度对课程进行设计研究。这就导致思政和专业课的分离。其次，它的执行机制也没有落实到位，使得课程思政建设在艺术院校的推行，遇到很

多问题。思政建设只是一段时间内存在艺术院校的专业课教学中，连续性非常有限。最后，学校还缺乏相应的监督机制，这些原因最终导致了思政教育没有很好地在高校中发挥出育人的作用。

### 3. 缺乏完善的评价机制

在美术和艺术设计类院校的思政课程中，由于监督机制本身的不完善，考核也没有具体的标准，甚至个别院校都没有确定评价方法，因此，对思政教育课程的管理评价存在着很大的漏洞。

## 三、思政教育改革融入艺术类专业的策略分析

《高等学校课程思政建设指导纲要》中对于艺术学类专业课程，要求在课程教学中教育引导学生立足时代、扎根人民、深入生活，树立正确的艺术观和创作观。要坚持以美育人、以美化人，积极弘扬中华美育精神，引导学生自觉传承和弘扬中华优秀传统文化，全面提高学生的审美和人文素养，增强文化自信。

### 1. 转变传统教学理念，提高课程创新精神

传统的思政教学虽然取得了一定的成效，但还是或多或少受到学生们的抵触，这跟教育过程中的方式方法脱不开干系。过去的教育模式单一，一味地填鸭式灌输使学生对思政教育课程产生了疲倦感。因此，高校必须通过进一步强化社会实践德育教育，充分地将德育教育工作与专业课程相结合，将优秀艺术作品、艺术家、艺术发展等艺术资源融入思政课堂，深挖其中蕴含的中华优秀传统文化、革命文化和先进文化，深入浅出讲解理论知识，实现艺术与思政理论的跨界融合，让思政课变得“有知有味”。

创新学校课程，使艺术类学生在学习到专业基础知识的同时，加强自身的道德素质。高校可以结合学校学生的特点，给学生提供一个良好的实践平台，通过开展各项思政活动，采用给予学生学分奖励、表扬等方式，鼓励学生积极参与到实践教学中，将理论和实践有机联系；结合学生写生、采风、展演等艺术实践，开展主题创作，使学生加深对理论知识的理解和感悟，努力打通思政课和专业课的壁垒，让思政课成为深受学生欢迎的金课。

结合现代化社会，为了帮助课程思政在艺术院校更好地开展，就需要创新教学方法，这能够对课程思政建设起到积极的促进作用，因为教学方式和课程思政建设两者之间是紧密联系的，因此，高校可以结合艺术院校学生们活泼好动，思维活跃和对新鲜事物好奇心强等特点，将互动式教学、合作式教学，小组教学、体验教学和情景教学等诸多的模式充分地融入德育教育中，通过多样化的方式，让学生能够主动参与到课堂，集艺术教学、思政教育和社会服务于一体，指导学生开展主题创作、社会服务、艺术展演等实践活动，让思政教育由被动接受变为主动自学，实现艺术与思政同频共振，也让德育教育的学习起到积极的效果。另外，利用信息技术等各种多媒体平台，也能使艺术院校课程思政的课堂教学全方位发展。

### 2. 优化教材体系，丰富教学内容

教材是育人的重要载体。教材体系转化为教学体系依托于课程设置。按照国家要求，把握思政课程的学科定位和特质，完善课程教材体系，发挥思政课的政治引导和价值引领功能，形成各类课程同思政课建设的协同效应，是新时代上好思政课的重要任务。我们应该牢牢抓住课程教材体系建设的“牛鼻子”，教材是教育教学活动的核心载体，是教师教学的主要依据，是学生在学校获得系统知识的主要材料和依据，学校的教育思想和理念、人才培养的目标和内容等，都集中体现在课程教材之中。

与传统的教学方式相比，要想实现“立德树人”的目标，就必须将思政课程完美地融合到高校的基础课程中。以艺术类院校为例，通过组织学生参与“在红色革命根据地的写生路上”、红色主题作品展览、空间设计大赛等方面的活动，不仅加强了专业知识，还强化了思想教育，同时改革创新了思政教育模式，对学生进行爱国家、爱民族教育等，都取得了较好效果。

## 四、思政教学的实现路径方针

### 1. 坚持党的领导是根本遵循原则

习近平总书记指出：“中国特色社会主义最本质的特征是中国共产党领导，中国特色社会主义制度的最大优势是中国共产党领导。”坚持党的领导，是办好中国特色社会主义教育的应有之义和本质要求，也是办好思政课的根本保证和重大原则问题。

党的十八大以来，党中央高度重视教育事业发展，全面加强对学校思想政治教育各方面工作的领导，注重发挥各级党组织的领导核心作用，强化了工作的领导力、组织力、执行力，狠抓任务落实，推动思政课建设取得了巨大成效。加强党对思政课建设的领导，是推进学校思想政治工作持续发展的重要举措和成功经验。

### 2. 强化思政课程的主渠道育人功能

办好思政课程是一个系统工程。习近平总书记强调，要“实现全员全程全方位育人”。突出课堂教学主渠道作用，把思想政治工作贯穿到教育教学全过程，实现“三全育人”，形成学校、家庭、社会协同推进思政课建设合力，构建思政育人“大格局”，是新时代办好思政课的实践路径。

主要包括以下几个方面：

① 用好课堂教学主渠道，全面落实思政课国家课程标准和教学要求。教师应从知识、应用、整合、价值、情感、学习六个维度来分解指标，将思政元素有机融入到授课内容中，做到：不但不影响专业教学进度和效果，而且能激发学生自主学习、热爱学习、提升效率的教学效果。教学方法要以学生为中心，立足有意义的学习理论，遵循学生的认知规律，关注学生求知欲与获得感。

② 把思想政治工作贯穿教育教学全过程，实现全员全程全方位育人。做到课程门门有思政，教师人人讲育人，所有课堂都是育人主渠道。按照教学大纲梳理知识点、精心设计，不能空洞喊口号，更不是简单套用别人的案例。有机融入课堂教学（讲课）：“从复习、导入、

讲授、小结、作业各环节找准切入点，学中做，做中学，力求入脑入心。例如在艺术史论课的教学过程中，系统性课堂教学设计着重培养学生敏锐的洞察力、强烈的感染力，拓宽其思维与眼界，发展其内心对传统文化的正确认知，树立其文化自信。通过教学过程激发学生对民族传统文化的创新能力，并且在课程实践中不断地完善学生对传统文化的自我解读和升华。”

③ 健全全员育人、全过程育人、全方位育人的体制机制。高校要把立德树人的成效作为检验学校一切工作的根本标准；课程思政成为构建高水平人才培养体系的切入点，学校顶层设计要跟上，高度重视思政教育、积极研究并且实践推动。思政元素融入专业教学，涉及一系列教育教学中的实施环节和资源、工作调度，只有学校管理层建立督导、评价、激励机制和考核标准，切实将改革落到实处，才能达到实际目的。

### 3. 提高教师水平，聚集全员育人

思政课教师队伍建设是搞好“立德树人”的关键问题。习近平总书记指出，“办好思政课关键在教师”。新时代要办好思政课，必须紧紧抓住思政课教师队伍建设这个重要因素和关键环节，配齐建强教师队伍，发挥教师的主导作用，增强教师的职业认同感、荣誉感、责任感，使其切实担负起立德树人的时代重任。这要求高校教师要坚定信念，达成思想共识；深化对思政教育课程的认识，将思政教育结合在专业课程和日常工作当中；同时，加强师德师风建设，做学生的好榜样。在立德树人岗位上，习近平总书记指出，思政课教师要“坚持‘授教’先‘受教’的原则，‘立德’先‘立己德’，‘树人’先‘树本人’”。

教育者要先受教育，可以促进教师业务水平与执教能力的同步提升，主要体现在以下四个方面：全面系统学、及时跟进学、深入思考学、联系实际学。譬如联系当下的时政、聚焦当下疫情防治、脱贫攻坚、生态环境问题，如何结合自己的专业课程进行研究和创新？青年人如何才能运用自己的所学进行报国？这些都是值得教师和学生深入思考、努力解决的问题。2020 年的新冠疫情使黑天鹅事件变成了灰犀牛事件，曾经的小概率危机逐步变成了大概率的现实，每个人前所未有地被置身于一个高度不确定性的时代，过往对于世界的认知正迅速被新的挑战所冲刷，如何用专业主义去创新、在教育中激发每个人对自然和未知领域的敬畏心、结合中国传统文化中优秀的生态美学理念和造物智慧，是我们每一位专业教师应该身体力行地去实践、去行动的。

# 18 论我国艺术设计教育理论建设的发展趋势

原载于：2008年《山东建筑大学教育教学研究文集》

【摘　要】本文通过对中国现代艺术设计教育学科建设、理论建设的发展脉络进行分析，从历史经验出发，对今后我国艺术设计专业的理论发展趋势提出了自己的主张：走出西方设计教育模式的影响，致力于民族设计意识、整体人文素质的提高。

【关键词】中国；艺术设计；理论；发展

20世纪初的中国现代设计教育之路历经坎坷，各种交织复杂的原因导致了对现代设计思想的片面理解和忽视，陈之佛、庞薰琹、雷圭元、梁思成等筚路蓝缕的设计理论家建构的理论思想陷入曲高和寡的地步。直到改革开放的思想解禁，我国的现代设计教育才焕发新貌。这一次全方位的理念更新基于近代设计历史的教训和得失，基于理性地学习西方、融合传统的新的里程，是中国现代设计逐步走向成熟的表现所在。因此，客观清醒地认识和比较中西设计教育的理论发展状况，取长补短，不断更新我国的现代设计教育观念，是整个民族的教育得以可持续发展的前提。

## 一、概念的转换标志着社会的进步

“设计”这个概念，从人类开始造物时就已经存在，此概念在中国经历的多次转换，已标志着深刻的社会意义和教育意义，表征着中国人设计教育观念的进步。

### 1.从图案教育到工艺美术教育

近代学者筚路蓝缕地引进了“图案”这个概念，将中国从古代设计的阶段推进到现代设计阶段，可谓翻天覆地的大变化。正如李砚祖教授在《工艺美术概论》（中国轻工业出版社2005年版）中指出的，20世纪初假道日本引进的“图案”一词，后面括号中标注着“Design”，说明“图案”即“设计”；陈之佛先生的“实业报国”和“生活艺术化”的理想，可以说已经明确地提出用现代设计改造社会和改变生活的教育观念，尤其是他1923年在上海开设的“尚美图案馆”，更是直接将日本所学的图案（Design）设计引入中国的表现。陈先生对于图案设计的理解是广泛而深入的，他对美术与工业、传统与现代、智育与美育等问题可谓高瞻远瞩，但是囿于时代所限，他的理想难以实现，其他设计教育的开创者亦是如此。

随后的战争、政治等原因使这一概念和学科得不到充分发展，图案设计的理念并没有被发扬光大，设计观念仍然滞留于手工领域，直接造成中国设计教育和社会经济的落后。许多院校虽然建立了“工艺美术系”或“实用美术系”，但实际上设计实践仅为“写生变化”“纹样”等狭窄范畴。这实质上使图案设计的内涵和外延萎缩，中国的设计教育尤其是工业设计几乎停滞，人们的现代设计意识相当淡漠。

观念的转变、概念的转换迫在眉睫。诸葛铠教授也曾在《图案设计原理》一书的开篇对“设计”概念进行考据和证明，剖析了中国自20世纪20年代至80年代工艺美术“一条腿走路”的弊端，并提出中国的设计学科向“图案设计学”或“设计学”或“迪扎因学”概念转型的建议。雷圭元先生、张道一先生等发表文章，大声呼吁重建“图案设计学”，在许多前辈学者的再次努力下，中国的现代设计教育从20世纪80年代重新起步，走上了再次追步西方之路。

### 2.“设计”教育的新方向

如同所有的理论总是滞后于实践一样，艺术设计教育理论也总是落后于现代设计的实践，20世纪八九十年代中国的设计教育界概念的混乱即是这一表现。1977年，全国恢复高考，广州美术学院率先建立工业设计专业；中央工艺美术学院（今清华美院）1981年设立了服装设计系，1984年工业美术系分离为工业设计和环境艺术设计两个系，使工业设计正式独立成为一个系；许多美术院校也拥有众多的、分类较细的专业学科，如装潢设计专业、环境艺术设计专业、工业设计专业、染织服装设计专业、装饰画设计专业、陶瓷设计专业、广告设计专业等，且呈现出进一步细化的趋势。在各大工科院校，艺术设计系也纷纷建立，显示出市场经济环境下对于设计人才的需求以及人们的教育观念的转变。

正如杭间教授所说的，“1999年在国家教育部的学科目录中，没有了‘工艺美术’专业，这其中可能有其他的人为原因，但它所造成的事实是：‘工艺美术’退出了高等教育的学术舞台，一个词汇在我们中间消失了，我们有理由认为这是本世纪最大的历史事件之一，这不是危言耸听，因为，它象征着中国工业化步伐向前迈进了一大步”。“设计”作为新时代的概念堂而皇之地走进千家万户，改变着中国人传统的思维方式和生活观念。

### 3.新的设计观念对设计教育也提出了新的要求

首先，教育内容由过去工艺美术行业的技艺、生产工艺、创作设计等内容转向以现代工业的大生产和知识经济为基础、以人的创造力的培养为主线的素质教育；也就是说，由过去的纵向划分的行业技能教育转向横向结合的全面人才塑造。

其次，教育方法也由过去的技法、造型训练向系统的设计思维训练转变，从设计的形态研究向生活形态、设计管理、战略和产品计划方面的整体研究转变，从“授人以鱼”向“授人以渔”转变，尤其是利用新兴的前沿学科——电脑美术设计教育引导学生自主学习、创造性学习和研究性学习，激发学生的个性化思维，同时，教育重点向适应知识经济社会的设计实践、设计战略和设计管理等趋势发展。

最后，教育思想由过去的功能化思想向深厚的人文思想转变，强调设计教育的人文内涵，反思市场价值观主导的设计教育思想。对已形成的“广种薄收”局面加以控制和正确引导，如2001年年初的调查，在全国1166所普通高校中，约有400多所院校设有艺术设计专业，尚有许多社会职业设计教育、国外设计学院通过与中国院校的合作办学等形式的机构，因此，如何保证正确的教育方向和较高的教育质量成为诸多专家的担忧。也还有学者认为这样多的设计教育机构相对于诺大的中国及众多的人口来说，尚显不足，日本等弹丸之地所拥有的设计师和教育机构数量和质量远远超过我国，许多大型招标活动往往由外国设计师中标就是例证。笔者认为，新方向新思维固然重要，但是任何事物“不在于多而在于精”，关键是我们的教育方向和质量，更精确一点说，是我们年轻的一代如何接过老一辈设计家和教育家手中的接力棒，传承和发扬他们的人文精神，才能“站在巨人的肩膀上”继续向高处飞跃，才不至于再重走近代以来中国设计走过的弯路。

## 二、艺术设计教育学科建设的逐步成熟

### 1. 艺术设计教育与美术教育的分合

中国自20世纪初的美育模式已经造就了以美术为主导的艺术教育模式，这不仅与中国传统人文教育的影响有关，也与政治家、教育家们的视域有关。直至20世纪80年代，中国的设计教育体系实际上仍然无法与美术教育相媲美，艺术设计专业大多附属于美术教育之中，直到近年才纷纷走向独立建院的道路。那么这种历史性的分分合合对于设计教育发展是否有利？

格罗皮乌斯曾经说过：“从本质上讲，美术与工艺并不是两种截然不同的活动，而是同一个对象的两种不同分类”。也就是说，现代设计教育离不开坚实的美术教育基础，无论是从审美观念的培养还是表现技法、造型能力的角度，设计教育的艺术基础是首要的。历史也向我们证明，许多设计家都具有深厚的美术和人文修养，在此基础上才有厚积薄发的个性表现。这也是我国的设计教育迄今仍然非常重视基础课程的原因。

但是，随着社会的发展，尤其是信息社会对人们思维方式的改变，美术与设计教育的不可分性逐渐受到质疑。如日本的某些设计学院在招生时，注重的是学生的创造性而不是美术基础。中国的艺术院校学生，从考前班算起到大学期间的美术训练，少则六七年，多则十余年，入学后短暂的专业创作时间比例少得可怜，更何况还有大量“画匠”之类的考前班教育，从根本上就扼杀了学生的创造力，甚至使之误入歧途。现代信息技术的高速发展，使许多不具备美术技能但具有创造力的想法可以通过电脑编辑得以实现，为更多的人圆了“设计”之梦。艺术设计也越来越成为介于科技、艺术之间的边缘学科，将传统的行业边界渐渐消解，将传统的教育方式渐渐改观。许多有创造力的设计师，或者通过工作实践、或者通过自学，有所取舍地进行自我教育已经成为现代许多设计师的共识，譬如目前社会上许多多媒体设计团体的设计师多出自计算机专业的毕业生，接受艺术设计的方式多为自主式、业余教育等方式。美术基础同电脑一样，日益成为一种工具而不是设计教育必经的第一站。

当然，美术教育是一个宽泛的概念，除了技能之外，更重要的是思维方式和人文修养的培养，我们所谓的美术教育目前正在走出精英艺术的狭窄区域，通过现代设计教育向着广泛的社会化、大众化功能方向前进。不论美术教育与设计教育如何疏离，它们始终有千丝万缕的联系，对于学生的人格培养目标都是一致的，在发展中探索更适合经济建设需求的教育模式，对于这个问题的客观认识也是我国设计教育学科建设走向成熟的表现之一。

### 2. 艺术设计教育与工科教育的融合

长期以来，中国的工科院校与艺术院校“井水不犯河水”，形成了各自独立的教育体系。工科院校的设计教育多以机械制图、工程学、建筑学、计算机辅助等课程为主，培养的学生具有严谨、踏实但文史哲视野偏窄、缺乏艺术表现力等特点；而艺术院校的设计教育则侧重造型、色彩、视觉传达等艺术教育和人文教育，大多数学生缺少工科学生的长处，对自然科学、新技术等缺乏适应性。这种差距由来已久、有目共睹，直到20世纪90年代电脑时代的到来，这个问题似乎才得到了解决。对于计算机辅助设计的重视使得各大院校纷纷引进集艺术与科学思维于一体的设计人才，全面的人才毕竟不多，于是工科院校大力引进艺术教师而艺术院校相继成立数码技术专业或分院，竭力引进计算机、工程设计等教师；加之院校大合并的潮流，学科整合的态势红红火火，设计教育原本就是交叉学科的实质更是前所未有地取得了大众共识，这不能不说是中国设计教育理念的一大进步。中国著名的理工大学——清华大学与中国艺术设计教育影响最大的一所学院——中央工艺美术学院的合并，意味着中国设计教育新纪元的到来，在李政道、黄胄等科学家和艺术家的提倡下，科学与艺术的融合成为现代中国设计教育的新目标。

当然，愿望与现实总有差距，在实践过程中总有许多潜在的、不可预见的问题必然存在。以工业设计专业为例，工科院校的教学模式和教材仍然与美术院校的难以融合，生源的标准也不尽相同，尽管在国家教育部所制定的本科生专业学科目录中，同为列入二级学科的“工业设计”，但在实际的设计教育方向上，还有很大差距需要互相弥补。而计算机美术设计教育的内容和侧重点也有很大不同，理工院校的设计教育多侧重软件开发，艺术类院校的设计教育则以软件的应用为主。艺术院校学生的形象思维好，而理工院校学生的逻辑思维占优势，这些无形的差距都对文、理科相融的美好愿望造成了难以逾越的障碍。因此，理念的转变仅仅是开端，在以后的长期实践中需要更多的努力和经验总结，才能愈加接近此目标。

### 3. 艺术设计教育走出“象牙塔”与社会经济联系

纵观世界设计教育史，我们已经清醒地认识到设计教育不仅仅是一个教育门类，更重要的是一个民族经济崛起、文化独立的途径和必由之路。随着中国现代化转型的速度加快，“素质教育”“通识教育”等理念的提出，使我国的高等教育朝着“厚基础、宽口径、增强适应能力与创新意识”的方向发展，“十五”期间高等教育毛入学率达到15%的标准意味着我国的高等教育进入了国际公认的大众化发展阶段。20世纪末人们曾将外贸和教育评价为计划经济的最后两个堡垒，如今，教育界面向社会面向市场经济的办学方向转变也已经使得艺术设计教育走出“象牙塔”，寻求适合知识经济环境下生存的新路子。如各地根据不同的经济发展水平和自身办学条件，建立起初级、中等、高等等不同层次的设计教育体系，在经历了几年的扩招、跨越后，逐步达成趋向规模、质量、结构和效益内在统一的健康协调发展的教育理念共识。

适应新经济形势下的设计教育理念不仅在于教育内容由技能型教育向管理型教育转变，更重要的是更新传统公益性教育的观念，建立“教育产业化”的观念，改变只有工业才是产业的狭隘产业观。新的体制必然带动更多的积极性和师生的参与意识，尤其是与社会经济相关联的设计实践基地、文化交流等项目的建设，是促进“教”“学”“用”协调发展的可行途径。目前已有众多的设计院校相继斥资建立了各类实践基地，如影视动画和非线性编辑实验室、平面印刷实验室、摄影广告实验室、陶艺实验室、礼仪与会议策划实验室等，为学生学以致用、联系社会、走向社会搭建了桥梁。

## 三、历史启示与未来的发展趋势

### 1. 对西方设计教育模式的模仿与转化

目前的许多现状表明我国的设计教育观念在转变，但是距离“知行合一”的目标还有很大距离，“创新”的口号喊了许多年，但是“邯郸学步”的设计方法和教育方法、评价方式等比比皆是。设计教育是彰显一个民族文化艺术的表征，纵观中外文化史，没有独立的民族文化，就只能被强势文化同化、吞并。因此，我们的设计教育首当其冲地应该“以史为鉴”，从被动、盲目地模仿西方教育模式的惯性思维中走出来，以独立、科学、为我所用的态度和方法吸收外来营养，走出适合本民族发展的教育之路。

### 2. 进一步加强对“智德双修”的重视

对于设计教育的技能与道德人文教育并重的问题，陈之佛等近代设计教育家们早已有所呼吁，但是近一个世纪过去了，这个问题依旧不可避免。设计教育的最终目标是与其他教育目标一致的，即对人格的培养——对人类的深度关怀、职业责任和义务等人文主义理想，这更是设计教育创造人类新生活、建构高质量的物质与精神世界的目标。因此，当我们一再重提“智德双修”的教育问题时，也暴露出许多历史遗留下来的问题尚未解决，显示出许多年来对于高瞻远瞩的老一辈设计教育家们的思想缺乏深入研究和贯彻实施。中国教育目前面临的首要问题是人文素质的培养，正如王岐山在回答记者提问的问题“2008年奥运会，您最大的困扰是什么”时坦言：“最大的困扰是参差不齐的市民素质”。那些拔地而起的奥运建筑和景观设计，并不是300万即将到来的外国客人所关注的，中国人的精神面貌才是最关键的问题，“外国客人要看的是中国人什么样，而不是楼什么样”。

可见，我们的设计教育目标不仅是艺术设计范畴内的，应该站在全民族人文教育的广度和高度上，致力于全民设计意识、人文素质的提高。通过完整的人文教育可以实现人性的完整，理性和德性的统一。在这种基础上，绿色设计、人性化设计、无障碍设计等的实现将成为必然，设计师的责任等问题将不再是困扰。新的道德规范建立在对优秀传统文化和新的科学理念的吸收传承之上，因此，在艺术设计理论教学中进一步加强历史意识、深入挖掘和理解老一辈设计教育家的人文思想是相当有必要的。

# 第三章

## 空间生态设计再造篇

# 19 城镇化背景下传统村落民居的空间设计创新——以济南市章丘区万山村为例

原载于：《大众文艺》2020 年第 5 期

【摘　要】传统村落是中国传统文化的根基，千年农耕文明的基础在农村。改革开放以来，中国的城镇化发展迅速。中国正在从以农业为主向以城镇人口为主转变。快速的城镇化正在引发传统土地资源的相关问题。但是，随着城镇化的进程，传统的乡村文化、空间结构和建筑逐渐消失。本文以济南市典型的传统村庄万山村为例，在对现状进行分析的基础上，提出了快速城镇化背景下传统村落的保护与发展策略，希望对其他传统村落的保护和传承提供一定借鉴，以留住承载华夏子孙共同记忆的载体。

【关键词】城镇化；传统村落；民居空间；万山村

## 一、万山村传统村落的现状

### 1. 地理位置

山东省济南市章丘市普集镇万山村隶属于普集镇，位于长白山脉之玉泉山下，是一个居住有 1500 多人的山村，全村面积 500 亩（约 0.3 千米 $^2$）。源于摩诃峰的金水河犹如一条缠绵的玉带从村中九曲穿过，造就了群山环抱。万山村西距省会济南市约 60 千米。

### 2. 历史建筑

笔者在团队成员的帮助下，对万山村的整体建筑进行了调查，并从建筑功能、建筑时代、建筑高度和建筑风格等方面进行了研究。民居房屋的布局主要采用一进庭院的形式，只有两个一进二庭院。万山村是济南一个保存相对完好的传统村落，它直观地显示了齐鲁地区的村落格局、街道设置、住所类型和民俗。在对万山村进行现场调查和数据分析之后，对村内现有民居建筑物现状的年代、高度和质量进行分类统计。

### 3. 传统风貌受到破坏

万山村的总体布局呈梅花状，村道横穿网状，呈“八卦阵”布局（图 1、图 2）。单一建筑物是传统的砖瓦制建筑风格，建筑物被土头墙隔开，该土头墙起到了防止风、盗窃和火灾的作用。但是，随着社会的发展，传统的古村落在城镇化进程中承受着巨大的破坏或消失的压力。古村庄的传统房屋被自然和人为因素破坏，许多年轻人外出务工，空心村现象加剧了传统村庄的崩溃和破坏。

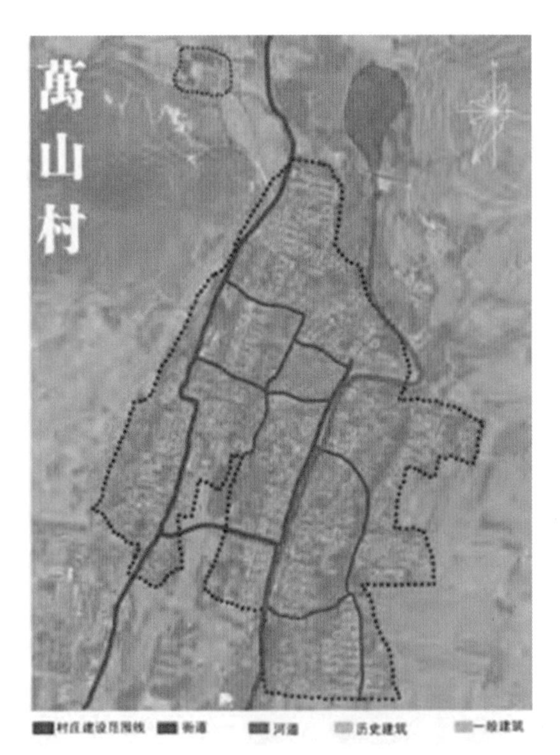


图 1 村域文化遗产与自然景观分布（来源：作者自绘）

图 2 万山村村落分布（来源：作者自绘）

## 二、万山村民居建筑更新中存在的设计问题

改革开放以来，人们的生产和生活方式发生了很大的变化。该村庄的现有发展状况不能适应现代城市发展。居民在新建和改建民居的过程中放弃了旧房并使用了许多现代建筑，但缺乏统一的材料和布局计划，导致一些新建筑与周围的传统建筑格格不入，极大地破坏了村庄的原始外观。

### 1. 村庄的原始肌理被破坏

万山村是一个自然村，村庄的外部环境限制了村庄的发展。万山村是一个以血缘关系为基础的聚居地，每个族群的聚居非常明显，而由不同血缘、姓氏组成的建筑群则使村民有很强的等级感。对于村民来说，同姓氏族之间有着亲密的关系。由于土地使用的限制以及建筑形式的不断增加，房屋也开始共建。这不仅节省了土地，而且通过共享山墙和院墙之类也节省了金钱。

村民房屋处于居民拆迁和维修的状态，传统的房屋形象甚至整个村落的外观都受到严重破坏。居民搬到了新家，而传统的民居很少被使用。由于长期的自然环境影响，传统万山村的大多数民居都显示出浪费的迹象。总体而言，万山村的民居布局相对紧凑，整体布局为水平和竖直形。在高地和低地条件下，四合院会适应地形，并沿着等高线发展。由于生产方式和生活方式发生了变化，村民越来越重视农业和养殖业。因此，民居空间又产生了新的变化，基于地形在房屋外留有灵活且可自由调整的空间，更适合小规模的养殖。

### 2. 新农村建设与传统村落的矛盾

与其他村庄一样，万山村在建设新农村与保护传统村庄之间也存在矛盾。在新农村建设中，许多传统村落根本不考虑文化遗产的保护，只提倡“改造老村落”而丧失了传统村落的地域特色和民俗文化。

建筑风格的变化自 1980 年代开始，万山村出现了新建房，原始的传统民居散落，建筑风格变得凌乱，严重影响了传统的乡村风格。传统建筑形式的破坏主要是由于建筑外观从原来的低层建筑演变为高层住宅。建筑材料也正在逐步从木材和晒干的墙壁结构升级为钢筋混凝土和瓷砖。新的民居建设水平不足，间接破坏了传统村落的原始风貌，阻碍了景观的开放性，容易淡漠与邻居的关系，再加上村民建筑的自治性和自助性，房屋的整体设计住宅的建造处于“门面”，内部空间的功能相当混乱，浪费了大量空间，其建设水平还远远不能满足新农村发展建设的要求。

## 三、万山村的建筑空间格局更新设计策略

结合了上述问题，万山村的建筑空间格局更新需考虑房屋的质地、街道规模、与房屋有关的外部空间。在其他方面，从整个村庄的管理开始，新建的住宅在满足新时代需求的基础上应与传统住宅和谐相处。

### 1. 村落肌理

乡村新建筑空间的规划必须按照村庄的原始风格进行，它不仅继承了传统的纹理，而且对于有机更新的“微循环”转换模型也很有用。根据以前的调查和分析数据，现有的优质古建筑区得到了维护，关键区（如李家大院建筑）得到了全面更新。例如，恢复古建筑群的传统空间格局或恢复未经调整的特征。基于村庄保存完好的庭院肌理，这些典型的庭院布局以平面纹理的形式（前屋、后屋和庭院）存在是设计时要使用的原始肌理。传统的乡村庭院不适合使用。

### 2. 村落空间结构

保护村庄的空间结构是保护战略的核心问题。为了使传统村庄保持其原始的自然景观并保留其原始的乡村风格，需要保护村庄的空间结构。道路应尽量保留原始的行人规模和原始的道路及车道形状，应避免拆除或拓宽道路，保持原始道路网结构，并避免改变原始道路的方向；应当尽可能少地改变古代村庄的自然材料铺路，如传统的石板和鹅卵石，以延续传统的村庄空间。中国大多数传统村庄的建筑区都与自然融为一体，形式也是融入自然的主导因素和传统的规划理念。总高度应与山峰轮廓或水域的方向匹配。万山村建筑区的形是基于山的空间结构的，通常为扁平形。万山村的大多数传统房屋不到两层楼。整体的建筑形成了与山脉背景相对应的层次。

### 3. 生态景观

首先，需要保护万山村的自然生态景观，主要是保护山、树木、现有的耕种土地等整体生态格局。其次，为了防止村民擅自建房和损失耕地，必须对村里的耕地重新进行检查。最后，需要有效防止村民向河里扔垃圾。水是一切的源泉，因此，要保护河水不受污染。

### 4. 街道尺度

从万山村作为一个传统的街道式村庄的现状出发，将以旅游为主题进行保护和发展。就未来的发展而言，汽车将越来越多地进入村庄，成为现代生活中的一种重要交通工具。

然而，万山村现有的道路宽度达 4 米，仅适合以步行和人力车为基础的出行方式。在万山村进行房屋更新时，按照建筑专家的标准，居住区两车道的路面宽度必须至少为 6 米，且前方道路的路面宽度必须至少为 2.5 米。在传统的乡村街道设计中，该值通常在 1 米至 2 米，并且道路会创建一个“被动但不开放”“自由但分散”的小空间。因此，在更新过程中应保持原始传统街道宽度与街道两侧房屋高度之间的比例关系，并且不应轻易扩大或更改。

在城镇化的背景下，传统村落应在规划指导下进行分类保护，不同的保护目标应采用不同的保护方法。例如，传统村庄的总体空间规划应着重于保护传统建筑、非物质文化遗产和生态环境。传统建筑需要定期修理。传统民间文化不应受到过度保护，而应被继承，为了使更多的人了解当地的民间文化，可以适当地开展一些促进传统民间文化的活动。

## 结语

近年来，由于城镇化的积极发展和地方政府对旅游业发展的重视，传统村落已被城镇化浪潮淹没，保护和发展传统村庄以适应当地条件并结合传统村庄特征对维护土壤和水的地方特征，具有广泛的实际意义。在传统村落的发展过程中，城市化的迅速蔓延摧毁了传统民居，甚至面临着崩溃的后果。一方面，由于农村人民生活和生产方式的不断改善，村民正在使用传统住房。传统房屋在专业研究领域需要紧急维修，我们需要保护和更新它们。总结发展经验，考虑村庄的地形和景观，山区和湖泊等村民的自然因素，以及传统资源、样式和非物质文化遗产等人力资源和环境因素。另一方面，新的住宅建筑考虑从传统元素（空间形式、比例尺度、结构材料、色彩装饰等）中寻找精髓。建筑师在民居发展中起着重要的领导作用，发掘了传统住房的最佳元素，需要提取其精华，对其进行处理和改造。

传统村落的保护与发展越来越受到人们的重视，但是还有很长的路要走。这不仅需要政府的适当指导，还需要人民的自觉参与。通过这种方式，我们保留文化的根基，才能望得见山、看得见水、记得住那一抹乡愁。

## 参考文献

[1] 张晖颖．试论中国城镇化进程中人的现代化 [J]. 商，2013（24）：252.

[2] 王凌云．当代乡村营建策略与实践研究——以重庆青灵村建设为例 [D]. 重庆：重庆大学，2016.

[3] 贾军．新形势下国有企业思想政治工作的困境与出路探讨 [J]. 商情，2018（4）：148.

[4] 孙良，周玉佳．电子商业影响下商业空间的发展与设计策略分析 [J]. 中外建筑，2014（12）：104–107.

[5] 倪云．美丽乡村建设背景下杭州地区乡村庭院景观设计研究 [D]. 杭州：浙江农林大学，2013.

[6] 张玲慧．传统村镇中的建筑更新设计研究——以山西省泽州县西黄石历史文化名村为例 [D]. 北京：北京交通大学，2013.

# 20 度假酒店景观特色营造探析——以庐山西海希尔顿度假酒店为例

原载于：《美与时代（上）》2020 年第 4 期

【摘　要】度假酒店英文名为“resort hotel”，是为休闲度假游客提供住宿、餐饮、娱乐与游乐等多种服务功能的酒店。与一般城市酒店不同，度假酒店不像城市酒店多位于城市中心位置，大多建在滨海、山野、林地、峡谷、乡村、湖泊、温泉等自然风景区附近，而且分布很广，辐射范围遍及全国各地，向旅游者们传达着不同区域、不同民族丰富多彩的地域文化、历史文化等。庐山西海希尔顿度假酒店为一家五星级度假酒店，是庐山西海中海度假区规划内的重要组成部分。其景观特色营造原则为景观营造更新原则、景观设计多样性原则。这些原则能够为今后建设度假酒店的景观设计、度假酒店园区整体质量、度假酒店园区特色提供参考。

【关键词】庐山西海；度假酒店；景观营造；景观设计

## 一、度假酒店发展概况

度假酒店最早起源于古罗马时期，其繁荣发展出现在文艺复兴时期，当时因交通运输能力弱且成本较高，度假酒店的体验人群主要为贵族。“二战”之后，因经济快速稳固发展，民众在基本生活得到保障之后也逐渐喜爱出游。我国度假酒店在改革开放之后呈现发展趋势，随着经济的快速发展、民众的生活水平提高，度假酒店行业的发展在国内逐步提升，继 1996 年全国第一个五星级度假酒店——三亚亚龙湾凯莱酒店开业之后，我国度假酒店进入了快速发展时期。

## 二、庐山西海希尔顿酒店概况

### 1. 庐山西海概况

庐山西海位于江西省九江市武宁县、永修县境内，九江西南部，距九江市 100 千米，距庐山 110 千米，拥有 308 千米$^2$ 和 8000 余座岛屿，是镶嵌在“南昌 - 婺源 - 庐山 - 九江”红色旅游线上的璀璨明珠。其以千岛、名山、秀水、永武水上公路为主要特色景观，是华中地区著名的湖泊旅游胜地。庐山西海希尔顿度假酒店位于庐山西海西北湖区巾口片区，南临碧波浩淼的庐山西海，北靠延绵起伏的群山，大大小小的半岛延续至湖心。酒店依水而建，地理位置优越，得天独厚的地理位置让该项目有一定的挑战性，也成为设计创造亲近山水、富有凝聚力的项目契机。

## 2. 庐山西海希尔顿酒店空间布局

庐山西海希尔顿度假酒店为一家五星级度假酒店，是庐山西海中海度假区规划内的重要组成部分。酒店平面呈现“C”环形布局，将酒店布局规划与自然地形地貌相结合，为一座现代风格建筑。酒店由前台、大堂、中餐厅、全日制餐厅、SPA房、酒吧以及80栋别墅客房组成，建筑布局错落有致，背山望水，整体环境营造了田园生态的度假氛围。

图1 庐山西海希尔顿度假酒店入住办理大堂入口

酒店主入口设计用高差处理为客户创造独特的到达酒店大堂体验。酒店入口区域（标高+62.88米）由廊桥构建，廊桥右侧的近水湖面在树丛中若隐若现，既增加了酒店入口区域与沿湖水景的空间关联性，又创造了客户从酒店主入口至酒店大堂途中的空间体验感（图1）。

图2 中餐厅龙虎山包

由于巧妙利用了地形地貌特点，酒店大堂广场高于出入口标高5.59米，会议厅与酒店大堂方向流线由此处分流。酒店大堂空间呈现正方形，且西南门开放滨水观景平台，因此进入酒店大堂（标高+71.29米）透过西南门观景台映入眼帘的则是一览无余的西海美景。酒店会议厅位于酒店大堂东北侧，会议厅南门与酒店大堂西门围合形成室外水景花园。

图3 全日制餐厅外夕阳观景点

中餐厅（标高+76.5米）位于酒店大堂东侧，中餐厅前厅和西侧各个中餐厅包厢（分别为龙虎山、三清山、庐山、井冈山等包厢房）围合形成小型室外露天庭院，由于中餐厅外立面由玻璃围合而成，加上地势较高，客户不仅可以享受庭院内的宁静与惬意，还可以沿窗外眺望庐山西海美景（图2）。

全日制餐厅（标高+71.59米）依水而建，与SPA中心错落排布围合南侧室外泳池，SPA中心包括豪华水疗设施、室内泳池与健身中心，该区域位于项目西侧滨水区，为最佳日落观景点（图3）。

## 三、庐山西海希尔顿景观特色设计特征分析

### 1. 现代景观与乡村田园景观的融合

客房区以现代装饰风格为主，客房别墅入口铺设花纹雕饰砖，客房与外部园区由竹子联排固定，当地农村也利用竹子联排固定方式将家门院子与菜园进行分离，而客房区利用此材料有乡村田园装饰作用的同时还具有隔档作用，有效保护住客的隐私。客房别墅大门门檐有着赣派建筑的风格，入口处植着几颗果树，灌木丛从入口处延伸至入户门厅，这种院落式景观将室内室外空间相连，相互交织形成良好的空间氛围。客房区表现出景观的轻快与精致的同时，还设有中式元素以表现出客房的清韵雅致，结合田园景观植物搭配的多样性使客房的入户园区更加温馨与亲切，体现出田园生活气息（图 4）。

图 4 客房区景观

图 5 客房区外公共区域

### 2. 软景与硬景

庐山西海希尔顿酒店利用植物软景划分建筑与建筑之间公共景观区域空间，这段“过渡空间”采用了多样化的植物软景进行点缀，小至沿阶草、菖蒲、杜鹃花、齿叶冬青、金边黄杨、八角金盘，大至紫薇、杨梅、丁香花、樱花树、乌桕、楝树等，利用植物过渡公共景观空间不仅可增强游客在园区的美的体验感受，还起到了安全隔离的作用，精致的箱式庭院灯在路边点缀，白天增加了园区景观的美观性，在夜间也为园区增添了一丝温暖的光线（图 5）。

客房区内则是将软景与硬景的设计运用到了室内，室内材质主要为与自然接近的原生态材质如木材、石材等，客房内中庭空间由竹子与碎石搭配组成，形成中式儒雅风格的中庭，将大床间的门推开，落地窗外映入眼帘的水景美不胜收，客房外顺着建筑与岸边的高差有一片泳池区域与休闲区域，泳池外则是西海水景。

### 3. 观景氛围的营造

庐山西海希尔顿酒店度假园区内还保留着未开发状态时的地势高差形态，地块开发前，大堂区域距离滨水区高差最大值为 5 米，全日制餐厅距离滨水区高差最大值为 8 米。客房区由两块地块组成，将客房分为 V1V2 客房区与 V3V4 客房区。V1V2 户型客房距离滨水区高差最

大值为 11 米，V3V4 户型客房距离滨水区高差最大值为 14 米。地块开发后，度假园区设计整体利用地形形成空间起伏环绕的景观格局，亲水的 V3V4 客房区与近水的 V1V2 客房区约 3 米高差，V1V2 客房区相较处于地势高处，客房外道路有一圈环绕的观景路线，最高点则设计一处观景亭供人停留、观景、休憩。而亲水的 V3V4 客房区位于沿湖一线，在环湖路的交叉口设计一处延伸至水岸边的观景台供游人停留。

### 4. 不足之处

在田园景观与现代景观结合的过程中，因初期规划问题与后期报规问题出现设计变更，园区休憩观景平台较少，暂时无法适应度假园区过大的游客承载量，因此也为庐山西海希尔顿度假园区二期景观设计留下一些伏笔。

## 四、度假酒店景观营造原则

### 1. 景观营造更新

（1）场所精神的营造

度假酒店产业核心要素之一为“文化”，酒店在开发初期对当地传统文化进行挖掘并结合当地自然资源、人文资源与社会资源进行景观设计的产品定位、功能定位、特色定位，这样既对当地文脉起到了保护作用，又与其他类型度假酒店有所不同，形成了独具特色的地域性文化景观。

在《场所精神——迈向建筑现象学》一书中，舒尔兹指出：“场所就是具有特殊风格的空间。自古以来，场所精神就如同一种完整的人格，如何培养面对和处理日常生活的能力，就建筑而言，意指如何将场所精神具象化、视觉化。建筑师的任务就是创造有意义的场所，帮助人们定居于世。”庐山西海希尔顿酒店度假园区保留了未开发前原村庄地块肌理与景观文化，并在此基础上发展现代风格的餐厅、酒店、SPA 房，形成了新的景观，同时又承接了田园景观的风格，让村民、游客对场地产生了新的认同感（图 6）。

图 6 全日制餐厅（上）；V3V4 客房大床间（下）

（2）提取本地元素

武宁县当地特色建筑材料——夯土、红砖、竹材，通过不同设计手法融入到园区景观设计当中，如园区内公共道路至客房园区的竹制隔挡带、道路分区的地砖铺花等，这种当地特有的建筑材料成为了巾口村特有的历史印记，也延续了当地历史文脉，更新了景观意境，拉近了人与环境的距离。

### 2. 景观设计原则

（1）设计手法多样性

传统的景观造园手法与现代景观设计手法的融合成为庐山西海希尔顿度假酒店园区的景观特色，景观中体现了如画一般的优美景色。度假园区利用传统的景观造园手法，在酒店大厅、全日制餐厅、客房区等处利用漏景、障景给客人更好的空间体验感，并将传统材料和工艺与现代景观设计相结合利用到园区空间设计中，增加了整体的空间质感与空间氛围；在度假园区空间布局、软装配饰、空间整体色调上传达出“画中有画”的层次，使室内空间与室外景观意境相呼应；同时，灌木、树群等植物在客房别墅架空层一侧的植物搭配，解决了开发时期地块的高差问题，过渡空间的设置使公共空间与私密空间的过渡得到缓解，并增加了美观程度（图 7）。

图 7 客房室内与庭院空间

（2）材料多样性

庐山西海希尔顿度假酒店园区内材料运用丰富，如石材、实木材、红砖、灰砖、瓦、鹅卵石、植物搭配等应用在室内空间、建筑外立面与景观空间中，产生了不同的氛围与质感，现代材料与乡土材料的碰撞产生了不同的空间视觉感受，环保高质量的材料也提升了空间体验感。

（3）植物多样性

庐山西海希尔顿度假酒店园区内植物多选用当地本土植物，如楝树、水杉、红豆杉、杨梅、合欢、海棠、木槿、枸骨、桂花等，园区配置时，将植物品质、颜色、大小等进行有序搭配进行多层次栽植，从而营造出园区丰富的植物搭配，植物与园区的景观小品进行搭配形成更具有田园气息的度假园区体验感，让客人能够感受到与大自然更亲近。

## 结语

度假酒店的景观需要从不同的设计维度来进行思考，将当地的人文特色、地域特色、空间材料特色等方面融入度假酒店景观设计中，只有深入挖掘当地文化内涵并结合实际环境、项目立项需求、景观场所理念，才能更好地进行景观设计与创新，通过宣传吸引更多的游客前来体验，才能更好地提升度假酒店的知名度，使当地乡村产业更好更快地发展，实现更多的增效与创收。笔者希望通过对庐山西海希尔顿度假酒店的特色景观分析为今后度假酒店特色景观营造提供参考。

## 参考文献

[1] 程世丹 . 当代城市场所营造理论与方法研究 [D]. 重庆 : 重庆大学，2007.

[2] 张才勇 . 景区旅游建筑造型的诗意建构——以沙坡头游客中心及庐山西海服务码头群为例 [J]. 建筑技艺，2016（9）：96-101.

[3] 贾漫丽，白杨，杨建民，等 . 滨湖风景旅游小城镇景观风貌控制规划——以杭州千岛湖为例 [J]. 西北林学院学报，2009，24（4）：201-204.

[4] 舒建伟，何燕芬 . 酒店景观与自然生态结合之路——记千岛湖喜来登酒店景观营造 [J]. 现代园艺，2012（6）：117-118.

[5] 余盈莹，唐嘉佳 . 现代景观设计中的地域性表达——以景德镇陶溪川文化创意园等景观设计为例 [J]. 中国艺术时空，2019（1）：74-79.

# 21 南京老门东历史街区传统院落空间设计研究

原载于：《2019 年 4 月建筑科技与管理学术交流会论文集》

【摘　要】在城镇化发展步伐愈来愈快速的当代，有许多被人遗忘的传统民居院落在城市的角落，它们之中的绝大多数都已被损坏。因此，在传承传统文脉时，保存历史街区并帮助它们完整地发展下去，是我们必须履行的责任。本文研究对象为南京老门东历史街区，通过分析历史街区传统院落空间要素和保护与传承的设计方法，总结出历史街区传统院落空间设计的原则。

【关键词】历史街区；传统院落；保护与传承

## 一、南京老门东历史街区传统院落空间要素研究

### 1. 街巷研究

（1）街巷整体分析

南京老门东古代街区的巷道，依然保持着传统的空间关系格式，街巷的方向布局基本持续着大多数传统的巷道分配格式，街巷之间的位置、走势、长宽和样式都被较为完整地保留了下来。这一点具体体现在剪子巷的南部、上江考棚的东部、转龙巷的西部、明城墙的北部。具体的街巷布置情况分为：剪子巷、三条营、中营、边营及新民坊路坐落在主城区纵向线上，上江考棚巷、箍桶巷、陶家巷、双塘园巷及转龙巷则坐落在主城区的横向线上，此外另有附属的小规模街道和城区里的街道。

（2）环境分布特征

环境分布格局基本上是环绕东明城墙的南北走势而分布的。这样设计的主要原因是：城墙右端的部分倚东城墙上部为里部、秦淮河外部及运渎三条重要河流共同汇入的地方，以东园为中心的园林环境布局因此拥有这一定位。相关的河流流量充沛很大程度上影响了传统园林，此外历史时期的水运交通是长江下游流行、便利又省时的出行选择，相关区域是贵胄府邸、显赫大族庄园坐落之处的最优选择。

### 2. 院落研究

（1）传统院落主体分析

南京老门东的历史街区里保留程度最好、展现的历史信息最丰富最真实、反映出社会生活文化最原始的建筑遗产就是传统院落。除此之外，传统院落还是用来研究空间结构的重点对象，通过分析传统院落的具体结构，除了可以了解到该街区的历史文化之外，还可以了解

到历史街区的建筑风格和建筑构造以及布局特点，是研究历史街区空间结构的重要出发点。而且研究传统院落的主体，可以帮助要素个体从基本属性角度出发，推算其未来发展甚至这一整片历史街区的发展趋势，还可以明确个体所持有的独特的尺寸、体量、形成和尺度的关系，是导致这片街区形成最适合的城市肌理的重要原因。最后需要强调的是，对传统院落主体的研究是历史街区各个个体要素属性的研究中不可或缺且极为重要的一点，这其中包含着许许多多的传统文化底蕴，是作为历史街区文化而存在的。

（2）准传统院落主体分析

被破坏或者失去了原本院落轮廓但还是较完整地保存着传统建筑布局的院落，我们称之为准传统院落。形成准传统院落需要一些必要因素，将过去传统院落的布局风格或者对比院落在结构被破坏之后、或对比院落在经历了拆建之后没有了原本的空间布局、或对比传统院落已经模糊不见的边界，最后只有相对应的独立实体建筑存在着，以供实际研究。但是，这种院落的形成要素基本都是利用残留下来的建筑布局再经过一系列推演之后得出的。

（3）近现代院落主体分析

在近代之后出现的院落，对其形成要素进行相关分析，要从老门东历史街区上近现代之后出现的建筑风格作为出发点，再分析形成这种院落布局风格的原因和过程。之所以会形成这种院落，很大程度上的原因是当时人们对生活的需求，院落的朝向、尺寸以及规模都是为了实现更多的功能而设计出来的，而且形成院落的原因其实是非常不稳定的，这些都是导致近现代院落布局风格的原因。

## 二、南京老门东历史街区传统院落保护与传承设计分析

### 1. 历史见证性空间的保护

通常我们所说的历史见证性空间的保护是指对目前已存在的传统院落的保护方式。老门东历史街区的传统院落经常使用穿堂式平面的布局模式来设计平面，这种布局模式的院落就是多路多进式院落，通常都有三到四进，但也有一些院落设计成了七进。现街区内存有傅善祥故居、蒋寿山故居、明孝烈皇后宅、梁光宅寺等多处传统院落。该类院落见证了老门东历史街区发展繁荣的历史，具有重要的历史信息和人文价值，该类传统院落应以保护为主。

### 2. 传承性空间设计

传承性空间设计，主要包括建筑传承空间设计和院落传承空间设计。在实际改造建筑布局的时候，经常都会使用“修旧如旧”的手法来改造街区的外墙部分。在选择材质时经常会用到有传统风味的木构、旧石、青砖，以此来使得材质更有原始的质感，这样的建筑会更具有历史风韵。墙面形成“上空斗，中实墙，下条石”的极富南京当地特色的格局。“和合窗”是南京独有的、非常有特色的一种内院墙，在对历史街区进行改造的时候，这种风格的改造模式非常多见。

## 三、南京老门东历史街区传统院落空间设计的原则

### 1. 历史、传承信息的可识别性

历史街区传统院落因不同的原因形成于不同的时代，反映着不同时代背景下，城镇居民对居住、商业、建筑审美、建造技术的要求与发展。如何区别历史街区传统院落形态空间历史遗存、修复再现、传承新建等信息，是城市设计的一大难题。历史遗留的要充分保护，保护历史痕迹的沧桑、斑驳陆离，修复再现时既要注意修复位置与历史遗留的协调性，也要注意与之的差别；传承空间既要符合现代审美与时代居住商业要求，同时传统遗留空间与现代信息创作的对比识别也不容忽视，不能以假乱真，造假古董。

### 2. 历史肌理感知与理性整合统一性

历史肌理的整体感知是在调研前准备时就开始的，它随着调研的不断深入，更加具体化。调研之前的准备使得历史街区在调研者脑中有初步的认识，这时整体意向感知已经开始形成，实地调研过程中对街区、院落、重要节点的体量、色彩、形式的更直观认识，对周围环境、气候特点都有所感知，整体感知意向已经形成。调研之后，将现状整体感知与理性可视材料整合统一，形成具有合理依据的历史街区传统院落特质性、地域性基础材料。

### 3. 重点与一般

层次性历史街区传统院落的遗存空间质量、范围、格局参差不齐，在保护和设计中不能同一而论，应根据其院落格局、建筑质量、建造年代等划分为不同的保护与传承等级，院落格局保存完整，主体建筑有较好的质量，并且还有悠长的历史和文化、科学技术、艺术价值，可以将历史中某一时期的地方特色展现出来的院落都列为重点保护文物，其中没有经政府公布的院落，应尽快向有关部门提供申请材料，为传统院落的保护提供政府支持，还有许多院落边界被模糊、建筑主体许久未翻修、一些门窗等部件损害严重，但整个格局保留较完整的，依然可以展现南京传统文化的居民院落，应在保护的前提下提出合理利用的方法，如改善居住基础设施条件、建筑内部再装修等。分层次保护在减少历史遗存破坏的同时，也能最大程度地利用发展传统院落。

## 总结

历史街区保护与传承研究工作是复杂、多面的，本文只是围绕南京老门东历史街区传统院落空间展开讨论，试图利用区位空间审视下在战略层面和空间设计层面对历史街区传统院落形态空间的保护和传承做出指导和应用，提出一套适用于历史街区传统院落形态空间保护传承的方法，以期为今后历史街区保护传承设计提供新的思路。

## 参考文献

[1] 袁奇峰,蔡天抒,黄娜．韧性视角下的历史街区保护与更新——以汕头小公园历史街区、佛山祖庙东华里历史街区为例 [J]. 规划师，2016，32（10）：116-122.

[2] 王振复．中华建筑的文化历程 [M]. 上海：上海人民出版社，2006.

[3] 刘芳．城市设计视角下的历史街区保护规划研究——以明太原县城历史街区保护规划为例 [D]. 西安：长安大学，2012.

[4] 关宇．城市形象中历史街区文化的营造——中国六个城市的历史街区调查的比较研究 [D]. 杭州：中国美术学院，2013.

[5] 王颖．历史街区保护更新实施状况的研究与评价——以云南历史街区为例 [D]. 南京：东南大学，2015.

# 22 浅析木结构装饰在现代室内设计中的应用

原载于 :《戏剧之家》2020 年第 14 期

【摘　要】木结构作为中国建筑的代名词，在历史和文化中不断延续，随之也形成了较为系统的木结构装饰。对木结构装饰的研究并不是重复历史，而是通过对木结构装饰的探索为当代的室内设计发展提供更好的借鉴。本文以木结构装饰的传承发展为切入点，结合了现代室内设计原理及其相关理论，寻找一种既具有木结构装饰特点又符合现代社会特点的室内设计方法，以更好地继承和保护木结构装饰。本文通过分析木结构装饰在室内设计中的有效利用，为打造出更具艺术性、文化性和创新性的室内设计作品提供理性参考。

【关键词】木结构装饰 ; 室内设计 ; 应用

在不断加快的城市化进程中，传统木结构的继承与发展面临严峻挑战，如何保持木结构的延续性以及如何对我国的木结构装饰进行合理运用和保护，并找出更适合木结构装饰的现代室内设计，成为当前国内设计师们的一项任务。木结构装饰是人们在历史演变和发展中形成的智慧结晶，将其结构功能和装饰功能更好地结合，并赋予高技术和高情感的特征，成为当下木结构装饰发展的大趋势。

## 一、现代木结构装饰正快速发展

木结构装饰对人们的居住方式产生了巨大影响，最初多是为建筑承重服务的，后经现代设计师改造，逐渐形成了“重装饰而轻承重”的局面，有效促进了木结构装饰的发展。为把握木结构装饰在发展中的方向和趋势，证明木结构装饰在现代社会中仍有相当顽强的生命力，下面从功能和造型两方面进行论述。

### 1. 功能即装饰

木结构装饰的功能分为装饰和结构两部分。在装饰功能上，木材本身就拥有光泽和肌理两方面优势，在不经过任何修饰加工的情况下，其本身就是一种变化丰富且无法复制的装饰物。现代社会对木结构装饰的要求并不像传统木结构一样，拥有大量的彩画、雕刻，而是转向追求木材本身的纹理和色泽。随着轻型木构架、重型木结构以及桁架体系的盛行，木结构梁柱体系的承重功能不断被削弱，更加侧重于装饰形式上的表达，不再是仅有方形和圆形的木结构形式，还出现了条形、块状、曲线状、编织状等一系列装饰形式，并将其运用点线面的构成主义有机结合，将木结构装饰情感传达给世人。另外，早先起到传递负荷、抗震作用的斗拱也融入了结构的穿插序列中，将繁杂的结构单一化，取而代之的是具有几何性质的构件，进一步降低了实用功能并扩大其装饰性。例如，日本的现代斗拱结构（图1）。

图1 现代斗拱结构

通过底端的柱子做支撑，上部只保留传统斗拱纵横交叠的结构形式，逐步延伸到整个室内空间，这一木结构灵感来源于“树”，设计师有意识地将低碳理念带入室内，虽然这种现代斗拱结构与传统木结构做法大相径庭，但同样能感受到木结构所带来的装饰氛围。

就结构功能来说，传统木结构的构造体系繁琐复杂，周期耗时长并且材料消耗量大，而现代木结构能够做到在符合基本结构功能的前提下，删繁就简。根据对木结构材料模数化、规格化的控制，从而衍生出多种不同类型的框架体系。这主要体现在梁柱形态的转变上，通过增加屋面下方木质格栅的密度，代替传统木结构中梁的作用，同时兼具传递负荷、改变受力方向的能力，使结构与结构之间穿插进行，重新构成一个更加稳定的框架式装饰。

图2 百融云创总部的室内装饰

## 2. 造型日趋丰富

现代室内设计中的木结构造型是在传统木结构的基础上发展起来的，主要依附于先进的工业技术，以现有的思维方式对传统木结构的造型进行提取、打散、重组，重新创造出一个符合现代人审美的室内设计风格。由于现代木结构造型的跨度相对较大，对木结构构件的要求也不断提高，使得木结构形态变幻不一，多表现为连续的曲线型、多结构支撑以及不规则梁的使用，很大程度上丰富了室内空间的装饰技法。例如，百融云创总部的室内设计（图2），其内部是由多层曲面板材叠加而成的围合空间，每层曲面板之间都有垂直方向的檩条进行穿插，将木结构巧妙合理地组合在空间中使其与外界形成对景。木结构的曲线造型能够给空间增添韵律，这也为观者呈现了一场视觉盛宴。由此可见，现代木结构的装饰造型已经完全摆脱封建社会的等级制度，更多的是为使用者的审美考虑，也更加偏向于装饰本身。

在空间造型中，传统室内空间注重对木结构体系的围合，而现代室内设计则更加注重人的活动空间和动线分布，并无绝对的四面围合。对平面而言，现代室内设计为扩大空间面积不断减少柱子数量，甚至是不设柱子，从而产生了以发挥木结构柔韧性为主的大跨度屋顶建筑，逐渐突出木结构外露造型装饰的美感，并通过物理化学等手段对木结构的表面肌理进行研发，严格控制了木结构本身的材料性质，以增强其适用性。另外，现代设计中也不再强调柱子分割空间的主力作用，而是融入虚空间、灰空间的理念，增加了空间使用功能的不确定性，使室内空间的使用率越来越高。

## 二、木结构装饰在现代室内设计中的应用方法

木结构装饰在现代室内设计中具有丰富可行的创新潜力，如何找到木结构与室内设计的连接点去创新木结构装饰？以及通过怎样的设计方法在设计层面实施对木结构装饰的保护？

### 1. 组合创新法

组合创新法是利用两种或两种以上实际物象相结合的方法，使木结构装饰形成多个层次的几何构成规律，再通过组合、叠加的形式创造出来，极大地凸显了这一装饰的功能结构和文化作用。在现代室内设计中，木结构装饰可通过多种构成主义元素打散、重组再加以利用的方式，形成一系列包含新结构的装饰设计，还可以利用木结构排列的二方连续、四方连续等方式进行掌握。例如，隈研吾在日本设计的“微热山丘”，整个木结构装饰的拼接过程采用榫接原理，将单个交叉元素重新进行组合，在每层平铺的基础上进行疏密形式的叠加，最后构成一个整体。设计中为凸显木结构的装饰作用，忽略空间中梁和柱的具体位置，仅用窄木条以斜撑的方式进行排列组合，使原本的固化转变为自带韵律的室内空间。

### 2. 转换创新法

转换创新法是将木结构装饰原理、建构、材料以及相关元素的变异形式运用到室内设计中的一种方法，主要通过平面形式的立体化、立体形式的平面化、无限扩大或者简化来实现的，以此能够进行多维度空间的转换。比如，日本山鹿小学的大跨梁设计，就是将“南京玉帘[①]”的结构通过变异手段转换到室内空间设计中的。该方案直接运用相同直径的细木料进行搭接，每根木料呈放射状相互交错，由此支撑起整个室内空间。这种大跨梁的形式不仅起到了承重和柔化空间硬度的作用，而且也使室内装饰更具特色，给观者以视觉上的享受。

### 3. 隐喻创新法

隐喻代表了人们实践思维的一种方式，它以现实事物为依据并通过回忆、联想、心理暗示等途径来表现其理念的抽象性，受主观意识的影响较大。隐喻创新法的使用整理了意识中与事物相关、相连、相通的地方，并结合所选择的共同符号和构成元素进行暗示。使这种既强调结构又注重装饰的木结构，拥有了更多方面的诠释和表达。

① 南京玉帘：日本传统街头表演，表演者会一边唱歌，一边将手持的竹制玉帘变成不同的形状，玉帘可变化出上百种造型。

借助隐喻创新法将具有构成形式的木结构装饰运用到室内设计中，首先要把握好木结构装饰所传播的文化内涵，再以构成主义形式为引导，把多种木结构装饰节点进行演变，使其能够在人与木结构的表达上取得联系，提高现代室内设计的美学价值。例如，北京 MANZO 21 世纪餐厅极具流线感的室内装饰设计，整个流线以竖向木条拼接的方式构成，其中不同斜度切割的木方被附在格栅上，所形成的流水感隐喻了酿酒过程中溢释酒水的状态，再加上灯光的使用就如同清流而下的瀑布，给人以丰富的想象。

### 4. 反向创新法

反向创新法是一种发散性质的反向思维方式，它主张思维的变通性和灵活性。在木结构装饰中，通过对木结构模型的制作与分析，得到事物最终所呈现的模拟形态，并对木结构制作过程中所要面临的问题进行预测，以达到木结构设计的完善。木结构造型趋于流线型且模数化要求较高，所以在木结构装饰上结合反向法也是为了去掉繁琐的修改过程，使现代先进技术尽可能将木结构造型做到精准、简化。例如，美国 BanQ 餐厅的天花板装饰设计，整个结构的材料是以桦木胶合板材为主，采用波浪形布置呈放射状向两边延伸，这一设计巧妙地将天花板和地面连接起来并形成一个整体，使得餐厅的柱子结构类似于天花板上所形成的“钟乳石”。棚面每个木板的波动在前期模型制作的过程中明确了浮动上限，这样既柔化了屋面和墙壁交接的边界，又增加了空间的观赏度。像这种高标准的流线造型也只有通过反向创新法才能实现，对解决前期模型和后期实践这一类问题具有前瞻性。

## 三、木结构装饰在现代室内设计中的广泛前景

木结构装饰是以创新原则为前提进行规律性总结的，它既要反映现有的生活方式，又要提倡新的居住精神，引导健康的室内环境，其根本是在材料、结构和工艺三方面的创新实践上。

### 1. 材料创新

材料是木结构装饰在现代室内设计中最直接的展现。依托现代科技，以复合材、胶合木和结构板为主的工程木材，逐渐显露出在现代木结构设计中的优势。工程木材拥有传统木材很难超越的特性，这主要表现在力学性能高、结构强度高、不易腐蚀等方面。这些特性也决定了与之相匹配的、多样的结构形制，换句话说，就是打破了传统木结构中拘谨的结构形式（抬梁式和穿斗式），使木结构装饰往高度和大跨度上发展，从而表现出新时代的设计审美。

在生产中，工程木材料结合了不同等级的木屑、木纤维、实木材等原料，产生了不同密度和不同颜色的复合材料。设计师可通过这些材料之间的搭配组合，将材料的色彩、质感和肌理呈现给人们。就材料而言，新型工程木材料的出现是向人们展示了大跨度、大面积以及大弯曲装饰的可能性，这也必然成为设计师们的研究方向。

### 2. 结构创新

现代室内设计中木结构装饰往往能表现出较大的高度和跨度，以增加空间的趣味性。这

要得益于新型的结构连接方式——钢节点处理。钢节点处理有效改变了木结构装饰与不规则平面之间的关系，使其不再受技术加工的局限而能呈现出多样化、高精度的形态。

与传统木结构相比，钢节点处理下的木结构样式打破了直梁直柱的界限，在现代室内设计中木结构装饰既可以水平垂直布置，又可以斜撑布置，使木结构装饰变得更加自由。钢节点的应用也有效传递了木结构框架的各种负荷，为创新木结构大跨度形式提供了技术支撑。另外，利用钢节点这种简洁的结构处理方式也可把人们的视线转移到木结构装饰的节点上，使设计师在结构处理上可大胆将木结构装饰构件外露，进一步扩大了木结构装饰的延续性。

### 3. 工艺创新

传统工艺中，编织技术历史悠久。依托于材料和结构的创新，木结构装饰与编织工艺的结合成为可能。木材是最适合编织的材料之一，通过加工出来的榫、卯便可拼接，或直接使用钢节点连接件。木构编织的最大特点就在于拼接处韧性大、可塑性强，就像衣服能跟随我们运动一样，而且木材材质轻且强度较高。例如，十字纹、人字纹、菱格纹、砌砖纹以及自由编织等都可以通过木结构编织来实现。

由于木结构编织拥有多样性的结构形式和材质组合，在不同需求的室内空间中可呈现出不同形式的点线面组合。在功能上，木结构编织装饰是作为室内界面的墙面、隔断、棚面而存在的，一方面可对墙体进行贴面处理，随室内空间变化而展现不同的肌理效果，另一方面，木结构编织具有通透性，配合光线的使用可形成丰富的光影层次，这样既满足了实用功能，又模糊了空间界限，以达到美观效果。

## 结语

从设计师的角度来看，木结构装饰的发展不仅是社会需求的改变，同时也是设计方式上的改变。在保护和发展传统木结构的同时，对其进行材料、结构和工艺上的再次改造，形成更具有艺术感的设计风格，相信设计师们对于木结构装饰在现代室内设计中的创新也必然会朝着这个方向努力。

## 参考文献

[1] 王洁 . 榫卯结构的创新性研究 [J]. 南京艺术学院学报（美术与设计版），2018（5）：165-168.

[2] 徐萃曦 . 斗拱在现代建筑装饰中的应用研究 [J]. 美与时代（上旬刊），2018（2）：50-51.

[3] 高静 . 现代木结构屋顶空间形态设计研究 [D]. 长春：吉林建筑大学，2018.

[4] 王婷 . 装饰木构件在室内设计中的流变与创新研究 [D]. 长春：吉林建筑大学，2017.

# 23 浅析商业空间内多重视角下标识导向系统的设计——以济南印象城为例

原载于：《设计》2020 年第 5 期

【摘　要】标识导向系统作为引导消费者直观清晰地了解位置信息的功能性装置，是使商业空间更具设计性、艺术性和人性化的重要手段。本文在分析传统标识导向装置在现代商业空间设计运用中的现状及问题基础上，采用结合实际案例、现场调研的方法，对我国商业空间内标识导向系统的设计应用进行分析研究，得到商业空间中多重视角下标识导向系统及智能化导向系统设计应用的科学性、合理性的结果。该设计手法可为我国商业空间中导向系统的设计提供创新、科学的参考，为使用该空间的消费者提供更便捷、科学的商业环境。

【关键词】标识导向系统；商业综合体；人性化设计；多重视角

标识导向装置艺术涵盖多个艺术类别，而在所有视觉体验中，最为科学的是多重视角形式的设计，同时为了凸显标识，将标识图形具象化并使用对比强烈的颜色，这种设计可以直接刺激人的视觉感知，形成一种原始的强烈的视觉冲击。本文以案例——济南印象城的标识导向系统设计为主要研究对象，在分析印象城整体商业空间的设计特点和标识设计的基础上，总结出现代模式的标识导向系统设计运用于现代商业空间环境设计中的可行性方法与原则。

## 一、传统标识导向装置在现代商业空间设计运用中的现状及问题

在现代商业综合体多元融合的背景下，购物空间的功能性逐渐强大，标识导向系统在其中变得十分重要，然而在设计标识导向装置时，一系列问题也随之而来：设计上缺乏装饰意识，整体造型、色彩等无法与“美”联系在一起，与周围空间环境没有统一的风格，无法与之融合；大量套用各种材质的标识牌子进行放置，无法辨别标识的具体层级，导致消费者对每一个信息点产生混淆，例如，一级、二级标识使用相同颜色、大小、材质的标识牌，甚至连悬挂方式、放置的高低也相同，这会导致标识设计难以发挥最大的功能性；缺乏 LED 屏的使用，大多数的标识装置使用公共照明的方式，消费者不容易注意到标识的存在；单一的视角体验，大多是以仰视的视角进行设置，少量平视、俯视的标识装置运用，没有体现人性化设计原则。这些问题导致了千篇一律的商业空间环境，甚至具有误导性的信息输出，降低消费者的体验感。要以符合现代人的审美及行为方式为出发点，以科学性、艺术性为根本，进行系统化设计，进而提升消费者使用体验和对整体空间的艺术装饰性作用。

## 二、印象城整体空间的标识导向系统设计论述

济南印象城位于济南老城的核心商圈——洪楼商圈，周边交通便利，人流量较大。周边业态包括旅游、学校、商业、医疗以及大量住宅，优良的位置条件对业态共融相互良性发展有一定的促进作用，同时也吸引了各个行业、各个年龄的不同消费人群。购物中心占地面积大约 11 万米$^2$，超过 230 家的商业入驻，楼层多达十层，其中地下二层、地下三层为停车场。从地下一层到七层设计有上下通透的中庭，使整个空间从纵向上看开阔明亮。整体空间设计趋于年轻化，米色及金属色为主要色调。商业空间中中庭的设计使得整个空间看起来更加开阔，在这样一个“体验式、一站式、全业态”的现代商业模式下，可容纳顾客数量很大，所以如何做到让如此多的顾客在这种大型的购物空间内迅速、准确地分流到各个目的地，是设计中较为重要的方面。设计师利用多重视角下的标识导向设计与扶梯直梯相结合的方式实现消费者的快速分流，同时印象城中的标识系统遵循了 4W1H 系统——“WHAT、WHERE、WHEN、WHO 和 HOW”。第一，WHAT 是指标识系统中运用形象化的图形手法生动的表达其内在含义，让使用者快速清晰地了解每个标识的具体作用，方便深入的认知。第二，WHERE 是指标识的导向性，每一个方向的指引需要形成不同的纵深感，让使用者根据指示标识或箭头的大小颜色来区分目的地的远近，并且能够跟随指示快速到达目标。第三，WHEN 是指标识的时效性，室内的多数标识注明营业时间或者特殊活动时间，这是现代社会中必不可少的指示物。当然，商场室内还需改善其对于一般时间的标识，以便消费者时刻掌握时间，如餐厅、卫生间的等候时间，服装店的排队更衣时间等。第四，WHO 是空间标识人性化的表现，既要区分男女，也要区分老幼和特殊人群，不仅让人们能够便利地使用标识，也旨在让更多人参与到了解、使用标识的过程当中，起到辅助无障碍设施的作用。第五，HOW 是指如何展示和使用标识，商场内有不同种类的标识系统，当然最具吸引力的是电子化标识系统，它可以通过多个维度展现平面标识所要传达的内容，并且有着丰富的动态效果，老少皆宜，改善了文字或图形带来的固有的刻板印象。

标识导向系统作为商业空间信息的载体，其主要作用是通过系统整合空间环境的相关信息，指引消费者找到位置路线信息。消费者身处商业空间时都会带有不同的消费目的，若商场内有设计完备的标识导向系统，帮助消费者简单快速地找到目标路线，就能优化购物体验，节省消费者时间。反之，若没有较为科学的标识导向设计则会增加寻找路线的困难，也会出现消费者难以判断方向、混淆当前所处位置、降低消费者体验感及购物效率等问题，所以设计一套科学完备的标识导向系统在综合性商业空间中是必不可少的。

## 三、商业空间内多重视角下标识导向系统的应用分析

商业空间的整个视觉导向系统在设计时应被考虑为三维空间，与整个空间立体相结合，使导向系统与商场空间相融合。导向标识应设计成为空间的点睛之笔，具有设计感的标识在空间中应起到艺术装饰的作用。美观有设计感的文字图形和符号使消费者容易接受，乐于阅读，使标识设计在商业综合空间中达到融合、点睛的效果。商场室内空间中每层标识导向设计应

均匀分布，设计师在设计标识导向时应考虑到各种使用人群的视觉差异，从不同高度视角进行设计。

## 1. 案例分析

（1）伦敦 Here East 革新引导标识和指路系统设计

位于英国东伦敦的伊丽莎白女王奥林匹克数字创意园占地面积约为 11.15 万米²，在这样一处大面积社区，复杂的路线、繁杂的品牌在没有科学合理的标识导向系统的前提下会显得杂乱无章，使游客参观、游逛变得漫无目的，造成社区布局路线混乱的现象，基于此问题，同时为了推进科技制造业创造以及商业的长远发展，设计者对该社区的标识导向系统进行了系统科学的创新性规划设计。

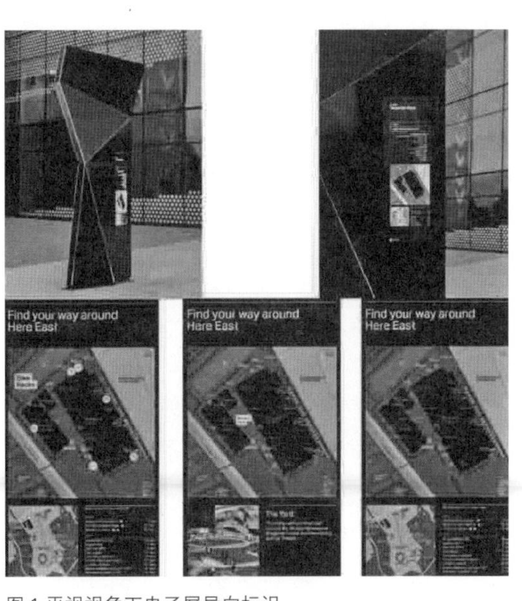


图 1 平视视角下电子屏导向标识

图 2 平视视角下具象图形标识

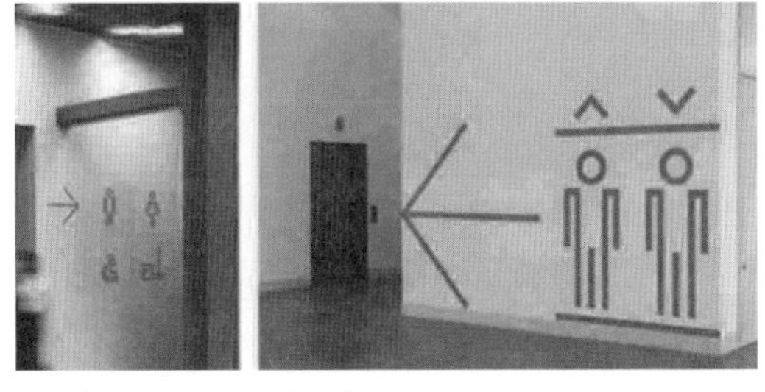

图 3 俯视视角下电路线图形指引标识

平视视角下电子屏导向标识的引入，此标识在外观设计上突破传统电子屏导向标识的形态，使用解构分裂的手法进行具有设计感的外观变形设计，该标识展示社区的具体地图及品牌信息，清晰地为人们展示社区的品牌分布及具体布局（图 1）。另外，该项目在平视视角下除电子指示屏的运用之外，加入了色彩强烈、比例放大的具象图形标识，快速清晰且直接地将位置信息及功能信息传达给使用人群（图 2）。该项目在平视视角下的标识导向设计为使用人群提供了便捷、简单、快速的路线指引效果，此视角下的标识导向设计也是该项目中运用最多的一部分。

俯视视角下的图形线路标识导向设计，设计者运用电路线的设计元素进行该部分的标识导向设计，地面引用巨大的电路线图形进行路线的指引（图 3）。在满足功能需求的同时，可以直接快速地指引使用者到达目的地，这种设计简单却富有创意，赋予该空间艺术感、增加空间趣味性的同时，最大程度地起到快速指引的作用。

该空间大量使用平视视角的标识导向设计，同时结合俯视视角下的标识导向设计，这样多重视角下的标识导向系统设计使该空间的功能性达到最大利用率，节省使用者的时间和提高做事效率，避免出现人们在该空间中徘徊不安、茫然若失的现象。

（2）德国格柏（GERBER）购物中心

格柏购物中心地处十字路口，每一个入口都可以吸纳各个相连街道上的大量人流，所以在这样一座综合性大型商业空间中设计一套完整清晰的标识导向系统是必不可少的。内部空间中心通过天井的设计结构，在视觉上形成纵向向上的纵深效果，这也为该空间中纵向多重视角标识导向的设计做了铺垫。

设计者使用拉长的椭圆形状作为该空间中标识导向的图形设计元素，将此元素应用于各个标识导向设计中。仰视视角下的标识导向系统设计十分注重标识图形的艺术感。例如，洗手间标识导向中女性使用空间的图形，在传统裙装图形的基础上加上象征女性的马尾进行标识，残疾人使用空间的标识摒弃传统残疾人加静态轮椅的标识，而在此基础上加入动态轮椅使用的图形，并结合灯光进行标识设计，所有的标识导向都施行双面信息设计，便于使用者从不同方向观察仰视视角的标识导向信息（图4）。另外，车库的天花板上使用彩色波纹排列的形式帮助消费者快速找到出口，也在一定程度上起到了标识导向的作用。

图4 仰视视角的标识导向设计

图5 平视视角下标识导向设计

该商业空间中对于平时视角下的标识导向设计很多，大部分采用发光显示屏的标识导向装置进行标识。例如，每层扶梯口设计发光标识导向牌，标明每层的主营范围及每层品牌名称。另外，在每层直梯口对面的墙壁上，以明显的发光显示牌对该商业空间中每层的平面布局进行展示，具体直观地将消费者当前所处位置及每层各个品牌的具体位置及到达每个商铺的最快路线进行明确的指示（图5）。

对于俯视视角下的标识导向设计最突出的是应用于停车场中使用环形彩带立体化的手法使空间动态化，可使停车者清楚地辨别自己的停车位置。俯视视角下的停车场地面设计彩色人行道，为消费者指明最近的商场出口。

该商业空间中对于多重视角的标识导向系统设计十分完备，由此可见，对于人流量大、位置或路线需求高的大型商业空间，施行多重视角的标识导向系统设计是符合商业空间合理性、科学性的设计。

## 2. 仰视视角下的标识导向系统

将标识导向系统运用于现代商业空间中，满足人们对于购物环境的理想状态，“装饰和简洁”“科学和人性化”功能也成为消费者对于商业购物空间环境及功能性需求，是标识导向系统设计最基本的出发点。而标识导向系统设计在商业空间环境设计中，特别是在仰视视角下的应用应遵循以下两点原则。第一，在设置仰视视角标识时，应考虑该标识的易识别性。在商业空间中以仰视的视角去获取信息时，如果标识信息与空间功能失去了原有的对应关系，就会造成标识信息成为摆设、消费者难以读懂标识的含义等问题。设计仰视视角下的标识导向系统时，标识信息应用简单的图像和对比明显的颜色进行设计，这种设计方式可以刺激读取者短时记忆，易于辨别，由于仰视视角距离人的正常视线相对较远，所以将标识在遵循人体工程学的前提下进行适当放大，使读取者在远距离情况下也可以快速接收到导向信息。例如，在设计卫生间标识时，因大部分商场卫生间区域灯光颜色为偏黄色暖光，故可以选择与空间整体色调相协调的黄色金属材质标识装置，选用白色发光图形进行装饰，因黄色金属材质与白色发光字体可以产生视觉上的对比，相反，若选用相似颜色的字体进行标识设计，可能会出现标识信息不易识别的现象，也会使消费者无法辨别标识所传递的信息。第二，置身于大型商业综合体中，消费群体涵盖了多个领域、来自不同国家、不同年龄，所以会遇到各种各样不同的问题，如很多消费者往往会遇到忘记身处楼层的问题，其他国家的消费者会存在语言不通读不懂中国文字的问题，若卫生间的标识装置使用单一的中文形式进行标识，一部分智力残障人士、读不懂中文的外国友人以及还不识字的小朋友将会接收不到该标识所传递的信息，这种标识形式在商业综合体中存在很大弊端，所以在设计标识时还应考虑人性化通用原则。例如，在仰视视角下的卫生间标识中加入楼层信息，让消费者能清楚地了解身处的楼层，使用易于理解的具象图形进行符号标识，这种设计形式可以满足不同人群的理解使用。

### 3. 平视视角下的标识导向系统

平视视角是人最为舒适的视角，在大型商业空间里也是最易于观察的视角，而传统形式上平视视角的标识通常是设置在商场一楼的信息标识牌，消费者想要获取平视视角下的位置信息，只能通过这种方式。这种方式既不便捷又不清晰，无法将位置信息明确直观地传达给消费者，所以在现代商业空间内进行标识设计时平视视角下的标识导向系统设置应得到广泛应用。平视视角下的标识导向系统设置应遵循的原则，首先，最重要的是智能化设计原则，在现代这个科技进步的智能化社会，智能化的设计和构建已然成为未来社会发展的必然趋势。例如，将平视视角下的标识信息装置加入智能化设计，实现人机交互，使消费者能够通过最为直观的视觉习惯在显示屏幕中随意选择和搜索想了解的信息，通过人机交互的导向装置可以让消费者对整个商场的每层平面图有大概的了解，清晰地将空间的整体构造传递给消费者，使消费者了解品牌的具体位置及想要去的目的地最近路线等。消费者还可通过操作选择手机缴纳停车费，使用手机 APP 获取商业空间的导航导视，将智能化与标识设计相结合真正实现科技服务于人。其次，在图形运用上，现代人的审美越来越趋于简明，反对过渡装饰的理念深入人心，将标识的形、义以简明扼要的形式，即遵循简洁性原则配以与整体空间相协调的现代装饰材料和施工工艺，打造与整体商业空间相协调的标识导向系统设计。例如，每层扶梯口和直梯口设置金属质地的标识牌，使用发光字体进行信息标识，将每层的主营分类和当前层数简明表示，使消费者清楚地了解将要去到的楼层基本信息。商场洗手间的走廊中设置金属质地的男女洗手间图形标识，使消费者在寻找洗手间时能很容易地掌握男女卫生间的具体位置，也起到装饰空间的作用（图6）。

图6 洗手间走廊简明形象的金属标识

### 4. 俯视视角下的标识导向系统

俯视视角的标识是消费者比较容易观察到的一个区域，在移动过程中人们总是会注意脚下及地面的情况，俯视视角的标识比仰视视角的标识信息更容易被人们接收。特别是对于身高较矮的儿童及肢体残障借助轮椅行动的人群，这类消费者因视线高度较低故观察地面导向信息较为方便。在遵循人性化原则的同时也要考虑到标识的艺术性原则，标识导向设计避免过度装饰，考虑艺术装饰性的同时兼顾其内涵的表达。例如，在商场的就餐楼层，将地面铺装用不同的材质进行独特拼接，以区分不同的功能区域，这样的标识导向设计在消费者无意识的状态下引导消费者进行区域的区分，在起到空间装饰作用的同时传递了动态引导和区域信息。又如，运动品牌的楼层使用色彩对比明显的整体装饰手法，用模拟跑道的地面拼贴形式进行地面铺贴，整体空间设计中融入有运动含义的标识图案，如此设计可以使消费者到达该楼层时会明确了解该楼层的主营类别，同时，对比明显的颜色搭配会带给消费者积极的阳光心情，这样的设计会渗透到消费者的潜意识，使消费者在无形中接收到导向信息。商店内的地面标识，可以采用灰色地砖加上白色标识字体突出标识信息，简洁明了地将导向信息传递给消费者（图7）。

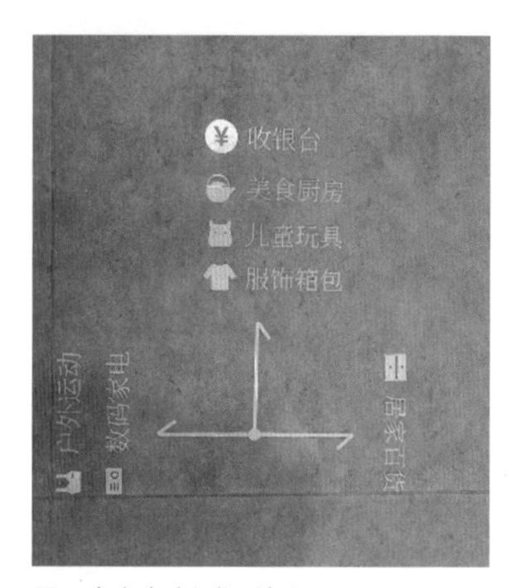


图7 商店内功能指引标识

## 结语

商业空间中标识导向设计为消费者提供便捷的购物环境，从设计者角度出发，商业空间内标识导向系统设计的发展需要有科技的支撑，智能化导向系统在室内定位技术的支持下提供精确的智能导航服务，随着人工智能的不断发展，这种技术也会逐步走向完善最终实现普及。将标识设计融入商业空间设计中，实现消费者与标识的无意识互动，与人的视觉习惯相融合，以设计服务于人为核心，从多重视角出发顺应消费者移动中的视觉习惯，实现360°空间信息的传递，从而设计出更加人性化、智能化的现代商业空间。

## 参考文献

[1] 关安安 . 导向系统在购物空间设计中的多重视觉体验——以香港希慎广场为例 [J]. 装饰，2019（4）：140–141.

[2] 范忱睿 . 商业空间内部标识导向系统设计研究 [D]. 上海：东华大学，2015.

[3] 周凌琳，王淮梁 . 商业综合体中的标识导向系统设计探究 [J]. 安徽建筑大学学报，2015，23（4）：60–63，67.

[4] 陈昊宇，修智英 . 智能化的视觉导向标识系统设计探究 [J]. 艺术科技，2019，32（2）：95.

[5] 林家阳 . 从抽象到具象设计思维看设计师如何迎接人工智能时代的到来 [J]. 设计，2019，32（18）：49–54.

[6] 陈亚孟，肖学健，李田 . 商业空间设计与色彩效应 [J]. 设计，2019，32（3）：94–95.

[7] 熊剑，魏洁 . 动线思想下的商业导视系统设计研究 [J]. 设计，2018（13）：76–78.

# 24 浅析 SOHO 办公空间中的隔断艺术

原载于 :《大众文艺》2014 年第 20 期

【摘　要】随着科技的进步，无线网络、电脑、打印机等电子产品日益普及，越来越多的年轻人选择居家办公，这就使得 SOHO 办公成为了一种潮流。在进行 SOHO 办公空间设计时，设计师需要充分考虑 SOHO 族的心理需求，使空间具有多样性，而隔断这种基本的分隔空间的方式，可在 SOHO 办公空间的设计上发挥很好的作用。

【关键词】居家办公 ; 隔断 ; 设计 ; 美感

## 一、SOHO 的概念及特点

SOHO 即“Small Office and Home office”，它作为一种自由的生活工作方式，不仅打破了传统的居家和办公生活习惯，更体现了时代的进步。SOHO 族的特点是工作时间不受限制，能够根据自己的兴趣爱好选择自己喜欢的工作，如编辑、记者、作家、IT 行业人员、文娱工作者等。近几年，随着互联网的普及，越来越多的年轻人选择这种居家办公模式，而它的内涵与形式也在慢慢发生变化。

## 二、SOHO 空间的形态与隔断的关系

隔断文化在中国室内空间中可谓历史悠久，它不仅使中国古代的房屋空间富有层次感，还能起到分隔空间、挡风及增加私密性的作用。这样看来，在 SOHO 空间使用隔断，能够赋予空间功能上的多样性并提升空间利用率，从而使有限的 SOHO 空间充分地适应 SOHO 族生活和办公的需要。

### 1. 用隔断分配空间

SOHO 空间不同于公共空间，它不仅受到居室环境空间的影响，还受到面积和户型的限制，更需要同时满足居住、办公、休闲娱乐等功能需求。若想同时满足这些条件，就要利用隔断将空间合理分配，使其动静分离，将因居住需要受到影响的空间根据时段特性转换并灵活利用。

### 2. 用隔断彰显品位

现在的办公空间都是大同小异的，桌椅和办公家具的相似无法体现出每个人自己的品位。

但在办公空间小型化、家庭化以后，人们有了更多表现自我、张扬个性的空间与自由，人们可以根据自己的喜好随心所欲地布置自己的办公室，比如，屏风隔断以它的小巧轻便、可随意挪动及通透的优点，深得SOHO族的喜爱。因此，隔断作为室内装饰中的一个重要元素，不仅能划分空间，还能彰显出一个人的品位。

### 3. 用隔断营造艺术氛围

良好的工作环境会令人工作愉快，提高工作效率。不同的隔断能打造出不同的办公空间氛围，比如，使用木材隔断可以营造出神秘大气的办公环境；而使用低矮的书架、艺术陈列架能制造安静气氛，使人们潜心工作学习。在这种由隔断打造出的轻松愉悦、艺术氛围浓厚的办公室内工作，SOHO族更容易灵感迸发，创造出有艺术价值的作品等。

## 三、SOHO空间中的隔断设计与应用

随着时代的进步，隔断的样式也更新换代、多种多样，新的隔断在结构、色彩、材料等方面都有很大的改观。这些隔断能够使空间功能更多，更具有多样性，还不会破坏各个房间固有的形态，使得SOHO空间的环境更加富于变化，为SOHO族提供了一个美观大方又实用的居家办公空间。

### 1. 隔断设计原则

在进行SOHO空间隔断设计时，要注意：第一，隔断要起到最基本的作用——分隔空间，也可以根据需要改变室内布置；第二，要考虑美观实用，达到装饰与展示的效果；第三，可以通过不同材质、不同颜色、不同样式的隔断，使不同SOHO空间有不同的环境氛围。由于SOHO空间的特殊性，其隔断设计既要满足分隔空间的作用，又要在造型、颜色等方面与家居环境融为一体，做到隔中有连接、断中有连续，虚实结合。

### 2. 隔断的分类

一般来说按照不同的形式划分，隔断分为很多不同的种类。在SOHO空间里，由于对功能的需求不同，隔断分类也不尽相同，以固定隔断和可移动隔断为主。固定隔断多是一旦完成就不能轻易移动和改造的，常见的有承重墙，到顶的轻质隔墙或者通透的玻璃质隔墙、不到顶的隔板等，所以要做预先设计和周详的考虑，充分把握空间的预测能力和理解能力，根据不同的空间区域来设计固定隔断。

可移动隔断主要有：屏风隔断，有方便安置、移动灵活的优点，主要作用是分隔空间和遮挡视线，一般不到顶，可以随时变更需要分隔的空间，缺点是隔音性差；帘子隔断，通风和采光较好，不占用空间，并且能为室内空间营造不同的氛围和风格；博古架，既能透光又具有高雅、古朴、新颖的格调；桌椅隔断，利用成组座椅的靠背可以使被围空间具有一定的独立性；绿植隔断，分隔空间的同时还能净化空气，给整个环境添加色彩。

### 3. 隔断的意义

隔断的应用非常广泛，只要是有空间需要的地方，就会有隔断。隔断的功能主要有以下几点：第一，对空间有限制分隔的作用；第二，能够遮挡一部分视线；第三，能够适当地隔音；第四，增加私密性；第五，使空间更具有弹性。隔断的艺术性表现在不同材料呈现给人们的特殊美感、精巧的工艺和各种色彩带给人们的视觉盛宴。比如，原木色、木纹独特的隔断柜，在帮助收纳的同时还注重风格和文化多元性。当我们需要把居家和办公两者合二为一的时候，我们需要合理运用隔断来有序地进行空间分割。这样井然有序的空间划分才能最大程度地使居家与办公区分开来并且各自发挥其最大的价值。

## 结论

隔断的设计形式与风格体现了 SOHO 族丰富的情感因素，通过利用它的各种表现形式使 SOHO 空间变成一个隔而不断、似隔非隔的多重空间。它不仅赋予空间更多的特性，而且丰富了空间的层次感。隔断的使用使得原本固有的结构发生了变化，并且区分了不同性质的空间，创造了一个富于变化又丰富多彩的 SOHO 空间，为 SOHO 族营造了一个轻松舒适又有趣多变的居家办公环境。

## 参考文献

[1] 张寒凝，张福昌，蒋兰 . 信息化的办公方式－初探 SOHO [J]. 家具，2004（2）：36–39.

[2] 陶燕 . SOHO 住宅及其交流空间设计 []]. 华东交通大学学报，2001（3）：56–58.

[3] 江帆鸿 . 隔断在当今室内空间的应用 [J]. 设计艺术研究，2013（2）：69–71.

[4] 王君 . 隔断在室内装饰设计中的作用 []]. 郑州工业高等专科学校学报，2004，20（3）：35–36.

# 25 基于老龄化背景下居家养老模式空间设计研究——以济南市甸柳新村社区服务项目为例

原载于：《大众文艺》2020年第11期

【摘　要】为了缓解老龄化带来的养老住居问题，打造“适老化”的生活活动空间，提高老年人的生活质量和生活居住环境的“品质”。本文本着“以老年人为本”的设计原则，结合所学专业知识，搜集整理资料，运用分析比较的方法，根据日本等发达的适老化住宅的设计趋势对济南市既有住区的适老化设计改造提出建议。

【关键词】适老化；居住空间设计改造；既有住区；居家养老；老年人

本文对于济南现有住区的居家养老现状，以济南市甸柳新村居住区为例进行了考察，对其设计现状进行客观的分析。经调查发现，济南市甸柳街道的居民小区由于现代生活水平的提高，老年人对其所处的公共活动空间的品质也有了较高的要求，虽然政府加大了对既有住区的整改工作，但大多数只存在于对公共设施的整治工作上，如公共活动空间的环境整改和健身器材的应用上进行添置和整改；然而对于老年居民在日常生活的需要方面还比较欠缺。本文以山东省省会城市济南为例，对济南市甸柳新村当代老年人居家养老生活空间的设计进行分析，总结老年人日常生活和活动空间的使用特征及需求，对老年人的居住空间适老化设计改造提出了相应的建议。

## 一、济南市既有住区的居家养老现状

以济南甸柳新村及周边的既有住区为例，济南市燕子山路周围多以老旧小区为主，大多数住区属于20世纪60—70年代的民居建筑，其中甸柳小区分为8个区，主要是军区大院和山东大学的职工宿舍，还有中建八局的员工老宿舍。其周围环境以开放为主，由于建设时间较早并没有形成真正的社区；社区以开放性为主，除传达室以外，没有其他相应的配套设施，但是由于前几年的社区改造，在社区内添置了部分的公共座椅和公共宣传栏。

## 二、济南市甸柳新村社区养老居住空间布局存在的问题

甸柳新村社区的住房原以中铁十四局、中建八局、山东黄金公司等多家企业的职工宿舍为主，所以建筑户型的设计大多在50～70米$^2$。社区面积0.4千米$^2$，2900多户住户。房屋的空间布局结构不适合老年人的使用。建筑的空间布局受到当时建筑技术水平的影响，户型

设计进深和开间尺寸较小，住户的居住环境相对拥挤。本研究从中找到三种具有代表性的户型，它们目前都是年龄在60岁以上的退休人员居住，有独立生活的，也有和儿女共同居住的。从以下三种户型的室内空间划分来看：首先，户型一的房屋面积约为36米$^2$，老年夫妻独居，客厅面积较小，没有独立的餐厅，厨房和卫生间面积较小，卧室空间狭长，不便于发挥适老化产品和辅具的作用；其次，户型二的房屋面积约为39米$^2$，两位老年夫妇独居，卫生间面积较小，卫生间的门向内开，空间活动受限且与卧室的距离较远，过道宽度1.1米，不适宜放置鞋柜与鞋凳等家具，不便于鞋子更换，雨伞等工具不易存放，该户型没有客厅和餐厅，不便于老年人室内活动的开展；最后，户型三的房屋面积约为68.8米$^2$，为一楼独户，拥有一个9.5米$^2$的院子，六口之家，卧室与卧室直接相连，空间没有用走廊隔开，必须穿过卧室才能到达另一个卧室，且整个空间只有在入户口北侧有一个1.3米$^2$的卫生间，客厅空间较小，所有的家庭成员使用不便。三种户型出现的问题都大致相同：卧室和卫生间的距离较远；室内装修过于简单，开关插座的布置距离地面较远；家具的老化程度较严重；空间细部设计较差。

## 三、居家养老模式下的空间设计的创新策略

### 1.“以老年人为本”的空间设计原则

“以人为本”是一种以人类情感为基本诉求的人性化设计的理念，尤其是对于老年人这种特殊人群而言，不论是在生理需求上还是安全需求上，人性化的设计会让他们寻求到一点归属感和爱。随着年龄增长，不仅是身体上的变化，他们活动范围的需求也会发生改变。老年人在经历了社会角色转变之后，他们在心理和身体机能的各个方面都发生了变化，因此，他们会时常感觉到孤单甚至抑郁，他们更需要来自家庭和社会的关爱和慰藉。

### 2.空间细部设计建议

（1）室内活动空间适当放宽

室内空间的设计要符合老年人活动的动线规律，由于他们行动不便，要拓宽室内活动的场地，由之前的以人通过变成可以容纳轮椅通过；家具要多选用按压式开启方式，可以避免他们与突出的扶手发生碰撞；走廊过道间的距离要大于1.2米，方便老年辅具的使用。

（2）卧室内家居的细部设计

老年夫妇的生活习惯可能会发生改变，根据实际情况可从习惯性的住双人床到开始分床休息，或是分房间休息的特点，可安排两张床或者是分开两间卧室；床的高度同时要满足轮椅使用者上下床的需要，以0.4～0.5米为最佳选择；床的一侧可安置可移动的扶手，以便起身借力；卧室地面可安置人体感应夜灯，方便老年人起夜活动，防止滑倒。同时，在家具的使用方面，多以圆角家具为主，避免老年人磕磕碰碰。老年人卧室最好有独立卫生间，方便活动，同时保护老年人生活的私密性。

（3）卫生间、浴室的细部设计

卫生间建议使用推拉门的设计，这样入口较宽松，可方便扶持，或者针对老年人腿脚不便，

在卫生间四周墙壁上和马桶处设置安全扶手，可根据使用习惯进行把手的造型设计，扶手应设在距离马桶平面高度为20～35毫米的墙壁上，右侧或者两侧都设置把手，方便起身；卫生间、浴室的地面要安置防滑地砖，有高度差的地面建议设小的防滑斜坡垫；浴室内安装扶手，放置坐式淋浴器，浴缸高度距离地面35～45厘米即可，方便一步踏入，浴缸内部可放置防滑座椅，浴缸外部墙边可安装或者砖砌稳定性较好的椅子，方便更换衣物。

（4）厨房的细部设计

妈妈或奶奶对于厨房的使用比较频繁，因此，操作台的高度要符合使用者的身高，以“身高 ÷2 +（50～100）”毫米处，为柜台最适合高度，方便使用者操作。厨房操作台的平面下需预留出可容一个人坐下，在大约450毫米高度椅子上距离放置腿的空间，预留850～730毫米，同时，保证轮椅使用者也可方便进行择菜等操作。吊柜可选用向下抽拉式的，避免老年人够不到高处的物品。

（5）空间设计色彩的运用

老年人由于身体机能下降，视觉对色彩的敏感程度下降，因此其生活的客厅光线要好，主要色调应为暖色调，居住空间家具的主色调应挑选一些明亮的颜色，再选择一些冷色调做其他装饰。同时也可以根据老年人自己的喜好来对空间的色彩进行安排。

（6）照明的运用

由于老年人对色相敏感度弱化，他们对于颜色的辨别能力较差，对颜色的辨识度下降，对同类色系的颜色或者色差较小的颜色分辨不出来，因此，在室内空间应选用显色性较好的光源，这样有利于提高老年人的色彩辨别能力。例如，读书看报需要的亮度应在650～1600lx，平时则100～300lx即可。此外，由于自然光的照明效果相对于人工照明的效果好很多，因此，我们将两种照明方式结合起来，使空间内的照明达到一个最好的效果，并且，运用科学的方法对灯光的色温和照明度进行调节，避免灯光刺眼而对老年人的眼睛造成伤害。

### 3. 人工智能的应用

随着大数据时代的到来，以及科学技术的空前发展，智能产品进入我们的生活，同时也在改善我们的生活方式，尤其是对于老年人的作用更加显著，在老年人看病、生活、出行等各个方面，智能产品提供了更加便捷、安全的作用。以小米手环为例，子女在手机上就能更快捷、便利、实时地获取父母的健康信息，能一定程度上减少老人的发病率和死亡率。以天猫精灵为例，智慧养老主要体现在老人房间以天猫精灵为接入口，从语音控制、健康管理、互动娱乐、生活秘书四个维度体现智慧生活。声控关灯、人性化提示等功能为老年人的生活提供了巨大的便捷性。

## 结语

总之，在我国社会不断发展的过程中，老龄化程度不断加深，为老年人创造一个舒适、安全、积极的生活环境是我们每个人应尽的义务。笔者认为居家养老是未来养老发展的最佳模式，因此，以国家相关的适老化设计的标准为参照，依据老年人的生理、心理特点，对老年人的居住空间进行设计，这不仅是我们应尽的义务，也是一种对老年人表达关心的情怀，同时也缓解了一部分的社会压力，为达到“老有所医，老有所养，老有所乐，老有所为”的社会目标，为构建和谐社会贡献我们的力量。

## 参考文献

[1] 人工智能引入老年公寓 [J]. 中国建设信息化，2018（19）：44–45.

[1] 胡黎 . 基于居家养老模式的养老住区建筑适老化设计研究 [D]. 南京：东南大学，2018.

[2] 张晓雪 . 建筑工业化体系下既有住宅卫浴空间适老化改造研究 [D]. 北京：北京建筑大学，2019.

[3] 郝学 . 居家养老模式下适老化设计标准研究与实践 [D]. 北京：北京建筑大学，2017.

[4] 鲍尔 . 老龄化宜居社区设计 [M]. 张晶晶，王千，邹怡，译 . 武汉：华中科技大学出版社，2016.

[5] 金信琴，张蒙 . 老年人健身产品的创新设计 [J]. 设计，2019（23）：11–13.

# 26 建盏艺术在茶室陈设中的应用研究

原载于：《大众文艺》2021 年第 4 期

【摘　要】在小空间的茶室陈设中，建盏艺术的创新利用及其表现出的色彩形式，体现的是一种室内空间陈设元素的新思路。建盏艺术在茶室空间陈设中独特的色彩形式，与解构主义手法有异曲同工之趣，体现了古代工艺美术与现代艺术的跨界糅合之可能性。在室内设计方案中，将建盏艺术的装饰元素进行解构手法的创新设计，既充分发挥了茶室空间的传统文化特色，又提高了室内空间的视觉冲击力。而对废弃碎瓷片的拼贴再利用，则契合了节约型绿色设计这一理念。

【关键词】建盏艺术；室内装饰；解构主义；绿色设计

## 一、建盏艺术的概念及审美表达

建盏指的是福建建瓯市辖区的水吉后井、池中村（今属南平市建阳区管辖）一带瓷窑出产的黑釉瓷器，因产于建州而得此名。建盏的历史可以追溯到唐末，它起源于唐末五代，兴盛于两宋，宋徽宗赵佶曾于《大观茶论》中提道："盏色贵青黑，玉毫条达者为上。"为此，宋朝廷将其作为"供御""进盏"之物，一时荣盛至极。黑釉建盏便成了王公大臣不惜重金追寻的宝物。不同于青瓷、白瓷的传世工艺，由于饮茶方式的改变，建盏曾断烧近 800 年，直到 1980 年代才复烧成功。2011 年 5 月，建盏烧制技艺被国务院列入第三批全国非物质文化遗产保护名录。2017 年厦门"金砖五国"会晤之时，建盏作为国礼赠予俄罗斯总统普京以及各国贵宾，引起行业内外轰动。至此，建盏绚丽的光彩重新于世人面前绽放。建窑出产的黑釉瓷器，其釉面杜绝了人为绘制的彩釉，自然形成变幻莫测的奇异斑纹，每件瓷品的斑纹都异彩纷纭，各有千秋，并且绝无相同的茶盏，片片皆是孤品。因此有"一窑一世界，一盏一孤品"之说。建盏艺术的审美表达方式主要来自釉面，其釉面可分为兔毫、油滴、鹧鸪斑、乌金釉、曜变和杂色釉等。如今电窑普及，各种釉彩相继形成，具有代表性的有回蓝、柿红、茶叶末、牡丹、花月夜、银兔毫等。

## 二、陶瓷应用于现代墙面装饰的创新趋势

人类历史上很早就已经使用陶瓷作为建筑墙面装饰。如今随着日新月异的科技发展，百姓生活审美水平日益提高，陶瓷墙面装饰更是被广泛应用，且不乏创造性的新手法。在当代的建筑墙面上，通常采用陶瓷壁画、残片等装饰。近年来，陶瓷残片装置这种新的陶瓷建筑

墙面设计方式逐渐流行起来。不同于以前的整块陶瓷镶嵌于墙面，作为一种比较新颖的装饰手法，它是以随机的散点式镶嵌的，所形成的瓷片墙面具有现代艺术的设计风格。例如，采用陶瓷残片进行整体装饰的天津“瓷房子”（图1），这种方式不仅具有创新意识，同时还展现了生态性和绿色建设理念。景德镇陶瓷大学老校区休憩小广场上废碎瓷片铺设的休闲小路以及运用碎瓷片拼贴具有浮雕感的雕塑展示墙板块极具艺术氛围。又如，浮梁古县衙陶瓷碎片铺装图案，不仅美观，还具备暗示中心景观的功能，向游客们传递着悠久的陶瓷文化和艺术感染力。建筑装饰过程中，陶瓷的应用非常广泛，极具价值和意义，其应用趋势也朝着现代化、创新型方向发展。

图1 天津瓷房子

## 三、建盏艺术的文化价值和空间装饰可行性分析

南平市曜变陶瓷研究院曾开展学术研讨会，主要讨论建盏的文化如何弘扬，包括其工艺传承、创新发展等。会议提出，不仅要挖掘建盏历史文化价值，还要与时俱进，融入当代文化元素，创意兴盏，深度开发建盏文化资源，实现陶瓷艺术性与实用性的完美结合。笔者认为，把建盏艺术融入空间装饰是创意兴盏的一个途径，不仅弘扬了传统手工艺文化，同时还实现了陶瓷艺术性与实用性的完美结合。

由于建盏烧制的独特性，其出品率也相对较低。柴烧建盏传统工序之繁复、烧制要求之高、成色出彩之难，使得建盏精品率不足10%。而占90%的瑕疵品和残次品，在出窑之后往往会被工匠直接摔碎废弃，成为碎瓷片。在笔者看来，这些废弃的碎瓷片完全可以用在空间装饰中。习近平总书记在中央全面深化改革委员会第十七次会议中强调，要坚定不移贯彻新发展理念，全方位推行绿色规划、绿色设计、绿色建设等理念，使发展建立在高效利用资源、严格保护生态环境的基础上，统筹推进高质量发展和高水平保护。而对废弃瓷片的再利用，恰恰符合绿色设计这一新发展理念。同时，建盏的魅力主要是建盏釉色里有变幻万千、绚丽多彩的斑纹这一奇特的艺术效果，而这种艺术效果正是室内装饰所需要的。

对建盏碎片的处理主要采用解构主义的拼贴手法。碎片的拼贴与服装的色彩拼接颇具相似之处，都是利用色彩构成的表达方式，通过色彩之间的相互作用，按照一定的规律去排列各色块之间的相互关系，从而形成符合大众审美的视觉效果。碎片在拼贴方式上可划分为有序排列和无序排列两种。其中有序排列是运用碎片进行重复的排列，是一种单一性的组合方式，通过对建盏碎片不同的色彩元素有序排列，形成类似像素色彩的视觉效果，拼贴成宏观的图案；与有序排列相反，无序排列拼贴成的图案往往更加随心所欲，在符合大众审美的前提下，仅利用色彩之间的互相关系来做出自然的视觉效果，同时对碎片也可做一些后期加工处理，与其他材料相结合形成多元素的艺术装饰物。

## 四、建盏艺术在茶室空间陈设中的实践应用

项目基地选址于福建建阳区太保路与中山北路交汇处，毗邻崇阳溪，西南方向依山，有三圣庙、太保庙两座庙宇。风景秀丽，客流量较多。

该设计方案通过对建盏文化的解读，将建盏绚丽多彩的釉面效果应用于室内陈设之中，打造出一个以建盏艺术为主题的茶道讲堂。

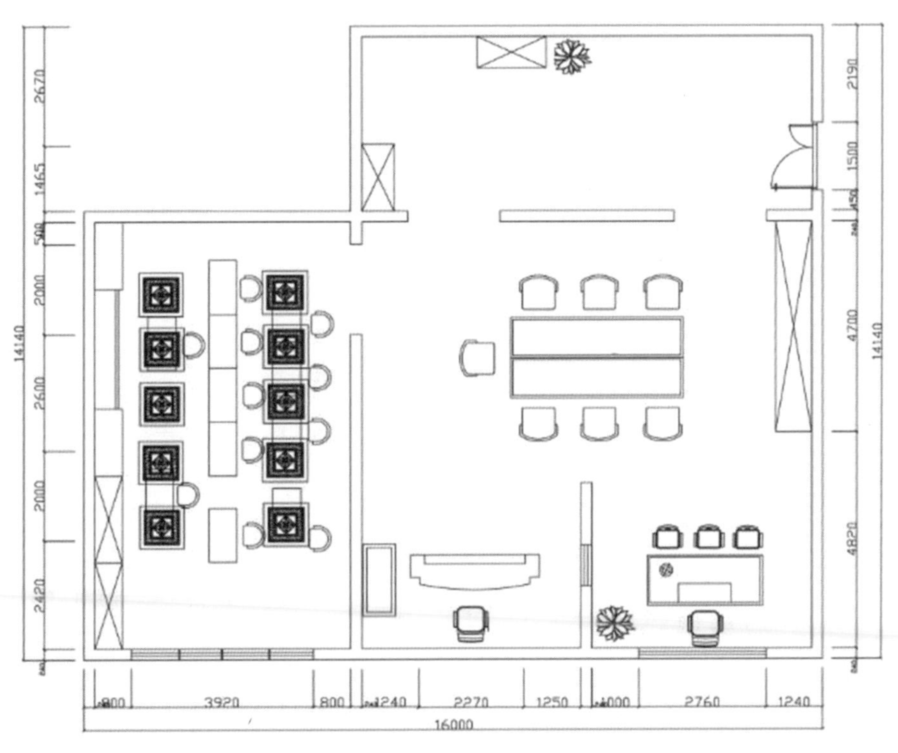


图 2 总平面图（作者自绘）

该方案主要以新中式风格为基调，以“茶禅一体”为中心理念渲染整体空间氛围，在拥有这种不失禅意、无即是有的空间感受的同时，将建盏艺术作为一种陈设元素放到茶室空间之中，既保留了茶室的禅意韵味，同时也提升了空间的整体格调，表现出陶瓷与茶文化之间的纽带联系，高度契合了茶室本身的空间职能。

墙上的装饰画和背景墙墙面使用碎瓷片拼合而成，不仅贯彻了绿色设计理念，变废为宝，同时也是建盏各色釉面的一种集中展示，做到了在挖掘利用建盏历史文化价值的同时与时俱进并融入当代这一理念，真正达到创意兴盏。

## 结语

通过对茶道讲堂的设计成果可以得出，建盏艺术可以作为一种元素应用到茶室空间陈设中。建盏艺术拥有厚重的历史底蕴和独特的文化魅力，建盏艺术装饰在室内空间中独特的色

彩形式，与解构主义手法有异曲同工之趣，体现了古代工艺美术与现代艺术的跨界糅合之可能性。在设计方案中，将建盏艺术的装饰元素进行构成形式的创新表现，不仅充分发挥了茶道讲堂的传统文化特色，也提高了室内空间的视觉冲击力。而对废弃碎瓷片的再利用，则契合了绿色设计这一理念。

在弘扬传统工艺文化愈加重视的今天，传统工艺装饰研究显得尤为重要，传统工艺艺术的革新与再设计是传统文化主题空间发展的一条重要道路，相信在科学技术的推动下，建盏艺术装饰将在室内设计中发挥更大的作用。

## 参考文献

[1] 李家林 . 建窑建盏的前世今生 [J]. 福建文学，2020（11）：120-123.

[2] 黄娟 . 现代建筑装饰设计中陶瓷的使用 [J]. 陶瓷研究，2019，34（3）：104-106.

[3] 俎琪 . 建筑装饰陶瓷饰面砖的应用与发展分析 [J]. 江西建材，2020（5）：5-6.

[4] 陆金喜 . 宋朝曜变建盏学术研讨会：传承发扬建盏非物质文化遗产 [J]. 茶博览，2020（11）：83.

[5] 李婧 . 建立健全绿色低碳循环发展经济体系 [N]. 学习时报，2021-01-13（003）.

# 27 LED节能灯在节日夜景景观中的应用设计——以济南恒隆广场圣诞夜景景观为例

原载于：《山东建筑大学学报》2012年第3期

【摘　要】LED灯源以绿色环保、低能耗、寿命长等优点成为节日景观氛围渲染的主要手段。本文通过个案与综合性研究，结合济南市恒隆广场圣诞节节日景观中的亮化装饰工程，分析了LED灯在节日景观应用中渲染节日气氛、突出节日主题、装饰环境的作用以及在能效、艺术、经济上的优势；探讨了LED灯在城市景观照明中基于重要节日或庆典活动时夜景中的运用方法和原则；总结了安装工艺中基础骨架的制作、LED灯的绑扎、电路的铺设及其优缺点。

【关键词】LED灯；节日景观；应用设计；恒隆广场

LED节能照明灯已经在世界范围内普及使用，国内外关于LED的研发力度都较大，其成果也较为丰富。1996年，绿色照明实施方案将LED灯在中国的发展正式提上日程，LED新光源的时代真正来临。LED节能灯，又名发光二极管，以绿色环保、寿命长、多变幻、启动时间短、低能耗、显色指数高等优点在照明领域占据着至关重要的地位。它对绿色照明的发展具有历史性的贡献，特别是在景观照明方面，具有更为独特的优势。本文的创新之处在于围绕节日景观设计这个主题来分析LED装饰照明在节日夜景氛围渲染的主要作用。尽管现阶段LED灯源与传统灯源相比，在价格上有劣势；但是LED灯比一般灯源的功耗低八成甚至更多，因此，其在高耗能的节日夜景景观照明市场中应用越发广泛。

## 一、LED灯在节日夜景景观中的作用

### 1. 渲染节日气氛

节日景观设计中灯光的使用占较大的比例，光渲染的气氛对人的心理状态和光环境的艺术感染力有决定性的作用。夜晚到来，灯光成为传输节日信息的主力军，正所谓“张灯结彩过大节”。节日与非节日最为不同的就是前者需要有欢庆的气氛，而颜色丰富的LED灯在这方面具有独特的优势。

### 2. 突出节日主题

没有创意就谈不上创新。没有主题就没有重点，艺术氛围就变得平淡无奇，LED灯光能够凸显节日主题，把需要表现的艺术形象或细节表现出来，形成有效的视觉中心，强化节日主题。

### 3. 装饰环境

景观格局一般是指景观的空间结构，即景观单元的类型组成、组合方式。使用灯光材料做成一定的艺术造型，形成夜晚特有的灯光景观单元，在建筑室内外全方位地装饰环境，或以不同的组合形式装饰建筑周边的道路和绿化带等。

## 二、LED 节能灯在济南恒隆广场圣诞夜景中的应用

### 1. 工程概况及设计定位

恒隆地产于 20 世纪 60 年代在中国香港创办，三十年前在内地开始致力于打造世界级购物中心和全球范围的旗舰项目。济南恒隆广场于 2010 年落成，次年 8 月营业。由英国贝诺亚洲（Benoy Asia）公司主持设计，是典型的解构主义风格，建筑主体位于市区繁华地带，东接贵和购物中心，北临泉城路及泉乐坊商业区，南眺泉城广场，面向国内高端消费人群。建筑总面积约 28 万米$^2$，占地约 5 万米$^2$，17 万米$^2$商业空间，10 万米$^2$停车场，共 9 层。

圣诞节在欧美乃至亚洲已成为一个全球性的节日，更是济南恒隆开业后迎来的首个大节，此次夜景亮化主要围绕圣诞这一主题展开，工程中 LED 灯的应用占到整个节日景观设计的一半以上，并且在夜晚的节日氛围营造中担当着主力。其亮化范围主要涵盖主体建筑的外立面和入口、室外多组艺术造型以及建筑周边的植被等较为引人注目的空间。

### 2. 圣诞夜景景观设计

（1）艺术造型呼应节日主题

传统节日是一个由符号组成的象征系统，节日文化必定要借助一定的外在形式即符号才能得以表现和传播。此设计通过相关圣诞节日符号与 LED 节能灯结合，以突出节日重点、呼应圣诞主题。圣诞树、拐棍糖、雪花、礼盒等皆为最具代表性的圣诞符号。将高约 23 米的 LED 灯七彩圣诞树置于恒隆广场东西塔中间且靠近泉城路的一侧，在视觉上给人以强烈的冲击力，庞大的体积使其成为整个夜景的视觉中心，达到吸引顾客的目的。同时，围绕建筑放置多组 LED 灯艺术造型，如麋鹿、雪橇等，强化圣诞主题的同时，与绿化带中柳树小米灯装饰相呼应。不仅摆置不同形体和色彩的艺术造型，而且将周边环境纳入设计范围，将节日氛围营造到最佳效果。

（2）周边装饰烘托节日气氛

灯光是建筑的眼睛，是一幅优美的建筑画。“张灯结彩”是节日的一大特征，足够多的照明和丰富的色彩能够烘托浓郁的节日氛围。将广场周边的乔木用 LED 灯进行装饰，让其形体在夜晚也能够被识别，在节省造型成本的同时又能得到新奇的效果。建筑外墙悬挂与圣诞符号相关的大型装饰物，使路人在街道远处便能感受到浓郁的圣诞气息，使整体圣诞夜景设计变得更为完整。

（3）LED 灯在节日景观中的应用原则

首先，恒隆广场作为一个城市的商业中心，在营造节日气氛的时候要求灯光变幻、气氛热烈以体现商业氛围，在整个城市夜景照明中做到统一中有重点，突出而不突兀。其次，考

虑各种LED灯具造型白天与夜晚的不同效果，做到白天美化、夜晚亮化。再次，处理好灯光造型与周边道路、建筑的关系，既要统一协调，又要有所区别变化。最后，科学选择色光，避免光污染，按照国家有关技术标准进行设计、施工。夜景方案的合理性和调控系统的人性化与科学选灯相结合，在避免浪费能源、满足设计要求的前提下，实现最低工程造价。

### 3. 材料选择

（1）选择LED灯的原因

节日庆典时，夜晚照明与亮化多从夜幕降临开启至凌晨左右，平均每天开启8～9小时，耗电巨大；LED较传统灯具能减少80%的耗电，使其成为节日景观照明中的佼佼者。艺术上，LED灯体积小、品种规格较多、结构紧凑、组合形式灵活，能够提供从装点艺术造型到“灯光雕塑”的多种艺术创作，美化节日环境，营造欢庆氛围。多色可选，可实现动态控制，满足艺术创作的形体和色彩需求。经济上，LED灯10万小时的物理寿命可以进行回收再利用，达到最大化的利用度，经久耐用，节省维护费用以降低成本。从可持续发展的角度上最大限度地将创意融入生活。

（2）LED灯的品种及技术规格的选择

在各种颜色的LED相继研发出来之后，LED从最初的仪器仪表指示光源已经发展到交通信号灯、显示屏、手机光源等多个领域，现在二极发光管在节日景观夜景照明中已普遍运用，拥有广阔的潜在市场。其照明灯具主要是点光源、LED小米灯（灯珠）、LED彩虹管、LED软灯带、LED地板砖、LED轮廓灯等，而恒隆节日景观工程中主要用到的是LED彩虹管、LED软灯带和LED小米灯。LED彩虹管由多个彩色RGB像素点构成，是将直径5毫米或3毫米的LED封装在软塑料管内，抗震、防潮、易弯曲且安装简便，常用的LED彩虹管有圆二线、扁三线、扁四线、变七色线，主要区别在于LED颗粒数量不同。LED彩虹管颜色丰富、色彩绚丽、无频闪、无眩光、可结合任意设计造型、构成变化多样的色彩图形、传播视觉文化、凸显节日主题。针对恒隆圣诞夜景景观工程，主要采用的是220伏彩虹管扁三线，分别应用于外墙圣诞造型轮廓线、大型圣诞树的局部以及圣诞快乐英文字样，选用黄、红、蓝、绿、白五种颜色进行配置。LED软灯带是把LED装入带状的FPC（柔性线路板）或FPC硬板上，分为LED灯带或者灯条。LED小米灯即是将一定数量LED灯珠经过编制串联在一起的灯串，可以是单色串联，也可多色串联。常规产品为220伏电压的8米长80头（灯珠数量）或10米100头的灯串，可外接控制器以实现双色或多色块慢速跳动。济南恒隆广场圣诞工程中采用的最为广泛的就是此种小米灯，其圣诞树造型（七彩塔），建筑周边摆放的各种艺术造型（如麋鹿群、鹿拉雪橇、巨型圣诞树以及豹子等）、沿路乔木的装饰等都采用了此种LED光源。

### 4. 安装工艺

（1）基础骨架制作

节日景观随着节日周期性的变化造型也较多，但每个节日的造型各式各样，将节日各个造型做到极致，建立优质稳固的骨架是第一步。济南恒隆圣诞夜景中的基础骨架主要可分为平面骨架和立体骨架。恒隆建筑入口处悬挂的门楣造型和建筑外墙悬挂的圣诞造型为平面骨架。制作此类骨架步骤先将脑中的设计构思通过 CorelDRAW、Auto CAD 等绘图软件进行图稿绘制，然后根据设计样稿 1:1 放样，将扁铁或圆铁按照其造型进行焊制即可。麋鹿、雪橇、豹子等艺术造型等皆为立体骨架，根据样图用圆铁进行立体焊制。

济南恒隆广场中街圣诞树造型，由多片平面骨架焊接而成，分为钢结构底座、内层不锈钢架和外层不锈钢架三部分。制作时，先用绘图软件 Auto CAD 绘制出样稿并标明尺寸，然后按图纸进行基础框架焊制。

需要注意的是，为了美观和防锈，所有钢结构部分应喷涂防锈漆或白色油漆。

（2）LED 灯绑扎

工程中，采用 LED 彩虹管主要有外墙圣诞造型和圣诞树局部，制作时需根据设计稿安放样后，将 LED 彩虹管发光面背向挂网基层，以适当间距用扎带进行绑扎，电线连接处锡焊，再用硅胶做密封处理。

而在麋鹿、雪橇等各种艺术造型和绿地乔木上则选用的 220 伏 LED 小米灯，是由白蓝两条灯串同时进行绑扎的，沿焊制好的造型外围骨架绑扎，绑扎密度为 3 厘米，以适当间距扎带绑扎。圣诞树内外层不锈钢以及外墙吊挂造型的挂网基层也绑扎了 LED 小米灯，绑扎方法与上相同。较多造型同时使用了 LED 小米灯和 LED 彩虹灯，在绑扎的时候，多用小米灯制作挂网基层，然后用彩虹灯勾勒造型轮廓。

唯一使用 LED 灯带的部位则是恒隆多个入口的门楣艺术造型，其绑扎方法与 LED 彩虹管相同。

（3）LED 灯电路铺设

电路铺设方面，麋鹿、雪橇等设备，蓝白两色 LED 灯循环往复亮起，如圣诞快乐英文字样、墙面造型灯饰等彩虹灯则按厂家标准设置稳压器，小米灯需连接整流器转换为直流电。由于 LED 灯自身特点，要有效控制 LED 灯的工作电流，同时降低最高工作环境温度，否则将缩短 LED 灯的使用寿命。

（4）优缺点

LED 光源的优点在于轻便，缠绕在乔木或其他物件上不会对树木造成过重的负担而破坏树木或其他物件；再者，LED 彩虹管、LED 软灯带和 LED 小米灯都具有柔软的特性，可根据预先设计好的造型随意弯曲、绑扎，给设计者足够的创造空间，其低能耗的特点也降低了节日景观的耗电成本。但当时 LED 小米灯防水性不是很好，在遇到大的雨雪天气的时候仍受限制。

## 结语

自从 1968 年第一批 LED 灯入市以来，随着新材料和新技术的不断改进，LED 灯已经应用于越来越广的范围，尤其是在城市夜景景观照明中有着无可替代的优势，节日夜景景观照明作为城市景观照明中的一个分支，对其进行剖析总结的理论研究仍较为滞后。本文分别从设计、应用的角度分析了 LED 光源在节日夜景景观设计中的运用，提供了工艺上和技术上的参考，与此同时大力倡导绿色光源的开发和推广，以响应国家“绿色照明”的号召。

## 参考文献

[1] 林志鸿．LED 光源的发展前景 [J]. 上海商业，2010，4（10）：43 — 45，42.

[2] 孙晓红．城市夜景照明综合节能体系对策研究 [J]. 山东建筑大学学报，2010，25（5）：548 — 552.

[3] 周德九．LED 已跨入照明领域 [J]. 智能建筑，2007（9）：54 — 56.

[4] 周志敏，纪爱华．LED 照明与工程设计 [M]. 北京：人民邮电出版社，2010.

[5] 蔡明诚. 广场景观灯应用 LED 新启示 [J]. 照明工程学报，2007（3）：28 — 31.

[6] 鲁敏，刘国恒，赵洁，等. 景观格局分析在城市森林规划中的应用研究 [J]. 山东建筑大学学报，2012，27（1）：67 — 70，74.

[7] 董金权．节日符号与文化软实力 [J]. 政工研究动态，2009（Z1）：37−38.

[8] 于冰，陈大华，刘祥吉．夜景照明工程中的电光源浅析 [J]. 灯与照明，2008（1）：40 — 45.

[9] 赖欣．LED 光源在城市广场环境设施夜景照明设计中的应用 [D]. 上海：东华大学，2011.

[10] 黄金霞，黄根平．LED 灯在室外景观照明中的应用 [J]. 光源与照明，2008（2）：30−32，40.

[11] 于君，于洋. 智能 LED 照明系统设计流程探讨 [J]. 电气应用，2011，30（6）：36 — 39.

# 28 论 LOFT 艺术在中国的发展和变异

原载于：《南京艺术学院学报（美术与设计版）》2011 年第 2 期

【摘　要】LOFT 现象在中国产生的时间短，但认知度较高。本文通过分析典型案例，对其现存状况、发展特征以及存在的意义进行解读分析。目的在于总结历史经验，指出 LOFT 现在的发展状况及出现的问题，并结合我国现状，找到更合适的 LOFT 发展方向。

【关键词】LOFT；发展；问题；中国

20 世纪 90 年代，LOFT 作为一种新生事物出现在上海。上海是我国近代工业的发源地，拥有大量老厂房和老仓库，为 LOFT 的发展提供了有利条件。现今 LOFT 在中国已呈现出多元化的发展态势，初具规模，但也不可避免地出现一些政治、经济、文化等方面的问题，如政府的干预、房地产商的炒作、保护老建筑者的过渡热衷等，使 LOFT 失去了原本的面貌，不能按照其固有的态势发展。作为设计师，要想充分合理地解决这些问题，首先要深入研究它的发展脉络以及产生问题的根源。其次，针对这些问题要对症下药，找到正确的解决方法，使 LOFT 能在中国蓬勃发展，达到艺术与文化双丰收，并能创造出一定的经济效益，实现艺术、文化与经济的共赢。

## 一、LOFT 在中国快速发展

LOFT 文化对人们的生活方式产生巨大的影响，它既是现在和将来的重要组成部分，也是经济和文化的历史表征。LOFT 空间最初多数是为工业建筑服务的，废旧厂房经现代人改造，形成工作、生活为一体、少有内墙隔断的高挑开敞空间，我们称之为“裸装”（图 1）。艺术的传播没有国界，LOFT 的生活方式、生活理念也可以传播。由于中国工业化腾飞的时间比较晚，所以 LOFT 在中国兴起较晚。它在当代中国的改造形式主要有四种：艺术工作室、休闲娱乐场所、个性空间和工作居住共存的空间。

图 1 裸露的空间结构

### 1. 艺术工作室

从某种意义上，LOFT 代表一个时代诉说历史，它们是许多散落的艺术、设计类工作者共同构成的一片正在生长的城市艺术区。这些由旧厂房改造而成的工作室有开阔的空间、高高的屋顶，极为大气，同时设置了大量室内、半室内和外部公共空间，力求创造艺术化空间的同时也落实了实用性。此类建筑往往乐于暴露，甚至刻意炫耀水泥梁柱结构，或将各类工业残留物作为装饰并予以突出和强调。机器、水泥、管道已经不再代表紧张和压抑、贫穷与寂寞，而是一种苦苦追寻的个性和自由。北京 798 画廊（图 2）、上海的“苏州河畔”、杭州 LOFT49 等，都是这方面的典范。

图 2 798 画廊

### 2. 休闲娱乐场所

由车间改造成的酒吧，多少带有另类的味道，如粗糙的墙壁、水泥地面、裸露的钢结构与前卫的音乐，追求 LOFT 空间的趣味性和完美的视觉效果。例如，北京的“藏酷空间”，不仅体现了现代都市人的 LOFT 生活，也融入了藏族及西部民族文化的内涵。

### 3. 个性住宅

LOFT 改变了以往传统的生活模式，是高度个性化的空间，体现业主的兴趣爱好，反映主人的激情和偏好。如今，LOFT 已然成为现代都市人所追求的时尚、前卫、随性的生活居住方式，许多新开的楼盘都以此类户型作为卖点。这种 LOFT 住宅摒弃了由那些老的公共建筑改造的空间，形成了一种全新的商业运作的 LOFT 住宅区，即使本质上与 LOFT 相去甚远，但至少在形式与理念上与 LOFT 是一致的，同时具有流动性、透明性、敞开性、灵活性的特点。

### 4. 工作居住共存的空间

信息时代，自由职业者和个体劳动者的比例日增，他们习惯于长时间在家中完成工作，现代办公空间的设计也趋向于居住与办公两种空间之间的界限模糊。人们拆除传统住宅中的隔墙，创造出宽敞明亮的大空间。打破了传统住宅划分功能空间的理念，不再简单地把室内分成几块单一功能的空间，不再以房间来划分和组织功能空间，而是用家具围合出不同功能的空间，使每个空间的功能既灵活又多用。如北京“SOHO 现代城”（图 3）就是从建筑改造的这种形式中衍生出来的居家办公的典型实例。

图 3 北京“SOHO 现代城”

## 二、中国 LOFT 发展存在社会与设计两方面的问题

LOFT 个性化的空间设计模式传入中国，引起了艺术家和商家的青睐，上海、深圳、杭州、北京等地纷纷借鉴 LOFT，把创意加入到旧厂房改造中，形成创意与文化产业相结合的经济链，

以至于现在LOFT几近成为“创意文化产业”的代名词。虽然LOFT在中国发展很快，并且形成了一定的规模和特色，但是由于政治、经济、文化等因素的制约，仍然存在不少问题，阻碍了LOFT的发展。

### 1. 社会问题

（1）政府干预

与西方国家不同，中国的工业企业，大多分布在旧城区中心。地方政府在进行旧城区改造时意识到土地资源的不可再生性，为了保证城市住宅的密度及更有效地利用城市空间，地方政府不可避免地将废旧的厂房划入市政改造建设的范围内。这种只适用于少数人的空间形式，尽管在上海、杭州等地已形成一定的规模，但大部分LOFT创意产业区以单一的艺术创作为主，商业化运作水平低，无法形成完整的产业链。随着LOFT的发展带来周边经济的繁荣和地价的急剧上涨，这些创意产业园不得不靠高额租金维护，租金与收入不成比例，文化氛围也走低，完全有悖于LOFT的初衷。这也是LOFT不能成为一些城市主流空间的原因之一。

（2）房产商借机炒作

LOFT的先行者首先看重的是其本身廉价的租金，其次是它所散发出的艺术气息。废旧的工厂、裸露的内部结构给人一种豁达和与世无争的性情。而现在一些“艺术家”已不再囊中羞涩，LOFT为他们提供了一种炫耀性消费。随着LOFT商业价值的显现，开发商看重的正是这种独特的个性所带来的商业价值，他们投资的是商业产业而不是文化产业，只是借着LOFT的称号来进行的商业炒作。他们为了迎合现代青年喜爱自由、倡导个性的生活方式，借机开发居家办公的住宅模式。这种设计在室内装修上存在不少的难题：相对平层而言，LOFT单价偏高；户型空间存在一定程度的浪费；装修要求较高，否则产品亮点难以实现；使用成本大于平层户型等。

（3）商品经济的羁绊

目前LOFT只出现在发展较快的一线城市，二线城市几乎没有，而且它只是满足了艺术家、设计师和一些时尚人士的要求，并没有很好地满足消费人群在工作、行业交流、居住、娱乐休闲等方面的需求；也没有处理好商业与艺术之间的平衡，艺术成为依托商业开发的产物。LOFT是走还是留，是艺术还是商业？在经济迅速发展的今天，艺术明显让位于商业利益，艺术家群落的空间越来越小，许多艺术工作室不得不搬迁或拆除。在艺术与商业的对决中，显然商业利益占据着主导地位。艺术区的保留，关键在于政府对于城市文化的保护和重视。

### 2. 设计定位的偏离

设计定位偏离的原因很多，规划部门的官本位是设计师的首要困惑。目前在中国仍然存在一定的官本位思想，许多设计由于官员的“见解”而失败。设计师的主体地位得不到充分的发挥，形成了一味的照搬与复制西方的模式，缺少民族个性与地域特色。从设计师自身的角度来讲，要有历史责任感和使命感，不能把设计仅仅作为目的，而是作为手段，要充分考虑到当代艺术、设计与历史的有机结合。因此，设计定位的准确与否、推行情况顺利与否，就显得尤为重要。首先，旧建筑是有价值的，对于城市文脉是一个很好的延续，从政府角度看也应该大力支持文化产业的保护，正确处理旧建筑与城区规划的关系。一个没有文化的城市就是没有发展的城市，无论这个城市怎样变化，推陈出新，文化的载体都要具有传承和链接的作用。而 LOFT 正是起到了传承和链接的作用，将新旧艺术文化有机地结合起来。但现在国内出现了很多的“面子工程”，追求的大多是眼前利益，也受到了很多追捧和效仿。这种短期效应的做法使得我们的子孙后代不能更多地了解我们的民族文化，缺少相应的文化熏陶，感受不到作为泱泱历史大国带来的文明洗礼。

其次，从经济角度上看，LOFT 也是有价值的。在中国，工业区一般在城市，甚至在城市的核心区，占据好的地段，但建筑本身的品质不理想，传统的做法是将其进行拆除，再改建新的。而 LOFT 最大的特点是不对原建筑进行整体结构方面的增减，只需进行必要的加固，修缮破损部位。改造主要集中在开窗、交通组织、内外装修与设施的变更上，降低了成本。

LOFT 应该满足不断变化的生活的实际需要，每个人对生活、工作、娱乐都有不一样的需求和定位。设计师应该根据每个人不同的需求设计出他们想要的空间形式，而不是一味地复制、照搬。正如潘石屹所说：“穿自己喜欢的衣服，做自己喜欢的事情……”LOFT 在中国的发展就应该具有鲜明的中国特色，具有中华传统文化元素。设计者应提供一种新的具有中国特色、中国美学意义的 LOFT 空间。

## 三、LOFT 在中国的前景展望

虽然 LOFT 在中国的发展并不是一帆风顺的，还存在很多问题与缺点，但不可否认的是，它促进了中国建筑、经济、文化的发展。

从商业角度看，LOFT 不仅吸引着艺术家，还吸引着大量与艺术相关的休闲娱乐产业和零售业商家的进驻，保留了历史建筑形态，提升了商业空间价值，达到重塑社区活动的效果。许多国际大公司会把一些新品发布、产品推广等活动安排在此，因此，文化与 LOFT 有着不解之缘。LOFT 与创意产业不期而遇，LOFT 成为文化创意产业的符号，成为新经济时代的代名词。它提供了休闲、随意、自由，最大化地激发想象力的空间，这样的空间实际上最符合文化创意产业的从业人员创造、激发灵感。随着这类人群的增加，LOFT 的数量也会增加。

从历史文化角度看，LOFT 的空间开发通过对建筑物的资源重估，用艺术的思维为旧建筑的改造提供了新的平台，赋予建筑物新的使用功能，创建了新的附加值与特殊品质。

图 4 废弃的机器

LOFT 本身具有一定的艺术价值，如废弃的机器、自行车或破旧的家电等（图 4），它们有着自身难以抵挡的魅力，它们代表着一种历史文化，将“废弃”的艺术与室内空间相融合，给居住在这里的人们更多的遐想。LOFT 丰富的历史文化信息使它不再是某一纯粹的空间，它将创意生产与艺术创作、现代气息与传统风貌、工作与休闲交融、渗透在一起，成为都市观光旅游的新天地，成为经济发展的另一个增长点，达到艺术与商业的共赢。

从消费群体来看，随着“80后”“90后”人数的不断壮大，甚至还有“00后”，他们渴望自由、张扬、前卫、涂鸦、拼贴、时尚，相信喜欢LOFT的年轻人会越来越多，经济和文化市场前景会更好。

LOFT在中国的兴起，不仅是一种新型空间形式的引入，更是一种空间理念的国际化，它的出现充分说明了东、西方文化交融对中国室内设计的影响。LOFT是国际性的建筑空间，但是特色就是要加入民族的东西，在其中注入中国的元素，形成中国特色的LOFT空间形式。LOFT赋予我们新的自信，使我们按照自己的意愿来设计，最终将其设计成我们喜欢的，而不是必需的样式。作为当代的设计师，我们应该把有形的住宅与无形的关于居住、生活、娱乐的精神与思考纳入我们的设计当中，不能把设计作为目的，而是要将其作为手段。“实用、经济、美观”，最重要的是实用，是“以人为本”。现代化的目的不是一味的机械化，而是要让物质环境更加多元化、人性化，设计师对于LOFT的改造和创新也必然朝着这个方向努力。正如有学者所言：“我们应该仔细想想我们曾经忽视了什么，我们应该改变什么。我们应当反映现有的生活方式，又要提倡新的居住精神，引导健康的住宅消费，而不应急功近利地迎合市场，甚至将其引向歧途。”

## 参考文献

[1] 钟音．仓库办公室[M]. 沈阳：辽宁科学技术出版社，2007.

[2] 单小海，贺承军．走向新住宅：明天我们住在哪里？[M]. 北京：中国建筑工业出版社，2001.

# 29 中式婚礼空间的可持续设计研究

原载于 :《艺术科技》2021 年第 22 期

【摘　要】本文通过对传统婚礼礼仪和空间的研究，挖掘传统婚礼背后的文化内涵，阐述如何将传统婚礼文化落实到具体的空间设计中，同时，提出可深入思考和整合婚礼空间的布局、造型元素、材质色彩、元素符号等要素，另外，在中式婚礼空间的设计中引用全息投影新技术，为环境的保护和能源的节约提供有效解决方案，希望能为中式婚礼空间的可持续发展提供借鉴。

【关键词】中式婚礼空间；可持续设计；全息投影技术

婚礼是中国传统仪式、人生五礼之一，古代的嫁娶制度等于现代婚礼的法律公证仪式。婚礼体现了文明进步和社会文化程度。现代物质生活水平的提高和人们的文化生活日益丰富，给婚礼市场带来了更多机遇和挑战。现阶段，西式、欧式、韩式、日式等现代婚礼风格深受人们喜爱，反观中式婚礼，几乎在婚庆市场消失，原因在于年轻人对传统文化的认识不够。创新和潮流并不是摒弃，而是在中国传统风俗的基础上，深入研究本土文化和空间结构，融合传统元素与现代理念，既体现历史深厚底蕴，又符合现代审美趣味。尤其是将全息投影技术运用到中式婚礼的空间设计中，不仅可以更好地表现传统文化，还能节约能源和材料，是一种可持续的设计方式。

## 一、婚礼文化的发展与婚礼空间的演变

### 1. 婚礼文化的发展

华夏五千年历史，作为人生头等大事的嫁娶婚礼，承载着先人们古老的智慧。如今的婚礼文化经历了漫长的发展演变，五千年的历史，十六个朝代，每个朝代的婚礼都在不断更新变化，并且有着不同的特点。例如，周朝时期，婚礼开始成为一种礼节，新人在父母的见证下，通过媒人的介绍达成婚约，并举行婚礼仪式。到了汉代，婚礼仪式在前人的基础上不断发展。汉人很重视婚礼的各种仪式，这时候婚礼仪式中就有了夫妻对拜这一环节，这类婚礼仪式的出现，使婚礼变得更加严肃，婚礼也成为一种达成约定的仪式。到了宋朝，在婚礼举办过程中更注重营造喜庆的氛围，人们开始举行各种庆祝活动，如敲锣打鼓，这种形式在今天我们仍然可以看到。

如今的婚礼文化既有传统文化的部分，也受到了西方文化的影响，原来的夫妻对拜变成了宣读誓言，传统婚服变成了婚纱，红色喜庆的婚礼现场变成了白色浪漫的风格，中华民族

自己的文化特色逐渐消失。当代设计师们应该反思这种现象，研究如何在婚庆空间中保持我们文化的独特性，从而增强年轻人的文化自信。

### 2. 婚礼空间的演变

中国古代婚礼空间的选择一脉相承且不断发展。一般婚礼空间常出现在家中，新郎一家会在婚礼前几天开始布置，婚房门口会放置火盆或马鞍，这一区域空间较小，多位于庭院门口。古代婚礼空间设计中最重要的部分就是大堂和婚房。大堂作为举行婚礼的区域，具有空间大、位置重要、空间形态规则的特点。同时，大堂在采光和通风方面也具有优势，大堂在装饰上多以剪纸、红绸、吉祥图案为主，色彩以红色居多，大堂中央放置红色桌布包裹的天地桌，天地桌的两侧各放一把太师椅，房间内也会放置一些绿植作为装饰，增添活力。

除了大堂外，婚房也是传统婚礼中的重点设计区域。该房间紧邻大堂，具有隐蔽安静的特点，婚房空间相对较小，主要放置床榻衣柜。婚房在装饰上以多子多福的吉祥图案为主，床上会放置红枣、花生、桂圆等具有吉祥意义的食物。现在，我们会发现婚礼空间的布置已发生很大变化，传统红色喜庆的中国风变成了中西混搭风格、西式风格等，婚礼空间的布置也非常雷同，婚礼空间只是在解决结婚这一问题，并不能让新郎新娘和宾客眼前一亮。如何设计出具有中华民族特色的婚礼空间，是室内设计师应该考虑的问题。

## 二、设计理念“情的传承”

中式婚礼空间的可持续设计，考虑的不能仅仅是形式的传承，也不是元素的罗列，而是通过空间和仪式活动的设计，将传统婚礼文化中的情传承下去。柳冠中的“事理学”理论设计方法的本质是重组知识结构和资源。根据事物的表象深入分析事物背后的各种关系，将设计的实物放入整个大环境中来考虑，而不是只单一地着眼于事物本身，这是一种系统化和深入化的设计。同时，设计也不仅仅是单纯的设计，而是情感、关系等多方面的设计。传统婚礼背后的情，包括很多情感，这些情感蕴含在每个环节之中，也蕴含在每个器物的设计上。

从传统婚礼活动中我们可以挖掘出这些情感并以此指导中式婚礼空间的设计。洞房花烛夜作为人生四大喜之一，在这一天所有人都会为新人感到高兴，因此，婚礼空间和婚礼活动的设计要抓住“欢乐”这一主题，要表达出人们心中的喜悦。要想将婚礼空间变得喜庆，首先，要抓住中国人对喜庆的理解，在色彩上一定要红红火火，要适当运用吉祥图案，如喜字、喜鹊图案等。其次，在空间尺度上不应设计得太大，太大的空间会让人与人之间的距离变大，从而显得冷清、不热闹，但也不能太拥挤，太拥挤的空间会变得嘈杂，也不能带来愉悦的体验。

婚礼中的礼节表达的是一种重视，对婚姻的重视，对女方的重视，对亲朋的重视，这就要求婚礼空间的布置一定要庄重，风格要统一，不可混搭各种风格。婚礼现场的布置要精美、有秩序，单一物品的重复排列可以实现这种效果，如将灯笼重复排列。除此之外，一些细小物品也会让婚礼空间显得精美。

婚礼还是一种实力的展示，从八抬大轿到豪车接送，本质并没有变化。婚礼现场的布置是一种实力的象征，在不铺张浪费的前提下，婚礼的空间应该朝着大气、恢宏的方向设计，可以适当加大婚礼舞台尺寸，以整体思维设计婚礼空间。要有主次，要着重设计重点区域，要适当减去不重要的空间。抓住这些背后的情，再设计婚礼空间，就会有更明确的方向。

## 三、中式婚礼空间的可持续设计

中式婚礼空间的可持续设计最终还是要落实到具体的物上，要营造整个婚礼的空间氛围。婚礼空间既要庄重严肃，又要喜庆，同时还要具有中国特色。中式婚礼空间的设计包括空间布局、造型设计元素、材质以及色彩、平面元素符号等内容，通过创新设计这些内容，实现中式婚礼空间的可持续发展。

### 1. 空间布局

婚礼空间在功能分区上可以分为指引区、迎宾区、仪式区、宴席区四个部分。在划分四个区域时，可以遵循中国传统美学的构图方式，如周易所说的“阴阳对称”。这种理念无论是在北京故宫的设计，还是在四合院的布局中，都有所体现。它们采用的都是对称式的空间布局，这种秩序性的分割方式深受中国人喜爱，而且对称这一构图形式稳定、平衡，十分适合作为婚礼空间的划分方式。但是如果一味地按照传统方式分割空间，势必不能满足现代人的需求，因为绝对的对称和中轴线分割具有很强的约束性。现代社会环境很宽松，人们也更向往自由，所以在空间设计上也更喜欢灵动的空间，因此，中式婚礼空间的设计要在对称的基础上寻找非对称的美，可以运用形式美法则，达到空间的相对平衡，这样既能打破对称空间带来的约束，还可以给空间带来动感和活力。

### 2. 造型设计元素

中式婚礼空间的设计在各处的造型设计上要有所依据，首要的是仪式区的造型设计，仪式区的造型设计包括舞台造型设计和背景墙造型设计。主仪式区设计可以借鉴传统礼仪场景中的一些元素，在舞台设计上加入一些具有代表性的传统造型元素，如灯笼、红绸，以此烘托喜庆的氛围，传达出对美好生活的向往。但是这些造型元素的运用不能一成不变，只有对它们进行创新，才能满足现代人的审美需求，才能让它们更好地发展下去，如灯笼的设计，可以在造型上创新。灯笼不但可以以一种形式存在，而且可以设计成鱼形彩色灯笼，既有年年有余的美好寓意，又与传统灯笼造型不同。

除此之外，舞台的设计还可以加入中国传统建筑语言符号，如斗拱、山墙等这些设计语言符号。同样，这些造型元素也应该在原来造型基础之上创新，对元素的创新要求既要能看到过去的影子还要具有时代特色，通过创新让传统元素流传下去。

### 3. 材质以及色彩

传统婚礼空间的设计风格应为中式风格，在材料的选择上也应该选择具有代表性的材料。

木材作为中国传统建筑和装饰材料，具有沉稳、含蓄的特点，在婚礼空间中应多采用木质材料。在色彩的选择上，应该以红色为主，配合金色、蓝色以及黑色，要注意色彩在明度、纯度和面积上的配比，要具有美感。

### 4. 平面元素符号

婚礼平面元素的设计要借鉴传统文化符号。传统婚礼元素按其寓意主要可划分为喜庆吉祥类元素、婚姻和谐类元素、祈生盼子类元素和男女欢喜类元素。对传统元素进行提取再设计，可以让这些符号更好地传承下去。这些传统元素原来常常以剪纸和绘画的形式出现，十分单一，在今天已很难满足人们的审美需求。如何让传统婚礼元素变得有特色是设计的关键。我们可以用现代的设计语言表现传统元素，如将其 Q 版化。可爱新颖的 Q 版形象可以让传统平面元素符号焕发新的活力，关键是 Q 版化后的传统婚礼元素符号保留了原有的中国特色，可以让传统的平面元素可持续地发展。

## 四、中式婚礼空间的智能化设计

智能化的设计涵盖各行各业，智能化以其先进的技术带给人们可持续的生活方式。全息影像技术是科技发展的产物，它涵盖了信息储存技术、激光显示技术等多种技术。将这项技术应用在中式婚礼中，能够营造出任何想要的空间氛围。将全息影像技术应用于中式婚礼空间，不仅能够带给参与者更好的体验，还能减少道具的使用，节约了成本，同时也保护了环境。

### 1. 全息投影技术介绍

全息投影技术分为空气成像、激光成像、全息屏成像、全息投影幕成像几种类型。其中适合在婚礼空间中使用的是全息投影幕成像技术和全息屏成像技术。全息投影幕成像技术的幕布为半透明结构，由纳米组件和彩色滤光板结晶体组成，可以同其他设备配合使用。全息投影幕的类型可分为 180°、270° 和 360° 全息成像系统。全息屏成像技术是美国加利福尼亚大学的研究人员发明的一种 360° 全息显示屏，它的特点是对图像进行数字化处理，并通过投影设备再现，与全息投影幕成像技术不同的是，它的幕布由高速旋转的镜子组成。

### 2. 全息技术的应用案例

全息投影技术问世以来，受到人们广泛关注。在 2017 年第 13 届全国运动会的开幕式中，全息投影技术大放光彩，人们开始感受到裸眼 3D 带来的视觉冲击。舞台剧《三体》也同样采用全息投影技术，实现了裸眼 3D。全息投影技术在婚礼空间中已经开始运用，利用全息投影技术打造一场十分梦幻的婚礼已不稀奇。深圳一家科技公司就利用全息投影技术设计了一场婚礼。这场婚礼采用全息膜成像技术，即在舞台面前搭建一块全新幕布，然后用投影仪从不同角度进行 3D 投影，最后投影与场景完美融合，形成的场面十分震撼。全息投影技术不仅可以形成梦幻的视觉效果，还可以代替现实道具，如全息婚纱，新娘只需要穿一件白色的裙子，站在指定位置，工作人员便可将设计好的婚纱样式投影到新娘身上。

### 3. 全息婚礼场景搭建

全息婚礼场景的搭建需要的仪器设备有 1000 流明的投影仪器、服务器、全息纱幕、快速拉幕机、高清素材。婚礼场景的搭建需要分为以下几步：第一，需要安装投影设备，根据舞台大小选择合适的设备；第二，对投影内容进行建模设计，通过数字技术和硬件设备完成全息投影；第三，进行模拟实验，确保模型和设备的可使用性。

全息影像技术引入婚礼场景的设计是一种新的尝试，同时也是婚礼行业的发展趋势。与传统婚礼相比，全息影像可以代替实物的设计，这种节约成本、没有污染、前景良好的技术有助于中式婚礼长远地传承、发展。

## 结语

中式婚礼文化作为宝贵的精神财富，很有必要传承下去。但传承不代表复古，将中式婚礼背后的情传承下去，才是当今设计师真正应该做的。本文通过对中式婚礼文化和空间的研究，并通过现代的设计手法，为中式婚礼空间的空间布局、造型设计元素、材质以及色彩、平面元素符号提出创新方案；同时，对智能化婚礼空间进行研究，提出将全息投影技术运用到中式婚礼空间中，旨在为中式婚礼的可持续发展提供一个有利的解决方案。

## 参考文献

[1] 刘新．可持续设计的观念、发展与实践 [J]. 创意与设计，2010（2）：36−39.

[2] 王闻道．明清时期传统民居室内陈设艺术设计研究 [D]. 保定：河北大学，2009.

[3] 张予珂．浅谈中国传统婚礼场景布置到现代婚礼空间设计的沿革 [J]. 明日风尚，2016（15）：61−62.

[4] 柳冠中．设计事理学：工业设计的中国方案 [J]. 文化研究，2020（4）：182−190.

[5] 龚月茜．传承与变革—— 传统礼仪视角下的中国现代婚礼空间营造 [D]. 南京：南京艺术学院，2019.

[6] 刘毅．传统婚俗元素在现代婚庆用品包装中的应用研究 [D]. 株洲：湖南工业大学，2015.

[7] 陈亚豆．全息技术在中国婚礼场景道具设计中的应用 [D]. 昆明：昆明理工大学，2019.

[8] 冶进海．变革中的视听媒体发展格局与传播形态 [D]. 西安：陕西师范大学，2016.

# 30 当代中国环境艺术浅析

原载于：《新疆艺术学院学报》2011年第1期

【摘　要】鸦片战争以来，中国的传统文化一直受到西方文化和苏联文化的影响，这种受多方面影响的文化使设计界也呈现出多元发展的新局面，同时也出现了一些片面西化的趋势。本文主要探讨在当代西方思潮的冲击下，中国环境艺术发生的巨大变化，以及中国环境艺术如何保持自身的特色，既能够积极汲取现代科技发展带来的种种成果，又能继承发扬中国的传统文化，走出一条适合中国本身的设计发展道路。

【关键词】当代；西方；中国；环境艺术

东西方哲学有着不同的思维方法。西方哲学是以命题的形式推理演化，以严密的逻辑分析为基础；而东方哲学则弥漫在虚无缥缈的氛围当中，"道可道，非常道；名可名，非常名"，它传达的就是一种模糊的只可意会不可言传的理念。庞大的哲学体系背后引导的是不同的设计立场和美学立场，但是随着科技的发展，东西方文化交流逐渐加深，设计美学准则也开始相互渗透，朝着多元化的方向发展。

## 一、当代中国环境艺术设计现状

张法先生认为：中国从鸦片战争开始就一直受三种文化势力的影响，一是有着几千年历史的传统文化；二是同样有着几千年历史并率先进入现代化的西方文化；三是融合着马克思主义的苏联文化。

鸦片战争以前，中国一直秉承东方独特的哲学理念，道家尊崇的"天人合一"，"易"学追求"仁者乐山，智者乐水"，中国古代的奇门八卦，以及佛教十二宗之一的禅宗思想，都传达出"师法自然、尊重自然"的主题，对中国环境艺术的发展产生了重要影响。中国传统重写意、轻写实的思想也表现了人对自然的畏惧和尊重。1840年以后，这种设计理念逐渐被西方现代文明取代，形形色色的设计理念，让中国设计界应接不暇。西方现代主义的建筑在中国已经成为主格调，而具有中国元素的现代建筑，除了偏远地区的民居，已屈指可数。北京作为几代帝都和今日的中国首都，它是古老的，也是中国古典文化的代表，是中国历史和现状的缩影，经济文化的发展却将它变成一个"五味瓶"，它的文化意蕴被悄无声息地打破、同化、遗忘了。还有很多有特色的古城镇、文化遗迹，但是在现代文明的冲击下，它们也逐渐丧失了原有的特点。

中国的设计在当代很少有像西方一样属于自身文明繁衍出来的建筑环境设计概念和形

式，对西方的盲目崇拜，使得在中国随处可见“混血儿”的诞生。国外建筑师看到中国建筑师的中国现代建筑时感到很困惑，他们或认为一些在我们看来很新颖的建筑已经过时，或者认为它们根本与中国的现状不相符。中国当代设计正处于传统与现代的困境之中。

## 二、中国当代设计困境产生的原因

中国当代设计局面的产生与其历史发展是分不开的。1840年后，中国对待西方新鲜事物的态度逐渐由鄙夷、猎奇到接受、欣赏和追崇，审美趣味上发生改变，建筑、服饰、包装等各方向的设计思想明显受西方设计理念的影响，传统设计元素逐渐淡化。近现代社会工商业的发展、新材料和新技术的引进，对建筑形式和城市环境发展提出了新的需求。中国一直处于不断调整和融汇创新的过程之中，“关于民族与世界、传统与现代的论证也成为始终贯穿中国建筑发展的一条主线和核心问题”。但是受西方各种流派的影响，中国设计界一直是被动适应而不是主动创造性转化，中国环境艺术设计局面不景气是因为缺乏现代性的理论指导和先进的建造技术、建造材料。20世纪90年代至今，技术有所改进，但是缺少原创精神和粗糙的地域性特征，加上现代多元化建筑理念的冲击，不了解西方现代文化及美学产生的背景，没有专门的理论作为指导，导致中国设计界的盲目模仿。我们只有了解并理解西方设计理念的发展历程及文化背景，才能找出其作品的真正内涵，并为自己所用。

西方在“二战”后，加大对建筑与环境的研究，其建筑、室内以及景观设计大多数是为了迎合战后工业化大生产、经济复苏而产生的。遵循几何形体和纯净主义美学的现代主义，便是这个时代的产物。它讲求功能至上，经济适用。随西方经济飞速发展，其环境艺术也呈现一种多元的态势。如突出当代工业技术成就，并在建筑形体和室内环境设计中加以炫耀，崇尚“机械美”，在室内暴露梁板、网架等结构构件以及风管、线缆等各种设备和管道，强调工艺技术与时代感的“高技派”；由于反对现代主义建筑的空间尺度，纯几何理论和纯净美学主义，带给人冰冷的非情感空间而产生的后现代主义。“后现代主义建筑”的产生，正是意图打破现代主义“二元论”的统治，追求一种田园乡村的生活，乡土亲情与人性的自我回归意识，这与古代中国的审美观念相结合。

对当代西方设计理念的一知半解，以及对西方的盲目崇拜，导致我们对后现代主义设计理念的曲解，一些人误以为后现代主义建筑就是现代的设计加上某些传统的重要特征所形成的样式，这就是世界建筑的发展趋势。这种片面的理解导致国内设计师走向了试图用折中主义迎合大众趣味的道路。

## 三、正确处理中国环境艺术与西方设计理念的关系

随着东西方文化的进一步交流，更多的西方设计理念涌入，它使中国设计理论界开始反思当代环境艺术的现状、中国环境艺术发生的巨大变化，以及中国环境艺术如何保持自身的特色，既能够积极汲取现代科技发展带来的种种成果，又能继承发扬中国的传统文化，走出一条适合中国本身的设计发展道路。

### 1. 正确理解全球化与民族性设计，尊重设计知识的多元性和包容性

民族形式作为一种精神原型和心理图式，几乎成为中国设计师思考和设计的起点，它更多的是指文化内涵，即隐藏于外在建筑形式背后的价值观念、思维方式、哲学意识、文化传统、审美情趣等。全球化导致建筑文化的国际化和城市空间环境设计的趋同现象是有目共睹的，设计师应正视这种多元发展的现象，探索新的规律。在各种知识理论的矛盾冲突中才能印证和反思自身的不足，找到超越和更新自身知识的新起点。

西方的环境艺术从古典到现代再到后现代，以一种批判继承的道路向前发展，从未与西方传统脱节，后现代重拾古典，强调传统和历史主义的同时却没有真正走向复古主义。中国当代建筑师正要学习当代西方的设计思想，而不是纯粹地照搬西方，更不应持有“存在即合理”态度，把当代中国的环境艺术完全置身于当代纷杂的设计思潮之中。

### 2. 尊重传统与自然，关注设计的人文性和可持续性

当代环境艺术设计遇到的最大难题就是环境污染严重。今天，如何更好地利用现代的设计方法保护环境，成为我们研究的重要课题。

从中国传统民居的发展史上，我们可以总结出中国传统建筑环境设计，依据当地的气候条件，在长期的发展过程中积累丰富的适应自然环境的经验，并形成别具特色的地域文化。岭南文化就是这其中最具特色的代表之一。岭南地区的气候属于夏热冬暖类型，又属于湿热气候范围，当地居民在长期的居住实践中结合中原文化和当地气候，形成了既能很好地适应当地气候条件又能反映岭南社会文化特征的优秀建筑模式（图 1）。从通风遮阳到防潮排水再到防寒防虫，绿化都与建筑环境设计紧密结合，最大限度地降低能耗，实现保护环境的理念。投入成本极高的高技术生态方式，固然给我们提供了室内环境，但是它对环境造成的污染也是无法弥补的。

图 1 岭南建筑中与建筑造型融为一体的遮阳构体

但是，现代环境设计都需要高技术、高能耗、高消费来支持，中国传统的与自然和谐共处的居住理念已经逐步消失。大量新型建筑环境脱离历史，成为反传统、反地理、反气候的“病建筑”“丑建筑”。因此，在能源危机的今天，我们有义务挖掘传统民居带给我们的宝贵经验，使之能够拥有更大的发展空间。

## 结语

环境艺术是一种具有实用性、地域性、技术性、总效用和公共性等多元统一的社会综合体，我们固然不能单纯地依据现代主义“非此即彼”的二元统一论，也不能直接复制中国的传统形制，而应当找到一种符合中国本土文化的设计方法。日本建筑师黑川纪章指出，只有把看

不见的传统，一种传统的真正内涵被运用到现代建筑当中，才能体现出文化的意味和建筑的多样性。只有尊重设计的多元性，以新的设计材料和技术适应新的设计形式，才能达到中西方文化实质性的融合。

## 参考文献

[1] 方晓风. 建筑风语 [M]. 北京：中国水利水电出版社，2007.
[2] 张法. 对中西美学比较的几点思考 [J]. 南方社会科学，1991，(5)：83-87，39.
[3] 刘月. 中西方建筑美学比较论纲 [M]. 上海：复旦大学出版社，2008.
[4] 薛娟. 中国近、现代环境艺术设计史 [M]. 北京：中国水利水电出版社，2009.
[5] 汤国华. 岭南湿热气候与传统建筑 [M]. 北京：中国建筑工业出版社，2005.

# 31 现代居室空间中植物景观的功用研究

原载于：《山东林业科技》2011年第1期

【摘　要】随着经济增长和人们生活水平的提高，人类对居住环境的要求也越来越高，追求舒适与健康的环境成为倍受关注的主题。植物景观不仅是美化居室空间、调整空间和辅助表现空间的一种手段，更重要的，它是居住者充分体验生机之愉悦、情感之升华过程的一个重要载体。

【关键词】植物景观；居室空间；功用

植物本身具备丰富的色彩，形态优美。植物景观除了有美化环境的功效外，还会影响到人的身心健康。随着地球上资源减少、环境污染、人口增长、气候恶化等问题的出现，身心疲惫的现代人以较以往更大的热情渴望自然，希望生活于近自然的环境中。绿色人居、和谐生活成为近来社会提倡的生活方式，具有绿地景观生态系统的居住区便成为人们择居的首选地。居室空间中植物的摆放以及搭配的方法也成为热点。因此，设计师要把握好植物不同的物理特性和精神表征作用，根据居室的装饰风格和空间关系，科学地安置和搭配植物，使植物景观不仅为家居设计添彩，更能成为主人体验自然之奇妙的精神伴侣。概括来说，植物景观在居室空间中的功用主要有以下六种。

## 一、美化居室环境的功用

植物本身充满着生机，它以不同的形态、肌理和不同的色彩表达着自然之美。要充分利用植物进行装饰，应掌握好它的形态、肌理和色彩等本身的特征，这样才能起到更好的装饰观赏的效果。经过精心设计与施工，植物景观常常可起到强调、衬托、完善和柔化室内环境等作用，再配以与灯具、织物和小品等的巧妙结合，常能具有很强的艺术感染力和综合艺术效果，可以强化主题思想的体现，加强某种特定环境气氛的形成，甚至可以成为室内环境中的视觉中心，给人美的享受。形状、色彩、质感等相近似的室内植物景观常有助于形成统一感，有利于构成良好的视觉背景，对于衬托室内空间的主体形象具有重要的作用。

例如，起居室、餐厅里面的植物可以选择形态优美、色彩对比强烈的品种，这样可以使人保持良好、愉悦的心情，从而进行休闲和就餐等活动。起居室的植物布置要突出重点，力求美观、大方、庄重，同时切忌杂乱、数量过多，注意和其他装饰用品的色彩相协调。在一些比较大的空间里，可选一些大型植物，如孔雀木、万年青或巴西铁树等，这些植物的叶子比较繁茂，可以在夏日给家居生活带来丝丝清凉。书房的植物则宜选择植株较小、色彩淡雅的绿色观叶植物，如虎尾兰、三角梅等，使伏案者消除疲劳，在学习和工作的过程中能体验到平静、舒适的心境。办公空间的植物选择要注重造型特点突出、色彩鲜明的品种，以便给人留下深刻印象，尤其是接待大厅内的植物要大气、庄重和醒目。

植物形态美所具备的美化环境的功能与生俱来，是其他装饰品所不可比拟的。例如，门厅里靠墙角的地方可摆些暖色的大叶植物，表示对来客的热烈欢迎，如观音竹。客厅的墙角、餐桌边、沙发转角处，可放一些瘦高的植物，人为修剪过的更好，如棕竹。书房里可布置盆景、吊兰，显得清雅，气氛十足。

植物不仅形态美，还有深厚的色彩意蕴。中国植物的色彩也和传统的“五行”观念有关，且具有调节阴阳平衡的功能。设计得当，则可调整环境，陶冶情操，颐养身体。例如，中国古典园林中临水的区域通常配以低明度的植物，如黑色的松柏、蒲桃、旱莲等，用以调节人体的肾部，而用于调节心脏和神经的是五行中属火的红色系列植物花卉，如火石榴、木棉、象牙红、枫、红桑、红铁、红草、红背桂等。调节肺部的植物，可用五行中属金的白色系列植物，即树皮白、花白或叶白的植物，如白千层、柠檬桉、九里香、白兰、络石、白睡莲、冰水花等。调节肝部的植物，可用五行中属木的绿色系列植物，如绿牡丹、绿月季及大量的绿色林木。调节脾胃的植物，可用五行中属土的黄色系列植物，如凌霄花、黄素馨、金桂金菊、黄钟花、黄玫瑰等。

## 二、生态环保的功用

在居室内放置一定数量的植物，使室内形成一个绿色空间，居住者宛如置身于大自然之中，不论学习、工作还是休闲，都能体会到心旷神怡、悠闲自得的感受。

绿色植物是天然的空气净化器，有关研究资料表明 1 千米$^2$林木每天会吸收二氧化碳 1 吨，释放出氧气 0.73 吨，足见绿色植物在吸收有害气体、净化空气方面的功效。有的植物还具有对声波产生反射和吸收的特性。现代科学实验证明，绿色植物所具有的这种生态功能，有利于人体健康，有利于人类生存。不少室内植物具有比较茂盛的枝叶，可以起到吸收有毒气体、过滤空气和吸附尘埃的作用。许多植物还能向空气中分泌出一种具有杀菌性能的挥发性有机物质，有利于杀灭室内空气中的细菌。绿色植物在进行光合作用时，会蒸发或吸收一部分水分，这就使它在一定程度上具有类似调湿机的功能：在干燥季节时，可以增加室内的湿度；而在梅雨等多雨潮湿季节时，可以适当降低室内空气中的水分含量，从而能在一定范围内调节室内空气的湿度。

植物，特别是大型的观叶植物，具有繁密的枝叶，可以遮挡部分阳光，吸收一部分阳光和热量，也可以吸收一部分紫外线，从而起到遮阳和调节室内温度的作用。同时，茂盛的枝叶对于声波的反射和漫射亦有一定的影响，有利于降低室内噪声，保持良好的听觉环境。

此外，在现代建筑内部，冬天常关起门来供暖，夏天则启用空调，结果导致空气中正离子浓度偏高，会使人感到头晕和胸闷，而植物能有助于正负离子的平衡，使人感到舒适。例如，吊兰、一叶兰、虎尾兰是天然的清道夫，可以清除空气中的有害物质；兰花、花叶芋、桂花等植物的纤毛能截留并吸滞空气中的飘浮灰尘；玫瑰、紫罗兰等芳香花卉产生的挥发性油类具有显著的杀菌作用。

## 三、丰富室内空间的功用

和谐搭配植物能更好地调整居室的布局和结构。根据植物的本身特性，结合居室空间布置，能更好地体现居室设计的层次感。

首先，植物起到分隔空间的作用。可在一些比较大的居室空间里灵活布置植物，根据需要分隔空间。如用植物取代屏风和隔断的使用，既起到分隔的作用，又能装饰环境，显得比较亲切、自然。

其次，利用植物可以自如地联系室内各个空间，特别是在两个居室空间中的转折、过渡、改变方向的地方，更能发挥其联系引导的作用。例如，在楼梯或转角的地方放置一盆植物，可以通过对视线的吸引，起到暗示的作用，使人倍感愉悦。

最后，植物对于居室空间中特殊区域也可以起到突出重点的作用。例如，在阳台入口处、楼梯口、走道尽头等节点，通常放置一些醒目的、富有装饰效果的植物或者花卉，可其起到强化和突出重点的作用。如石榴、金橘等一些观果植物，月季、菊花等观花植物，松柏、杉树等小观叶植物，均可根据个人的喜好加以选择。另外，要注意在利用植物美化居室空间的同时，根据居室空间的面积和功能分区，以及对居室空间局部的呼应关系，进行植物装饰，方能各得其所、相得益彰。

## 四、陶冶性情的功用

室内植物景观的表现形式亦是多种多样的，最常见的有盆栽、盆景、插花和瓶中小景等。植物景观还可以使人获得回归自然、松弛精神、得到心理和精神平衡的快感。现代心理学的研究指出，室内植物能够松弛人们的精神。当人们经过紧张的工作学习之后，室内植物可以使视神经得到放松，减少对眼睛的刺激，并且使大脑皮层受到良好的刺激，有助于放松精神、消除疲劳。根据心理进化论的观点，人类对大自然所展现的最表层、直接、第一的反应是情感上的，不是认知上的，在情感反应的基础上，才有了思维与记忆、意识与行为。因此，室内有绿化的环境给人的情感感受更强烈，能影响人的精神状态。如现代建筑的中庭常用竹林等植物进行绿化，当人们徜徉在丛丛青翠欲滴的翠竹中，地面洒满斑驳的竹影，或闲坐竹下，洗尽一天的疲劳，不由自主地吟出苏东坡“宁可食无肉，不可居无竹”的佳句，从而欣赏竹子秀丽挺拔、高风亮节的风姿，品味其坚韧不拔、奋发向上的品质和情操，汲取其精神力量。

现代社会，竞争激烈，人们的压力很大，很多人感到压抑，情绪低落。鲜活而清新的植物能调节人的情绪，当你心情不好时，可以放一些鲜艳的、色彩浓烈的花卉，它们会使你精神活跃、心情愉快，驱除不良的情绪，改变自己的心态，如牡丹、玫瑰花、兰花等。书房这样的环境，可以选择一些常年绿色不败、叶茂茎粗、挺拔易活，看上去总是生机勃勃、气势雄壮的植物，如巴西木、棕竹、富贵树、阔叶橡胶等，可以调节气氛，令室内健康祥和。山茶花、小桂花、紫薇花、石榴、凤眼莲、小叶黄杨等可以缓慢地吸收环境场中对人体有害的气体，也是家居中常用的植物。

## 五、趋利避害的功用

古往今来的人们通过经验来进行植物景观的取用，甚至利用它们来达到某种愿望。风水学认为植物有凶有吉，现代科学也已经证明并不是所有的植物都适合家族养护，一定要有目的、有选择，不要乱用，因为有的植物对人体有害，如黄杜鹃、一品红、虞美人、五色梅、洒金榕、马蹄莲、万年青、南大竹、含羞草、铁海棠、红背桂等，这些植物流出的汁液有毒，若误食或误入眼睛对人有危害。夹竹桃的花朵有毒，花香容易使人昏睡，降低人体功能；郁金香的花朵有碱，过多接触易使毛发脱落；夜来香在晚间会散发大量刺激性很强的带苯微粒，久闻使人头晕，对患有高血压和心脏病的病人危害很大；百合花香气较浓，吸多了会令人过度兴奋，导致失眠；洋绣球散发的微粒会使人皮肤过敏瘙痒；万年青含有一些有毒的酶，汁液对人的皮肤有强烈的刺激性，若幼儿误咬一口，会引起咽喉水肿，甚至令声带麻痹失音。有些植物白天释放氧气，夜间与人争夺氧气，还有一些植物具有促癌作用，如曼陀罗、三梭、红凤仙花、剪刀股、阔叶猕猴桃等，所以，选择植物时一定要了解清楚。

古人还认为植物的形状，尤其是一些木本植物的树形也有吉凶。古人主张端正方园，对称均衡，因而对植物栽培总体要求可以概括为：健康而无病桩，端庄而妖奇。形状不好的怪树、枯树、斜枝、死树、病树等都是忌讳的。古人往往根据植物特性、象征寓意甚至谐音来确定吉树，如棕榈、橘树、竹、椿、槐树、桂花、灵芝、梅、榕、枣、石榴、葡萄、海棠等植物为增吉植物，桃、柳、艾、银杏、柏、茱萸、无患子、葫芦 8 种植物有化煞驱邪作用。菊、橘与“吉”谐音，有延年益寿，增加福分的象征，长寿菊、大波斯菊、盆栽柑橘都适合放在家中，尤其是橘更是家庭常用的增财、趋吉祈福摆设。水仙花有避邪除秽、吉祥如意之象。

## 六、明德宣教的功用

中国人自古以来就将修身养性和道德教化的目的与家居环境设计紧密相联，并相互倚赖。不仅是“图必有意、意必吉祥”的各种装饰构件、象征纹样，而且不论是民间或是朝廷，处处都追求“吉祥”，但凡植物的形、音、义中的任何一项能显示某种喜乐、安康、祥和、吉庆的，都被认为是珍贵的植物。这种寄情于物的习俗既显示出人们对美好生活的希冀和关乎人生态度的激励，也在潜移默化中起到了明理宣德、教育心理的作用。

譬如对于富贵的祈盼，许多家居环境中采用富贵竹、牡丹等植物景观。牡丹是中国名贵花卉，因色彩丰富、浓郁芬芳、高贵不俗而有“花中之王”的称号和“国色天香”的美誉，在装饰图案中象征富贵。对于个人修养，则更多的是用梅、兰、竹、菊“四君子”，像菊花常用来装饰在书房家具中，宋周敦颐《爱莲说》中言“予谓菊，花之隐逸者也”。后来历代均把菊花誉为隐士。其他常见的植物花卉类有灵芝、葫芦、葡萄、柿子、佛手、桂圆、石榴、万年青、常春藤、松、柏、竹、梅、菊、牡丹、莲花、兰花、桃花、玉兰、海棠、水仙、山茶、月季、萱草、合欢花等，不一而足。

这些植物景观不仅可以美化视觉感受，而且是中国人精神生活中须臾不能离开的媒介物，它们似乎时时提醒家居主人克己复礼、淡泊清高抑或忠孝节烈，更可以表达各种吉祥寓意，成为人们的精神支柱，同时也是为了教育子女和家人养德养心，从而使整个家庭祥和富贵、子嗣昌盛。

## 结语

绿色植物是大自然创造的生命精灵，生命感是它们美感的基础，要合理地使用和培育、配置它们。绿色植物在现代家居文化中作用非凡，可美化环境、改善环境、怡情添色，而且给人以心理安慰，人们已经须臾不能离开它们。回归自然、关注健康、提高精神品位，是设计师们所面临的重大课题。居住环境的空间虽小，设计构思的余地却很大，其中一个重要的原因就是植物景观的种类多、组合巧。设计师要将它们合理运用，才能更好地为人们的精神生活服务，为人们营造出非常优美、舒适、健康和可持续发展的居室环境。

## 参考文献

[1] 王立红．绿色住宅概论 [M]. 北京：中国环境科学出版社，2003.

[2] 李军．中国风 [M]. 南京：南京林业大学木材学院，2003.

[3] 张品．环境设计室内设计与景观艺术教程室内篇 [M]. 天津：天津大学出版社，2006.

[4] 来增祥．室内设计原理 [M]. 北京：中国建筑工业出版社，1999.

[5] 李百战．绿色建筑概论 [M]. 北京：化学工业出版社，2007.

[6] 陈洋．室内环境与构造设计 [M]. 西安：西安交通大学出版社，2002.

[7] 欧阳英，潘耀昌．外国美术史 [M]. 北京：中央美术学院出版社，2001.

[8] 薛娟．居以养体 [M]. 济南：齐鲁书社，2010

[9] 汤留泉，王勇．现代居室装修全程指南 [M]. 北京：中国电力出版社，2006.

[10] 刘曼．景观艺术设计 [M]. 南京：西南师范大学出版社，2002.

# 32 生态设计和整体设计在室内设计中的应用

原载于：《艺海》2013 年第 6 期

【摘　要】室内设计、生态设计、整体设计三者之间有着密切的联系，生态是整体环境中的生态，整体环境又影响生态设计的实现，对环境的尊重是生态设计的首要前提，设计师在强调设计的功能性与装饰性的同时，也应该结合大环境进行系统的整体设计。

【关键词】室内设计现状；生态设计；整体设计

人不仅有物质方面和精神方面的需求，还有生存发展、休养生息和享受健康、安全、舒适、快乐的生态需求。室内设计的标准也就相应地有了新的变化与定位，除了表面上的美观、豪华或精雅，更多的是把它的环保性和安全性做到位，设计师还要考虑健康和道德等因素，力求做到室内设计的整体化。

## 一、中国室内设计现状

室内设计作为一个新兴发展的领域，随着社会的发展、科技的进步、传统到现代的演变，它的设计方法、设计风格、设计流派等变得多种多样。目前这门学科的发展还处在初级阶段，在材料的运用、工艺技术的创新、设计理论的完善等方面都不成熟，作品大多是照搬或照抄，模仿西方，追求豪华绚丽、珠光宝气。比如，沿海地区的城市，受到外来设计思想的影响很大，呈现在人们眼前的大多是欧陆风格的装饰设计，缺乏设计的文化性、本土性和创新性。设计师为了追求自身的利益而忽略了人们的利益，更多的是在浮躁的环境中没有思考地做设计。纵观全国建筑室内设计，生态问题还没有引起足够重视，设计功能单一，材料后期不易分解，对环境造成污染，室内生态设计仅仅停留在理论框架上而缺乏广泛的实践，这些问题值得业界关注。

## 二、室内设计与生态设计

气候变暖、冰川融化、地震洪灾等，不得不使人们反思，为了生存，人要顺应自然。同样，人们在激烈的竞争和快节奏的生活下，浮躁不安的精神世界在寻找着曾经的宁静与安逸。于是，人们对室内外环境的设计要求生态、环保、自然、简朴。面对未来，人与自然和谐相处，可持续发展是生态设计的基本出发点。

### 1. 生态设计的内涵与原则

张绮曼教授曾说，“诺亚方舟放飞的鸽子，衔回来的是一枚橄榄枝”。可以看出，进入新世纪，绿色走进了我们的生命。“生态设计（Ecological Design）是20世纪中后期出现的一股国际设计潮流，反映了人们对于现代科技文化所引起的环境及生态破坏的反思，同时也体现了设计师道德和社会责任心的回归。”人为设计是生态设计的根本方法，运用它来优化人们的生活环境，对已经遭到破坏的人类生存环境做出补偿，并遵循着生态设计的原则来设计既尊重自然又符合大众品位的作品。现在的很多设计，环保、生态因素只是出现在后期成品上，而应该是整个设计过程的每一个环节和细节都充分利用绿色概念，甚至利用电脑辅助设计可以节省草稿纸张这样极端的细节都应被提出来。于是，后期生态设计的总体原则注重的是全方位地关注、保护环境，尽量使用当地材料以减少运输中的能源消耗，产品包装要全部回收再利用以减少垃圾的产生和资源的浪费等。

### 2. 室内设计中的生态设计

“室内生态设计是生态学与室内设计学相结合的产物，其设计应以可持续发展为目标、生态学为基础、人与自然和谐为核心、现代科学技术为手段，促进高效、文明、健康、舒适、可持续的人居环境。”它的原则主要体现在两个方面：一要提高人们的生活质量，满足人们日常生活的需求；二是人们要控制自身的行为活动，不要使这一需求超过自然的承受能力。室内生态设计的基本思想是以人为本，为人类创造舒适优美的生活、工作环境并最大限度地减少污染，保持地球生态环境平衡。它与以往的设计思潮有所不同，主要体现在三点，即注重生态美学、提倡适度消费、倡导节约和循环利用。其特点主要表现在以下几个方面：

首先，以人的健康为中心，追求环保利益最大化。人的健康是室内生态设计理念中最为核心的要求，这里的健康不只是身体健康，也包括心灵的健康。优秀的设计方案应以人为中心，自然环保，减少物理、化学等因素对环境的污染，给人们营造的是快乐、轻松、安全的生活环境。

其次，以满足人的需求为目标，尽可能实现节能最大化。室内生态设计要让人们生活在温馨舒适的环境中，为人们提供合理的室温，并尽量利用可再生资源与能源来满足人们各方面的需求，减少对煤、石油、天然气等能源的消耗。比如，在北方的室内设计中要充分考虑到热量的流失与发散问题，根据冬夏季节的冷热散失情况，综合性地设计室内的保暖防寒设置。

最后，追求人性与自然的完美结合。在室内生态设计中，首要目标是人的安全健康、自由意识和对人性的要求，主旨是对大自然的保护，设计中尽量避免对自然的伤害，人要认清自己是大自然中的一员，而非万物的主宰，最终实现人与环境的友好性设计。

## 三、室内设计与整体设计

生态建筑学大师伦佐·皮亚诺说：“人，应该、必须、也只能绿色地栖居在这个蓝色的星球上。”关于整体设计的认知，国学大师季羡林先生也曾说，东方哲学思想重综合，就是“整体概念”和“普通联系”,即全面考虑问题。钱学森先生也说,21 世纪是一个整体的世界。因此,设计时要把握好整体与局部之间的关系,以便全面正确地做好整体设计,重视它在现实中的地位和价值。

### 1. 整体设计的内涵

对于生态整体主义的最早起源,可以在古希腊的“万物是一”“存在的东西连续不断”等上面找到答案,它强调把人类的物质欲望、经济的增长、对自然的改造和破坏限制在生态系统所能承受、吸收、降解和恢复的范围之内。生态整体主义主张控制人类的物质欲望、限制经济的无限增长,为的是生态系统的整体利益,而生态系统的整体利益与人类的长远利益和根本利益是一致的。如果不能超越自身利益而以整个生态系统的利益为终极尺度,人类不可能真正有效地保护生态并重建生态平衡,不可能恢复与自然和谐相处的友好关系。因此,现在(包括未来)的建筑环境设计必然是走向自然、生态、节能、人文等方面的整体设计。

### 2. 室内设计中的整体设计

泰戈尔说,艺术的真正原则是统一的原则。统一就是把零散的东西归置于整体。在建筑与室内空间设计中,如果做不到整体设计,就很难做出符合人体工程学的装饰尺度,也不易创造出和谐的空间环境氛围。在日用器物的产品造型设计中,如果没有整体意识,那么摆在人们眼前的是既不实用也不美观的造型。一件完美的古典主义雕塑:比例协调、造型优美、语言表情丰富、细节表现到位、整体感好,这样的雕塑艺术品应该放到有浓厚艺术氛围的环境中,但却把它放置在高速公路边的草坪上,坐在车里的人们是不可能有时间去欣赏它的。这就说明,在最后的布置上,设计者缺乏环境空间的整体意识,本来很好的一件艺术品,就因为放错了地方而没有实现雕塑自身的艺术价值。现实生活中,因为没有环境整体意识而造成的失败之作比比皆是。

建筑室内设计与景观设计的一体化趋势,从根本上体现了设计师对人与自然和谐关系的认识。比如,日本的榉树广场,它的最大特点是被抬到二楼行人广场的巨大绿地,这块绿地充分体现了“空中森林”这一广场的创作主题。广场由周围的各种设施和通道相互连接,在承受人流量的同时,还在“森林”中设置了大草坪和木质座椅等,成为游客的休息场所。这里既是供人们休闲歇息的地方,又是城市的“热闹”中心,形成了两个具有相反意义命题的共存与平衡。设计创意的“天空的森林”,意味着向宇宙托起的绿色大地。这些优秀的设计值得我们学习、借鉴,设计要全方位地考虑空间的功能要求,不能因为某个局部而影响了整体。

## 结语

目前,室内设计的生态化和整体化处在初级阶段,很少做到尊重自然,设计状态也是枯燥无味的。但是,时代的发展丰富了人们的思想,好的设计形式和方法等着人们去挖掘。室内设计、生态设计、整体设计三者之间有着密切的联系,生态是整体环境中的生态,整体环境又影响生态设计的实现，对环境的尊重是生态设计的首要前提，在强调设计的功能性与装饰性的同时，也应该结合大环境进行系统的整体设计，这样才有可能做出完整、协调的设计作品。

## 参考文献

[1] 朱上上 . 设计思维与方法 [M]. 长沙：湖南大学出版社，2010.

[2] 夏海山 . 城市建筑的生态转型与整体设计 [M]. 南京：东南大学出版社，2006.

[3] 刘芝兰 . 初探室内生态设计 [J]. 才智，2008（15）：231−232.

# 33 初探当代中国城市建设的生态美学之路

原载于：《建筑知识：学术刊》2015 年第 B01 期

【摘　要】生态美学是随着美学的深化与发展而来的学科，它是用生态学的知识与理论来观照当代人类以及万物的生存状态。观照当代中国城市建设的发展，我们必须不断建构更全面的建设理念走出当下困局。作为整体论发展的生态美学，更多的是关注自然与生命，这正是现阶段进行城市建设的有力指导。

【关键词】生态建设；生态美学；审美

当下中国城市建设正在积极进行，而人们却渐渐感觉到生活乐趣的丧失。其主要原因是人类进入工业社会的时间极短，而人类的进步远远超过了相对时间，征服自然的步伐过快造成自然的失衡，特别是在城市发展的过程中对生态、对绿色自然缺乏应有的保护意识，造成钢筋混凝土高楼林立的现实，离自然生态的环境越来越远。为扭转这一现状，我们必须对当代中国的城市建设进行生态文明方向的倡导与改造。特别是随着 20 世纪科学生态学的发展，生态系统、人类生态学等概念被不断提出，人们对生态愈发重视，意识到人类在发展的同时，还要兼顾生态的平衡和其他物种的生存，于是生态美学应运而生。而如何运用生态美学，简单来说，就要求我们不仅具有美学的审美眼光和感受力，同时要求建设者和欣赏者有生态学的理论知识，对城市建设进行理性、生态的审美创建。

## 一、中国生态美学的发展依据

纵观中国古代学科门类发展，虽然没有直接关联的生态学，但是“自然”一直贯穿于审美观念的始终，同时也是中国文学、国画、音乐等学科门类体现的重要内容。老子最为人们熟知的理念即“人法地，地法天，天法道，道法自然”就是最好的证明。与天地万物相合是中国古人观照社会、人生的重要尺度，寄情自然也成为前人表情达意、寄寓人生的重要方式。

### 1. 诗词歌赋中体现的生态美学理念

古人的诗词内容中经常涉及自然。例如：王维诗词“月出惊山鸟，时鸣春涧中”寄情于山水，表现山野自然的恬静怡然，向往隐居生活；韦应物的“独怜幽草涧边生，上有黄鹂深树鸣。春潮带雨晚来急，野渡无人舟自横”;陶渊明的《桃花源记》,“缘溪行，忘路之远近……黄发垂髫，并怡然自乐”这种形态的社会就类似生态城市的缩影，有愉悦的人际关系，有简单的生产，有丰富的农作物和美丽的自然。

### 2. 中国古建筑中体现的生态美学理念

中国古建筑也在自然与人的和谐之中找到立足点，如北京故宫以南北向的中轴线为基，南北取直，左右对称，前殿宏伟壮丽，庭院开阔明朗，内庭纵深极长，紧密相联，体现了天地相容、阴阳相生的建筑理念；又如，苏州的四大园林以“山岛、竹坞、松岗、曲水”布局，园中亭台楼榭临水而建，景色因时而异。总之，中国古建筑融合天、地、人、气，充分利用自然，形成与自然相合相生的民族建筑理念，迥异于西方文化中试图征服自然的思维模式。

由此可见，中国古代社会的多方面都体现了一种以自然为美、借用自然、活用自然、与自然和谐共生的审美理念，从而最终达到一种天人合一的审美境界，而这样一种与自然并生的美学观是中国古代文化的重要内容。虽然它不能完全等同于今天的生态美这一审美维度，但是却能在以西方的现代价值观大行其道并造成各种生态恶化的背景下，为人的长远发展做出很好的补充调整，为生态美学的学科发展充实实践性内容，为建设美丽中国做出美学维度的探究。

## 二、生态文明城市的本质

### 1. 生态文明城市的概念

当今，不同学科都从各自的角度提出未来城市的不同发展模式，而生态美学的提出使城市建设的视角更加贴近自然。生态文明城市是指一个自然和谐的理想人居环境。生态文明城市追求自然系统和谐、人与自然和谐，但这是基础条件，实现人与人和谐才是生态文明城市的核心。生态文明城市不仅“供养”自然，而且满足人类自身的文明进步，达到“人和”，创造一个具备完整的功能、法制、健全、文明的城市。

### 2. 生态文明城市的性质

严格意义上的生态文明城市，是人类居住的理想模式。首先，生态文明城市是符合生态学的城市。其次，生态文明城市是符合人类文明的城市。市民具有生态意识和可持续发展的观念，主动选择生态生产、绿色消费、节约资源和能源，并已成为日常生活习惯。具体说来，生态文明城市主要有以下性质：

第一，从城市生态学的角度来看，生态文明城市的“经济－社会－自然”复合生态系统，结构合理，高效健康，功能稳定，生态达到动态的平衡。它具备良好生产、生活和还原、缓冲功能，具有强而完备的自选择、自组织、自维持的竞争机制以及自调节、自抑制的共生机制，保证生态城市的持续稳定。

第二，从生态经济学角度看，生态文明城市的经济不仅是量的增长，而且是质的发达、环境宜人、生活舒适的安全、稳定、民主社会主义文明环境和最佳人居环境。

第三，从生态社会学角度看，生态文明城市倡导生态价值观、生态伦理以及自觉的生态意识，建立自觉保护环境、促进人类自身发展的机制，创造公正、平等、安全、舒适的社会环境。

### 3. 生态文明城市的特点

生态文明城市是指社会和谐、经济高效、生态良性循环的人类居住形式。生态文明城市，不论在能源的节省上，还是在环境改善上，都取得了良好的效果。大体上来说，生态文明城市具有如下特点。

（1）和谐性与可持续性

和谐性：它是生态文明城市的核心内容，反映在人与人、人与自然、自然系统内的和谐性三个方面的内容。其中自然系统的和谐、人与自然的和谐是基础、是前提，人与人的和谐是生态文明城市的目的与根本。现代人类活动促进了经济的增长，但却带来了生态平衡的破坏。生态文明城市是要营造和谐稳定、动态平衡的社会生态系统。

可持续性：生态文明城市是以可持续发展为根本前提的，它充分体现了资源的合理配置与开发，既满足现代人又兼顾后代人在发展和环境方面的需求，不以“掠夺”的方式寻求城市暂时的“繁荣”，保证了发展的健康与持续、稳步而有序。

（2）循环性与均衡性

循环性：生态文明城市要改变现行的大量生产、大量消费、大量废弃的运行模式，大力倡导清洁生产、绿色消费、再生利用的运行机制，提高一切资源的利用效率，实现物质、能量的多层次的分级、高效、循环利用，使各部门、各行业之间的共生关系协调稳定。

均衡性：生态文明城市是由经济、社会、自然等子系统组成的相互依赖的复合系统，任一组成的过分发展都会危及生态系统的安全。

## 三、以生态美学看新农村建设的趋势

中国现在社会存在的重要问题之一，就是城乡在生态意识精神上的差距。新农村的生态建设已经迫在眉睫。最重要的是，农业的改造，而农业的最新使命，一是生态使命，二是审美使命。

### 1. 农村建设生态使命

生态使命，一般使人想到的是以农业为主的产品，就如现今的有机食品。土壤、植物、动物包括人类，都是处在生态循环中的。例如，有机农业，禁止使用化学肥料、化学农药。但它不仅仅只是这样。它在别的方面，促使作物朝着人需要的方面发展，用以提高作物的质量。而城市建设，也是在生态系统里人与人的交往中进一步产生的。以中国农村建设为例，农业的付出有两种情况：一种是地球生态维护与农业生产的双重效益，也就是说既维护了生态，又获得了良好的收成；另一种是只维护了生态，收成很低甚至没有收成的自然生态，但影响了农业的收成。前一种情况当然好，也正是我们努力的方向，但是，第二种情况的出现有时是不可避免的，为了整个地球的生态环境，农业有时需要做出这样的牺牲。农业的生态使命的日益凸显，使得它不具有生态美这一性质得到彰显。生态美不是一种独立存在的美，而是一种审美性质，它存在于诸多审美对象中，自然界中有，人类社会中也有。自然界与人类社会相交融的农业世界，具有最为丰富、也最为深刻的生态审美性。

### 2. 农村建设审美使命

审美使命，是说农业本身也是具备审美的。农业的劳作之美、农村的风光之美，从古至今在诗歌和文章中都能得到体现。特别是近几年来各个国家开始发展观光农业，如日本的稻田绘画，将生产作物与日本绘画浮世绘结合，利用作物的不同颜色和构图展现给世人丰富的文化，让人为之惊叹。

中国的城市化，不应该消灭农村，而应该更好地学习农村、吸收农村的优点。

第一，不再盲目追求城市的大，而要采取瘦身主义，超大城市未必是好事，现在有些相邻的城市，在拼命地连接，希望连成一个巨大城市。

第二，将大城市划分为若干小城市，最好根据城市特色，加入山水元素进行隔离。让自然物的地位加大，上升到建筑同等地位。

第三，注意保护历史的实物。在城市中，最能体现历史的是建筑，每个时代都有它独特的建筑风格，最好选择有代表性的建筑留存下来，保存城市的记忆。

## 四、当代城市建设与生态美学的发展

城市作为一种特殊的景观，聚集了大量人口，特别是国情的特殊性，需要我们尽可能地利用土地资源。在这个区域内，有公园、建筑、广场等各类型的公共空间。总而言之，城市是一个综合工程、系统工程。对这个环境进行生态美学观照关涉到人类在其中的各种活动，如城市功能区规划、市政公共工程、建筑工程、路桥工程、园林绿化工程等，这些行为都直接关系城市的生态环境，关系人与自然的和谐发展。

### 1. 坚持景观美与生态美相结合

景观营造的观念十分贴合审美的观念。作为人类最频繁的交往空间，可以说，景观审美是当代城市审美建设的主要内容。为了最大化地提高审美的效果，城市按照专家、设计师等专业人员的审美原则进行大规模的甚至颠覆性的景观改造，以期迎合大众的视觉需求，获取市民社会的肯定，这就是景观建设基本出发点。而生态美则是以人的生态、生活知识为基础，尊重一切事物的生命价值，再对环境进行完整的生态价值考量，并在此基础上进行专业的审美判断。严格来说，人的需求是与生态对抗的，这就有一个矛盾，因为从景观美的视角看生态或生命圈，生态美的存在往往并不等于视觉美的存在，也就不一定得到市民社会的认可，造成生态建设被城市建设放逐。这就要求在进行城市建设时，不仅要追求视觉的享受，同时还要用知识与理性来观照环境、善待万物。因此，城市建设过程中，在追求视觉的景观美的同时，也要将生态的审美与生态价值纳入策划、设计与评估过程当中。

### 2. 建设生态的城市环境的具体措施

城市景观在满足城市功能性要求之外，还要满足人们对美的追求。城市不仅要有恰当的功能性与合理的经济性，还要让居住在内的人们感到愉快。而最简单直接的方式，就是在设计中加入自然。

在当代城市建设当中，经常会出现为建设而建设的现象，如挖山建山、填湖造湖，屡见不鲜。原本自然的生态环境被破坏殆尽。

想要摆脱这种现实状况，设计师在城市景观设计中就要遵循三个原则：

第一，要尊重自然。城市景观应该体现自然风光，如原始的山体、河道、湖泊、林木等。这些原生态景观可以有效降低人造环境对资源的消耗和对自然的破坏，更重要的是，原生态景观中有相对完整的生态圈，可以发挥稳定的生态平衡功能。例如，原始的山体公园往往有着丰富的植被层，高处的乔木、低处的灌木以及地表层的野草与苔藓类共同覆盖山体，可以在净化城市空气、含蓄城市水源、保留城市风貌特色方面发挥重要作用。城市道路从山旁穿行而过，山头绿意盎然，秋季还可看万山红遍，层林尽染，这些山体公园有效地阻隔了机动车的噪音、粉尘与光线污染，可以提升城市人居环境。

第二，尊重历史文化。城市景观是体现历史文化的一大载体，历史建筑与文献就是历史文化的直接体现。以济南为例，济南开埠所留德式建筑、商业建筑、民用建筑极多，是济南一个阶段历史文化的体现，在城市建设中，我们就该有所保留。

第三，尊重人在城市建设中的地位。人不仅仅是城市的建设者，还是使用者，在城市景观中处于主导地位。城市建设应充分满足人的需求，设计中体现人性化。首先要满足人在功能上的需求，实现城市的功能性价值。其次是满足人对美的追求，在色彩、形态等各个方面进行考察。无论如何，一切建设都是围绕人来展开的，在城市建设中，一切目标都要归结到人。

## 结语

从生态美学的角度探讨城市建设的未来，考察城市是否符合宜居的需要，并反思人们当下毫无节制的私欲与占有欲的无限膨胀，用生态平衡观念来促进人与自然的和谐发展，使当代城市建设能充分综合经济价值、生态价值与审美价值，使三者均衡，是对当代城市建设进行生态美学观照的重要内容。

## 参考文献

[1] 陈望衡．生态美学及其哲学基础 [J]. 陕西师范大学学报（哲学社会科学版），2001，30（2）：5-10.

[2] 陈望衡．环境伦理与环境美学 [J ]. 郑州大学学报（哲学社会科学版），2006，39（6）：116-120.

[3] 陈望衡，丁利荣．环境美学前沿（第二辑）[M]. 武汉：武汉大学出版社，2012.

[4] 汪德华．凭吊洛阳、长安古代两京——古代城市规划传统思想探源 [J]. 城市规划汇刊，1997（3）：10-23.

[5] 伍蠡甫，胡经之．西方文艺理论名著选编（上卷）[M]. 北京：北京大学出版社，2007.

[6] 保罗·戈比斯特．西方生态美学的进展：从景观感知与评估的视角看 [J]. 杭迪，译．程相占，校．学术研究，2010（4）：1–14.

[7] 曾繁仁．生态美学:后现代语境下崭新的生态存在论美学观 [J]. 陕西师范大学学报（哲学社会科学版），2002（3）：5–16.

[8] 俞孔坚．中国人的理想环境模式及其生态史观 [J]. 北京林业大学学报，1990（1）：10–17.

[9] 薛娟，王海燕，耿蕾．中外环境艺术设计史 [M]. 北京：中国电力出版社，2013.

# 34 论可回收环保材料与临时性建筑在中国的发展

原载于：2008第三届全国环境艺术设计大展暨论坛

建筑的最高境界乃艺术，我们常常这样来形容建筑："建筑是凝固的音乐，而音乐是流动的建筑"。随着21世纪这个科学与技术迅速发展的时期的到来，以及建筑材料种类的丰富，建筑艺术也不再局限于传统材料和技艺，运用可回收环保材料建造的临时性建筑成为城市和谐发展、美化环境的良好举措，也成为现代建筑实现其艺术性的途径之一。

## 一、临时性建筑的概念

谈到临时性建筑，人们首先想到的是那些破旧不堪的诸如铁皮屋、油毡房、工棚之类的临时性棚屋，这些认识是极其狭隘、局限的。其实临时性建筑作为建筑的一个分支已经为世界各国所广泛使用，其无论是艺术性还是功能性，都取得了重大的成就。

临时性建筑是指单位和个人因生产、生活需要临时建造使用，而搭建的结构简单并在规定期限内必须拆除的建筑物、构筑物或其他设施。《民用建筑设计通则》中以主体结构确定的建筑耐久年限分四级，其中第四级建筑，即耐久年限五年以下，适用于临时建筑。

## 二、临时性建筑的应用范围

临时性建筑在现代社会中的应用面是极广的，大体可以分为以下几个方面：

① 一些正在遭受战争或恐怖袭击的国家，如伊拉克，阿富汗等。这些国家遭受袭击后，建筑受损，人民无家可归，再加上经济困难，想要迅速重建是极其困难的，因此，临时性建筑就可以被其利用。

② 一些经常遭受自然灾害的地区与国家，可采用临时性建筑代替帐篷，使其更加人性化。

③ 博物馆类建筑，如韩国首尔纸博物馆，其本身就是一件艺术品。

④ 奥运建筑，除主体建筑外的其他一些场所可建成临时性建筑，这种做法也正符合绿色奥运的口号。

⑤ 各种展会建筑，如世界博览会。这种偶然事件，其投入是极其巨大的，而如果采用临时性建筑，则更符合现代建筑的发展理念。

## 三、绿色环保材料的概念及分类

可回收环保材料即绿色材料，是指在原料采集、产品制造应用过程和使用以后的再生循环利用等环节中对地球环境的负荷最小和对人类身体健康无害的材料，亦被称为“环境调和材料”。

随着科学技术的发展，绿色材料也在不断丰富发展，而且它越来越多地被应用于建筑领域。绿色材料大体可以分为两类：一类是传统天然材料，如木材、石材、土砖等；另一类是部分人造新材料，如玻璃、钢材等。另外，近几年又出现了保健材料，如掺有红外陶瓷粉的内墙涂料就对人的身体有益。

## 四、可回收环保材料在临时性建筑中的运用

建筑材料的种类是极其丰富的，可回收环保材料在临时性建筑中扮演着极其重要的角色。临时性建筑不仅具有暂时性、可拆卸性，更具有可回收性，其中“纸”作为可回收环保材料在临时性建筑中已被成功使用，如日本建筑师板茂一直致力于对纸质建筑的研究。他设计的纸桥，由281个直径约11.5厘米的纸筒制成，这些“纸筒建筑材料”于1993年被正式认定为建筑物的构件，其完全可以取代钢筋水泥。1994年，他用纸筒为遭受种族战争和大屠杀的200万卢旺达难民建造了350座避难所。为此，杰弗逊建筑委员会主席凯伦评价板茂：“他用最廉价的原料和最简单的样式，给予穷人尊严与希望。”1995年，板茂又设计了他的第一个会旅行的建筑——“纸教堂”。板茂用被他称为“压缩板材”的纸板为神户大地震中的难民建造了一座造价低、容易搭建，且保温隔热适应冬夏气候的“纸教堂”，此教堂大约支撑了10年之久，这也打破了传统建筑中对临时性建筑的时间界定，同时也扩大了临时性建筑的适用范围。2000年，板茂实现了他的最大规模纸材料建筑——汉诺威博览会日本馆。此馆长72米，宽35米，最高处达15.5米，面积3600米$^2$。整个展馆为临时性建筑，展览结束后几乎所有的建筑材料都可回收再利用。板茂对临时性建筑的不断探索与尝试，无论是对整个社会还是对整个自然环境，都是有益的。

## 五、以奥运会等体育场馆为例剖析临时性建筑的重要性

2008年北京奥运会主会场建筑“鸟巢”以及跳水中心“水立方”倍受世人关注，但也为我们带来了许多值得思考的问题。每一届奥运会作为一项体育赛事，它的比赛日程是极其短暂的，因此，奥运场馆在赛后的归属问题被提上了日程。为此，国际奥委会主席雅克·罗格，提出了以削减奥运会的费用、规模和复杂程度，制止奥运会的膨胀和巨人化为目标的新理念，并且成立了以执委会副主席查德·庞德为首的委员会，该委员会提出了117条建议给国际奥委会，这些建议中有很大一部分是涉及场馆设施建设的，如“优先使用已有体育场馆，更多地采用临时建筑，兴建新场馆的前提是奥运会主办城市仍需要这些设施”。

纵观历届奥运会，都不乏一些失败的例子。例如，1979年的蒙特利尔奥运会的奥运场馆起初预计投资6000万美元左右，但是后来花费差不多近10亿美元，并且奥运会后利用率极低。又如，2004年的雅典奥运会结束后，因奥运场馆利用率低而赛后维护费用高，监察奥运场馆使用的国有公司负责人就说到：“未来申办奥运会的城市应该从中吸取一些教训，我国在全运

会场馆的建设中也存在同样的问题。几十年来我国或囿于形式或因经验不足建造体育场馆盲目求大所带来的负面效应，并未引起社会各界的充分重视。各地仍然在竞相建设大中型比赛场馆，建设体育中心，盲目追求上规模、上档次。一些城市仅仅承揽了一两项比赛，就要建造一批大型体育场馆，至于何时收回成本，如何经营，则少人问津。”

我们应借前车之鉴，利用各种技术条件促使建筑行业向着生态的、可持续发展的方向前进，而构筑可再生临时性建筑不失为方法之一。其实，可再生临时性建筑在当今国内外特别是在国外市场已得到普遍的应用，并且可以与非临时性建筑相媲美，如在2000年悉尼奥运会中，几乎所有的场地都是可再生临时性建筑，如羽毛球馆、篮球馆等都是用钢管支撑的临时设施。

## 六、临时性建筑在北京奥运会中的应用

临时性建筑作为一种投入低、可回收的生态建筑在我国的许多领域都有其发展的广阔空间，如世界博览会、奥运会、全运会等，临时性建筑的潜力是无穷大的，开始受到社会各界的关注。

许多探索已经展开，如针对奥运会，北京市就提出，对于体育场馆“能改造就不新建，能搞临时性建筑就不搞永久性建筑，尽可能节省投资”。另外，北京市规划委副主任黄艳也说，目前的基本构想是使用四类临时建筑，包括：建设棒球馆、射击馆等6个临时性场馆；借用各种基本具备比赛条件的展馆，改造成奥运比赛场馆，国际展览中心的5个场馆就会这样改造；运用帐篷、集装箱等设施组建的供安检、志愿者服务、媒体等使用的临时场地；在场馆中为奥运比赛多出的观众安装临时加座，如奥运游泳馆需4万多观众座位，而平时只需1万多，这就要靠加座处理。北京奥运会曲棍球场、射击场这两个临时性建筑就展示了我国在临时性建筑领域所取得的初步成就。

经相关部门统计出的比赛、训练、交通、停车、休闲、购物、餐饮、排污、标识、绿化、聚会、住宿12类场所都可采用钢、铝、塑料、玻璃、膜等可再利用的环保材料来建设，以此作为北京奥运会的主要临时建筑。

## 七、临时性建筑在中国的发展前景

我国提倡建设一个生态文明的社会，但现实状况却不容乐观。2008年，我国建筑垃圾的数量已经占到城市垃圾总量的30%～40%，其中绝大部分的建筑垃圾未经任何处理，便被施工单位抛弃，这不但浪费了大量的建设经费，而且对环境造成了严重的污染。如果我们采用一部分可回收环保的临时性建筑，那么这种境况将会得到缓解。

在我国，除奥运会、全运会等大型赛事期间可采用临时性建筑外，在其他许多领域都可采用，具体如下。

### 1. 临时性农民工宿舍

我国建筑业近年来发展迅速，而农民工作为建筑行业的主力军，其居住环境也越来越受

到社会各界的关注。现在大多数建筑工地，都采用帐篷或用砖等搭建极为简易的棚屋作为农民工的宿舍，一旦工程结束，这些废弃的房屋必会作为建筑垃圾被推倒后抛弃而造成环境污染。

如果我们采用可回收环保材料如集装箱、钢架等来建造农民工宿舍，则情况会完全不同。这些临时性宿舍在一个工地的工程结束后还可经拆卸组装后转移到下一个需要的工地，这不但节省了材料与资金，而且不会对环境造成进一步的污染。

### 2. 农民工子弟学校

农民工作为一个流动的群体，这个工程他们可能在北京，下个工程有可能就在上海。通过各种电视新闻也可了解到，现在许多农民工子女都处于城市边缘，随时面临辍学。原因大体有三方面：现存许多农民工子弟学校条件简陋，经费不足，随时面临倒闭的境地；城市的许多学校已饱和，无力接受农民工子女；城乡之间的差别使农民工承担不起城市学校的学杂费。

如果我们采用这种造价低廉环境良好的临时性建筑作为学校，不但可以节约资金、缓解供求之间的不平衡，而且也符合农民工具有流动性这一特点。

### 3. 临时性博物馆、图书馆、医疗站等公益设施

我国幅员辽阔，各地发展不平衡，人均资源占有率极低。在一些发展相对落后的小城镇、乡村，很少有机会接触新事物、新思想，如果采用可回收环保材料来搭建一些像博物馆、图书馆等可拆卸的临时性公益设施作为传播文化与思想的媒介，将更有益于我国的发展。如韩国首尔的纸博物馆，在 2008 年 12 月以后，被送到韩国其他城市展出。

另外，我国医疗资源也极其有限，许多小手术、小的疾病在一些相对落后的地区都无法治疗，而可移动的临时医疗站可以在某一地区志愿服务一段时间后转移到另一地区，使尽可能多的人享受到更好的医疗服务。

### 4. 经常遭受自然灾害的地区

我国地域辽阔，自然条件及地质构造复杂。有许多地区为自然灾害多发区，基于种种原因，在这些地区想迅速恢复重建是极其困难的，这时可再生临时性建筑就显得极为重要。比如，2008 年 5 月 12 日发生在四川汶川的八级地震，就对该地区造成了毁灭性的破坏，人们流离失所无家可归，虽然帐篷可解一时的燃眉之急，但非长策。政府及相关部门也考虑到这一点，在新的房屋建成之前，搭建了部分临时性铁皮房。但这样的铁质临时性建筑也存在诸如保温隔热、资金节约及运输等诸多问题。如果我们采用更加环保的可再生纸（保温隔热、造价低，运输便捷等）等材料做临时性住房，会更加符合可持续的发展理念。

### 5. 2010 年上海世博会的部分建筑

世界博览会作为一项世界范围内的博览会，其影响力是巨大的，各个国家的展馆历来都倍受关注，如汉诺威博览会的瑞士馆和日本馆等就受到广泛的好评。

加拿大绿色建筑设计专家尼尔·梦露在接受采访时说，他希望如果有可能的话，2010 年上海世博会在建筑设计上 100% 的采用绿色建筑的设计理念，让上海世博会成为世博会历史中

第一届真正意义上的体现可持续发展精神的世博会。另外，不要把世博会场馆及配套设施理解为固定的建筑物，应该采取灵活多样的手法，把部分建筑做成可活动的或是便于拆卸的临时性建筑，为世博场馆的后续开发利用留下更多的空间。

可回收环保材料与临时性建筑这一课题作为建筑领域的一部分，虽然目前还处于起步阶段，但其未来的发展空间和潜力是无穷的，是有着广阔的市场前景的，是符合可持续发展理念的，未来的中国设计应该以此为努力方向。

## 参考文献

[1] 马国馨 . 体育建筑论稿——从亚运到奥运 [M]. 天津 : 天津大学出版社，2007.

[2] 郝卫国 . 环境艺术设计概论 [M]. 北京 : 中国建筑工业出版社，2006.

[3] 中国建筑标准设计研究院 . 民用建筑设计通则 [M]. 北京 : 中国计划出版社，2006.

[4] 阿森西 . 生态建筑 [M]. 侯正华，宋晔皓，译 . 南京 : 江苏科技出版社，2001.

# 35 烟台山近代领事馆的环境艺术设计研究——以美国领事馆官邸、丹麦领事馆为例

原载于 :《艺术教育》2015 年第 6 期

【摘　要】本文就环境艺术设计所包含的建筑结构、平面布局、建筑外立面以及室内的装饰材料对人们造成的影响进行分析，并以我国烟台市的美国领事馆官邸与丹麦领事馆为例进行对比剖析，以期为现代建筑的环境艺术设计提供一些启示。

【关键词】烟台；领事馆；环境艺术设计

环境艺术设计对人们的心理影响之大，古今中外很多学者都对此进行了研究。建筑的外形与周围环境所形成的一种氛围，向人们传递着强大的信息和情感。如埃及金字塔三角锥形的高大，让人产生敬畏之感；宫殿地面的向上升高、富丽堂皇，则让人心生推崇之心。从室内装饰方面来说，家具的式样、尺寸、摆放位置、室内的光线以及色彩，都能不同程度地反映出主人的性格，也会使身在其中的人产生不同的心理感受。

近代资本主义列国在我国烟台市烟台山上所建的领事馆也使用了环境艺术设计的手法。

## 一、烟台领事馆的概况

《芝聚区志》记载："自 1860 年 10 月（清咸丰十年）中英《天津条约》生效起，先后有 16 个国家在烟台设领事馆或领事代办处。"最早在烟台兴建领事馆的是英国，其他国家接踵而至。80 余年间，各列强帝国在烟台兴建了大量的西式、中西合璧的领事馆、洋行等建筑，这在当时来说是十分罕见的。

烟台各领事馆主要集中于烟台山以及东海滨地区一带，原因在于烟台山附近景色优美，三面环海。烟台山处于芝聚岛重要的位置，附近有航海灯塔，方便海上的交通运输和贸易。烟台山下则是城市的中心。

## 二、环境艺术设计中室内外环境对人们产生的影响

### 1. 建筑及室外环境对人们产生的影响

东海关总检察长官邸属于美国领事馆的附属建筑，位于烟台山领事馆建筑群的入口处。该建筑分为两层，为砖石、木混结构。第一层设置两个出入口，主要的出入口在建筑东侧，另一个则位于西侧。建筑总高约为 13 米，总面积为 820 米 $^2$。

美国领事馆官邸的外墙材料以青砖为主，一、二层之间的水平线脚、屋檐、东南向外廊的圆砖柱以及烟囱均用红砖砌筑，屋顶有三角形的阁楼。官邸的屋顶为四坡屋面，屋顶的坡度较为平缓，可上人，主要材料为玻璃，四面被刷有白漆的木质栏杆包围。从外面看，由方整灰石砌筑成屋基，大气的花岗石被选择作为踏步、窗台的材料。为了加固建筑，在一层和二层之间增加了一层圈梁，其材料为红色实体砖。该建筑的外廊位于建筑的东、南两个立面，其柱式为西方古典柱式中代表男性与力量的多立克柱式。为了防潮，设计者使房屋室内地坪高于地面约 1.2 米，使建筑不受雨水侵蚀。为了防止室内铺设的木地板潮湿，在外面设置了通风口，足见设计者的细腻。简单大气的清水砖外墙，没有过多复杂装饰的圆柱形廊柱，以及大气的花岗岩，都向人们传达出美国领事馆官邸的大气。

丹麦领事馆于 1867 年设立在烟台山的中北部，面朝大海，背靠山崖。其建筑结构为石混结构，是一座两层建筑。该建筑北侧室外地面的高度与环山路的路面的高差为 1.45 米，有石砌的垛口作为围护。东面有一个小庭院，小美人鱼雕塑就被安置在这里。这尊小美人鱼雕塑是为纪念安徒生在哥本哈根雕刻的雕像，现为丹麦国家的标志。除了精美的美人鱼雕塑，建筑外观采用的不规则形状的咖啡色花岗岩毛鼓石墙面，以及极具北欧风格的屋顶平台，都为丹麦领事馆披上了一层美妙的童话色彩。

唯美曼妙的美人鱼雕塑，形状各异、咖啡色花岗岩毛鼓石，以及纯白色的围栏，使置身其中的人们感受到浪漫的童话氛围，领事馆的沉闷和严肃被抛至脑后。

### 2. 室内环境对人们产生的影响

美国领事馆官邸内部的平面布局为规矩的四方形，室内的地面装修以木材为主。为合理利用空间，楼梯设置在建筑的西北角。楼梯分为三跑，每一跑楼梯都设有一段平台，这样可以有效合理地节省空间。另外，每一段平台都有一个窗户作为室内外的连接，利于采光。在二层与玻璃屋顶相对的位置是一个八边形的吹拔空间。外墙的窗为双层上下提拉窗，木门套的线条十分丰富。人们处于美国领事馆官邸中，感受到的是通畅与明亮，一切事物都十分笃定地存在。

丹麦领事馆面积则小巧得多。丹麦领事馆的主入口在东立面，其外廊在东北部。楼梯设立在大厅内靠南侧，造型小巧别致，凸显出北欧的异域风情。整个建筑中最富情调的莫过于屋顶的露天小阳台。有简易的三角形遮棚可供人们纳凉，屋顶为平顶，四周围砌有石垛，石垛间木装有栏杆。当人们立于此处，视线十分开阔，可欣赏无垠的大海。不同的建筑外观、不同的室内装饰，带给人们截然不同的感受。

## 三、烟台山近代领事馆以及其环境艺术方面近况

大部分烟台山上的领事馆的布局位置和主体建筑都保存了下来。但由于建筑物基本处于海岸线上，它们受到海水的侵蚀程度比较严重，各国领事馆的外观和其周边环境也受到不同程度的损坏，其完整性受到影响。

笔者认为，应该对这些经历百年风雨存留下来的历史见证充分保护，并加以合理利用。

这些领事馆具有极高的历史价值和建筑价值。历史价值见证的是过去某一时期的重要事件、人物或发展阶段等，在纵向（时间）和横向（地域）上，有值得记忆的重要历史信息。建筑价值则在于可以通过建筑了解近代中国建筑的发展脉络，探讨中国近代建筑发展中的积极方面和消极方面，从而为当前我国建筑的现代化提供借鉴等。这些代表着西方的环境艺术、建筑文化的近代外国建筑的外形以及室内装修风格展现了西方的环境艺术设计的特质和特色。它们的存在激发了人们对西方近代建筑文化的重视，对它们的保护不仅是对建筑实体的保留，更是在于增加城市的文化底蕴。因此，保护好这些建筑具有相当的文化价值和深远的意义。应当尽力使这些建筑及其周边的环境艺术有效发挥作用，向人们有效传递出烟台山近代建筑承载的历史文化信息，以及近代环境艺术设计的魅力所在。

## 结语

经过对美国领事馆官邸和丹麦领事馆的环境艺术设计以及其建筑的对比研究，笔者认识到环境艺术设计的重要性。美国领事馆官邸简洁大气，而丹麦领事馆温婉神秘，两者之间的强烈对比使人震撼。环境艺术设计的内涵是博大的，对人们的影响是巨大的。因此，设计师要对环境艺术设计进行了细致研究，以便创造出更利于人们生活的舒适环境。

## 参考文献

[1] 山东省烟台市芝罘区地方史志编纂委员会．芝罘区志 [Z]. 北京：科学普及出版社，1994.

[2] 李浈，雷东霞．历史建筑建筑价值认识的发展及其保护的经济学因素 [J]. 同济大学学报（社会科学版），2009，20（5）：44-51.

[3] 杨秉德．中国近代中西建筑文化交融史 [M]. 武汉：湖北教育出版社，2003.

# 36 浅析“可持续发展思想”在城市生态环境设计中的运用

原载于：《建筑知识（学术刊）》2013 年第 9 期

【摘　要】本文针对现存并越来越严峻的城市生态环境问题，指出“可持续发展思想”在城市生态环境设计中运用的重要性，并对如何在城市生态环境设计中贯穿“可持续发展思想”做了进一步解释。

【关键词】可持续；生态建筑；生态环境

随着时代的进步，可持续发展已经深入人心，不管是在建筑领域、生态领域还是科学技术领域，其都被广泛运用，成为一个跨越地界、跨越种族的话题。1972 年提出的“可持续发展”概念，主要运用在经济范畴中，是一种注重长远的经济增长模式，主要是指既要满足当代人的需求，又不损害后代人满足其需求的能力。党的“十五大”把“可持续发展思想”确定为我国“现代化建设中必须实施”的战略，并把可持续发展定为社会可持续发展、生态可持续发展、经济可持续发展。本文主要从一个小区切入，将可持续理念运用在小区规划中，主要体现在生态建筑、合理规划分区等方面。

## 一、可持续建筑思想的形成与生态建筑

随着时代的发展，自然环境的承载能力逐步减弱，可持续发展思想被提上日程，而且贯穿到各行各业，争取在更广的范围内寻求社会、自然、人类三者的和谐相处。

### 1. 人类环境问题与可持续发展的提出

随着科技发展，人们生活水平大幅度提高，人们从最初单纯地追求物质生活转移到精神生活层面，然而这一系列发展带来的负面效应也成为了人们不得不注意的问题，如大气污染、水污染、温室效应等。要是人们再不去保护我们的家园，最后我们会失去这个赖以生存的世界。针对种种状况，1980 年，国际自然保护联盟接受了可持续发展这一概念。1986 年，联合国委托挪威首相伦特兰主持世界环境与发展委员会发布的主旨报告中明确阐述了可持续发展的定义，即：既满足当代人的需求，又不危及后代人满足其自需能力的发展。1992 年 6 月，在里约热内卢举办的联合国环境与发展大会对可持续发展重新下了定义，即：我们寻求的不仅仅是在几个地方、几年内的发展，而是整个地球遥远将来的发展。如今，可持续发展已经成为世界各国战略性的选择，目的是寻求社会和自然环境和谐发展。

### 2. 生态建筑环境的起源

生态建筑是可持续发展概念下的建筑学与生态学相结合的产物。可持续发展建筑是指对可持续发展有积极贡献的建筑，既要满足当代人的需求，又不对后代人满足其需要的能力构成危害。生态建筑学是美国意大利建筑师帕欧罗・索列瑞提出的，他把建筑学和生态学合为一体。生态建筑学主要研究在人与自然协调发展的基本原则下，运用生态学原理，协调人、建筑与自然环境间的关系，最终达到三者的和谐发展，可以说这是可持续发展在建筑领域中的具体体现。

## 二、我国城市生态环境的现状

如今，我国城市生态环境现状不容乐观，存在着一系列的问题，诸如城市绿化率低、生活服务设施不健全、垃圾处理不得当等，导致生态城市成为市民的幻想且遥不可及。

### 1. 我国城市生态环境艺术的现状及存在问题

在我国大部分城市中，有关城市生态环境设计方面都还处于起步阶段，虽然我国各个城市都在积极响应可持续发展思想，但在生态环境方面还存在着种种问题。首先，认识上存在误区。许多设计师和建筑工作者们常常混淆“园林绿化”和“生态环境设计”的概念，认为提倡园林城市就是所谓的生态城市。园林城市虽也是可持续发展思想下衍生的新型城市概念，但是其范围仅仅涉及绿化方面，不能在根本上影响生态城市所要达到的领域。城市生态环境设计不仅包括绿化，还有道路系统、动植物的多样性、景观的连续性、节能减排、循环利用等，可以说体现了可持续发展思想下的人与环境、社会三者的和谐发展。其次，不能实现整体化设计。在中国各个城市中很难实施整体化设计，而局部生态环境设计随着时间又被淹没在以前恶劣环境之中，不能起到有效的作用。虽然我们的现状不容我们整体规划，但要着眼于长远，不能只注重当前的利益而忽略了子孙的利益。在局部的设计中就应当从长远规划，怎么样形成景观的连续，怎样做到合理的布置等。

### 2. 城市社区生态环境的现状及其存在的问题

经过近几十年的发展，城市化水平虽然有所提高，但是生态环境问题却日趋严重。从城市的可持续发展角度来看，各社区正面临着环境、社会、人类之间不可调和的内在矛盾。通过调查得出居民区普遍存在以下问题：① 业主对本社区建设的认识不够，居民不仅和建设本社区的设计单位没有沟通，共建意识淡薄，同时对社区没有形成认同感和归属感，认为设计属于设计单位的事，跟自己无关；② 不健全的管理层面，在社区管理方面，大多没有专业的管理人员，这导致小区管理松散；③ 交通不便利，社区距离公交站牌很远或者通行的公交车班次比较少，这就导致了私家车的大量增加，最终导致环境问题；④ 地下室、停车场等面积分配不合理，现在正向着“家家有车”的局势迈进，在社区内为了有足够的停车位，必然要缩减其他区域面积，而地下室和室外绿化用地首当其冲；⑤ 社区内配套的公共设施不健全，小区就是社会的一个缩影，必要的公共设施不能欠缺，如医院、学校、娱乐活动场所等；如果小区内缺乏必要的设施，必然导致居民没有归属感，或者小区的入住率经过几年后不能得到保证；⑥ 没有建立合理的监管机制，有的小区在建设、绿化方面都得到了居民的喜爱，但是由于没有建立合理的监管机构，随着时间的流逝，形成了年久未修、一片杂乱的景象。

## 三、“可持续发展思想”在各城市生态环境设计中运用构想——以构建生态小区规划为例

在任何居民小区内，建筑都为第一要素，同时也是最基本的要素，所以在构建生态小区中，生态建筑为必不可少的一项内容。构建生态小区，一切都要做到“以人为本”，在小区内的居民活动范围，除了建筑内就是建筑外，因此，要全方位地构建生态小区。除了构建生态建筑以外，室内环境的生态化与室外环境的生态化也成为必不可少的内容。

### 1. 构建生态建筑及其基本要素

（1）尊重建筑的地域性

建筑的地域性主要是指建筑受其所在区域的自然环境、社会环境以及地域性文化之间的影响，所反映出来的一种建筑特征，不仅包括建筑所在地的地域特征，还包括气候适应性、材料适应性和场地适应性三方面的内容。在生态建筑建设过程中，不仅要尊重场地的自然环境，因地制宜，力求最小的土方量，最大程度地减少对土壤的破坏，而且对于原有植被也应该进行合理移植，禁止砍了再种，或者为了好看而引进根本不符合当地环境的新物种。

（2）生态建筑要“以人为本”

可持续思想的前提条件就是“以人为本”，之所以在各个方面实行可持续发展，是因为要让自然更好、更久远地为人民服务，同时建筑的构建就是为了让人在更好的环境下生活、劳动，为社会创造更多的财富。虽然在理论层面上，建筑师和设计师都有很扎实的基础，有能力建造合理功能分区的建筑，但理想会被现实打垮，以至于建设出来的都是带有机械理性色彩的建筑，导致不同的人去适应的却是相同的建筑空间，以人为本全然在此抛入脑后。生态建筑则要打破这种机械化的建造模式，真正让居住者参与到设计中来，鼓励居住者提出符合自己需求的建议，同时设计师在设计建筑的时候也要考虑到居住者的年龄、职业等多方面的内容，真正做到以人为本、以居住者为本。

（3）坚持 5R 原则

目前国际上倡导 5R 绿色生活方式，不仅在生活方面要注重这项原则，在生态建设方面都应该坚持此项原则。5R 原则是指节约资源、减少污染（reduce），绿色消费、环保选购（reevaluate），重复使用、多次利用（reuse），分类回收、循环再生（recycle），保护自然、万物共存（rescue）。在生态建筑建设中，在坚持 5R 原则的前提下，也要更大范围地运用高科技、研制新的绿色建材，来代替原来污染大、易腐蚀的建筑材料。

（4）大量运用节能减排设施

在建筑设计中除了要能回收利用绿色建材之外，还要在建筑设计中大大增加节能减排设施的比重。比如，房屋建设采用被动式的太阳能，配合使用高质量的保温材料；这种设计手段

在英国威尔士麦肯来斯的戴菲生态公园得到了成功验证，当太阳辐射较好时，室外温度仅达到0～3℃的情况下，室内在无人使用和无暖气的前提下，温度可以上升至20℃。与此同时，在夏季采用自然通风，可以有效地降低室内空气温度，所以房屋设计要以自然通风为主，厨房辅助机械通风；在墙面处理上面，采用可回收的纤维素作为保温和隔声材料的可呼吸式墙体；在生活用水方面，设置雨水回收装置，回收的雨水作为中水，可满足次级用水的需要；在太阳能板的运用方面，国家应该鼓励居民在其屋顶铺设太阳能板，并制定相关补贴政策等。

（5）建立合理的监督、评估、反馈系统

对于有关建筑设计的会议要鼓励居民代表参加，并提出合理的建议和意见，同时还要建立良好的反馈渠道，及时了解居民的建议和房屋使用情况。有了良好的反馈渠道外，还必须设置相匹配的监督系统。监督系统是为了保障小区建设的健康使用。最后，还要建立一年一次的评估系统，由专家每年对小区的公共设施、绿地使用状况、楼房使用状况是否符合生态小区，是否达到可持续发展的要求，做出一系列公正、公平的评估。

### 2. 营造可持续的室内环境

在室内方面，除了种植净化空气的绿色植物外，就是材料的选择。在室内绿色植物选择方面，不仅要注意植物的生活习性，还应该明确其功能，因为没有任何一种植物可以吸收所有种类的污染物，所以在室内绿化方面也要注意植物功能上的相互配合。例如，仙人掌类及多肉植物对一氧化碳、二氧化碳、甲醛、氮氧化物的抗性强，而且在晚上也能吸收二氧化碳并释放氧气，被称为室内“绿色净化器”；吊兰有极强的吸收有毒气体的功能，被称为“空气过滤器”。在室内建材选择方面：

① 要尽可能减少使用面层涂料，如果必须使用，也应该选择低VOC含量的涂料；

② 尽可能地减少易沾染灰尘的材料，如地毯、挂毯等；

③ 尽可能少量选择二次处理的木材，如果必须选用，也应该选择经过低毒处理的木材；

④ 在节水方面，要尽量选择低冲水量的座便器和空气混合式的水龙头，同时要对不同水进行二次利用，如洗漱用水冲厕所等。

### 3. 室外环境的可持续化

（1）垂直绿化和屋顶绿化齐头并进

绿化方面，除了小区内普通绿化外，还应该鼓励垂直绿化。所谓垂直绿化就是指充分利用不同的立地条件，选择攀援植物及其他植物栽植并依附或者铺贴于各种构筑物及其他空间结构上的绿化方式，包括建筑墙面、坡面、屋顶、门庭、花架、棚架、阳台、建筑设施等绿化。除了垂直绿化外，国家应该出台相应的政策鼓励屋顶花园的实施，用来调节社区微气候。

（2）降低噪声，保障社区优美声环境

降噪方面，除了要选择隔声材料外，还要在硬件上实施保护政策，同时也应该最大程度地注意居民的精神需求。社区内要大面积绿化，并在社区外围种植绿化带，用来阻隔公路上汽车鸣笛、工厂加工等多方面的噪声，还应该从根本上“消灭”人为噪声，如阻止夜间播放扰民音乐等。

## 四、城市生态环境设计中要贯彻“可持续发展思想”

现代城市建设逐渐扩大，卫星城逐渐增多，虽然可持续思想一直贯穿其中，但在落实方面还有些薄弱，再加上近年来被污染的区域愈来愈多，所以现在城市生态环境设计方面急切需要可持续思想的灌入，特别是确保其落到实处。在意识到一系列的环境生态问题之后，中国政府发表了《中国 21 世纪议程》，并以此作为我国社会、经济、文化可持续发展的纲领性文件。在我国建筑界，生态建筑也成为 21 世纪建筑发展的重要趋势之一。因此，我们可以看出，不论是在政策上，还是在意识上，都为“可持续发展思想”在城市生态环境设计中的成功实施打下了坚实的基础。

# 37 “水旱两用式”校园水景设计研究——以山东大学校园为例

原载于：《中国科技纵横》2018年第1期

【摘　要】本文根据山东大学大成广场与稷下广场水景设计调查研究的结果，提出校园水景应当尝试“水旱两用式”设计，并分析了在校园广场中使用这种水景模式的优化性及必要性，同时提出了三种能够在校园中应用和推广的“水旱两用式”水体景观设计，以期其设计模式能在校园水景景观中得到应用和推广。

【关键词】大成广场；稷下广场；水旱两用式；水体景观设计

## 一、概述

本文所提到的“水旱两用式”水景是指在有水的情况下能实现水景的一系列功能，而在没水的状态下亦能表现出较佳的视觉效果，并能实现观赏、游憩、文化、雨洪管理等多元功能的水景设计模式。近年来，随着教育水平的提高以及人们对教育资源的重点投入，人们对校园景观的要求在不断地提高。灵动多变且形态各异的各种水景成为校园景观中不可或缺的一部分。不论是动态水景还是静态水景，都是极佳的构景元素。但水景在其建成多年后的后期使用过程中也出现了诸多问题。例如，静态水景的干涸率高、水质易污染、动态水景使用率低、喷水设备后期维护费用过高，水景干涸后景观效果差、周边易滋生蚊虫、景观功能趋于单调等问题。

## 二、调研分析

随着高校校园扩建或者新建的情况不断增加，校园景观的重建成为校园建筑规划中最重要的内容之一。由于水景景观的灵动性和人们的亲水性等特点，水体景观往往在校园景观中较为显眼或者重要的地方出现。例如，在高校校园的入口区，多设置有喷泉、叠水景观等，在教学区、生活区、休闲景观区，则多以湖泊、溪流等类型出现。各个分区中设置的水景景观要与其所处分区的文化氛围相适应，其所呈现的景观效果应与周围环境能够保持和谐统一。但由于高校水景景观的后期维护大多不尽如人意，其和谐良好的景观效果和氛围与营造之初相差甚远。这种水景景观常常是在有水的前提下进行设计的，而对于水景干涸时的景观效果缺少研究和调查，因而导致这种现象的产生。本文从水景景观的两面性来探讨当出现“干涸水景”时，能否在景观方面依旧达到“有水灵动，无水亦成景”的效果。

本文以山东大学大成广场与稷下广场的水景为例，分析其水景景观的现状及所存在的问

图 1 水景起始“校规石”

图 2 滨水台阶

图 3 静态水

图 4 池底

图 5 喷泉

图 6 戏水池

题并提出三种设计模式的优化方案，以期能够为促进校园水景景观质量的改善提供一定的思路和建议。

## 1. 大成广场水景设计

山东大学大成广场水景位于校园南北景观主轴线上，呈线性布局，与图书馆前的广场共同构成校园核心景观区域。水景起始是镌刻有“为天下储人才，为国家图富强”的校规石（图 1）。线性水景通过起伏错落布局来强化水体的流动效果，轴线中心位置起九层滨水台阶为喷泉，并通过滨水台阶的形式自然过渡到轴线末端的驳岸，由直线围合成静水池，玉琮灯柱列整齐地排列在水系两侧（图 2）。大成广场水景主要分为静态水景和动态水景，水体分别为静态死水和人工循环系统支撑的动态水。静态水景部分的水体容器通过防渗漏材料阻隔水体与地下水系统的连通。而保持静态水景的景观效果，需要物业管理部门的后期维护。由于后期维护管理费用高，物业管理部门经常长时间不换水，导致水体水质恶化，水面蚊虫及垃圾漂浮物较多，长此以往影响整体景观效果(图3)。大成广场现有的静态水景功能较为单一，水景仅作观赏之用，同一种景象时间长了也难免使景观变得单调。其动态水景由于“山大”校园地处气候较为干燥的北方地区，受季节和人为因素等影响，喷泉的使用率不高，处于干涸状态的喷泉使得裸露的喷头及暴露出来的管线有碍观瞻，水体的池底和池壁也处理得比较单调和粗糙（图 4）。而动态水景作为大成广场水景景观的一部分，占用了较大面积的广场用地，也是整个校园水景景观的视觉焦点。物业管理部门通常在节假日等特殊日子使用或者是每隔一段时间定期注水，所以其景观效果呈现为亦动亦静的状态，动态水体景观开放时可以增设一些游人亲水的娱乐项目，如人可以接触的喷泉或者儿童戏水池等，使其具有互动性（图 5、图 6）。当处于不开放状态时亦要考虑长时间不换水会引起水质变差，进而造成不良的景观效果这个情况。需要考虑如何将这些水景设计成“水旱两用式”水景，使之成为“有水灵动，无水亦成景”的景观模式。

图 7 稷下广场水池干涸部分

图 8 稷下广场水池未干涸部分

### 2. 稷下广场水景设计

稷下广场水景位于通达性良好的学生宿舍楼区，其造景特色明显，为学生提供了一个休憩娱乐的场所。广场小面积的集中式水景主要是壁泉和水池，多布置在道路的焦点和广场中心，并在有限的空间中以壁泉、水池、涌泉等多种形式的水景营造出无限的意境。与大成广场的严谨规范不同，稷下广场水景设计更为灵活多变，水景样式更为丰富。但目前的稷下广场水景中的水体基本已干涸，裸露的粗糙池底、池壁以及池底生长的青苔和堆积的垃圾让人不愿靠近（图 7）。未完全干涸部分裸露在外面的管线喷头，由于长时间缺乏修养维护，以及被塑料水瓶堵塞而丧失其使用功能（图 8），未干涸的水体水质也变得较为恶劣，导致目前稷下广场的水景景观单一的观赏功能已经丧失。造成这种现象的根本原因与大面积的广场水景所产生的高额的物业管理费用有一定关系。为了维持最初的景观效果，要投入较大的人力、财力，而这违背了景观设计的经济原则，所以使用“水旱两用式”的景观，既可以增加喷头的利用率，使其在不喷水时可作其他功能使用，还可以在不牺牲景观视觉效果的前提下避免由喷头和管线废弃造成的景观维护费用，一方面减少了物业管理的开支，另一方面避免了多次换水造成的水资源浪费，体现了水景设计的经济原则。

## 三、“水旱两用式”水景景观设计方法

### 1. 喷水与雕塑相结合

校园内的景观雕塑作为一种本身具有高度观赏性的主体，可与动态水景相结合。不同于城市公共空间中的装饰艺术，出现在校园整体环境中的水景小品，多规划于教学楼前的广场上，易吸引校园人群驻足，因此可更多地注重设计的创意性与教育性。在无水状态时，可将动态水景的喷头和管线隐藏，则雕塑景观既可以自成一体，同时也避免了在教学时间段水流声影响安静的教学环境。这种水景设计要注意两个部分：一是雕塑与水景相结合的美观性；二是隐藏部分的排水设计处理，防止内部积水滋生蚊虫。

### 2. 跌水瀑布与景墙结合

跌水瀑布与景墙结合的水景设计模式常常运用在校园水景景观中。和上述与雕塑结合的水景模式一样，这种水体景观在有水时的视觉焦点是跌水瀑布，没水时的视觉焦点是景墙，

因此，增加景墙的造型效果，可使无水时仍然有景可观。跌水景观的应用形式也较为多样，除挡土墙加壁泉这种基本模式外，还可利用校园自身自然地理高差设置装饰墙。考虑到季节因素，可将跌水景观在无水状态时与校园周边的自然环境融合起来，以及根据南北气候差异导致的水体形态变化考虑其形成的景观效果差异。

### 3. 静态水体的“水旱两用式”设计

“水旱两用式”的设计模式在静态水景的应用可以通过几个途径来实现。首先，在水体景观的构造材质上，细致美观的纹理、色彩、造型能够使水景在无水时也具有较佳的视觉效果。其次，增加驳岸层次的丰富性，注意池底到岸边的过渡与衔接，可以利用水体多样的形态和可塑性使驳岸的处理更加自然灵动。如果使用阶梯式的驳岸设计，还可以在无水时作为台阶为学生提供户外的休息和娱乐场所，实现景观与人的互动性。最后，调控池底的深度，可以改变驳岸层次单一的情况。例如做好水景地面以下的排水和池底的铺装处理，可使水景在干涸时作为一个可供人群休憩的下沉广场使用。

美国景观设计师劳伦斯•哈普林（Laurence Halprin）设计的爱悦广场（Lovejoy Plaza）就很好地诠释了“水旱两用式”静态水景的设计方法，该处水景的池壁和池底是与周围环境高度统一的“梯田景观”线条，材质也高度统一，有水时是一汪清水，干涸时则是一处完整的立体阶梯广场，可以供人在那活动。

## 结语

高校校园水景景观作为校园内部景观空间的构成，不仅要考虑其基本观赏作用的维持，还要考虑从其他角度去延伸它的功能。“水旱两用式”水景是针对校园水景提出的一种设计方案，其方案是基于校园面积较小的动态和静态水景提出的。由于校园水体的设计既有共性也有个体差异性，“水旱两用式”水景还要考虑到校园所处地域受到的季节、地形等方面的限制因素，在设计过程中因地制宜，以人为本。“水旱两用式”水景的概念目前尚未明确提出和普及，但一些景观设计师在自己的作品中已有所诠释。本文正是以山东大学大成广场与稷下广场水景景观建设为例进行了研究与探讨，并针对现存的一些问题结合“水旱两用式”的概念提出一些建议和思考，以期对今后更加完善的校园水体景观建设提供新的设计思路。

## 参考文献

[1] 吕慧，赵红红 . 居住区“水旱两用式”园林水景设计研究 [J]. 华中建筑，2016，34（6）：95–99.

[2] 葛佩琳，段渊古，杨雪，等 . 高校校园水景设计理念及方法浅析 [J]. 西北林学院学报，2012，27（6）：221–225.

# 38 浅析人性化照明设计在空间环境中的运用与创新

原载于：*Prvceedings of 2014 Internation Conference on Industorial Electronics and Engineering*（本文英文版发表于此）

【摘　要】现今社会人类的生活水平日趋提高，人们对生活品质的要求也在不断提高，这离不开对空间环境的利用，一个好的空间环境可以让疲劳的身心得以放松，烦躁和压力得以疏解，如何创造一个美好而又和谐的室内环境是当代人不断追求的永恒话题。照明设计是空间环境影响要素中最有说服力的要素之一，照明历史可谓悠久。本文从人性化照明在空间环境中的运用为出发点，针对人性化照明的使用功能、意向表达、氛围烘托以及表现力对比等几个要素进行空间环境运用分析；从空间环境人性化照明的内涵、特性和塑造方式结合典型案例进行剖析探讨，为塑造舒适合理的室内环境提供全面、统一、有说服力、新颖的人性化照明设计构建理论依据。

【关键词】人性化照明；空间环境；意向表达；气氛烘托；光环境

空间环境广义上指人类居住空间、办公空间、休闲娱乐空间等空间室内环境及其周边环境；狭义上指按照人意志的不断变更进而创造建筑内部外部的合理环境，是一种对功能的完善和审美的满足。在空间环境中，光环境在诸多环境中占首要地位，与此同时，照明设计所烘托的空间光环境也深深地影响着整个空间大环境。现代空间环境如何将人性化照明设计特征融入，创造出合理人性化照明与空间大环境协调关系并加以创新，正是首要任务。

## 一、人性化照明设计的作用

当灯光打到空间里，它不仅给了空间一个新载体，也创造出一个新环境，人性化照明使得空间丰富多彩，也赋予了空间新的生命力，照明是光环境表现的重要特征和手段。

### 1. 人性化照明设计的涵义

照明是指利用各种光源照亮空间场所的方式，在现代空间设计中经常运用。其中包括两种常见的形式：人工照明技术、天然采光技术。空间环境人性化照明设计不仅要满足环境照度的需求，还要起到渲染气氛、烘托环境、节能环保的作用，最重要是遵循以人为本的原则，一切以满足人类需要为目的而进行。

（1）人工照明技术

通过外界辅助加以人工操作产生的光源为人工照明技术。此技术在现代已经普遍运用，但是却存在节能隐患。

（2）天然采光技术

通过自然环境所产生的光源运用于照明器械的技术为天然采光技术。该技术的技术含量要高于人工照明技术，但是从节能的角度上看却非常理想，通过天然采光所产生的照明效果既节省了能源又合理利用了自然资源，在人性化照明设计中得到了广大设计师的响应，如太阳能节能路灯等。

## 2. 人性化照明设计对空间环境使用功能的满足

在一个没有灯光的密闭空间里，伸手不见五指难免会让人感觉压抑。当一缕阳光渗透墙壁，照进空间时，一种突出重围的快感让人心旷神怡，这就是照明的魅力，安藤忠雄的光之教堂正诠释了这一原理。空间环境中，照明设计必须依附于空间功能需要，方可称为人性化照明设计，这就取决于空间环境与照明产生光环境的协调程度。

（1）光环境是人性化照明设计在空间环境中的表现形式

光环境是由光的照度和布置与色的色调饱和度以及显色性在空间环境中建立的与空间形态有直接联系的协调环境。合理的光环境是现代空间环境中一个重要的有机组成部分。

（2）人性化照明设计在空间环境中的表现工具

① 人性化照明中灯光特点表达——光影作用。

“光”和“影”，这也是照明设计中最为活跃的因素。“光”和“影”相辅相成、缺一不可。空间环境中，“光”和“影”各自起着非常重要的作用，“光”可以使空间环境的基调更为突出，“影”则可以在辅助光的同时，拉开空间的层次感与立体感，还有掩盖退隐的作用。光影互融让空间环境更加惬意。

空间环境的光与影可以改变整个环境的性格。其中，自然光作为创造空间气氛的手法逐渐地得到设计师们的认可和重视。适当合理地利用自然光，不仅符合当今社会节能环保的理念，还可以提高审美情趣，创造出人性化照明设计，与空间环境布局、形态等有着直接关联，而且当今社会空间环境采光的要求已经远远超出规定的采光范围限制，更加往人性化、舒适度靠拢，也就是说，在保证采光极致和美观的前提下，人性化和创新性也渐渐成为空间环境照明设计的主流。

② 人性化照明中效果质感表达——气氛作用。

气氛是照明设计中最为重要的因素。在众多因素中，气氛与人性化有着非常密切的关系，它对人的感受有着巨大的影响。据记载，照明设计可以使人对空间环境产生奇妙的空间遐想，在同一空间里，相同的照明设计可以产生不同的气氛。创造气氛的主要目的是满足人们的审美需求从而也满足人性化照明的真正意义，将空间环境赋予独特的气质，使其华丽转身，符合人的需求，至此设计师也创造出了许多不同的风格，如个性张扬、抽象、柔美、传统怀旧等。

③ 人性化照明中材料工艺表达——色彩作用。

色彩是空间环境照明设计最有效的设计手段。可以说，没有了色彩空间将枯燥无味，了无生趣；可以说，色彩是整个照明设计的核心灵魂。材料肌理涉及光泽、凹凸、纹理、硬度等，色彩通过在不同材料特性功能上的表现，赋予其新的生命力。

从整体构想出发，一个整体性非常强的空间环境，要求色彩色调上采用统一手法并与环境融合，运用材料、技术来统一色调融入整体。

从材料要素的选定出发，色彩统一最为重要，色彩作用直接影响空间环境在功能上、审美上的情操。由于材料的种类异常丰富，每个材料工艺表达的色彩涵义种类繁多，如材料本身固有颜色、饱和度、色相等。一般来说，低饱和度的颜色力度弱，但许多材料本身的颜色纯度很低，必须利用照明技术、光影效果加以掩盖，在这之前必须非常熟悉材料、熟知色彩本质属性，只有这样才会熟练掌握在什么环境下如何分辨材料和颜色来辅助照明设计，这样才会得出有说服力的设计。

### 3. 人性化照明设计对空间环境意境表达的影响

空间环境中，每个环境所植入的照明设计如同建筑不可缺少的结构部件，作为空间环境的一种意象表达，它使用不同照明方式进行构图，达到一个既个性又符合人类需求的空间环境。不同的手段烘托不同的空间环境意境。

### 4. 人性化照明设计让空间环境灵活多变

空间环境中，普通装饰品在白天可以充分发挥其使用价值，在夜晚如何发挥其价值就需要人性化照明设计加以修饰，当装饰品经过灯光修饰，顿时有了双重身份，同时也实现了其观赏价值。同理，室外雕塑、小品等同属于艺术范畴，也可以依靠灯光凸显其柔美形态，美化环境的同时让空间环境灵活有生机，这就是人性化照明的魅力所在。

### 5. 人性化照明设计渲染空间环境气氛浓郁

当灯光的色泽、强弱、位置、方向、层次等特性巧妙创新运用的同时，也可表现空间环境的实用功能、结构个性、风格特性，以便达到人性化照明对空间环境真正运用的目的。

人性化照明设计是连接空间环境与人思想的中间纽带，从此角度出发寻求空间环境的构想开发灵感，不仅仅满足了功能化、人性化的需要，也创造出了丰富多彩的空间形态。

## 二、人性化照明设计在空间环境中的运用

### 1. 室内空间环境（以办公空间、展示空间为例）

空间环境包括室内空间环境和室外空间环境两大类。室内空间环境包括的种类很多，如展示空间（汽车展厅、博物馆等）、办公空间（设计空间、教学空间等）、娱乐休闲空间（餐饮空间、ktv）、商业空间（服装店、珠宝首饰店等）。室外空间环境包括商业步行街环境、居民小区内部环境、城市广场周边环境等。这些在类型上都从属于一类，但是在功能上都有着各自的特点，所以从人性化照明的角度考虑再针对每个空间功能特征来设计都有非常大的学问。

（1）办公空间

随着经济水平的日益成熟、人们生活节奏的加速，人们对待工作环境的要求也逐渐提高，相应的办公建筑也逐步得到了发展，至此，对办公空间的照明设计成为创作好办公空间环境的最基本的元素。

办公空间中的人们多半是在其中进行学习、工作、交谈等活动。在这种空间中，办公家具根据每次工作的需要都要加以调整。从照明的角度来看，无论是从办公室还是从平面功能分区来看，都必须遵循适应工作的人性化照明原则，从而避免阻碍工作视野的泛光、眩光。

① 办公空间中对人性化照明影响的要素。

a. 光色程度。在照明设计中，光色的强度有着非常多的讲究，通常在办公空间中，必须筛选光色，选择显色性不能太高也不能太低的照明方式，以免损害人们的视觉，影响工作。

b. 照度。照度采用在人的视觉范围承受能力之内的即可，一般办公空间需要保持较高的照度，有利于工作环境的和谐，工作人员身心健康，并且能拓宽空间提升环境形象。

c. 眩光。

d. 房间的主色调以及自然光采光的程度。

② 办公空间中对人性化照明影响的方式。

a. 办公空间环境中，对顶面的设计都是非常严格的，以便工作面上得到强有力的照度，并且可以适应灵活的平面布局，这是普遍的照明方式。一般办公空间多半是紧张乏味的环境，可以将灯光利用反射的方式投射到天花上，以便增添空间的趣味，提高工作兴趣和效率。

b. 办公空间环境中，可以采用自然照明。办公空间一般白天使用率很高，从节能的角度上考虑可以在白天多采用自然照明,作业空间的窗户位置一定要选在朝阳面,方便利用太阳光。也可以在自然光线比较充足的情况下，利用独特避光或者反光板等材料进行处理，达到光与质的灵活运用。

c. 办公空间环境中，也可以采用人工照明。人工光源的使用是提供功能照明和夜间照明，营造良好环境的条件，当空间自然采光受到限制的时候，就可以采用人工照明，人工照明可以通过多种形式进行创新，赋予空间独特的生命力。

③ 办公空间人性化照明的注意事项。

a. 减少眩光。办公空间中人群活动非常杂乱，应选择符合国家规定的灯具进行照明设计，通过有效吊顶等高科技材料进行灯光的修剪、遮挡，减少不必要的亮度，这样可以有效地避免眩光。

b. 灯具选用。在照明设计中，可以采用创新性、灵活性强的灯具，但是不宜复杂，这样可以随意更改灯光的位置和效果。

c. “绿色”照明。当今社会最热门的话题是节能环保。采用节能照明是创建人性化照明设计的根基，也是创建和谐社会的需要。

（2）展示空间

展示空间是最能体现照明设计独特性的空间，对照明设计要求也是非常苛刻的。展示空间属于灵活外向的空间种类，所以在照明设计上既要考虑人性化也要顾及趣味性和创新性，这样才能形成统一的基调而不失乏味。

① 展示空间中对人性化照明影响的方式。

光线有照明作用，同时呈现魅力元素的作用，个性特别的照明设计总是给人一种意想不到的新鲜感，如何将人性化设计放在这些时尚前沿的纹样造型中完美融合是照明设计的重中之重。

a. 造型语言。展示空间中，许多形态结构都不是规整的，为了突出展示空间的主题风格，许多设计师采用了流线型、弧形、菱形等视觉冲击力大的表现手法进行空间修饰，但是乍眼看去各式各样的形态存在于一个空间，造型语言虽然丰富但是空间整体性却有所破坏，这就需要照明设计加以补漏，通过反光、散光以及光影效果等变换灯具的形状打出不同形态的灯光，使空间既有丰富的造型语言又统一了空间大关系，这才让空间实现了其价值。

b. 色彩表现。展示空间不同于别的空间的最大因素就是颜色上没有限制规范，就其他的空间来说，如办公空间大部分可以用的灯光就是白色灯光；餐饮空间为了刺激顾客食欲采用的普遍是黄色暖色灯光。在展示空间内，因为空间比较活泼、时尚，所以可以采用对比色、同类色以及比较夸张的颜色渲染环境，这也可以达到照明人性化设计的效果，比如：儿童喜欢鲜艳的颜色（红色、橙色、玫红色、紫色等）；老人喜欢素雅的颜色（灰色、浅蓝色、淡绿色等）；青年人喜欢高亢的颜色（荧光色、白色、黑色等）。

② 展示空间人性化照明的注意事项。

a. 光线冲突。展示空间中灯光特效的方式非常复杂，灯光与灯光之间所展现出的光线经常由于物体的单一而形成重叠，这样就会造成光线冲突，并影响效果。所以，设计师们必须通过遮挡，突出主体光线、躲避次要光线的方法来使环境统一。

b. 灯具环保。展示空间中，创新性元素运用得越来越频繁，这是设计界所呈现出的好现象。但是，在展示空间中很少采用自然光照明，一般都采用人工照明，许多特效是自然光照明达不到的。在材料上，国内许多知名环保品牌的灯具都采用天然材料加工而成，不会产生负面作用，既环保又实用，这都是照明设计中首选的环保灯具。

## 2. 室外空间环境

（1）商业步行街环境

商业步行街环境的形象组成是通过店铺以及周边范围景观而共同组建而成的整体环境。现实生活中的商业步行街环境给人一种奢华、明亮的感觉，整体性便成为了此环境照明设计最难也最棘手解决的矛盾。商业街环境内种类繁多、风格各异，往往不能采用一种设计手法加以诠释，但是采用许多设计元素的同时难免会忽视其统一基调。

① 人性化照明设计方法可以通过找准统一夜景轮廓线风格，将商业广告位置与层次有别于其他区域材料和色彩，通过周边区域的灯光强度以及光影效果来划分归纳区域，将灯光亮度区分等级，这样可以拉开空间层次感，又符合统一性的原则，让人们身在其中时不会觉得嘈杂和凌乱。

② 人性化照明设计方法还可以通过顾客心理需求，以吸引顾客为目的统一规范店面夜间形象，提高橱窗照明设计的创新性和个性，使其比周边环境的灯光亮度强而更引人注目，还必须符合近景远景不干扰顾客的原则，突出商业街的整体魅力和焦点形象。

（2）居住小区内部环境

居住小区内部环境是空间环境中人们最为熟悉的环境。正因为它离人们生活越近其照明设计更应该符合人们的需求。居住小区内部夜晚环境比起商业步行街环境要安静得多，主要以室外休闲活动为主，并且安全性为主要考虑因素。

① 个性化照明设计方法可以将此环境照度等级倍数增高，以偏暖色为主，创造出适应于老年人锻炼休息的环境，目标人群中有一部分为儿童，在照明器材上多数采用安全环保的器材。

② 个性化照明设计方法为了配合满足人们居住区的私密性，严禁对住宅采用直射泛光方式照明，对居住区周边环境广告灯光强度也要加以削减。

（3）城市广场周边环境

作为有标志性主题社会活动为目的的中心广场，功能性是广场主要属性。

① 人性化照明设计方法主要从广场的背景入手进行照明设计，综合考虑周边环境绿化、建筑的协调关系，保证广场局部小环境与周边大环境合理融合，遵循统一全局性原则。广场大空间与周边居民区、餐饮区、道路、小巷等相辅相成，互相衬托。

② 人性化照明设计方法可以通过光线的长短进行广场空间拉伸，加强空间的伸缩性。夜景设计通过光感层次性、视觉空间引人入胜构建完整空间背景，建立有吸引力的广场内部视觉中心与广场周边形成呼应，为游客创造一个富有独特视觉享受的空间环境。

综上所述，无论是什么空间都离不开照明设计，当今社会是人性为主的社会，人性化照明设计日益得以重视。

## 三、案例分析（济南恒隆广场）

### 1. 当今社会中商业空间发展的新概念与新形式——高端卖场

城市商业空间，不仅是买卖经商购物之所，在长期的社会进程中，随着城市生活的多方面发展，其存在意义已由“商”的单方面含义扩展到具有多种功能并存的生活空间的内涵。城市高端卖场扮演着城市的主角，它可以引领市场和时代的潮流，在其中起着非常重要的作用。

### 2. 人性化照明（多媒体艺术）潮流引领社会潮流

当今社会流行因素——多媒体艺术作为一个新兴文化深深地影响着照明设计和整个设计领域。在此潮流影响的时代中，许多高新技术产品诞生，无处不在的数字信息影响着人们的思想与生活。丰富多彩的信息技术社会给多媒体展示的发展创造了良好的条件。

### 3. 案例介绍

济南恒隆广场总高 7 层，营业面积逾 17 万米$^2$，共有 350 家商户，当中超过半数为国际时尚品牌商户，其中不少初次进驻济南，项目投资 30 亿元，目标是打造一个引领时尚世界顶级高端购物卖场。一层是整个商场的灵魂所在，面积约 28333 米$^2$，它聚集了许多名牌并设有餐饮，兼具了休闲娱乐功能的“一站式”体验。

高端卖场中人性化照明设计影响最为密切的有以下三个方面：

（1）商业橱窗

（2）商业陈设

（3）灯箱（广告牌、指示灯）

高端卖场中，为了将最好的视觉效果展现给消费者，照明设计采用不同的造型语言，营造出不一样的视觉效应，结合多媒体表现形式，给卖场中标记陈设以及有指示性能的设施增添了生命力，让卖场大环境变得更真实生动更富有生命力，这足以体现人性化照明给空间带来的财富与想象力（图 1 ~ 图 3）。

图 1 灯箱

## 结语

本文通过对人性化照明在空间环境中的运用对比进行阐述分析，并通过典型案例对空间环境人性化照明设计方法得出新的理解，从而让空间环境人性化照明设计更深入人心。当今社会，人性化照明设计在空间环境中运用创新逐渐得到了众多设计师的肯定与重视，社会经济快速发展，人们对空间环境要求日益增高，伴随着新技术对空间环境不断创新与影响，人性化照明设计所创造出的光环境研究必定会成为影响空间环境的首要元素，与其相关的研究必定会得到长远的发展。

图 2 橱窗

图 3 商业陈设

## 参考文献

[1] 薛娟 . 居以养体 [M]. 济南：齐鲁书社，2010.
[2] 薛娟 . 中国近现代设计艺术史论 [M]. 北京：中国水利水电出版社，2009.
[3] 薛娟，侯宁，王海燕 . 办公空间设计 [M]. 北京：中国水利水电出版社，2010.
[4] 冯冠超 . 中国风格的当代化设计 [M]. 重庆：重庆出版集团，2007.
[5] 李文华 . 室内照明设计 [M]. 北京：中国水利水电出版社，2007.
[6] 阴振勇 . 建筑装饰照明设计 [M]. 北京：中国电力出版社，2006.
[7] 黄引达 . 室外艺术照明设计方案 [M]. 北京：民族出版社，2003.
[8] 吕思勉 . 中国通史 [M]. 南京：凤凰出版社，2011.
[9] 彭一刚 . 建筑空间组合论 [M]. 北京：中国建筑工业出版社，2008.
[10] 杨冬江 . 中国近现代室内设计史 [M]. 北京：中国水利水电出版社，2007.

# 39 公共文化服务体系中公共图书馆创客空间的设计创新

原载于 :《艺术科技》2021 年第 2 期

【摘　要】新时代，公共图书馆面临服务转型和创新发展的新挑战。创客空间的出现丰富了公共图书馆室内设计的内容和体系，与公共图书馆创新发展的文化服务教育模式相契合。本文通过实地调研和典型案例分析，对公共图书馆创客空间设计的社会价值、创客内容、现存挑战三方面影响因素进行分析，基于体验经济理论，从室内设计的精神层面高标准要求出发，提出公共图书馆创客空间室内环境设计的创新方向应是空间布局灵活合理、空间主题明确化、空间功能体验化、装饰风格地域化，避免同质化现象，吸引用户积极参与。

【关键词】公共图书馆；创客空间；体验经济；空间布局；室内设计

新时代，我国对公共文化服务体系的建设越来越重视，而公共图书馆是其重要组成部分，找准服务地方社会经济的焦点，助推地方文化产业的发展和新型文化业态的培育，是公共图书馆创新服务内容、完善服务职能的应有之义。在此背景下，公共图书馆的社会教育职能与精神文明建设需求受到重视，创客空间的嵌入为公共图书馆创新服务模式的转型升级提供了新契机。

随着网络信息技术的发展，用户的行为方式、阅读习惯、学习方法发生变化，使图书馆的服务价值弱化，读者到馆率和文献利用率逐年下降，图书馆的生存发展面临严峻挑战。在此局面下，各地图书馆不断探索新的服务模式，重新思考自身角色，结合创客空间理念和数字信息化建设，积极改进其空间、设施、资源及组织结构，带动空间利用和空间再造，以适应数字化时代用户体验需求的不断变化。创客空间作为一种打破技术、专业和人群界限的创新模式，随着我国“大众创业、万众创新”“互联网 +”“创客”等一系列政策规划的提出，在国内迅速崛起，并逐渐渗透进公共文化体系。公共图书馆创客空间模式不仅能提高图书馆的服务水平，而且能增强图书馆的核心竞争力。其建设和发展对促进公共文化水平提升，创新文化教育传播具有重要意义，有助于推动空间提升运营效率与优化服务效果，促进全民族文化创新创造活力的迸发。

## 一、现代公共图书馆创客空间的社会价值

在第四次工业革命的背景下，社会和需求走在前面，国家各方面的发展需要跨学科复合型人才。在此环境下，知识的学习与创新制造产生了新模式，倡导“大众创业、万众创新”不仅需要学科交叉融合，也需要行业领域交叉融合。知识更新的高频节奏和市场对新技术的

高度敏感性，催生了科研教育方式的创新，共同推动社会进步，引导鼓励培养社会未来发展所需人才。公共图书馆创客空间模式的构建与该需求完美结合，公共图书馆的文化教育职能加上创客活动的实践架构，在开放共享的理念下具备了人员构成的丰富性，从而促进了多学科领域的交叉融合与思维碰撞，同时也符合新时代公共图书馆的发展要求。产业结构的更新发展催生了新的教育组织方式，该模式的平台搭建具有开放、共享、高效、创新的特色和隐性教育意义，可促进“大众创业、万众创新”的国家教育和经济发展。

## 二、现代公共图书馆建设创客空间的优势与挑战

受图书馆性质、服务对象、服务宗旨、社会职能等因素的影响，公共图书馆创客空间的构建要遵从公益性原则、大众创新原则、可持续性原则、安全性原则、文化传播教育原则。图书馆创客空间与社会化的创客空间相比，在建设、运营和服务方面都有其自身特点，存在一定优势，但创客空间作为公共图书馆创新服务模式的尝试，同样面临巨大的挑战。

### 1. 图书馆建设创客空间的优势

第一，公共图书馆的公益性，决定了其服务对象的开放性、普及性，有利于创客文化的推广。

第二，由于图书馆是由政府拨款的公益机构，相较而言，运营成本降低，可参与门槛低，有利于各个群体的参与。

第三，馆藏文献资源丰富，有利于支持创新创业的需求。

第四，图书馆与创客空间的社会价值都体现了知识、学习、分享、创新的核心思想，具有高度的一致性。公共图书馆的公益、平等、开放、共享理念可为创客文化的生长提供肥沃的土壤。

### 2. 图书馆建设创客空间的挑战

第一，资金来源、收费与公益性的冲突带来的挑战。

第二，创客空间初建时教育职能缺失带来的挑战。

第三，创客空间的管理和运行缺乏专业人才指导存在挑战。

第四，新模式下，创客内容的不同需求使物理空间的改造面临挑战。

第五，图书馆创客空间无论从硬件设施、物理空间还是配套服务方面，与一些成熟的社会化创客空间相比并不占优势。因此，我们应该考虑其定位的区分和相互之间的配合发展。

## 三、现代创客空间的空间设计现状

### 1. 空间特点

公共图书馆创客空间参与门槛低，涉及范围广，支持各年龄段和各类型的创客用户参

与创客活动，有助于创客文化的宣传普及，能提高广大人民群众的认识，促进创新发展。丰富的馆藏资源、数据库资源和人员构成、先进的科研设备、政府企业为之提供支持等条件，相较于高校图书馆创客空间和社会创客空间，更易将创意产品进行宣传推广，催生经济价值。公共图书馆创客空间是当代图书馆创新发展的新模式，符合创新发展的要求，具有积极的推动意义。在其物理空间的设计中，根据开放共享创意创新的理念特点，集多种功能于一体，各功能区要满足适用性、体验性、开放性、灵活性和多功能共存的空间特点。

## 2. 空间布局

通过分析网络资料的搜集调研、相关工作人员的访谈咨询和部分案例的实地考察调研，现将创客空间的空间布局构成类型汇总如下：大厅咨询服务区、服务办公空间、休闲娱乐空间、创新实践工作区、多媒体会议室、创客制造空间、数字制作空间、信息共享空间、知识服务区、创新实验室、交流研讨区、IC 共享空间、影厅和咖啡厅、产品展示销售空间、阅读空间、专利标准服务空间、创意设计展览空间、全媒体交流体验空间、设备物料存储空间等。

根据公共图书馆创客空间定位特点，对以上空间类型进行整合分析，最终总结归纳出咨询服务工作区、创意产品展销区、休闲娱乐交流区、会议活动教育区、设备操作制作区、工具物料存储区六部分为公共图书馆创客空间的基本功能区。其中，会议活动空间、制作空间、展销互动空间为主要部分，同创客空间的主题活动类型、功能需求、用户数量存在配比关系。咨询服务、休闲娱乐、工具物料存储空间相对次要，但对空间氛围的调剂和服务具有不容忽视的作用，各部分空间相互关联配合，共同服务于空间用户。

咨询服务工作区、创意产品展销区、休闲娱乐交流区、会议活动教育区的空间需根据场地空间的实际情况决定，可以是边界模糊、相互嵌套的空间组合形式，从而提高知识创意沟通交流效率、丰富空间的层次和提高空间的使用率。设备操作制作区需要根据创客主题内容的情况，在开放性或者私密性半开放性等方面做具体的设计规划。在空间设计过程中，也可以考虑将其与工具物料存储区作为空间装饰展示的一部分，如喜茶的空间设计，就将面包烘焙制造的操作区用通透的玻璃围合起来，将制作过程可视化地呈现给顾客。制作过程表演艺术化，增强了空间内容的趣味性，从视觉和心理角度为用户提供了情绪价值，符合体验经济的特点，也丰富了空间的多维度设计感知，满足了用户的精神需求。但是，受特殊创客活动的限制，有的创客活动会产生噪音、垃圾、气味等情况，在规划各功能区的关系时，要考虑空间的动静分区和交叉串联关系，可利用分离、相切、相交等形式将空间功能区布局组合。产生噪音、垃圾等情况需私密隔离的空间，在设计布局时，可与需要安静思考阅读的区域采用分离的方式规划设计。需要休闲交流分享、会议活动、展览展销等的功能区，可以通过相交的方式实现空间的共享高效利用，灵活支配空间分区面积。同时，相交或分离的形式也可使不同类型的功能区之间产生一个需要过渡的缓冲空间。另外，要考虑公共图书馆创客空间对图书馆整体空间用户的影响，在物理空间设计时，要根据具体项目情况而定，空间的安全问题也是不可忽视的关键因素。因此，在物理空间规划设计时，要注意消防安全通道设计，考虑人群的疏散，在材料的选择上，不仅要考虑美观舒适性，还要注意防火降噪等功能。

### 3. 空间设计尚存差距

经案例调研发现，目前公共图书馆创客空间在主题定位、空间功能属性、空间设计风格等方面存在同质化现象。创客主题缺乏，空间服务类型单一，艺术审美和舒适性欠缺，不能满足用户的行为和心理需求，导致用户参与度低，后续发展力量不足。在空间功能分区、空间风格特点、运作模式、氛围营造等各个方面，没有设计创新性。

## 四、现代公共图书馆创客空间创新设计的基本原则

### 1. 空间主题明确化

不同地区的公共图书馆应有效整合各地区城市的地域文化特色和资源优势，结合本馆自身特点和实际需求来明确馆内创客空间的主题和服务定位，创建主题特色鲜明的公共创客空间。从不同行业的角度将创客类型分类，如教育创客、美食创客、文艺创客、硬件创客、软件创客、工业创客等。创客活动所体现的教育理念与目前倡导的STEAM教育理念相契合，根据不同主题项目的需要，创客类型在侧重一定主题的基础上也存在多学科交叉配合。

地方公共图书馆可根据本地区城市规划发展重点项目方向，地方特色产业或者文化工艺遗产等，结合教育发展需要和人民群众的兴趣来设计创客项目，提高用户参与度，改变创客空间同质化的现象，打造地方特色主题鲜明，具有实际推动意义的创客空间。通过主题定位，明确功能需求，打造舒适独特的物理服务空间，使创客用户在创客空间交流分享、碰撞思想、共同探讨，开发创造项目。在室内环境的功能划分和设计风格上，各地区公共图书馆创客空间因空间主题定位不同、功能需求不同和地域文化特色背景不同而有所区别。

### 2. 空间功能体验化

公共图书馆创客空间服务应注重满足用户感知体验需求，结合“以人为本”的设计理念，使用户在空间实现感官体验和心理认同，突出体验双方参与交互和个性化服务的重要性。体验经济理论追求用户的感知体验满意度和价值认同，空间布局作为影响用户体验的核心场景要素，对用户感知体验有重要影响。

基于体验经济的理念设计公共图书馆创客空间，引发用户感官体验、情感共鸣和价值认同，从而吸引用户参与，激发用户创新。体验经济理论强调利用个性化、定制化和系统化的参与式体验服务，满足用户娱乐、教育、逃避、审美四个维度的体验诉求，形成以创客四维感知体验为基础的开放协同式创客服务平台。从体验经济理论内涵和基本分类框架出发，进行公共图书馆创客空间服务设计，有利于更好地实现用户感官体验满足与价值认同。

空间共创是一种创新性的协作模式，基于体验经济理念下的开放式空间布局有利于激发使用者的创新思维，同时也注重用户对私密性和舒适性的需求。通过科学设计与优质服务优化空间布局，打破单一的空间功能属性，使空间组合灵活化，空间功能最大化。各功能区可以利用电子触摸、全息投影、空间感应、VR技术、3D打印技术等形式，使用户在空间中获得全新的体验，增强创客感知体验，实现与未来无限创意的交流互动，推动创客通过教育体验、娱乐体验、逃离体验和审美体验达到体验的甜蜜地带，为用户提供一个舒适科学的新型空间服务模式。

### 3. 装饰风格地域化

公共图书馆创客空间有馆藏资源和用户氛围的双重优势。同时，空间环境对用户和空间的感知和体验有重要影响，应注意空间环境设计的个性化和创意化。调研相关案例发现，目前我国公共图书馆创客空间装饰风格同质化，为解决这一问题，公共图书馆创客空间应采用主题式的设计手法。在空间体验化合理布局规划的基础上，结合主题和地域文化特色优势，打造特色鲜明、舒适美观的空间环境，吸引更多用户参与其中。结合重点打造项目主体类型或者结合地方人文特色设计室内空间装饰风格，两种形式互相促进，突出地方特色文化。通过物理空间的空间结构、材料选择、灯光氛围设计、色彩搭配、软装配饰等因素，营造出不同的空间氛围，对创客空间使用者的工作状态产生积极的促进作用，引发创新思维体验，满足当下用户的物质和精神需求。公共图书馆创客空间需要在空间主题、形式和功能上达到平衡，做到精神需求与功能需求兼具，提供核心感官体验和价值认同，吸引其积极参与。

## 结语

“图书馆 + 创客空间”的模式符合国家建设公共文化服务体系，培育新型文化业态和鼓励“大众创业、万众创新”的政策导向，空间设计的发展具有积极的社会价值和教育意义。同时，随着人们精神文化品位的不断提高，基于体验经济的创客空间环境设计的优化，有助于吸引更多的用户参与。良好舒适的环境氛围有助于激发创客的思维，进而促进公共图书馆创客空间运营模式的发展。大量文献案例调研分析后，结合体验经济理论和公共图书馆创客空间的社会价值、创客内容、现存挑战等方面因素分析得出结论：公共图书馆创客空间作为开放、交流、共享、创造、展示等复合型创新空间形式，应在空间主题定位、空间布局体验、空间地域风格等方面做好系统的规划设计，为用户提供一个功能完善、有审美特色的空间环境，体现其创新服务价值。

## 参考文献

[1] 李国新．“十四五”时期公共图书馆高质量发展思考 [J]. 图书馆论坛，2021，41（1）：12−17.

[2] 王蒙，王奕龙．图书馆创客空间建设 [M]. 北京：国家图书馆出版社，2019.

[3] 王诗瑶．需求导向下的高校创客空间环境设计研究 [D]. 大连：大连理工大学，2017.

[4] 胡佳，许琪．创客空间室内设计策略——以图书馆为例 [J]. 四川建材，2019，45（9）：78−79，95.

[5] 寇垠，任嘉浩．基于体验经济理论的图书馆创客空间服务提升路径研究 [J]. 图书馆学研究，2018（19）：71−78.

[6] 派恩，吉尔摩．体验经济 [M]. 毕崇毅，译．北京：机械工业出版社，2016.

# 第四章
## 新媒体新技术篇

# 40 论新媒体与沉浸式数字技术与展示艺术设计的融合

原载于 :《2021 室内设计论文集》

【摘　要】数字媒介技术改变了传统展示空间的视觉表达方式和信息传播模式，标志着艺术理念逐渐向多元化、观念化转变。然而，我国数字媒介技术的应用正处于初步发展阶段，如何更好地将数字媒介技术与展示设计结合成为一个亟待解决的问题。本文通过对比分析国内外优秀的沉浸式数字展示空间案例，针对我国的沉浸式数字展示存在的问题，提出我国应在设计理念、交互形式和空间设计三方面进行创新以构建更好的参观体验；此外，本文运用媒介环境学理论，分析数字展示媒介环境的本质特征和趋势，深入探究沉浸式数字展示项目的设计方法和最新技术；本文旨在寻求合理的创新设计方法应对数字展示媒介带来的交互变革，以期利用数字技术达到高效的文化传播效果。

【关键词】展示设计 ；媒介环境学 ；沉浸式体验 ；交互设计 ；文化传播

随着科技的发展，在新媒介环境下涌现出来的沉浸式展示空间，进一步重构了参观者的感知模式，使人亲身参与其中与之互动并深度体验。沉浸式展示空间设计要把交互创新形式和创新体验方式作为设计重点。先进的科技为展示空间创新提供了合适的技术，如何运用新兴技术来设计展示空间，探寻在展示空间设计中为观众营造深度沉浸式体验的设计策略，帮助展示空间实现文化高效传播，是如今设计师所面临的重要课题。

## 一、传统展示空间设计存在的问题

### 1. 忽视展示内容的策划

独具自身特色的展示内容是体现展示水平的关键因素，更是能够激起观众参观欲望的重要因素。只注意展示形式而忽视展示内容任由布展公司自由发挥，展示效果就会存在展示主题不清晰、展示内容层次混乱、展示空间布局不合理、展演动线不流畅、传播效果不尽如人意等问题。有的博物馆甚至出现了互相抄袭多媒体设计的现象，虽然运用了先进的新媒体技术，但是展示内容的简单罗列、平铺直叙的介绍信息都会让观众感到枯燥乏味，走马观花的观展体验很容易使观众丧失观展兴趣。

### 2. 盲目崇拜技术，缺乏文化创意

为吸引观众，展示中滥用新媒体手段，营造惊心夺目的视觉效果案例，屡见不鲜。某商业展示裸眼 3D 在大屏上展现了太空飞船，赢得了观众的追捧。虽然表面光鲜绚丽，但是缺失了文

化内涵，观众观看之后无法获取相关企业文化知识，也没有与展示作品在感知模式上产生交流。

### 3. 互动模式低

单一的交互形式会让观众感到枯燥乏味，进而对获取更多的展示信息失去兴趣。某体验馆虽然运用了数字媒体辅助展示，但观众只能根据特定的展览路线从电子屏幕上感受中国的饮食文化。故仅通过视觉这一互动模式很难调动观众主动获取文化信息的积极性。

## 二、数字媒介在展示空间的传播优势

### 1. 弥补传统展示的信息缺口

与传统展示内容受限、交互形式单一不同的是，现代沉浸式展示具有展示内容丰富、互动方式多样化的优点。沉浸式体验空间设计充分利用实体空间进行信息传播，数字技术可储存无限展示信息，加快了展示内容的更迭与创新。在数字媒介展示营造的沉浸环境中，观众深度体验并参与互动，产生了一种双向的交流。同时，数字媒介展示的趣味性可以引导观众积极地参与体验，获取更多的相关展示拓展信息，亲身感受数字技术带来的愉悦。

### 2. 营造多感官“忘我”的沉浸体验

在法国自然历史博物馆中的追踪研究表明，参观者的记忆保持深刻持久的原因是受到了多感官的刺激。大脑的感知是由各种感觉器官从外界获取的信息建构起来的。一般的场景复原、视频播放等以视觉为中心的模式，已经不足以满足观众的需求。数字技术与艺术相结合设计的现代展厅可以通过调动多感官参与体验来满足观众对抽象内容的体验需求。

### 3. 形成良好的交互体验

展示空间中的新媒体互动技术的应用使信息得到良好的传播，交互形式随着科技的进步越来越多样化。未来展示的媒介发展的趋势必定是“人机互动”，机器读懂人的思想，促进展示主题的转化与表达（表 1）。

表 1 不同类型的展示空间特点分析

| 比较方面 | 传统展示空间特点 | 数字展示空间特点 |
|---|---|---|
| 展示内容 | 实物展品、雕塑、图文 | 装置艺术、动态影像等 |
| 展演流线 | 固定不变 | 灵活自由 |
| 展示技术 | 低技术 | AR、VR、MR、5G、全息投影等 |
| 受众接受信息方式 | 被动接受 | 主动接受 |
| 传播方式 | 单向传播 | 双向交流 |
| 体验方式 | 视觉体验 | 多感官体验 |
| 环境资源利用 | 消耗 | 节约 |
| 设计者 | 权威（艺术家） | 参与者（受众） |
| 信息传播 | 有限 | 广泛 |

## 三、数字文化传播丰富了媒介环境学理论

数字化展示作为传播文化信息的桥梁，目的是更高效地传播展示信息，通过对信息内容趣味性的表达，可以让观众更好地理解展示内容，获取更多的展示信息。正如哈威•费舍所说，数字让人们丰富的想象力得以在各个领域挥洒自如。数字化展示是文化传播的“催化剂”，作为将展示内容传递给观众的媒介，既推动了文化共享，又是展示设计的辅助表现手段。

人对空间的精神需求是展示空间设计之终极追求，人文精神应作为数字展示设计之魂来加以体现。麦克卢汉主张的人被媒介所延伸的观点表明，数字媒介拓展了人对文化的了解范围。保罗・莱文森扬弃了麦克卢汉的媒介思想，强调人作为传播文化的主体，在利用新兴媒介技术时要充分发挥其主观能动性，“人性化趋势”将是媒介发展的方向。这种“人性化趋势”的理论与当今人们利用新技术设计展示空间不谋而合。数字媒介的发展呈现出“人文关爱”的趋向，艺术与科技的融合加强了人与人之间的关怀、人与物之间的联系。凯瑞认为，当把文化载入传播研究中时，文化就成为推动传播发展的主导力量。当今设计师要把“关心人”放在设计的首位，着重考虑价值的引领，合理地利用数字技术承载精神内容来设计展示空间，实现文化共享。

## 四、媒介环境学理论指导下展示空间的设计方法与创新

“媒介环境学理论倡导人在媒介环境中占据核心地位。”展示的本质是人对文化和精神上的共同诉求，一个具有人文关怀的展厅才能够唤起观众的共鸣，使观众从心理上沉浸其中。

### 1. 交互形式创新

针对数字展示空间设计中简单地将展示信息转移到屏幕上的问题，提出如下创新设计方法。

（1）营造叙事空间设计，强调“人”的角色参与

“空间的叙事性在于空间是否与人之间形成了紧密的联系”在设计过程中要围绕着展览目的完成一些关键问题，叙事要具有逻辑性和趣味性，同时掌握好节奏感。

“Walk，Walk，Walk Home”展览，将地下室改造为艺术空间，由人们去创造，构建了一个极具趣味性的互动空间（图 1）。新冠疫情的爆发使人们采取隔离措施，阻碍了人与人之间的交流，这个展览的设计目标是让人们通过个人创意在此平台上与世界上的其他人产生特殊的关联与交流。人们可利用

图 1 “Walk，Walk，Walk Home”展

电子设备随时随地自由地创作绘画作品，作品上传至 YouTube 网站会变成真人大小与他人画的人物一同行走，当观众触摸人物时会做出相应的互动。此展有以下几个特点：

① 准确、高效传达设计理念，充分利用人与展品、人与空间、空间与展品的内在联系，展示内容与人产生密切的交流；

② 追求高技术的同时考虑人的感受，让人参与到作品的创作和展示中去，注重趣味性的表达；

③ 利用叙事性设计将展示内容艺术化，并与科技相互融合。

（2）应用数字媒体技术冲击各种感官

数字技术运用在展示空间中强烈地冲击着观众的各种感官，观众可从任意角度观看悬浮于空间的动态影像；实时视频合成通过专业的软件上传，并将其与播放的影像合成处理，人可以及时地获得互动反馈，增强参与的“临场感”，颠覆时空的概念，把对象置入一个全新的境界中。根据多媒体技术的不同特性科学地选择搭配使用，可以增强展示空间的沉浸感。

沉浸式数字展示，通过全息空间成像、实时视频合成、幻影成像与多场景转换等技术，向观众展示具有艺术设计理念的数字化艺术作品。新技术的搭配应用在实体空间中创造出虚幻美妙的视听盛宴。“Universe of Water Particles，Transcending Boundaries”主题场景用数字计算模拟水流，观者站立的地方会生成一块岩石，观者就变成阻碍水流方向的障碍物（图2）。展示空间开阔，顶部不做任何灯光设置，墙面、地面和立柱通过新媒体技术来展现作品效果。精心搭配使用的数字技术实现了人与艺术作品的即时交互，从听觉、视觉和触觉三方面刺激观众感官。观众与作品达到精神上的共鸣并全身心地沉浸其中，获得了忘我的沉浸体验。鹤见认为，专业的艺术家创作出纯粹的艺术，只有少数的群体享有这种艺术的权利。“团队工作室”（Teamlab）是由科技人员、艺术家等组成的团队，利用科技手段来呈现艺术，每场展示都有独具特色的设计理念。

图 2 “Universe of Water Particles，Transcending Boundaries” 主题展

图 3 “唐宫夜宴”

（3）虚拟现实技术与文化的高度融合

空间展示中的文化载体与生活情景相互关联会使空间具有丰富的艺术感染力，深陷空间体验之中会提高观众的参与度和兴趣，从而引

发深度沉浸的连锁反应。空间需要有起承转合的变化及空间情节的感染力来传递文化价值。

“唐宫夜宴”（图 3）融入了“5G+AR”技术，将传统文化创造性地转化，传播大唐盛世的传统文化。设置真人模拟表演，演员的表情、妆容和衣着符合唐朝的“丰腴美”，彰显了盛唐时期的文化风情。运用 AR（增强现实）技术更好地表现和传播了历史文化，使观众沉浸在中国传统文化之中。同时，数字文化的创新性应用和空间情景氛围的营造在审美认同和价值取向上也体现出现代性，更能够赢得现代人的喜爱。因此，展示空间应该与时俱进，将艺术与科技恰当地融合来传播文化价值，创作出高审美、高创新的艺术作品。

## 2. 空间设计创新

（1）弱化实体空间，突出虚拟场景

实体空间的大小会影响观众的沉浸感受，原因是空间体量过小会让观众感受到现实环境。弱化空间本身的方法如下：

① 弱化环境照度，使参观者的视觉焦点放在展示信息传递的光线范围内，比如，Teamlab 将展示空间的顶面处理成黑色，使观众的视线集中在墙面和地面的新媒体展示中。

② 削减边界，营造弧形的空间结构（图 4）。首先，电子屏和投影在有棱角的空间中衔接不自然，不利于虚拟内容的真实性表达；其次，弧形界面反射光源均匀，画面的颜色、亮度不受影响，有利于展示内容的真实性表达（图 5）。弧形的空间形式比折线式的空间形式的空间感知力低，更容易营造沉浸感。

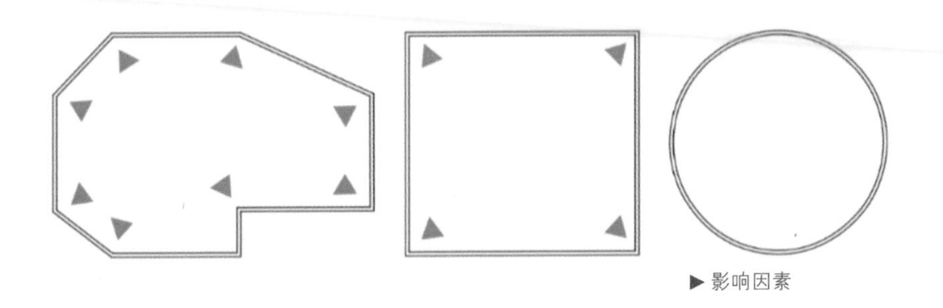


图 4 空间形式分析

图 5 空间形态对比分析

③ 在设计建筑时兼顾展示空间设计。建筑设计若在没有考虑展示内容的特点及需求的前提下进行，会导致大部分的展示空间设计与建筑空间设计相分离。因此，为达到建筑与空间的共生共融，需在设计建筑时与室内设计师沟通，提前规划展示空间、展示内容和展示路线。

（2）弱化硬性空间的限定

在空间形式的设计上，传统的展示设计将展示空间划分为不同主题的展厅，依据人体工程学设计合适的展台辅助展品展示。展品为实物展示，保存在封闭的环境中，观众只能从视觉上获取展示信息。“方力钧版画”展示空间的三种空间形式，以及观展动线分析如图 6 所示。作为常规展览，优点是满足了观众对单件作品和作品群的观看，空间结构上的创新也为观众带来新的观展方式。缺点是展览形式设计只是单调地刺激了观众的视觉，呈现出单向、被动的观看方式。

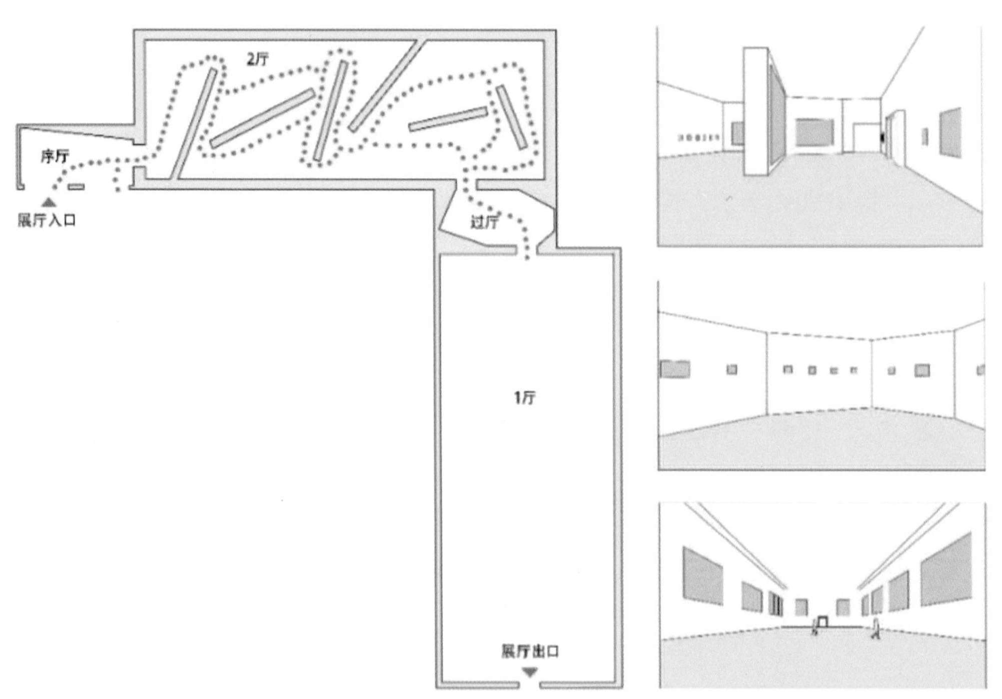

图 6“方力钧版画”展示空间流线分析及三种空间形式

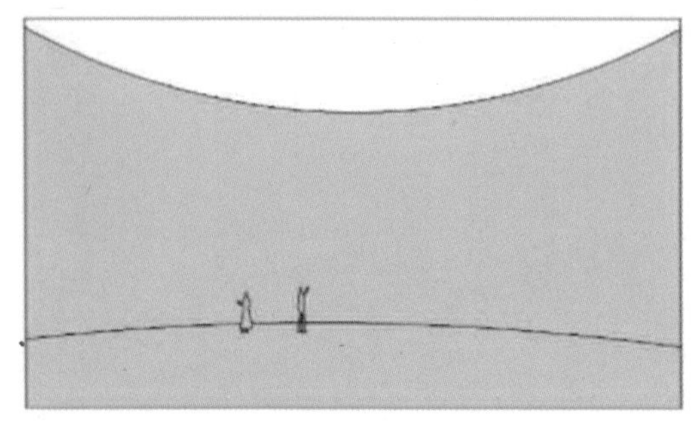
图 7 Teamlab 展览“油罐中的水粒子世界”的空间形式

空间结构的设置可以用活动自由度来体现人性化，提升参观者自由度的有效方法就是弱化空间的硬性限定。展览“油罐中的水粒子世界”(图 7)，空间内不设任何硬性设定，空间结构利用了油罐的柱形设计，利用多媒体技术在墙面和地面上展示，模糊了艺术作品之间、艺术作品与人之间以及各种既定事物之间的界限并使观众深度沉浸其中。

同时，根据沉浸式互动体验展示空间设计的特性，提出以下需要注意的三点：

① 大多数字媒体类展品需要较暗的光环境，以及对声环境中隔音、立体声等的特殊要求；

② 需考虑相关设备的摆放位置，不能影响展示空间的美观性和功能性，同时还需要考虑设备布置的灵活性；

③ 利用先进技术为残障人士、弱势群体进行服务设计，在展示空间中预留无障碍通道。

## 结语

科技的发展在不断地拓展更新着媒介的定义，智慧展厅在数字驱动的未来呈现方兴未艾之势。数字媒体技术是推动文化传播的重要力量，促进新媒体技术在展示空间中的设计创新，不仅迎合了时代发展需求，而且完善了人在时代进步下的感知需求，应用新媒体技术营造沉浸式的展示环境满足人性化需求是必然的趋势。科技是开启“沉浸式体验”之辅助手段，传播文化是展示之核心。唯有合理地利用数字媒介传播具有人文关怀的展示内容、体现文化内涵的主题和创新性的设计理念，才能带给人精神上的愉悦。

## 参考文献

[1] 原研哉．设计中的设计 [M]. 朱锷，译．济南：山东人民出版社，2006.

[2] 费舍．数字冲击波 [M]. 黄淳，等，译．北京：旅游教育出版社，2009.

[3] 麦克卢汉．理解媒介：论人的延伸 [M]. 何道宽，译．北京：商务印书馆，2000.

[4] 孙玉明，马硕键．从感性接触到沉浸体验：媒介进化视域下艺术接受范式的演变 [J]. 西南交通大学学报（社会科学版），2019，20（4）：71–80，101.

[5] 凯瑞．作为文化的传播 [M]. 丁未，译．北京：华夏出版社，2005.

[6] 林文刚．媒介环境学：思想沿革与多维视野 [M]. 北京：北京大学出版社，2007.

[7] WANG Q, et al. Minds on for the wise: rethinking the contemporary interactive exhibition [J]. Museum Management and Curatorship，2016，31（4）：331–348.

[8] 水越伸．数字媒介社会 [M]. 冉华，于小川，译．武汉：武汉大学出版社，2009.

[9] 王彦．基于沉浸理论的现代艺术展示空间设计策略研究 [D]. 吉林：吉林建筑大学，2020.

# 41 论交互体验在展示空间设计中的创新应用研究

原载于：《家具与室内装饰》2021 年第 8 期

【摘　要】本文旨在突破基于物理媒介传统展示空间设计方法的局限，在展示空间设计中运用交互体验理念，将信息多元化地传播给大众，从而提高大众的参与感。本文通过文献查阅、案例研究以及实地调研的方法，以交互体验理念为切入点，结合吴中博物馆展示空间进行分析，剖析其在展示空间设计中的应用形式，并从中探索空间组织结构、互动式空间流线设计、氛围营造、无障碍设施设计、多媒体技术的灵活运用，从而突破传统制约建立新的展陈模式，以便为今后的展示空间创新设计提供参考。

【关键词】交互体验；展示空间；组织结构；氛围营造；多媒体技术

现代社会的繁荣发展，使人民生活水平显著提升，进而推动人类历史文化的传承，带动国家精神文明的发展。“十四五”规划要求提升公共文化服务水平，2035 年远景目标要建成文化强国。博物馆是以研究、收藏、传递、展示历史性文化为主要目标的永久性机构。据统计，截至 2019 年年底，全国已备案博物馆总数达 5535 家，但大部分博物馆展示空间设计尚存在一些不足，如：互动体验偏重技术应用而忽略文化内涵；参观形式局限线下，空间中无障碍设施设计考量不足；“展板 + 展台”式的“静态展陈”传统模式仍占据大众审美主流。随着科学技术飞速发展，以数字媒体为主的技术应用，正迅速地颠覆传统展示设计的手法，智能化、互动体验式展示形式日益普及，参观者可通过亲身体验的方式参与到展品以及展区的互动之中，从而达到信息获得最大化和主动化，深层次地解读展陈内容和文化内涵。因此，展示空间设计如何与时俱进地创新、发展是急需研究的问题。

## 一、交互体验的基本内涵

何为交互体验？交互体验由“交互”与“体验”两部分构成。广义上，“交互”主要指信息源、信息传播媒介、信息接收体、展示空间环境四要素之间的互动循环。狭义上，“交互”主要指“人机交互”。交互，要完成一个完整回合的互动行为。必须有动作和相应的反馈，才能实现交互。交互是发生在系统用户向参观者或其他人进行传输信息的过程时，在展示空间利用新媒体技术促使参观者之间进行的一种互动式的交流。

英文单词“experience”作为名词有“经验、经历”之意，作为动词表示“亲身参与、感受”。博物馆展陈设计中主要是由人、展陈两个要素构成的，在此设计中的用户体验主要是由上述两个因素交互产生的，具备主观性、整体性和情景性的特点。综上所述，交互体验是基于人机交互技术、新媒体技术之上，参观者可亲自参与并与之互动，综合空间设计的基本方法。运用设计思维和技术手段，参观者与正在展示的作品相互影响、相互作用，进而实现交互行为，加以完成一定量的交互任务，从而达到展示信息传递的目的。

## 二、交互体验在展示空间设计各环节中的应用

### 1. 互动空间的组织结构

展示空间、展品空间和参观者空间与总体空间格局联系紧密，空间中的组织结构不断变化，从而呈现出空间位移的效果。渐进式叙事结构空间是在主题空间语境下将展示内容的结构或逻辑关系逐步展现在参观者面前的，每个展区都相互联系，并存在着内在的逻辑关系，这种组织结构的优势在于展示空间产生的层次变化，各展区之间具有联系性、整体性，能更准确地突出展示主题，使得空间更具有张力，以此强化空间的体验感。

### 2. 互动式空间流线设计

互动式空间流线设计是围绕展示主题和展示内容的人的轨迹的动线设计，参观者在观展过程中的情绪变化是通过有计划地营造一种不断交流与互动的体验过程来实现的。考虑到参观者在观展过程中的动态模式，以节奏性的情感变化为线索调动参观者的主观能动性，从而将获得的观展信息变成理性的认知。其优势在于提升信息的有效性、情感的持续性，参观者能充分感受到展示内容所传达的价值。

### 3. 空间氛围的营造设计

（1）造型、光影营造

在视觉和空间环境中，造型和光影作为展示空间中的构成要素，对于空间氛围营造起着重要作用。空间环境塑造上明暗、光影对比的展示效果，能唤醒参与者某些特定的记忆与认知，从而形成对展示内容的概括。上海科技馆展示空间中对于光影的运用十分独特，通过光影对空间的引导来调节自然光照的帷幔，浅浮雕上的装饰与光融合为一体，给参与者带来无法比拟的视觉享受。

（2）装饰元素的渲染

展示空间中的装饰元素，从广义的角度而言，一般指的是所有与主题相契合并借助抽象或具象表现的展品元素，内容一般是合乎情理的抽象，或者通过具体的展陈装置来表达，同时也可以通过重复构成与主题相契合的象征形体。装饰元素在展示空间中的运用，不仅渲染了空间氛围，更为展览增添了趣味性。南京大报恩寺遗址公园中千年佛光展区布满了四万两千盏七彩的 LED 灯，通过镜子投射出八万四千盏灯，象征八万四千舍利，寓意着大报恩寺历史上曾出现七次舍利佛光。参观者可在如此壮观的装置中感受到佛学与现代感的完美融合。

（3）场景体验

场景体验设计通过艺术或多媒体技术的方法仿制一种假设空间。真实模拟场景是在一定的空间范围内复原出真实的场景，包括展品及其原本所在的自然和人文环境。虚拟场景是利

用网络技术构建的一种模拟场景，是一种包含多个源信息的具有交互式特点的三维动态实景以及实体行为的系统仿真，在这种虚拟环境中可以提高用户的沉浸式体验。汉风美学新媒体艺术展（图 1），以中国传统文化为切入点，通过传统文化中元素的重新创作，提取汉文化中的瓦当、漆器、丝路、汉隶等代表元素与现代沉浸式展览相结合。其运用数字技术，将观众行为活动转变成信息，然后传送给展品，展品在收到信息后，对此信息进行相应的反馈，进而提高参与者的融入感，使得参与者成为作品的一部分。引导参观者透过装置、光影、空间等多维度感官体验，与参观者一起展开对传统文化的思考。多媒体信息展示技术的运用消除了展示空间的限制，吸引受众参与，并能够更加有效地展示内容。

图 1 汉风美学新媒体艺术展

（4）新媒体技术的创新

新媒体技术是新兴技术支撑体系下出现的媒体形态，运用新的技术手段和新的传播方式。数字媒体具有交互性、非线性、时空延展性和多维度性。2021 年河南春节联欢晚会上的《唐宫夜宴》（图 2）节目“出圈”了，节目的独特之处是运用了“5G+AR”的技术，将虚拟的博物馆场景与现实歌舞舞台相结合，演出效果惟妙惟肖。随着科学技术的进步，非物质在展示空间中的趋势逐渐增强，互动展示空间设计的主流方式是物质手段与非物质技术的融合。节目中一群可爱的“唐朝小胖妞”走出了《簪花仕女图》《捣练图》等传世名画，以中国传统水墨画中的山水为背景，穿梭在妇好鸮尊、莲鹤方壶等国宝文物之间，上演了一场中国版的“博物馆奇妙夜”。展览展示应注重文化属性的传播，多媒体技术是互动体验的物质载体，不能过于偏重技术而忽略文化内涵，《唐宫夜宴》节目将传统文化元素与现代技术巧妙地结合在一起，给予观众强烈的文化自信、民族的自豪感和认同感，同时让博物馆中“橱窗中的静态历史”走向“可参与、可体验、可互动的活态历史”。

图 2《唐宫夜宴》

（5）无障碍设施设计

国内展示空间中无障碍设施设计还未引起足够重视。室内无障碍设施设计主要包括物质设施及信息互动的无障碍，具体包括辅助通行类、标志类和专用类三大类。例如，针对行动不便人群设置的快速通道、无障碍电梯以及无障碍卫生间；针对视觉障碍人群设计无障碍导视系统、盲文版导览手册；针对听障人群在官方网站增加手语导览功能、无障碍感官地图以及手语志愿者。针对不同特殊人群的无障碍设计可以保障弱势群体平等地参与到社会公共空间中，更能体现“以人为本”的互动体验模式。

传统展示空间设计存在传达信息局限、缺乏互动性、展陈方式枯燥、缺乏可持续性发展等问题，现代交互式展示设计则打破传统博物馆展示中只注重展品的设计方式，将设计对象转为“以人为本”，充分体现“以人为本”的设计理念，为参观者提供一个真正喜闻乐见的展览空间。展示设计经历了以物品陈列为中心、以信息传达为中心、以人的体验为中心的展示发展阶段，并逐渐呈现出交互性的特征。交互体验已逐渐成为博物馆展示空间发展的基本要求与必然趋势。下面以吴中博物馆为例分析互动体验理念在展示空间设计中的创新体现。

## 三、互动体验理念在吴中博物馆的创新体现

### 1. 吴中博物馆概况分析

两千多年前伍子胥建苏州城，苏州为早期吴文化中心，据目前考古挖掘可知，位于苏州市吴中区的三山岛、草鞋山等文化遗存，是最为久远的太湖流域文明代表。吴中博物馆是苏州第一座全面展示“吴文化”的地方博物馆，位于江苏省苏州市吴中区澹台街9号，东临京杭大运河，南靠步行街区，西临规划城市干道，北靠澹台湖景区，占地面积8500.7米$^2$，建筑面积18652.03米$^2$（图3）。博物馆共四层，一层是临时展厅，二层是常设展厅，常设展厅为“考古探吴中”“风雅颂吴中”两部分，“风雅颂吴中”又包括“吴风”“吴雅”“吴颂”三个平行展厅。吴中博物馆的外建筑设计运用苏州园林的造园手法结合得天独厚的环境优势，建立起博物馆建筑与澹台湖景区良好的对话关系，营造出浓郁的文化氛围。

图3 吴中博物馆

### 2. 吴中博物馆的创新设计

（1）空间组织结构

吴中博物馆将苏式文化元素融入展陈空间，“考古探吴中”“风雅颂吴中”结合了考古学、历史学等多学科的研究方法，全方位地探究旧石器时代至春秋战国时期的前吴文化的起源和勃兴以及吴地的风物特产以及文化传承。整体空间组织结构从主题、内容、展品的维度出发，结合参观者的体验和需求，建立以文物展品为源点的信息传播链，以全新的理念和手段组织空间逻辑，全面提升展陈面貌。参观者在观展过程中感受由未知到已知再到理性认知的整个体验过程，从而更深入地了解吴地文化的魅力。

（2）空间的动线设计

吴中博物馆中互动式动线设计贯穿整个展示空间，根据展陈内容逻辑思路，合理设置了单线和多线的组织方式。“考古探吴中”展厅（图4），迎面是以遗址沙盘组成核心展示区，结合互动物理装置和触摸屏，观展者可深层次体验考古的乐趣。“吴颂”展厅（图5），左侧以苏式景观小品烘托展陈氛围，并设置互动展示墙，参观者可深入理解吴侬软语的独特魅力。空间中参观动线流畅，避免了回流与交叉，充分考虑展览活动中的批处理与流处理方式，真正满足现代化展览所需。

图 4 “考古探吴中” 展厅

图 5 “吴颂” 展厅（1）

图 6 “吴风” 展厅

（3）空间氛围的营造

吴中博物馆展示空间中灯光照明设计打破平铺直叙的展示方式，模拟自然光结合参观流线的造景节点，营造舒适的展厅光环境。“吴风”展厅（图 6），迎面主形象墙的软膜丝印书法字体配以精美印章，同时结合地面山水造型，光影柔和而不突兀，呈现出江南文化独有的诗意境界。“吴雅”展厅（图 7）中运用圆形的漏窗照映出古代江南女子的剪影并将一面铜镜文物放置其中，此场景设计既可以作为空间中的隔断又可以作为空间中的艺术装置，营造出古朴素雅、恬淡宁静的展陈氛围。

（4）多媒体技术的灵活运用

触摸查询系统：“考古探吴中”展区中的三山岛遗址出土的动物骨骼化石、石器辅以图解、微缩模型以及触摸式查询系统，结合液晶、等离子显示器的功能，运用多媒体动画演示不同石器的作用，针对儿童的无障碍观展需求，将展台设置在 90 厘米的视线范围之内（图 8）。

沙盘投影：“吴国春秋”展区中，将木渎春秋古城以沙盘投影与模型结合，深度展示吴国的都邑全貌与城市考古的相关知识，展厅尽头为城市考古互动展区，借助航拍无人机、专业测绘仪器等先进考古工具，可体验现代城市考古的方法与科技应用，展陈方式生动形象。

多媒体墙面投影 + 声控：“大邦之争”展

图 7 “吴雅” 展厅

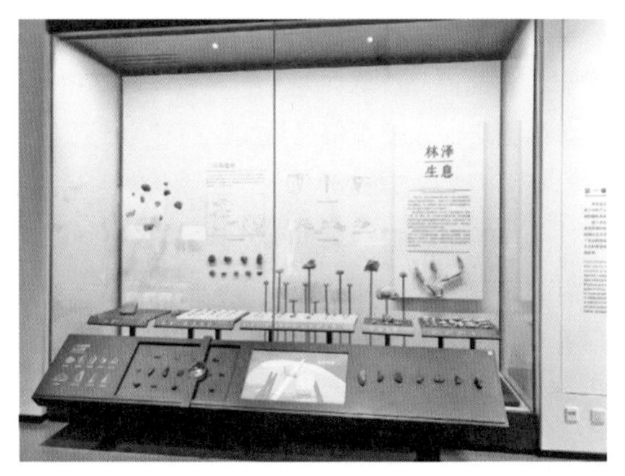

图 8 触摸查询系统

区（图 9）的顶部排布阵列式的 3000 根箭矢的艺术装置，采用 3D 技术加做旧工艺，参观者可通过多媒体投影动画以及声效的互动，深度了解春秋战国大背景下，吴国与各个国家之间的历史事件，同时对比楚越两国同时期的青铜器、兵器等，了解当时历史的演变。

图 9“大邦之争”展区

弧幕影院:270° 弧幕影院打造沉浸式体验，从视觉和听觉上呈现出苏州四季风光交相变换、流光溢彩的生活，在绚烂的光影中达到身临其境的体验感，规整散落的懒人沙发为参观者参观浏览疲惫时提供短暂休憩的场所（图 10）。

图 10 弧幕影院

声控装置：“吴颂”展厅（图 11）以书籍、音视频资料为背景，模块化组织空间与吴音吴语、先贤作品等展示内容相结合，结合声控装置 A-line ELI 系列无源超低音音响、FAP 天花扬声器、SM 系列全天候音箱和 MPA 系列功放。在特定地方便可聆听纯正的吴语以及苏州评弹，从而形成可听、可看、可学的交流活动空间，营造出自然舒适、灵活自由的参观氛围。

吴中博物馆展示空间运用“博物馆 + 技术”的多媒体技术交互形态，给观众提供可看、可听、可触摸的展览，让“小而美”的空间，延伸出无限广阔的“大江南”。

图 11“吴颂”展厅（2）

## 结语

博物馆是公众了解博大精深的中华文化以及感知世界文明的重要窗口，为提升其公共文化服务水平，改善展示空间的设计形式，本文从多角度出发探索交互体验展示空间设计的具体方法与路径，结合吴中博物馆展示空间论述了互动空间的组织结构、互动式空间流线设计、空间氛围的营造设计、新媒体技术的创新等多元化展示策略的应用，以提升公众在展示空间中的体验感，增加对吴地文化内容的领悟与认同，响应习近平总书记提出的博物馆避免“千馆一面”的建设，不要追求形式上的大而全，而是要突出展示内容的特色。

未来博物馆展示空间设计要基于交互体验式的审美本质和规律，做到从“本能设计”到“行为设计”，从“行为设计”到“反思设计”的完善与提升，可利用好现代化网络平台讲述文物故事，打破宣传、展示博物馆藏品的时空和地域界限，从而探索展示空间与新型文化体验与传播的可能性。

## 参考文献

[1] 谢萧雨，杨楚君．基于地域性文化的博物馆展示设计研究 [J]. 家具与室内装饰，2021（2）：87–89.

[2] 辛向阳．交互设计：从物理逻辑到行为逻辑 [J]. 装饰，2015（1）：58–62.

[3] 周橙，于梦楠．基于用户体验的家具展示类网站设计研究 [J]. 包装工程，2019，40（22）：181–189.

[4] 李伟，朱杰栋．基于技术类型的交互展示研究 [J]. 装饰，2016（9）：81–83.

[5] 徐方方．体验式展示空间设计的应用研究——以翰青楮石展示空间设计为例 [D]. 四川：四川美术学院，2020.

[6] 潘彤声．基于虚拟现实的三峡库区水下传统建筑交互展示研究——以清烈公祠为例 [J]. 装饰，2020（3）：132–133.

[7] 师丹青．数字媒体条件下主题性展览中虚实结合的设计 [J]. 包装工程，2015，36（8）：22–25.

[8] 周韧．互动媒体在高校展馆中的设计应用——以上海师范大学奉贤校史馆为例 [J]. 装饰，2015（4）：136–137.

[9] 邱铄然，李泽．数字媒体时代设计呈现方式的变革 [J]. 家具与室内装饰，2020，(8)：21–23.

[10] 宋旭，顾恬恬，刘万萌．新媒体技术与体验式展示空间的融合设计研究 [J]. 家具与室内装饰，2020（5）：110–111.

[11] 孙媛媛，刘长春．基于通用设计理念的室内无障碍环境设计方法研究 [J]. 家具与室内装饰，2018（12）：85–87.

[12] 薛娟，杨沫．浅析博物馆展示交互设计的新趋势 [C]//《建筑科技与管理》组委会．2017 年 10 月建筑科技与管理学术交流会论文集．《建筑科技与管理》组委会：北京恒盛博雅国际文化交流中心，2017:11–12.

[13] 张志鹏，方兴．“交互视角”下多元化发展的城市建筑探究——以武汉的建筑设计为例 [J]. 中外建筑，2020（8）：94–96.

[14] 贺雪梅，孔维佳，邓晓璇．基于意象转译的家具设计策略 [J]. 林产工业，2020，57（2）：55–57.

[15] 金秀，郝景新，吴新凤，等．实木家具的拆装式结构实现路径探究 [J]. 林产工业，2020，57（1）：54–57.

[16] 申明倩，韩梅，郭久钰，等．基于红楼女性的坐具图像研究与设计创新 [J]. 家具与室内装饰，2021（5）：24–27.

# 42 利用同感评估技术测量空间因素对设计创造力的影响

原载于：《南京艺术学院学报（美术与设计）》2022年第1期

【摘　要】本文研究以准实验和半结构访谈为主要方法，来量化空间因素对学生创造力的影响，利用同感评估技术（consensual assessment technique），对25位室内设计专业的学生进行了创造力测试后发现，在短期内影响较为显著的空间形态，在长期反而出现相反的作用；并且，某些空间因素如私密性、视野、光照等，在与时间的交互作用下效果才会显现。

【关键词】同感评估技术；创造力；空间因素；设计教育

## 一、介绍

创造力是学生发散思维和高等级认知的体现，培养创造力也是设计教育中一直强调的重要角色。目前研究更加倾向于性格和教学方法与创造力之间关系的研究。对物理环境的研究相对较少，并且也存在一些争议。例如，设计工作室的出现，逐渐代替了传统的教室，成为艺术和设计相关专业的主流教学场地。这种空间有利于信息的交流与反馈，从而形成了较高的工作效率，但它是否有利于培养创造力，学者们的看法并不统一。有些研究指出，空间的开放程度决定了使用者的创造力，形成一个连贯的整体的空间布局是培养创造力的必要条件。然而，科拉单（Coradin）等人的研究，却给出了相反的答案：私密和隐蔽的个人空间，避免了创意的互相渗透，每个人的创造性表现也不相同。

虽然创造力是各种思维能力和特征的集合产物，受到个体因素的差异影响。但是创造力并不是固定的个人天赋，受到特定的外部环境的影响，会导致它压抑或发展。相比个体因素，如智力、发散思维、想象力、认知风格，人类更容易通过改变环境因素，来提升个人的创造力。因为人与环境的交互关系不仅是物理上的，也是心理上的，这使得环境中的细微变化都有可能影响创造力的感知、回忆、分析、转化等过程，也同样会影响创造性任务过程的流畅性。

因此，本文研究围绕着物理环境中的空间因素对人创造力的影响，通过对学生们的创造力的前测，和两次后测来探寻哪些空间因素起到了关键作用。在四周内，笔者用五种有特色的空间代替了原来的工作室，学生们被指导的方案设计和课程活动都在这里内完成。研究的主要目的如下：

① 探寻适合培养创造力的空间因素；

② 确定空间因素对创造力的影响主要体现在哪些维度；

③ 长期效应下，空间因素是如何影响学生创造力的。

### 1. 空间因素和创造力

“空间”是物理环境中供人活动的地方或区域概括，而本研究中的“空间”特指室内设计专业涉及的人工建造的室内空间。空间因素是指室中的物理因素，如装饰、开放性、私密性、家具、视野、采光照明等。一项儿童创造力实验研究发现，孩子们在空荡的房间和在布置了丰富物品的房间里的创造力得分并没有什么不同，而前测成绩较高的孩子们，在视觉刺激更丰富的房间里，思维更加流畅。随着环境心理学的发展，学者们逐渐认识到在空间中的有形因素和无形因素的交互作用下，潜移默化地影响着人们的工作效率和产出质量。其中包括不同空间中的情感认知、环境联想、行为构成和依赖方式等。

### 2. 设计创造力定义

在吉尔福特（Guilford）的 4P 理论（Four-P method）下，学者们开始从四个角度（product 产品，process 创造的历程，press 创造的情景，person 创造者）来定义创造力。无论是哪个角度，创造力都符合创新性（novelty）、原创性（originality）、实用性（appropriateness）三大标准。创造力作为一种个人能力或解决过程，与发散性思维紧密结合，而作为产品导向，它与第三方评价关系密切。由于设计学科的多元性，设计创造力不仅包括艺术审美上的吸引力的创新，还包括功能上和技术上的创新。多数设计领域相关的文献中，学者对于设计创造力的界定比较模糊，其主要包括艺术创造力（审美吸引力：外形、材质、空间、轮廓、颜色），功能创造力（解决特定问题，实现特定的、有用的功能）和技术创造力（发明多种解决方案，并衡量其中的最优解）。

### 3. 同感评估技术

consensual assessment technique（CAT）称为同感评估技术，是著名心理学家特蕾莎•阿玛比尔（Teresa Amabile）以内隐理论（implicit theory）为基础，发明的一种量化和测量创造力的方法。与传统的托伦斯测验（torrance tests of creative thinking）和远程关联测验（the remote associates test）不同，它测试结果以产品为导向，而不是人的创造潜力（发散思维或聚合思维）。CAT 的流程简单来说，需要选择所在领域的专家或者经验丰富的从业者作为评委，对设计输出（产品 / 方案）以里克特量表的形式进行打分。打分的维度基本围绕着创意、功能、美学进行定义。而评委打分的内部一致性是保证其效度的关键。许多研究显示，专家(person with PHD/elite/top practitioner）对于创造力评分的一致性都远高于标准（$r > 0.90$）。因此，CAT 在设计领域越来越受到欢迎，并逐渐被视为设计创造力测量的黄金标准。参考沃特斯（Watters）和阿普里尔·艾伦（April D.Allen），将 CAT 在建筑及室内设计中的应用成果，这个研究的评分维度分别为新奇性（novelty）、原创性（originality）、可行性（feasibility）。

## 二、研究方法

### 1. 实验设计

实验选择了五组各有特色的室内空间作为研究场地（表 3 有详细描述），来观察在每个空间内的学生创造力的变化。25位室内专业的学生，根据他们的CAT前测分数，分成了5组（每组5人），其中每组的创造力平均分几乎相等。

首先，5组学生在不同空间下进行课程学习以及完成方案设计，我们在中途（一周后）和最后（四周后）对他们再次进行CAT的评测，然后对三次分数进行重复测量方差分析。其次，进一步分析不同空间对创造力内不同维度（novelty/originality/feasibility）的影响，因此，研究采用了一般线性模型的多变量分析ANOVA（multivariate analysis）。在分析空间和时间交互对于总创造力的影响时采用了被时间效应影响分析。最后，为了得到五种空间对创造力影响的差异，进行了成对比较（pairwise comparisons）。

在四周的实验结束后，笔者向参与者发放了问卷调查，用来收集对空间内五种因素的感受（问卷内容详见表4）。并且，对参与的同学进行了半结构化访谈，访谈主要目的是挖掘学生对自己所在空间的真实感受，以及空间中的哪些因素使他们在构思设计时更加流畅（表1）。

## 2. 实验参与者

参与者一共25位，都是大学一年级的室内设计专业的学生，其中男生12人，女生13人，年龄范围在18岁~20岁。选择大一学生能够避免样本之间专业素养的差异过大导致的基础创造力不同。

## 3. 测量方法和过程

评委有3位专家，一位是艺术设计专业的教授，一位是建筑学的教授，还有一位是从业15年的室内设计师。他们通过了一致性的测试，且都通过了CAT内部一致性标准（表2）。

表1 访谈问题、引导内容、访谈目的、预试研究的初步评估

| 访谈问题 | 引导内容 | 访谈目的 | 预试研究的初步评估 |
|---|---|---|---|
| 1. 相比你以前的工作室，这个空间对你的方案设计过程有什么影响？<br>2. 你认为这个空间对你方案的创意或者创意的深化有一定帮助吗？ | 1. 哪些因素有影响？<br>2. 积极影响和消极影响<br>3. 在设计过程中的哪个阶段受到影响？<br>4. 具体的影响方式是怎么样的？ | 探索空间中的因素是如何影响学生创造力的 | 提出的问题对了解参与者对他们所处空间的影响的感知是有效的 |

表2 CAT创造力维度的定义和评委打分的一致性

| 评价标准 | 定义 | 评委打分的一致性 |
|---|---|---|
| 新奇性 | 方案的内容和形式都具有独特个性，功能上体现独具特色或巧妙的解决方法，美学上有一定吸引力 | 0.845 |
| 原创性 | 对已有作品的借鉴模仿的痕迹较小，没有抄袭行为，方案形式和内容在一定程度上体现了作者的独立思考 | 0.883 |
| 可行性 | 方案的构思和创新符合基本的设计规范，现实条件下的方案创意的容易实现的程度 | 0.864 |
| 总创造力（CAT指数） | 上述三个维度的总和 | 0.864 |

## 4. 实验地点

实验地点是上海市包玉刚图书馆。该图书馆一共6层，其中的5层是研究的主要区域。每层的基础平面几乎一样，区别在于不同的平面布置、装饰、家具，以及采光等。研究选择了每一层中最具有特点的一部分空间，作为实验期间学生们主要的活动区域（表3、表4）。

表3 五种空间类型、轴测图、现场照片

| 空间类型 | 空间轴测图 | 主要实验区域（现场照片） |
| --- | --- | --- |
| 类型1 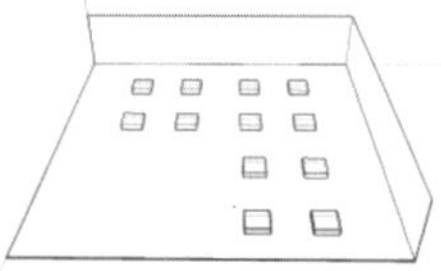 | 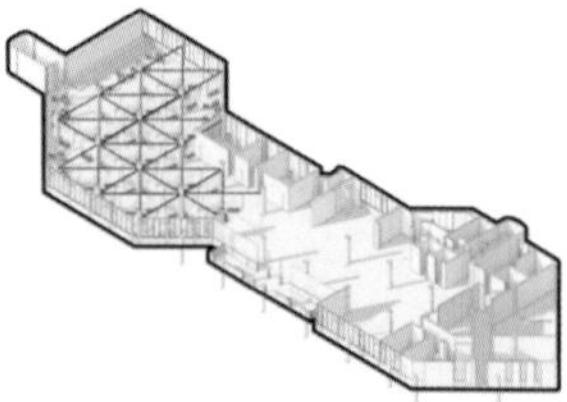 |  |
| 类型2 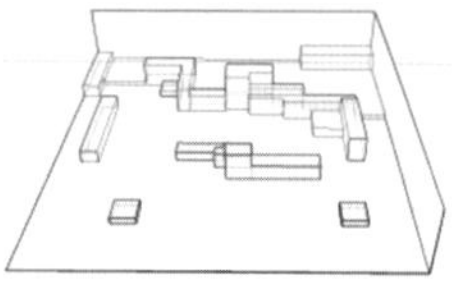 | 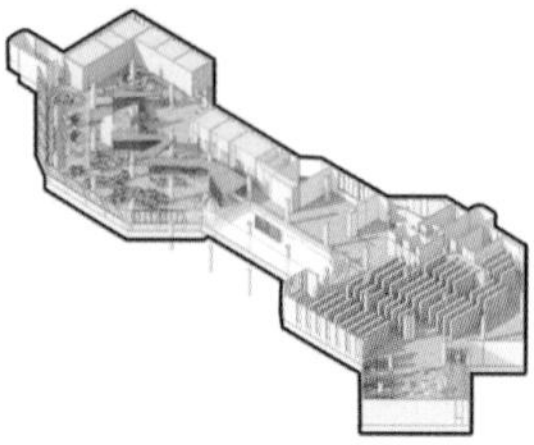 |  |
| 类型3 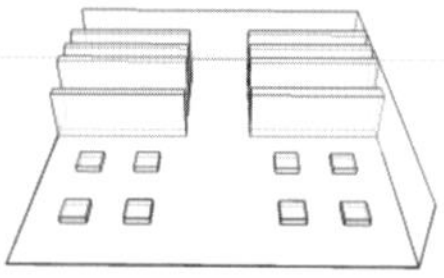 | 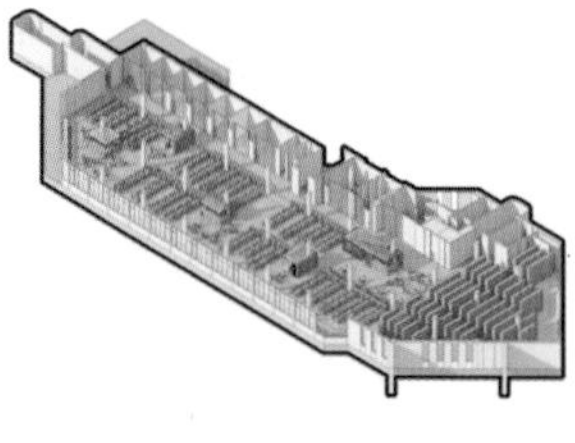 |  |
| 类型4 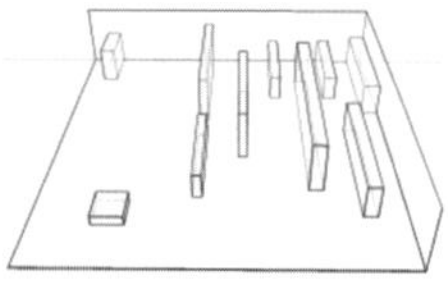 | 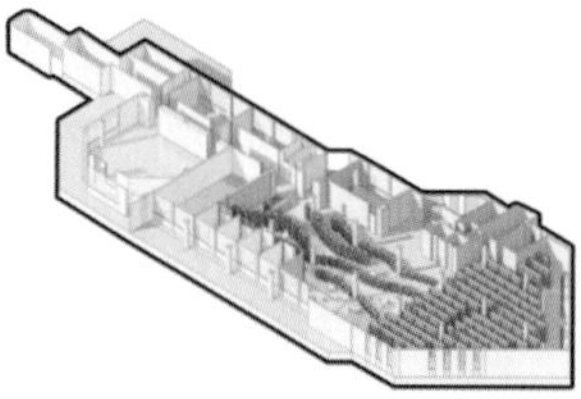 |  |
| 类型5 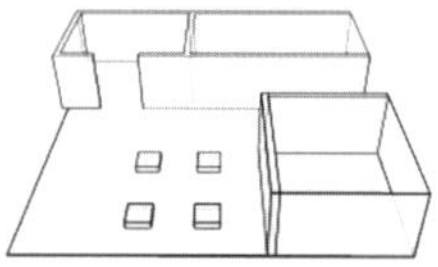 | 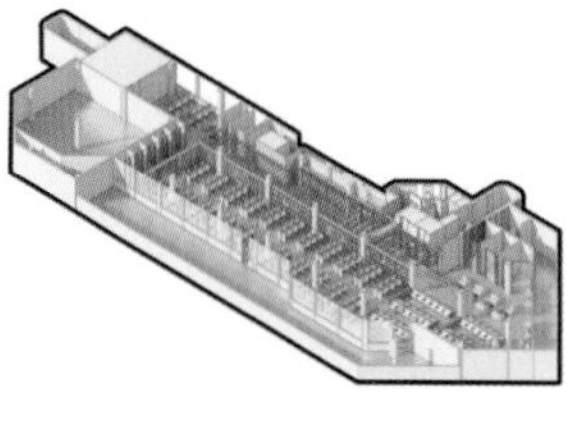 |  |

表 4 调查问卷（参与者对空间因素对创造力影响的感知）

| 姓名： | 空间类型： |
| --- | --- |

请给你所在的空间内部的五个因素进行打分

| | 在对应分数下勾选 | | | | |
| --- | --- | --- | --- | --- | --- |
| | 很低 | 低 | 中等 | 高 | 很高 |
| 装饰（decoration） | | | | | |
| 视野（view） | | | | | |
| 照明(illumination) | | | | | |
| 私密性（privacy） | | | | | |
| 开放性（openness） | | | | | |
| 家具（furniture） | | | | | |

| 还有其他空间因素影响你的创意和设计流程吗？请详细说明 | |
| --- | --- |

## 三、数据分析

### 1. 参与者的创造力变化结果

表 5 CAT 的描述性统计（前测 / 一周后 / 四周后）

| 时间 | 空间 | 均值(M) | SD | N |
| --- | --- | --- | --- | --- |
| 前测 | 类型 1（T1） | 7.0000 | 1.00000 | 5 |
| | 类型 2（T2） | 7.2000 | 1.09545 | 5 |
| | 类型 3（T3） | 7.2000 | 1.09545 | 5 |
| | 类型 4（T4） | 7.0000 | 1.58114 | 5 |
| | 类型 5（T5） | 7.2000 | 1.64317 | 5 |
| | 总计 | 7.1200 | 1.20139 | 25 |
| 一周后 | 类型 1（T1） | 6.4000 | 1.51658 | 5 |
| | 类型 2（T2） | 8.8000 | 1.30384 | 5 |
| | 类型 3（T3） | 8.0000 | .70711 | 5 |
| | 类型 4（T4） | 8.2000 | .44721 | 5 |
| | 类型 5（T5） | 7.4000 | 1.67332 | 5 |
| | 总计 | 7.7600 | 1.39284 | 25 |
| 四周后 | 类型 1（T1） | 7.6000 | 1.14018 | 5 |
| | 类型 2（T2） | 7.8000 | .83666 | 5 |
| | 类型 3（T3） | 11.6000 | 1.94936 | 5 |
| | 类型 4（T4） | 8.1000 | 1.58114 | 5 |
| | 类型 5（T5） | 10.8000 | 1.30384 | 5 |
| | 总计 | 9.1600 | 2.15407 | 25 |

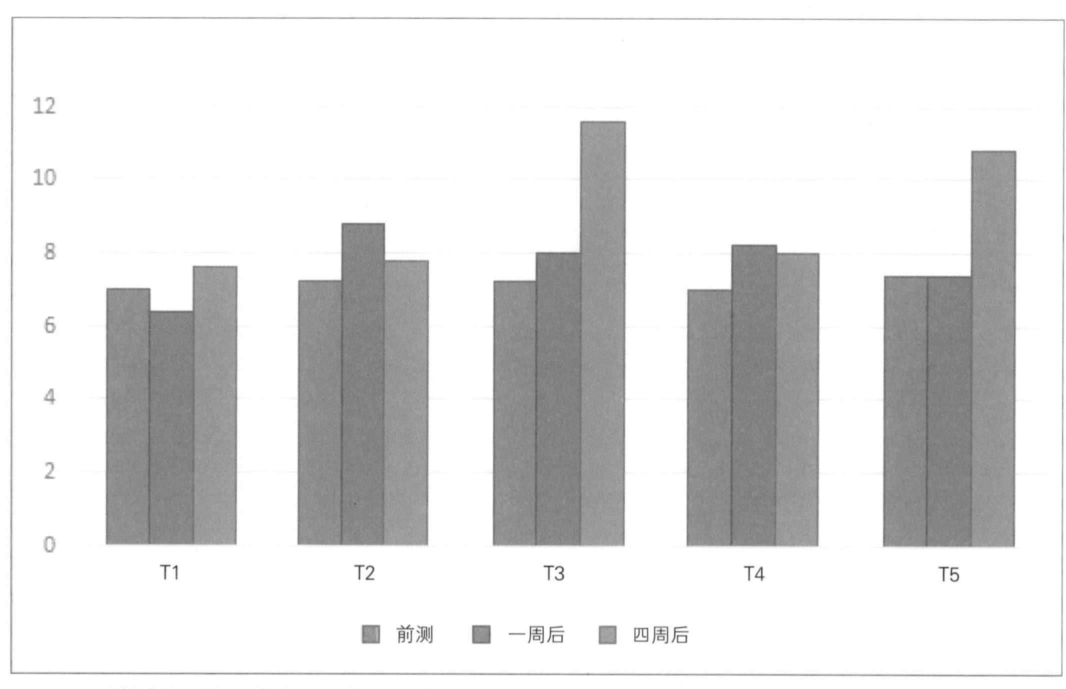


图 1 CAT 的描述性统计图（前测 / 一周后 / 四周后）

根据表 5 和图 1 可以发现，由于根据前测结果进行了分组，每组学生的 CAT 的初始平均值没有太大差别。在一周后的测试中，T2 组的创造力指数最高（M=8.80，SD=1.30），而 T1 组的创造力出现了下降（M=6.40，SD=1.52）。相比前测（M=7.12，SD=1.20）来说 T5 的 CAT 指数提升最不显著（M=7.40，SD=1.67），T3（M=8.00，SD=0.71）和 T4（M=8.20，SD=0.45）的提升也相对缓和。并且，T4 和 T3 组内的个体差异相对较小。

四周以后，各组之间影响差异变得更大。其中，T3 组的平均成绩最高（M=11.60，SD=1.95），其次是组 T5（M=10.80，SD=1.30），它们明显与剩余的三组拉开了差距。值得注意的是，在第一周分数最高的 T2 组，在四周后出现了下降。并且，T4 组与上一次的分数几乎没有变化（M=8.10，SD=1.58）。T1 组（M=7.60，SD=1.14）在最后实现了增长。

表 6 ANOVA 分析 creativity 总指数与各空间形态的相关性

| | | 平方和 | df | 均方 | F | Sig. |
|---|---|---|---|---|---|---|
| 前测 | 组间 | 0.240 | 4 | 0.060 | 0.035 | 0.997 |
| | 组内 | 34.400 | 20 | 1.720 | | |
| | 总计 | 34.640 | 24 | | | |
| 一周后 | 组间 | 16.560 | 4 | 4.140 | 2.760 | 0.056 |
| | 组内 | 30.000 | 20 | 1.500 | | |
| | 总计 | 46.560 | 24 | | | |
| 四周后 | 组间 | 71.360 | 4 | 17.840 | 8.920 | 0.000*** |
| | 组内 | 40.000 | 20 | 2.000 | | |
| | 总计 | 111.360 | 24 | | | |

在ANOVA组间差异分析(表6)中,五个空间的差异在第一周并不明显($F$=2.276,$P > 0.05$),这种差异在第四周显现($F$=8.92,$P < 0.01$)。

表7 四周后时间/空间形态对创造力的主效应

| Source | | T3 平方和 | df | 均方 | F | Sig. | Partial Eta Squared |
|---|---|---|---|---|---|---|---|
| 时间 | Greenhouse-Geisser | 52.020 | 1 | 52.020 | 30.244 | 0.000*** | 0.602 |
| | Lower-bound | 2.407 | 1 | 2.407 | 3.967 | 0.060 | 0.166 |
| 时间 * 空间 | Greenhouse-Geisser | 33.080 | 4 | 8.270 | 4.808 | 0.007** | 0.490 |
| | Lower-bound | 22.627 | 4 | 5.657 | 9.324 | 0.000*** | 0.651 |
| Error(时间) | Greenhouse-Geisser | 34.400 | 20 | 1.720 | | | |
| | Lower-bound | 12.133 | 20 | 0.607 | | | |

根据表7可以看出,空间和时间的交互作用($F$=9.324,$p < 0.001$)要远高于时间的独立效应($F$=3.967,.$p > 0.05$),并且,仅从四周的时间来说,随着时间的增加这个效果也在增强。

## 2.CAT的维度变化

表8 ANOVA分析CAT各维度与各空间形态的相关性

| | 新奇性 | | | 原创性 | | | 可行性 | | | 总创造力 | | |
|---|---|---|---|---|---|---|---|---|---|---|---|---|
| | 均方 | F | Sig | 均方 | F | Sig | 均方 | F | Sig | 均方 | F | Sig |
| 前测 | 0.060 | 0.176 | 0.948 | 0.060 | 0.231 | 0.918 | 0.160 | 0.333 | 0.852 | 0.060 | 0.035 | 0.997 |
| 一周后 | 0.260 | 0.722 | 0.587 | 1.840 | 4.381 | 0.010* | 0.160 | 0.320 | 0.861 | 4.140 | 2.760 | 0.056 |
| 四周后 | 1.140 | 1.839 | 0.161 | 1.960 | 5.444 | 0.004** | 3.500 | 5.833 | 0.003** | 17.840 | 8.920 | 0.000*** |

注:* $p < 0.05$,** $p < 0.01$,*** $p < 0.001$

表 9 时间和空间对可行性的交互影响

| Source | | T3 平方和 | df | 均方 | F | Sig. | Partial Eta Squared |
|---|---|---|---|---|---|---|---|
| 时间 | Greenhouse-Geisser | 9.787 | 1.870 | 5.234 | 15.453 | 0.000*** | 0.436 |
| | Lower-bound | 9.787 | 1.000 | 9.787 | 15.453 | 0.001** | 0.436 |
| 时间 * 空间 | Greenhouse-Geisser | 8.880 | 7.480 | 1.187 | 3.505 | 0.005** | 0.412 |
| | Lower-bound | 8.880 | 4.000 | 2.220 | 3.505 | 0.025* | 0.412 |
| Error（时间） | Greenhouse-Geisser | 12.667 | 37.398 | 0.339 | | | |
| | Lower-bound | 12.667 | 20.000 | 0.633 | | | |

注：$*p<0.05$，$**p<0.01$，$***p<0.001$

表 10 时间和空间对原创性的交互影响

| Source | | T3 平方和 | df | 均方 | F | Sig. | Partial Eta Squared |
|---|---|---|---|---|---|---|---|
| 时间 | Greenhouse-Geisser | 2.427 | 1.824 | 1.330 | 3.534 | 0.043* | 0.150 |
| | Lower-bound | 2.427 | 1.000 | 2.427 | 3.534 | 0.075 | 0.150 |
| 时间 * 空间 | Greenhouse-Geisser | 9.173 | 7.296 | 1.257 | 3.340 | 0.007** | 0.400 |
| | Lower-bound | 9.173 | 4.000 | 2.293 | 3.340 | 0.030* | 0.400 |
| Error（时间） | Greenhouse-Geisser | 13.733 | 36.479 | 0.376 | | | |
| | Lower-bound | 13.733 | 20.000 | 0.687 | | | |

注：$*p<0.05$，$**p<0.01$，$***p<0.001$

由表 8 可知，一周后，空间对总创造力指数的影响并不明显（$F$=2.76，$p>0.05$），但是从 CAT 的每个维度变化我们发现，对原创性的影响最为显著（$F$=4.38，$p<0.05$）。到了第四周，可行性受到的影响最明显（$F$=5.83，$p<0.01$），其次是原创性（$F$=5.44，$p<0.01$），而新奇性依旧没有太大变化（$F$=1.84，$p>0.05$）。

CAT 的三个维度中，对可行性的影响最大。而可行性的定义倾向于将天马行空的想法，挑选并转化为适用方案的能力。这种能力是与长期的实践经验分不开的。并且，时间和空间的交互效应，也进一步证实了这个结论（详见表 9），即可行性在时间作用下更加显著（$p<0.001$，$\eta^2$=0.436）。原创性与空间和时间的交互影响更加显著（$p<0.01$，$\eta^2$=0.150）。由此可以推断，空间形态对于创造力的长效影响，主要作用于原创性（详见表 10），而新奇性几乎没有受到影响（$F$=1.839，$p>0.05$）。

## 3. 五个空间对创造力影响的差异

表 11 各个空间形态对创造力影响的成对比较

| (I) 空间 | (J) 空间 | 均值差异 (I–J) | 标准误差 | Sig. | 95% 置信区间 | |
|---|---|---|---|---|---|---|
| | | | | | Lower Bound | Upper Bound |
| T1 | T2 | 1.200 | 0.592 | 0.056 | −0.034 | 2.434 |
| | T3 | 1.933* | 0.592 | 0.004** | 0.699 | 3.168 |
| | T4 | 1.200 | 0.592 | 0.056 | −0.034 | 2.434 |
| | T5 | 0.467 | 0.592 | 0.440 | −0.768 | 1.701 |
| T2 | T3 | 0.733 | 0.592 | 0.230 | −0.501 | 1.968 |
| | T4 | 0.000 | 0.592 | 1.000 | −1.234 | 1.234 |
| | T5 | −0.733 | 0.592 | 0.230 | −1.968 | 0.501 |
| T3 | T4 | −0.733 | 0.592 | 0.230 | −1.968 | 0.501 |
| | T5 | −1.467* | 0.592 | 0.022* | −2.701 | −0.232 |
| T4 | T5 | −0.733 | 0.592 | 0.230 | −1.968 | 0.501 |

注：* $p < 0.05$，** $p < 0.01$，*** $p < 0.001$

成对比较的分析（表 11 表明），仅有 T1 和 T3（$p < 0.01$），T3 和 T5（$p < 0.05$）之间存在差异。从空间形态的差异进行比较，T1 缺少了 T3 的以墙体和书架围合下而形成的半开放空间。相对来说，T1 的空间的开敞方式，要比 T3 简单且直接。

T5 相比 T3，在空间的划分上过于绝对，由于 T3 是用书架和家具分割形成的空间，T5 是以木制和玻璃组合的隔断形成的空间，所以 T5 的空间边界要清晰很多，但这并不完全等同于私密性。因为，私密性除了空间上的隔绝，还要考虑人和人之间的距离，而这种距离，在 T5 中被放大了。

## 4. 参与者对空间因素影响的感知（调查问卷和访谈）（表 12、图 2）

表 12 学生对空间因素感知的描述性分析

| 空间因素 | 均值 | 标准差 | 均值标准误 |
|---|---|---|---|
| 私密性 | 3.4000 | 0.37417 | 0.16733 |
| 开放性 | 3.0000 | 0.48990 | 0.21909 |
| 照明 | 2.1600 | 0.45607 | 0.20396 |
| 视野 | 2.8000 | 0.56569 | 0.25298 |
| 家具 | 2.9200 | 0.67231 | 0.30067 |
| 装饰 | 1.6800 | 0.17889 | 0.08000 |

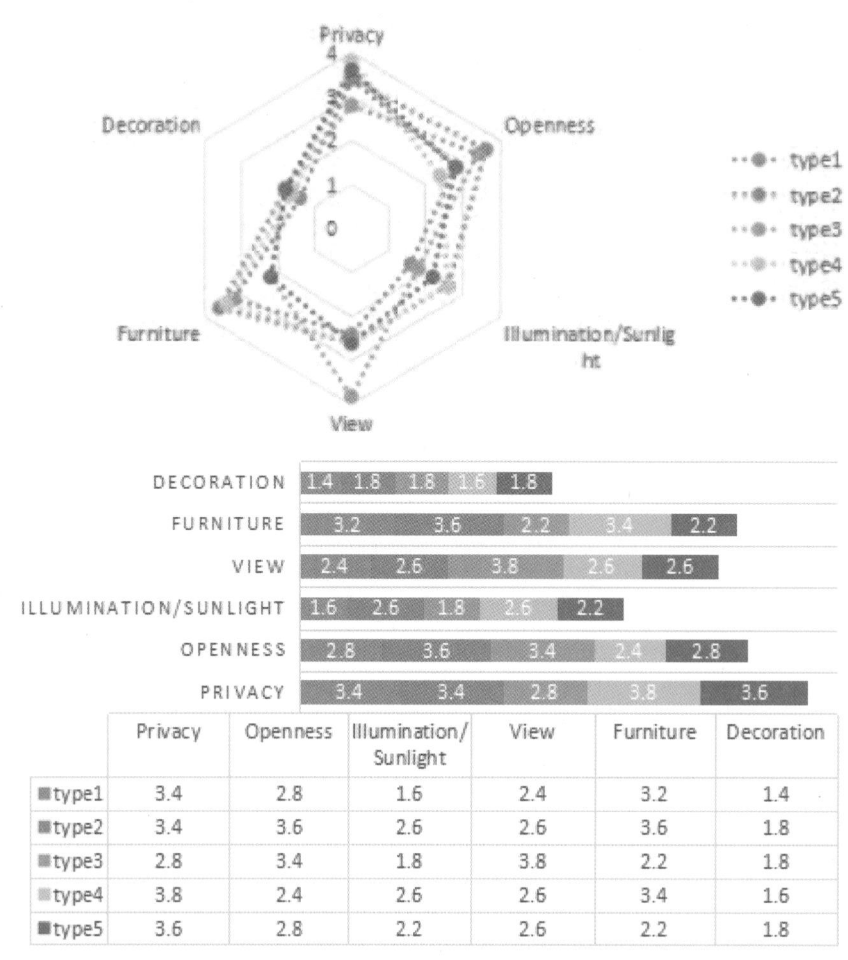


| | Privacy | Openness | Illumination/Sunlight | View | Furniture | Decoration |
|---|---|---|---|---|---|---|
| type1 | 3.4 | 2.8 | 1.6 | 2.4 | 3.2 | 1.4 |
| type2 | 3.4 | 3.6 | 2.6 | 2.6 | 3.6 | 1.8 |
| type3 | 2.8 | 3.4 | 1.8 | 3.8 | 2.2 | 1.8 |
| type4 | 3.8 | 2.4 | 2.6 | 2.6 | 3.4 | 1.6 |
| type5 | 3.6 | 2.8 | 2.2 | 2.6 | 2.2 | 1.8 |

图 2 学生对空间因素感知的问卷调查结果

在长期（四周）效应中，空间私密性（M=3.48，SD=0.228）比开放性（M=3.00，SD=0.490）更加重要。尽管 T5 组的参与者们对所在空间的开放性一直抱有怨言，但是从访谈的内容和最终 CAT 指数来看，T5 的参与者都受益于空间的私密性。而在短期（一周）影响下，空间的开放程度，比私密性的影响效果更加明显。例如，第一周内，得分 CAT 指数较高的 T2 和 T4 组，空间的开放性明显高于其他组。

功能分区是参与者们虽有提及，但没有意识到的关键因素。特别是从长期效果来看，休息区和工作区的界限划分越清晰，越有利于创造力的提升，反之亦然。例如，同样是开放程度较高的 T1 组，由于空间没有明确的工作区域，参与者长期处在较为浮躁的状态下，阻碍了创造力的持续发展。除了一名参与者外，几乎在 T1 组的参与者都表示了这种浮躁的情绪长期伴随着他们，并且越临近交稿时间越明显。T2 和 T4 组的少数参与者表示也存在这个问题，但他们的对此反应比较缓和。相对来说，T3 除了能够同时满足空间的开放与私密，也有清晰的功能分区，所以长期效应下 T3 组的得分最高。

“视野”在五个空间里都处在一个较高的感知度上（M=2.84，SD=0.654），在五个空间中T1和T3的视野范围都比较大，特别是T3组，由于装置了宽大连续的玻璃窗来提供室外的宽阔景色，参与者的打分远高于其他组（M=3.80，SD=0.654）。

## 四、研究结论

物理环境中的空间因素一定程度上承载了人际关系和社交气氛，改变了空间使用者之间的互动状态，让他们产生了心理变化，从而压抑或激发使用者的创造力。也有一部分空间因素直接作用于心理和视觉的直观感受，如视野、照明、装饰等，这些感受会直接影响学生的心理状态，从而影响他们的回忆、认知、分析、创造。当然，大部分空间元素包含两方面的共同作用，它们相比单一作用的因素，更容易受到使用者们的注意，并且对创造力的发展或压抑更加显著。

虽然私密性是关键影响因素，但是不同空间形式构成的私密性效果是不同的。以T5为例，以隔断和墙体分割而成的空间，私密性感受是明确和干脆的。而T2、T4这类空间，是超序空间（hyperspace）的私密性体验，即通过材质、家具、水平高差等方式形成错位、合并、叠加的空间感受。虽然这增加了空间的审美吸引力和趣味性，但也影响了参与者对私密性的感受。结合后测的CAT指数变化，这种空间形态对创造力的长期影响不够显著。

值得注意的是，边界的隐藏和弱化，并不会影响区域的功能性，它保证了空间的连续性和开放性，从而提高了参与者的创造力。这点在T2和T3中有所体现。因此，巧妙的功能分区，在一定程度上强化了私密性或开放性。但是实验结果显示，长期作用下，通过边界隐藏或弱化，消解空间隔阂，增强空间对话的这类室内空间，并不适用于创造力的长期培养。

总的来说，设计创造力是多方面共同作用的体现，本文探索了作为物理环境因素中和室内设计相关的空间因素的影响。虽然这种影响仅在原创性和可行性中，对创意本身的挖掘只起到辅助作用，但是它的影响是潜移默化的，这对室内设计研究和设计教学的结合有一定参考价值。这将有利于深度了解空间因素和创造力之间的关系，并引导室内设计更好地应用于教学环境。

## 参考文献

[1] SCOTT G，LERITZ L E，MUMFORD M D . The effectiveness of creativity training: A quantitative review [J]. Creativity Research Journal，2004，16（4）：361–388.

[2] HUA Y，LOFTNESS V，KRAUT R，et al . Workplace collaborative space layout typology and occupant perception of collaboration environment [J]. Environment and Planning B: Planning and Design，2010，37（3）：429–448.

[3] CORADI A，HEINZEN M，BOUTELLIER R . Designing workspaces for cross-functional knowledge-sharing in R & D: the “co-location pilot” of Novartis [J]. Journal of

Knowledge Management，2015，19（2）：236-256.

[4] STERNBERG R J . The nature of creativity [J]. Creativity Research Journal,2006,18（1）: 87.

[5] SHAFAIE M，MADANI R . Design of educational spaces for children according to the creativity model [J]. Journal of Technology of Education，2010，49（3）：215-222.

[6] OKSANEN K A，Ståhle P . Physical environment as a source for innovation: investigating the attributes of innovative space [J]. Journal of Knowledge Management，2013，17（6）：815-827.

[7] GUILFORD J P . Creativity [J]. American Psychology，1950，5（9）：444-454.

[8] ISHIGURO C，Okada T . How Does Art Viewing Inspires Creativity? [J]. The Journal of Creative Behavior，2021，55（2）：489-500.

[9] AMABILE T M. Creativity in context [M]. New York：Westview Press，1996.

[10] 龚思宁 . 从超文本、蒙太奇到超序空间——非线性传媒与空间的多义性 [J]. 城市建筑，2009（8）：110-111.

# 43 现代化语境下传统戏剧观演空间的设计创新

原载于 :《家具与室内装饰》2021 年第 6 期

【摘　要】中国传统戏剧是中华民族独特的文化载体，而戏剧观演空间为这种载体提供了弘扬文化的场所。从古至今，戏剧观演空间的形式发生了很大的变化。本文通过当代环境设计的理念与方法，从济南南丰戏楼的空间布局、采光、装饰特色等方面，分析和探索传统的戏剧观演空间的特点以及如何对空间进行创新，使之更加适合当代人的观演习惯与方式，创造出舒适性和功能性兼具的中国戏剧观演空间，从而更好地去弘扬中国的传统戏剧文化。

【关键词】现代化语境 ; 戏剧观演空间 ; 传统 ; 创新

戏剧与戏场是相辅相成，相伴而生的。随着戏剧不断迎合当代人的审美与喜好向现代化发展，传统戏剧观演空间却未能跟随上戏剧发展的脚步，逐渐失去了以往的功能和昔日的荣光，淡出了人们的视野。为了解决这类问题，传统观演空间的改造与创新逐渐被提上议程。

## 一、戏剧观演空间概况与面临的困境

中国的戏剧历经了上千年的变革，从曾经的辉煌到如今的黯淡，使得传统戏剧观演空间逐渐变成了无人问津的遗迹，伫立在中国的各个城市和村镇，失去了其原有的功能和作用。

### 1. 戏剧观演空间的演变

中国早期的戏剧是平民百姓日常生活中的消遣，是抒发情感的方式，有着“有感而发，张口就来”的特质。因此，我国早期的戏剧观演空间并没有固定的场所，往往借助一些公共而空旷的活动场地，如山野、田地、广场，然后根据各个剧目的情景需要，设置一个临时性的戏剧观演空间。随着戏剧的不断发展，人们对戏剧的演出空间有了更高的要求。明清时期开始出现固定的观演场所，场所大多由人工修建而成，如寺庙、戏楼、宅邸、市井、宫廷，大多为热爱戏曲的上层贵族和文人雅士提供服务。在近代，随着封建王朝的覆灭，戏剧又开始慢慢走入平民大众的生活，出现了用于日常休闲的茶楼观演空间以及戏园观演空间。在现代，随着全球一体化的进程，各国文化相互交融，西方“镜框式”现代剧院在中国遍地开花；同时随着科学技术的不断发展，出现了现代实景园林的观演空间（图 1）。

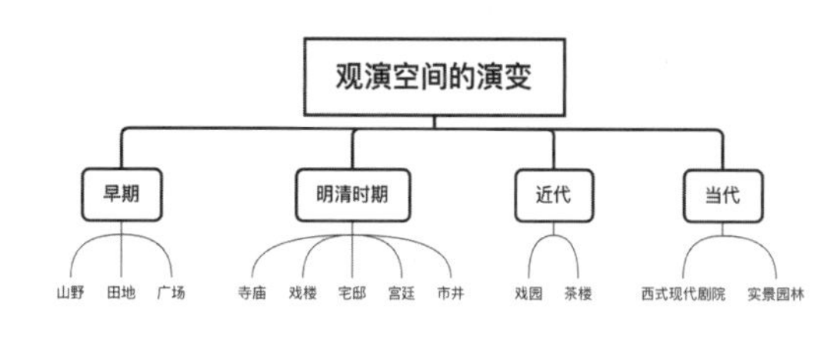

图 1 戏剧观演空间演变

### 2. 传统戏剧观演空间的现状与难题

在当代，被国家文物局保护的传统戏剧观演空间大体都保存得特别完善；而没有被国家文物局保护的传统戏剧观演空间，现存的状况令人担忧。大多有年头的古戏楼和偏远村庄里的古戏台，在经受了多年风雨侵袭之后，都已经满目疮痍，受到了严重的破坏，不再具有观演空间本应具有的功能作用。目前，我国传统戏剧观演空间大多是历史文脉的象征，供人们观赏游览，体会古人闲情逸致的生活情趣；而只有少数被保存得特别完好的戏楼具有观演功能，依然有当代的戏曲艺术家在传统戏剧观演空间里演出，但是现代演出的形式却受到了传统戏剧观演空间的限制。因此，如何采用环境设计的方法使传统的戏剧观演空间适应现代的演出形式，是我们需要思考的问题。基于此，从济南的南丰戏楼这类传统戏剧观演空间的研究出发，希望能够找寻到传统与现代相结合的方法，以更好地弘扬令人赞叹的国粹文化。

## 二、南丰戏楼中具体的环境设计构成研究

从济南的传统戏剧观演空间南丰戏楼入手，对空间布局、装饰元素以及采光进行分析，寻找出传统戏剧观演空间各个方面的本质与特点，为戏楼的改造与创新打下基础，从而在传统的戏楼中创造出具有当代戏剧观演形式的空间。

### 1. 南丰戏楼的设计背景

在清康熙年间修建的南丰戏楼有百余年的历史。从修建的目的来看，它原先是用来祭祀祖先、祈求神明保佑的张公祠，而并不是人们现在所熟知的戏楼。随着时代的变革和人们生活水平的不断提高，南丰戏楼也在改变，在历经了多次翻新之后，从以往的“娱神”功能向“娱人”转变，成为现在伫立在大明湖畔的南丰戏楼。

### 2. 南丰戏楼的环境构成要素

（1）“观”与“演”的空间布局

称之为观演空间，是因为南丰戏楼中既有演出的场所，同时也有观赏的场所。而在中国历史上专门为了看戏而修建的戏剧观演空间中，“观”与“演”之间的界限大多十分分明，因此，笔者将从观赏空间、演出空间以及“观”与“演”之外这三个部分来浅析南丰戏楼室内的环境构成要素。

① 观赏空间。

观赏空间是观演空间的重要组成部分，是观众观看表演的区域。在戏台的固定化演变过程中，戏台形制经历了三个阶段：露台、戏亭到形制成熟的庙台，并由四面观慢慢向三面观、一面观演变。而南丰戏楼是典型的三面观的观赏形式，观赏区域大都在戏台演出区域的前方和左右两侧（图 2）。

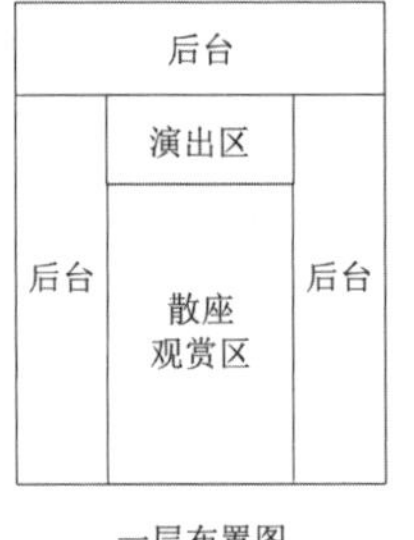

一层布置图

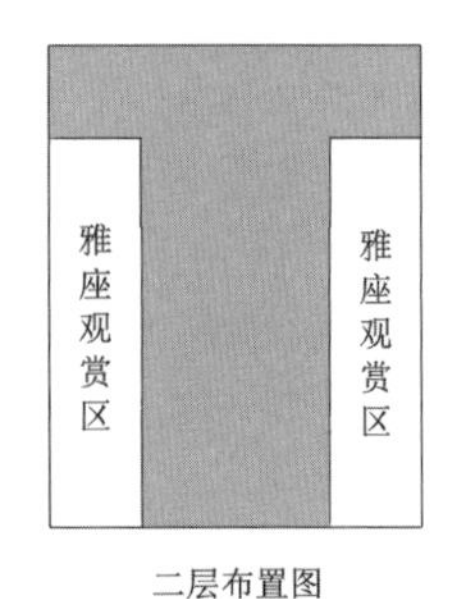

二层布置图

图 2 戏楼布置

在观赏区中又分为两大部分：一个是散座区，供平民百姓观戏，座位较为密集，可容纳上百人；另一个是二楼的包厢雅座区域，主要是用于上宾观赏的场所，采用包间的形式，一个小包间容纳人数不超过十人（图3）。

一楼散座

二楼包厢

图3 戏楼观赏区域

② 演出空间。

演出空间是戏曲家传播戏剧文化、弘扬戏剧精神的重要场所。戏楼的演出空间大多位于建筑的中轴线上。在南丰戏楼中，演出区域在建筑内部两排立柱的正前方，不会阻隔观众的视线。演出区域在整个建筑中的占比相比于其他地区的戏楼来说并不算大，这是因为山东地区特有的戏曲形式，使得演出的规模都相对较小。中国的戏曲舞台始终存在着“假作真时真亦假，无为有时有还无”的写意特色即以表演艺术为中心，舞台美术则有意无意地成为象征性或装饰性的空间。南丰戏楼所设置的戏台多用于表演山东快书、相声、京剧、吕剧、豫剧、黄梅戏等，以上这些戏种所需人数都在十人以内，并且演出的表演形式对戏台的要求也不高，其规模大小受到了当地传统戏曲艺术形制的影响，同时戏台的规模大小又反过来限制戏种的选择。

③“观”与“演”之外。

在戏楼中，除了观演空间之外，还有一些辅助演出的区域。有学者将这些区域划分为演出空间的一部分，而笔者从环境设计的角度入手，将这些辅助区域单独划分出来，是为了更加明确戏楼的功能分区。在戏台正后方，有着供演员梳妆穿戴以及休息候场的空间；而戏楼一层东西两侧，有着由木隔窗分隔的空间，不仅可以用于安放道具器材，让戏剧乐队进行伴奏，也可以作为曲艺家准备上台演出的候场区。

（2）装饰元素在环境中的运用分析

中国古代传统建筑非常强调实用性，建筑的装饰往往在结构构件上进行，如屋梁、柱子、屋顶等；从这种意义上看，传统戏楼的装饰构件不仅是装饰构件，其主要的功能还是结构构件。戏场从建筑功能来说，是一个为戏曲表演提供场所的公共建筑，其功能要求这类建筑具有华丽的装饰。因此，在中国传统的戏剧观演空间中，装饰元素主要体现在建筑的结构构件上，这些构筑物既是建筑构件，也是装饰构件。

① 装饰纹样与图案。

中国传统装饰纹样图案大多都具有吉祥平安的寓意，这些纹样花纹绘制在人们生活的各个场所，体现出了古人们对安居乐业、福寿安康、高洁品格的一种向往。自宋代《营造法式》一书出现了彩画作之后，一直沿用至明清时期，书中将在建筑构件上绘制的颜色与图案统称为彩绘，这些彩绘既可美化建筑，又可以保护木质构件，数千年的历史传承，使得彩绘形成了它本身独有的文化内涵和美学特征。南丰戏楼的彩绘画采用了苏式彩画的形式手法，屋梁中部所绘制的图案较为清淡素雅，多为“梅、兰、竹、菊”或山水花鸟画，画的边缘则用类似南方苏杭地区园林花窗装饰图案作为边框围合，具有秀气精美的特点，也体现了当时的人们对刚正不阿、铁骨冰心的高尚品格的赞赏与追求（图4）。

在中部图案周围的纹样则具有北方皇家彩绘画的特点，采用回形纹、卷草纹等传统纹样，有着平安、吉利的寓意。承接瓦片的椽子头上，画了从佛教传入的万字纹纹样，有着功德无量、吉祥喜旋的含义（图5）。

② 空间装饰色彩。

色彩在室内空间的处理上既要符合审美效果，也要适应人们的功能需要，能够带给人们丰富的联想和寓意。我国北方观演空间中的色彩具有浓厚的地域性特征，官员士大夫为了彰显尊贵的身份，都会在建筑的装饰色彩上有所体现。其中“红、黄、蓝”这三种颜色在中国传统意义上讲，是皇权与尊贵的象征。南丰戏楼也体现出了北方皇家装饰色彩体系的重要特征，即明艳而丰富的色彩。室内主要以朱红为主色调，再辅以钴蓝、群青二色为底色，用金色描绘纹样图案，给人一种富丽堂皇、华丽高贵之感。戏楼翻修后，增加了吊顶，每一块吊顶的彩绘与梁柱上的色彩和传统图案相类似，是为了使吊顶与建筑内部的风格更好地融合统一。

③ 窗棂与木门的装饰形制。

在中国传统建筑中，门和窗都起着装饰美观和重要的采光作用。中国传统门窗木雕文化历史悠久，在古代时期，设计师就善于将工艺美术的技术应用到雕刻装饰中。所以我国古代的门窗大多是运用传统图案来进行雕刻装饰的，又因为中国传统建筑大多都是砖木结构，所以门窗材质大多用木材雕琢而成（图6）。

南丰戏楼的木门主要位于南北两边的出入口以及室内分割空间的隔挡处；窗户则主要位于前后门的两侧以及二楼包厢、山墙处。门窗的装饰都采用几何图形重复排列组合而成的镂空造型，没有过多繁缛的装饰（图7），不仅具有古典韵味，使其能融入中式景观当中，也体现了结构的美感。

图4 南丰戏楼屋梁彩绘

图5 南丰戏楼屋梁彩绘图案

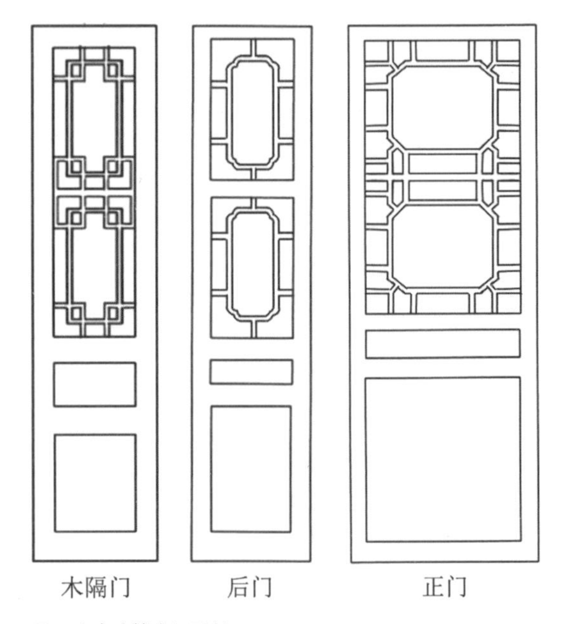


图6 南丰戏楼木门形制

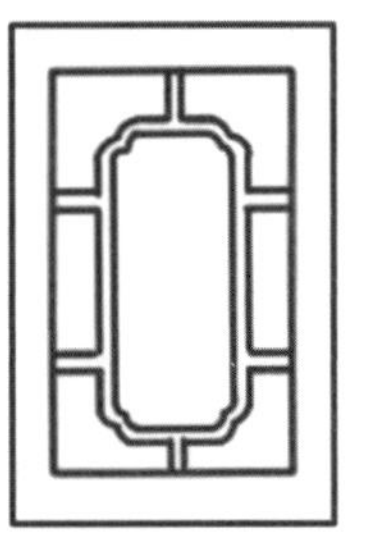


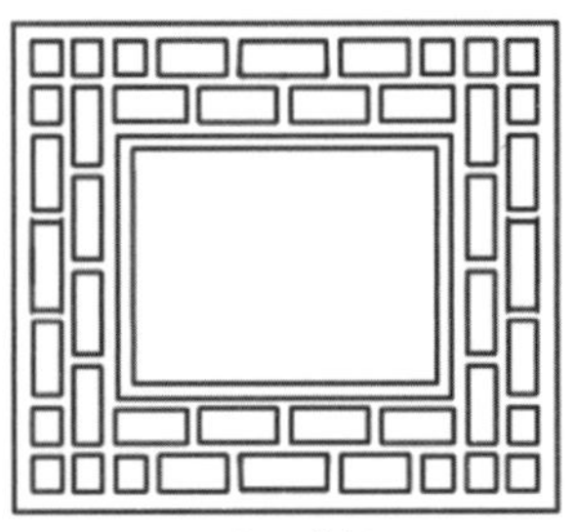


图7 南丰戏楼窗棂形制

图 8 建筑外部山墙

图 9 建筑内部山墙

图 10 翻修前的西式吊灯

图 11 翻修后的方形吸顶灯

（3）自然光与人造光的交替

① 自然光的采光。

南丰戏楼是由木构筑建成的室内剧场，在明清时期，白天采光主要通过镂空的门窗将自然光线引入室内。其主要的光源来自二楼包厢雅间的窗棂。窗棂在墙上横向排列，贯穿整个戏楼的南北进深，使戏楼从观赏空间到演出空间都能够拥有很好的采光。一层东西两侧区域的窗户布局和二楼的一样，都是通过贯穿南北并且整齐排列的长窗来进行采光的。镂空的木门也增添了室内的亮度，在戏楼南北两侧有四扇木门，北侧的木门将光线引入观赏区域，而南侧的木门则将光线引入后台，使曲艺家能够有很好的光线去弄妆画眉，穿戴行头。

除了门窗的采光以外，前人在建筑形制上也为采光做了一定的考量。南丰戏楼采用的是悬山式的屋面，南北向的屋脊与东西向的屋脊形成了一高差，产生了三角形的山墙，再用木隔窗安置在山墙部分，既能使光线进入室内，又能够隔挡风雨（图 8）。

在南丰戏楼近代的翻修进程中，山墙处从室内看虽然保持着以往的形制，有木隔窗的填充，但外部却用砖将山墙牢牢封死（图 9）。

这可能是基于保护木窗不受风雨侵蚀的原因，还有一个原因可能是人造电灯的运用使得自然采光变得没有以往那么重要。

② 人造光的运用。

在室内环境设计当中，灯光的营造布局，是提升整体室内氛围，烘托情绪的重要手段，也是使人清楚感知周围环境的方法之一。灯光不仅可以给室内提供照明，同时还能够渲染文化氛围、传达文化内涵。翻修前的南丰戏楼采用的是一款西式吊灯，虽然富丽堂皇，但很难融入整个中式的室内氛围中（图 10）。

建筑翻修后，在内部增加了吊顶，用于安装吸顶灯。吸顶灯采用方形，与吊顶的方形相呼应，将现代灯光与建筑整体氛围相融合；又采用冷色的光，营造一种天井采集自然光的视觉效果。建筑内还有一些装饰性灯光，采用中国传统灯笼的形制，既能融入整个大环境，又能烘托古典氛围（图 11）。

在戏台上，现代灯光的采用相比明清时期用灯火渲染舞台氛围更加丰富、变化更多。灯光的编排都是经过设计的，可以随着戏种不同，用不同的灯光来渲染氛围，与现代剧院所采用的灯光所呈现的舞台效果有异曲同工之处。

## 三、传统戏楼的现代创新

从各个方面分析了南丰戏楼之后，下文针对性总结了传统戏楼的利与弊，再运用现代技术和现代观念，找到解决各个弊端的方式，将传统戏剧观演空间的优势做到最大化，从而推动传统戏楼的发展与创新。

### 1. 传统戏楼的利弊

中国传统戏楼从建筑形制上看，是一个厅堂式的观演场所。南丰戏楼则是将厅堂式的戏场加上了屋顶，有了边缘界限，使其室内化。作为一个小型的室内观演空间，建筑面积和结构层高并没有像现代剧场那样大，因此能够很好地拉近演员与观众之间的距离，让观众更好地参与到演出的情景中去。此外，观赏空间采用的是非固定式座椅，使得戏楼具有多功能的特性，不只是用于观演的功能空间。如果将座椅按顺序陈列摆放，戏楼还可以是餐饮空间；将座椅收纳起来，以往用于观赏的空间则成为了一个空旷的活动场所（图 12）。

图 12 用于活动的空旷场所

但是由于场地面积的限制，使得观赏的人数有限，无法进行大规模的商业演出。同时，传统戏楼具有浓厚的历史文化内涵，现今主要是作为游客参观、欣赏戏剧的建筑，“观”与“演”的界限被清晰地划分开来，但是其他区域的功能划分不明确，很难进行大的改造变动，就算翻修也只是增加一些装饰部件，无法突破原有的格局。

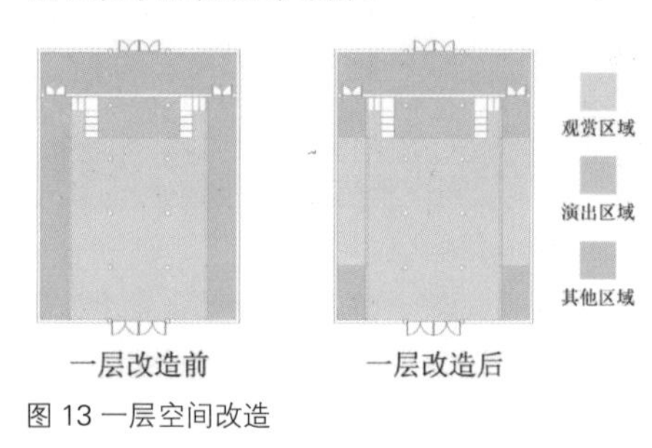


图 13 一层空间改造

### 2. 空间改造与未来展望

（1）空间的改造

根据南丰戏楼本身存在的一些问题，对南丰戏楼进行了一些空间上的改造。针对戏楼人数限制的问题，计划加大观赏的空间区域，将一层楼东西两侧的后台区域的中间部分去掉分隔木门，改造成为观赏区域。改造后，首先台中间的部分因为这个区域能很好地看到戏台的演出，使观众有很好的视觉体验；其次，后台区域南北两端的视觉观感不佳，北端区域又是两个后台区域的连接处，所以这两个区域依然保留后台区域的功能，北端可用于演员上场的候场区，南端则用来安置器材杂物（图 13）。

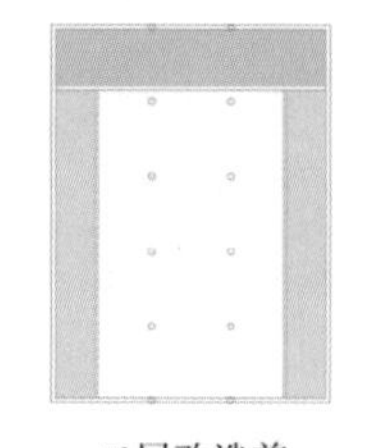

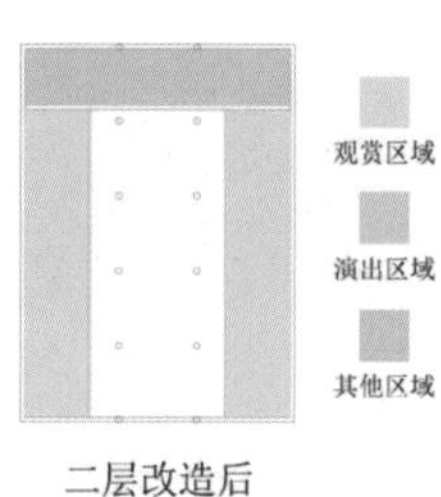


二层改造前　　二层改造后

图 14 二层空间改造

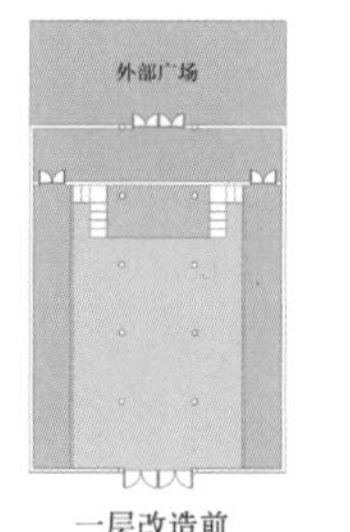


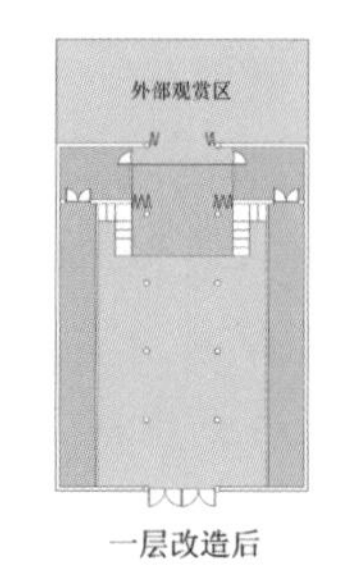

图 15 室外空间的利用

二楼包厢的面积较小，在容纳桌椅板凳后，人员通行的通道较窄，使得人们一旦入座便很难再进出。因此将二层观赏区域的面积向建筑中部延伸，增加了一个供人们进出的通道（图 14）。

除了室内观赏空间的延伸之外，还可以将室外的空间加以利用（图 15）。

将演出区域向后门处延伸，打造一个台框式的观演空间，外部的功能则从活动广场变成了外部的观赏空间，打破了戏楼有限室内观赏空间的局限，给了观众更多的活动区域。为了减少观众视线的阻隔，将两扇对开门换成现代的折叠木门；将戏台用折叠屏风分隔，不仅可以用于阻挡视线，还形成了正反两个演出空间，使戏楼成为复合型的观演空间，可以根据戏种和想要营造的效果来选择表演空间。

（2）未来发展与期望

①“观”与“演”界限的消除。

图 16《浮生六记》实景园林戏剧

戏剧观演空间的时代适应性以及多用途的使用问题，使以往“观”与“演”之间的明显界限逐渐弱化，而开始朝着更加具有灵活性功能的方向不断发展。演出空间不应该只局限于戏台之上，而应该延伸至观赏空间中，使观众更加近距离地欣赏表演，加深演员与观众之间的联系。美国著名的戏剧理论家查理德·谢克纳（Richard Schechner）认为“表演者与观众之间的最后的交流是空间的交流，作为场面组成者同时又是场面观看者的观众的交流”。我国早已开始探索“镜框式”之外的观演形式，出现了实景园林观演空间形式。2018 年在苏州沧浪亭上演的《浮生六记》（图 16），是我国首次上演的沉浸式现代实景园林戏剧，这种形式能够使观众身临其境地融入戏剧情景之中，解决了观演空间面积局限性的问题，使人们能以最近的距离感受戏曲文化的美。

② 未来技术的融入。

电力的出现使我们的照明方式发生了变革，而技术的发展使我们的生活方式发生了转变。在现代观演空间中，计算机智能控制对复杂的舞台机械、设备、布景、灯光、音响的智能控制，诸如升降乐池、升降舞台、旋转舞台、点式布景、升降反射板等先进舞台技术广泛应用，给舞台的多样化和现代化铺平了道路。在传统观演空间中也可以根据空间的特点和戏目的需求去采用一些智能技术来进行氛围的渲染，更好地满足人们的视觉观感需求，从而更好地去传达演出者所想表现的精神文化。

## 结语

通过现代的设计视角去设计和创新传统的戏剧观演空间，不仅能提高传统戏剧观演空间的利用率，将传统与现代相结合，也有助于传统文化的继承与发扬。首先，要深入调查研究传统观演场所的空间分布、色彩装饰、灯光布局等方面，在充分了解当地文化底蕴和演出形式的情况下，根据当代戏剧观演的种类，因地制宜地对传统戏楼进行改造创新，给传统戏剧观演空间单一的功能，附加更多的使用方式，形成复合型的观演空间，打破“观”与“演”的界限，使观演的场所更加多变、更具趣味性。其次，可以通过现代科技的手段，更好地渲染演出氛围，增添戏剧的独特魅力，以此吸引更多的人了解戏剧、喜爱戏剧，并思考当下振兴戏剧文化的路径与方向。这对推动戏剧传统文化的传承和发展都具有一定的借鉴意义。

## 参考文献

[1] 廖奔 . 中国古代剧场史 [M]. 郑州：中州古籍出版社，1997.

[2] 周华赋 . 中国古戏台研究 [J]. 民族艺术，1996（02）：78

[3] 陈延文 . 传统戏曲演出场所空间环境研究——以安康汉调二黄为例 [D]. 西安：西安建筑科技大学，2018

[4] 范盼盼 . 亳州花戏楼建筑的彩雕研究 [J]. 家具与室内装饰，2019（12）：77-79.

[5] 米勒 . 室内设计色彩概论 [M]. 上海：上海人民美术出版社，2009.

[6] 曹亦南，熊瑶 . 中国传统门窗木雕在现代室内设计中的运用 [J]. 家具与室内装饰，2020（4）：110-111.

[7] 霍宇桐，高俊虹 . 室内空间环境中色彩、灯光、材质的设计情感研究 [J]. 家具与室内装饰，2021（1）：108-111.

[8] 谢克纳 . 环境戏剧 [M]. 北京：中国戏剧出版社，2001.

[9] 白朝勤 . 小型多功能观演建筑设计浅析 [D]. 成都：西南交通大学，2007.

[10] 谢华，石利利 .《知音号》演艺空间体验设计研究 [J]. 中外建筑，2019（7）：34-36.

[11] 曾筠涵，莫武刚 . 长沙戏剧艺术中心室内环境方案设计 [J]. 湖南包装，2020，35（4）：161.

# 44 浅析博物馆展示交互设计的新趋势

原载于:《2017年10月建筑科技与管理学术交流会论文集》

【摘　要】博物馆是文化的传递者，它肩负着展示历史与传承文化的社会职能。在如今这个信息化的时代中，人们对于博物馆的需求，早已不再是橱窗、橱柜或者展板上的静态展品和文字了，而是要求与人的互动性，在交互的过程中达到获取信息的目的。本文以情感化为基准主要从本能层面、行为层面、反思层面这三方面对博物馆展示中交互设计的情感化需求进行简要分析，探析人的不同层次的情感需求对交互设计的影响，总结出基于情感化的交互设计在博物馆展示环境中的应用。

【关键词】情感化；交互设计；博物馆；环境设计

博物馆展示交互设计突破了传统的博物馆展示方式，随着参观者认知水平的不断提高、科技的高速发展，交互设计也迎来了新趋势，重点关注对象也变为以人为主，注重参观者在交互过程中的情感需求，使参观者身临其境，引发与展示主题的情感共识。

## 一、博物馆展示设计对象的转变

博物馆肩负着展示历史与传承文化的社会职能，传统博物馆展示多以橱柜、橱窗、展板、模型等方式向观众传递信息，参观者进入传统的博物馆通常会看到众多被保护得密不透风的展品，却不能够细致地了解展品，如展品放在手里的大小、重量、质感等，只能通过展柜中寥寥的文字获取相关信息。传统博物馆陈列方式基本都是静态的平面展示，这样的展示方式使展品不得不受空间的限制，从而造成传统博物馆单一地重视展品而忽略参观者的现象，这样的方式是展品以及传递者单方面的信息传递，没有考虑到受众可接受的信息量等因素。

现如今博物馆不应仅仅是收藏和科研的地方，更多的是公众信息来源、文化交流、传播，甚至是休闲娱乐场所，已经越来越具有社会的“共享性”功能。展示方式也变得不再单一，对于服务对象更是有所转变，已经由传统的“以物为本”转变为“以人为本”，打破先前的史料性博物馆展示形式，从而形成以“人”为主的艺术性博物馆展示形式。从参观者的感受去设计，根据参观者的不同需求设计展示方式，使信息传播由原来的以物为主的单向信息传播发展为以人为主的双向信息传播方式，即“交互设计”。交互，也就是互动，包括所有的人们和其他所有事物进行互动而交流信息的过程，以及在这一过程中产生的作用和影响，交互设计就是指通过一定的产品使整个设计更好地反映和支持人们的工作和生活。在这个大数据时代，人们走进博物馆并不单纯是为了参观展品，更多的是为了一种体验。博物馆的交互设计就是通过采取体验式的展示方式，明确展览主题之后和参观者之间进行了通过现代的多媒体技术所设计的氛围和环境，使展览活动在观众的参与和实践基础上，达到互动的效果，从而充分发挥观众的参与性和主动性，激发观众的主动发现及思考。它打破了传统博物馆展示中只注重展品的设计方式，将设计对象转为“以人为本”，充分体现了以人为本的设计理念，为参观者提供一个真正为他们喜闻乐见的展览空间。

## 二、博物馆展示中交互设计情感化需求

当交互设计理论与实践不断在博物馆展示中发展，另一种更深层次的交互设计应时而生——情感化设计。情感化设计是在满足某种物品功能的基础上，一种以关注用户内心情感需求为中心的设计理念。情感化设计不把物的功能当作唯一目的，而是把人的情感化体验作为最终目标。

美国学者唐纳德·A．诺曼根据认知心理学，在其编写的《情感化设计》一书里，将情感化设计分为本能层面、行为层面、反思层面三个层面的设计。在交互设计中，这三个层面是“用户体验”目标的三个水平。

① 本能层面的设计，是指参观者接收信息后本能的体验感受，通过视觉、听觉、触觉感知相关信息，快速地给予反应并产生情感。这与交互过程中所看到的、接触到的物的形态、色彩和质感有直接的关系，是一种本能的表现。

② 行为层面的设计，是指参观者进行交互过程的体验，参观者与物之间的交互行为过程会产生一定的效果，当然也与交互使用过程中的效率、乐趣、可用性、可理解性等人性化因素有关，是一种持续的感受的体现。

③ 反思层面的设计。反思层面的体验是参观者的经历体验，是用户体验的高级阶段。反思层面的设计作为意识、情绪、认知的最高水平，是在前两个层面的基础上，更加需要关注人的情感需求，在不断的交互作用中给人们带来满足感、成就感，并且与每个参观者不同的个人经历和文化背景相结合，形成身份认同和自我实现，使参观者对这个博物馆的展示有深刻印象，留下使人难以忘怀的情感记忆。

因此，博物馆展示中的交互设计不仅仅是一些触摸屏、投影、计算机问答游戏等设施的应用，这是大众对于交互的误区。如果只是把这些设备孤零零地放置在一个地方，显示的内容也跟博物馆展示毫不相干，那么这将是一个废品回收处；或者是这些设备为了吸引参观者的互动而过分夸大了其娱乐性，那么也相当于形同虚设，完全没有达到其传播博物馆展览文化的意义。以上做法并不是交互的这种方式在本身的技术上有什么问题，而是在对于博物馆展示中进行交互设计这一设计形式的最初理解的不到位。交互设计这个形式是要辅助博物馆展示展品的，表达的主要对象应当是展品本身，而不是所运用的高科技。也就是说，博物馆展示中的交互设计是对展品的内容、参观者的情感、参观者与展品的关系以及博物馆展示环境等这些方面的综合考虑，再运用高科技的方式，吸引大众来与展品进行一种良性的互动体验，从而影响着观众的心理反应，激发观众的想象力和好奇心。

## 三、博物馆展示中情感化的交互设计方法

满足情感需求的博物馆展示交互设计首先应该符合人们的视觉审美，也就是大多数人看起来不反感，这是最基本的。在表现手法上，情感化交互设计的关键在于情景式的展示方式，展示空间的节奏、颜色、质感、温度的变换，参观者本身的参与体验度等方面，在交互过程的细节中对参观者心理产生影响从而引发参观者的情感体验，并通过交互过程中物品或空间气氛的某些象征意义来引起参观者的情感共识。

情景式的交互方式以及人的参与体验度。情景式的交互方式就是在每个独立的展品之间建立联系，烘托出一种有内涵的语境氛围，更有利于参观者获取信息，并且参观者不只是获取展品表面的信息，而是解读隐藏其中的历史意义或文化内涵。在现在这个信息时代，参观者早已不再满足于欣赏精美的展品，而是想要去挖掘在这背后的意义和积淀，甚至更加希望自己可以参与其中，将自己与展品建立一种微妙的联系，因此，情景式的交互方式要注重参观者内心情感，营造符合展示主题的空间气氛。例如，南京大屠杀遇难同胞纪念馆，将屠杀的场景重现，给参观者营造一种时空穿梭的错觉，使参观者在特定的空间环境中有情感变换，并从中解读信息，体会纪念馆展示中展品的历史沉淀及意义。又如，2010 年，阿姆斯特丹著名的阿贾克斯足球俱乐部在赢得总冠军后创立了一个数字博物馆来纪念和庆祝这个俱乐部的辉煌，这个博物馆依托数字体验的交互形式表现出团队的激情，馆内用真实与虚拟相结合的设施展现了一个训练场地，参观者通过亲身体验获得最直接的反应与感受，从而获得团队荣誉感，理解了博物馆展示的主题意义。

节奏、颜色、质感、温度的变化。博物馆展示中交互设计应注重节奏、颜色、质感、温度变化，一方面，有利于突出展示主题的不同需要，另一方面，可以刺激参观者的情感记忆，强化观众观展的心理体验，增强代入感和趣味性。在这些因素改变的同时，参观者的情绪也会波动，从而引发他们的好奇心，增加对展示主题和展品的感受力。例如，广东省博物馆的海洋馆，设计了一个开阔的空间，与不同的灯光、色彩，以及各种海洋生物标本在低温环境下相呼应，使参观者进入这一展厅仿佛置身于海底世界，对参观者的触动远超于传统的产品本身，在无意中就完成了对展品更深层次的解读。

## 结语

博物馆展示采取基于情感化的交互式体验的设计方式，使参观者由最初的无目的性转变为有目的地进行参观。人们在参与过程中可以有选择地进行，可以使参与者把时间放在对自己选择的、感兴趣的信息上去，在展示方式和内容方面，避免了原来只是简单的静态图片和文字，较好地通过多媒体使参与者获得更好的体验，使人们在体验的过程中获得信息，更具趣味性，给参观者留下情感记忆。随着多媒体技术的不断发展和更新，交互式体验也不断地创新，唯有注重人的情感化需求才可以让参观者不断地体验到新的方式，使得博物馆展示中的交互设计更有意义。

## 参考文献

[1] 孟祥琛．交互设计在现代展示空间中的应用 [D]. 济宁：曲阜师范大学，2015.

[2] 黄鑫，李女仙．当代博物馆展示中的交互设计方式 [J]. 装饰，2011（4）：104-105.

[3] 诺曼．情感化设计 [M]. 付秋芳，程进三，译．北京：电子工业出版社，2005.

[4] 刘宝顺，张军雯，姜跃超．基于情感化的交互式儿童玩具研究 [J]. 设计，2016（12）：120-121.

# 45 老龄化背景下居住空间家具产品的适老化设计研究

原载于：《美与时代（上）》2020 年第 6 期

【摘　要】适老化设计是与老年人群的行为特征、心理特征和认知特点相匹配的一种设计理念。目前，我国社会老龄化形势严峻，老年人群消费在国民消费中的比重也在逐渐增加。但是，国内市场上针对老年人设计的产品却相对匮乏。本文从普通居住空间环境、配套设施与产品的适应性设计两个方面提出建议，以期对当前的老年人家具设计有所裨益。

【关键词】老年人；适老化；家具产品设计；养老

“家”作为老年人日常生活活动的主要空间，和人们的关系紧密。城市化进程加快，房价上涨，许多老年人居住的空间大多属于老旧社区，建筑主体老旧，结构布局本身存在缺陷，其功能不能满足老年人的需求，需要通过家具产品的优化来辅助老年人更好地生活。因此，针对老年人的适老化设计不仅要考虑建筑空间结构本身是否合理，还要考虑家具产品是否舒适与美观。

人在老化的过程中，生理功能和组织器官开始出现不同程度的退化。老化带来的这些退化，很容易导致老年人内心的压力和恐惧，使得他们无法以良好的心态面对老年生活。家具产品作为家居环境的重要组成部分，对老年人的生活品质、行为习惯有很大的影响。为了使老年人更好地适应自己的老年生活，提升老年人对生活的满意度，减轻心理忧虑，就需要对老年人生活中基础的家具产品进行适老化设计，以缓解老年人由于年龄增长、生理机能退化而逐渐增长的压力，提高老年人晚年生活质量。

## 一、我国家具产品适老化设计的研究综述

### 1. 适老化设计研究现状

老龄化程度的不断加深使得适老化设计成为关注的热点。提高老年人的居住环境，使他们拥有优质的生活，减轻社会和子女的负担。目前，我国在社会学、城市规划学、建筑学、设计学等领域进行了理论研究和探索性实践，各界学者对于适老化设计的研究已初见成效。

北京的周燕岷教授对居家养老住宅空间的适老化设计进行了综合性研究。在《养老设施建筑设计详解》一书中，周燕珉教授立足于我国基本国情，全面系统地阐述了养老建筑设施的设计理念和设计要点，分析了养老产品的特点和老年人的刚性需求，为适老化设计提出相应的设计建议。在《老年住宅》一书中，周燕珉教授基于我国居家养老的政策导向，对适宜老年人人体特征及居住环境需求的无障碍设计、门窗设计、家具设计、空间的功能性划分要

求等方面进行了详细的讲解和总结，为我国对普通居住空间类型的适老化设计研究提供了丰富的理论依据。

### 2. 适老化家具产品现存问题

目前，市场上大多数的家具产品的适用人群多为青少年，而针对有需求的老年人的产品则极其匮乏。家具市场内也很少设置针对老年人适龄化需求的专柜，市场上流通的老年产品则多来自医疗器械生产厂家，而针对老年人日常使用的家具种类较少。通过调查研究，设计的家具产品存在以下三方面的问题。

（1）外观造型缺乏美感

家具的形式美与功能性都是必不可少的。即使人在老了以后，内心对于美的追求也不会消失。大多数家具产品多为铝合金材质，外观给人冰冷的感觉，橡胶材质的防滑凳脚也缺乏美感。

适老化家具的设计需要满足外观的造型美感。家具作为老年人日常生活的一部分，在外观上要先赢得老年人的喜爱，使用起来才会身心愉悦，避免让老年人产生“因变老而丧失了对美好事物选择的权利”的错觉，从而伤害他们的自尊心。因此，家具的适老化设计要先满足造型美的要求。大多数老年人喜爱木质材料作为家具材质的首选，骨架不外漏，形态、色彩、材质、质感满足正常家具的基本要求。

（2）家具产品的设计缺乏多样性

家具市场内针对老年人的适用家具较少且式样单一。以目前国内最受欢迎的“宜家（IKEA）”家具为例，实体店内没有老年人家具用品的专柜，打开网页搜索也是一片空白。大部分企业商家对于老年人家具的介绍也只是片面地从材质、色调、风格上入手，甚至有些人认为只要是颜色暗沉、木材制造、花纹古朴、做旧的家具都是适合老年人使用的，真正的适老化设计的功能特性完全没有体现，目前市场上针对老年人的行为特性和心理特性而设计的产品严重缺乏。

（3）功能性差

目前，市场上最常见的老年人用品多来自医疗器械厂家，其功能基本上只满足老年人上厕所的需要，只适用于身体机能退化较为严重、需借助辅具来进行日常生活活动的老人。

## 二、日本适老化家具产品的可借鉴之处

以日本“Kino Stool”玄关椅的适老化设计为例。日本作为较早进入老龄化社会的国家，对老年人产品的研究比较深入，对产品设计研究也细致入微。例如，日本针对多代同居的社会现象为其设计的建筑空间，不仅提高了对老年人需求的重视，而且满足了日常看护照料的需求。

拥有微笑表情的玄关椅“Kino Stool”(图 1 ~ 图 3)是由日本关注老年人设计的“观察之树”设计公司和家具设计大师藤森泰司合作，为我国台湾地区的“银发一族”设计的一款玄关椅。整个座椅从正面看就像是一个微笑的嘴角，其简洁的造型设计充满了对老年人的关怀。该玄

图 1 玄关椅部件

图 2 单个玄关椅

图 3 不同配色玄关椅

关椅的材质为梣木，为了加强老年使用者在起身时的手握支撑力，扶手的两端打磨成圆弧形；整个椅身采用“U”形设计，两侧扶手高度较低，深度为 370 毫米，可供老年人从前后左右四个方向自由落座，避免行动不便造成难以固定的现象。同时，较宽的凳面能完整地包裹臀部，扶手两侧向外微张，不会拥挤；地面距离凳面的高度为 400 毫米，设计者缩短了椅面到地面的距离，保证老年人坐下时脚不离地，椅腿的设计为“八字形”，整体宽度为 580 毫米，满足脚底的收放空间。椅垫也可拆卸，方便换洗，椅垫的图案设计多样。整个座椅融合了设计师对美和实用的理解，在强调“功能”的同时也不缺乏“美感”，表达出专门为老年人设计的用心。

## 三、老年家具的适老化设计创新策略

本文通过实地考察和查阅大量的资料，依据老年人的身体状况和行为习惯，对适宜老年人使用的家具设计提出以下三点建议。

### 1. 安全性细部处理

家具产品的设计要充分考虑到老年人的生理特性。老年人由于自身的安全保障性能下降，就需要借助适老化产品和辅具来达到保障自身安全的目的。可以结合无障碍设计原则，将家具设计和无障碍设计结合到一起，提高老年人的自理能力。同时，家具的设计要减少尖锐的边角，以免发生磕碰。沙发、床具的高度设计要满足轮椅使用者方便转移，床的一侧可设防护栏（图 4）。卫生间、厨房的地面要做防滑处理。室内墙壁可安装扶手，避免摔倒。卧室门应采用横执杆式把手。椅子的两侧扶手建议设计成水平安放的样式，可以方便老年人起身时借助扶手获取支撑力。扶手的两端截面设计成圆弧状，可适当地增加手握支撑力。椅背的设计应适当扩大宽度，造型的设计采用圆弧，避免老年人在

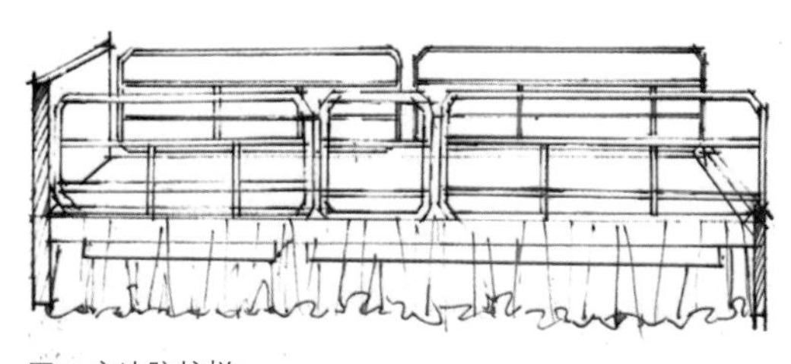

图 4 床边防护栏

图 5 座椅

使用座椅时身体晃动而摔倒，增加座椅的稳定性。椅背与椅面的夹角呈 90° 左右，靠背竖直，保持正确的饮食坐姿，避免脊背过于弯曲造成噎食的危险，同时减少久坐造成的腰酸背痛（图 5）。

### 2. 家具产品设计的特殊性处理

家具的适应性以符合老年人的活动特征为主。以厨房卫生间为例，卫生间面盆的高度要满足座椅或者轮椅的使用高度，同时面盆的形状设计要考虑到坐姿使用的便捷性（图 6）。马桶的高度设计要保证与轮椅座面的高度差为 180 ~ 250 毫米，使老人移动方便，同时安装扶手，扶手的设计也要按照老年人的需求进行造型方面的设计（图 7）。浴室内安装扶手，放置坐式淋浴器，浴缸高度距离地面 350 ~ 450 毫米即可，方便一步踏入，浴缸内部可放置防滑座椅，浴缸外部墙边处可安装或者砖砌稳定性较好的椅子，方便更换衣物。洗碗池的设计要预留出坐着或者可容纳轮椅的操作空间，避免久站造成的身体不适，增强家具设计的适应性；厨房台面下的橱柜可设计成可拉动橱柜，可供轮椅使用者方便移动（图 8）。

### 3. 光和色彩的处理

老年人的视力下降，时常伴有青光眼、老花眼、白内障等眼部疾病，视物模糊，对颜色敏感度下降，因此，空间内光线需要提高照度来保证他们视物清晰。吊顶可采用软膜天花吊顶，以减少光源对眼睛的刺激性，又可以保证室内良好的光线。人工照明产品要根据空间的不同

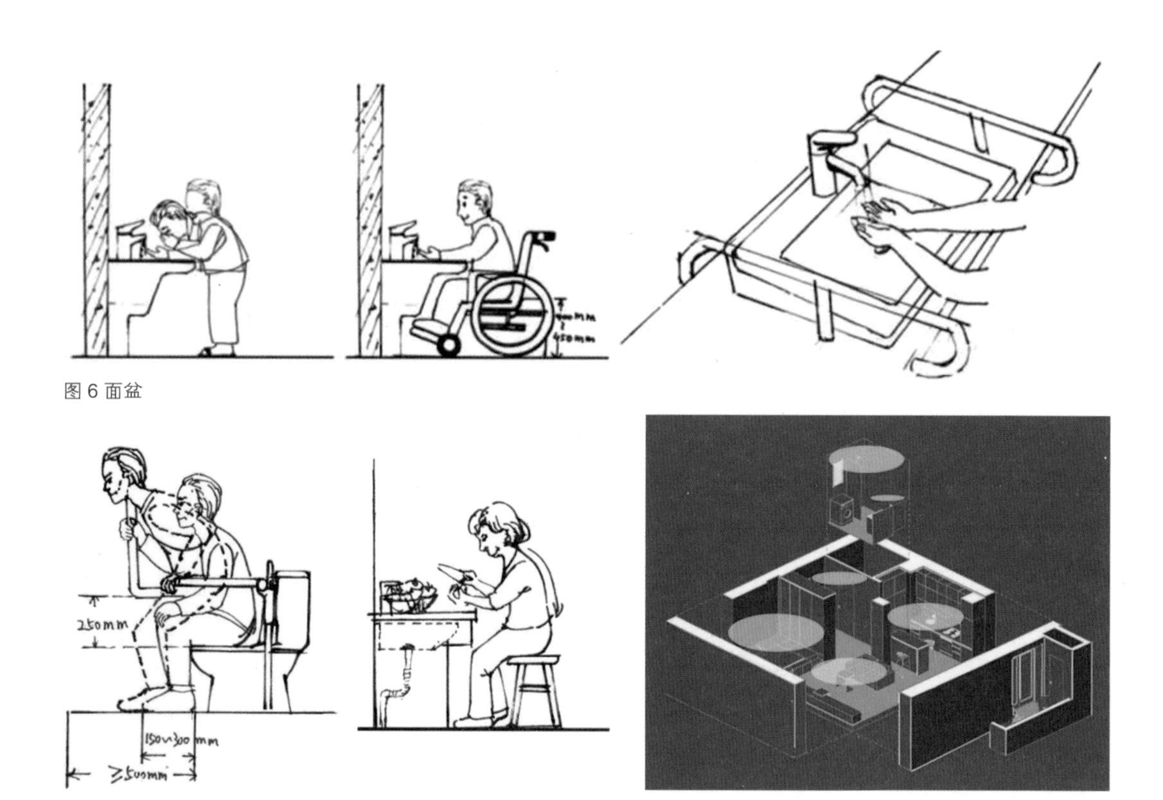

图 6 面盆

图 7 马桶扶手

图 8 厨房操作台

图 9 老年人居住空间照度

进行区分，达到满足老年使用者对空间内照明系统的功能和美学效果的需求。居住空间内走廊的照度应该达到 50 勒克斯；起居室内满足一般活动，照度为 150 勒克斯，为了满足书写阅读的需求照度应达到 150 ~ 300 勒克斯；卧室内满足一般活动时照度为 100 勒克斯，当满足床头阅读照度应达到 200 勒克斯；厨房内满足一般活动时照度为 150 勒克斯，操作台照度应达到 200 勒克斯；餐厅的照度应该达到 200 勒克斯；卫生间内满足一般活动时照度为 100 勒克斯，洗漱台照度应达到 200 勒克斯（图 9）。灯具的设计要满足不同功能空间内的照明标准，避免对老年人造成炫光。选用的家具颜色以刺激性较低的暖色调为主，也可以选择明亮的主色调加上一些冷色调的装饰。还可以根据老年人的喜好对家具的颜色进行安排，尽量不要选择过于鲜亮明艳的色彩，避免对老年人的心理造成不适。

## 结语

家具作为“家庭的一份子”，是使用者每天都要接触的，不仅要满足使用功能，还要强调美观效果。在适老化居家产品的设计研发上，我国与发达国家还存在一定的差距，面对高龄人群的不断增长，适老化产品的设计市场具有很大的发展前景。老年家具的设计既要符合老年人身体尺度的变化，缓解老年人的心理失落感，还要辅助老年人自理生活，融入家庭，得到生活保障。适老化家具的设计只有和老年人的行为特点、生活方式、身体特征等因素结合起来，才能创作出适合老年人生活且美观大方的作品。

## 参考文献

[1] 李文标 . 基于人性化的多功能老年卧具设计研究 [D]. 长春：长春工业大学，2019.

[2] 王宏磊，杨家威，黄琼涛，等 . 基于居家养老模式的适老化卧室家具设计研究 [J]. 家具与室内装饰，2019（12）：71–73.

[3] 郝学 . 居家养老模式下适老化设计标准研究与实践 [D]. 北京：北京建筑大学，2017.

[4] 马欣欣 . 居家养老模式下的家具适老性设计研究 [D]. 北京：北京林业大学，2016.

[5] 中华人民共和国住房和城乡建设部 . 建筑照明设计标准：GB 50034—2013 [S]. 北京：中国建设工业出版社，2014.

# 46 浅谈 VR 技术对未来展示空间设计的影响

原载于：《2017 第三届中国—东盟建筑艺术高峰论坛论文集》

【摘　要】信息传播速度与科技水平的不断提高使现代生活节奏越来越快，现代人们总以碎片化的时间去接受新鲜事物。在这样一个快节奏的时代，如何让浮躁的人们用特定的时间去特定地点观看传统的展示空间，这是设计师们未来要面临的巨大问题。相对于电脑屏幕和手机屏幕，展示空间的优势在于视觉、触觉、听觉上的模拟和互动从而给人们带来更加身临其境的空间感受，而 VR 技术更好地放大了这一优势，让参观者体验优于一般传播媒介的空间体验。

【关键词】展示空间设计；虚拟现实；未来发展

VR（virtual reality）技术近几年发展迅猛，并且受到了各个行业的关注。早在 1987 年，著名的计算机科学家杰伦·拉尼尔（Jaron Lanier），就研究制造了第一款虚拟现实设备。但是这套设备在当时并没有受到社会关注，而在 21 世纪 VR 技术如井喷式发展，并且在电子游戏、航空、军事等很多领域发展。展示空间同样也受到了 VR 技术的影响，并且逐渐呈现出不同于传统展示空间的特点。

## 一、虚拟现实技术发展概述

VR，称之为“虚拟现实”技术。对于虚拟现实的通俗解释是利用计算机技术从空间和位置上来模拟人类视觉、听觉、触觉甚至嗅觉的感受，从而达到身临其境的效果。现今的 VR 技术大致可分为三大模拟系统，即听觉模拟、触觉模拟和视觉模拟。

### 1. 听觉模拟

早在 20 世纪 50 年代，美国唱片公司 Audio Fidelity Records 就已经将“立体环绕声”引入商业唱片的领域。到了 20 世纪 60 年代中后期，绝大多数的唱片公司开始逐步采用双声道立体声录音，并且放弃了传统的单声道录音，一直到 20 世纪 80 年代，日本的电子机械工业协会开始对立体环绕声制定了技术标准——STC-020。自此以后，立体环绕声成为 VR 技术在听觉模拟系统上的标准配置之一。

### 2. 触觉模拟

人的触觉能在一秒钟之内识别一千次细微的压力变化并且能分辨出多种压迫方式，这种

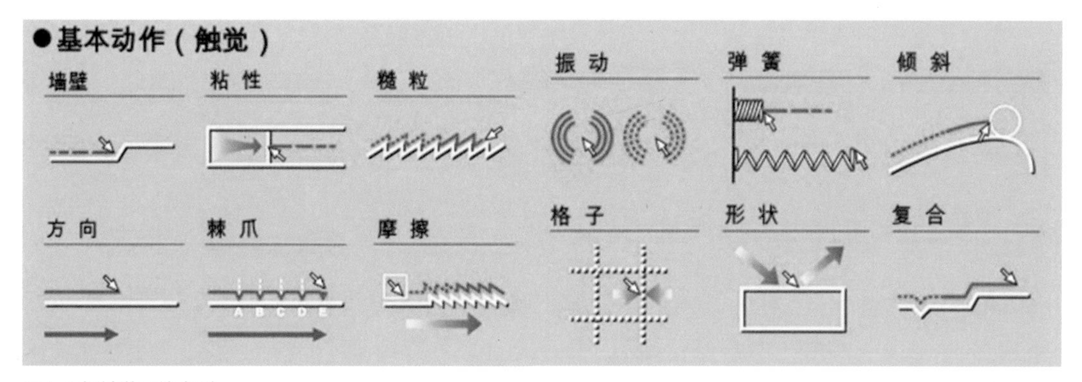

图 1 手柄触觉反馈类别

细微的感知力让游戏开发商意识到触觉在游戏体验中的重要程度，因此，最初在游戏手柄中"力的反馈"成为后来 VR 技术中触觉模拟的原型（图 1）。

1970 年，迪士尼动画工作室（Disney Studio）为了使动画人物的动作更加流畅真实，采用了逐格影描技术（rotoscoping）——让摄影师拍摄捕捉真人的动作，并且后期将这些拍摄的动作以底片投影的方式描绘出来。这项技术虽然繁琐但是在当时取得了不错的效果。随后逐格影描技术开始逐步发展，一直到 20 世纪 70 年代，麻省理工学院的机械研究小组与纽约科技电脑图形实验室合作共同研发出光学式动作撷取系统——动态捕捉（motion capture）。

随后，美国微软公司从 1997 年将研制的首次作用力的回馈系统编入程序，这就是后来广泛运用的力反馈（force feedback）技术的前身。此后，这项技术不仅在 VR 技术上广泛运用，还在汽车航空等技术上得以迅速发展。

### 3. 视觉模拟

现代 VR 视觉模拟技术来源于公元前 400 年的希腊数学家欧几里得（Euclid）的发现——人类之所以能够通过视觉信息感知立体空间，是因为人类双眼所呈现的景象不同。双眼之间的距离在 60 毫米左右，从而产生了观察的不同角度，两只眼睛呈现出微小的水平相位的差值，这使得人们能够感知立体空间，这种差值被称为"立体视差"（stereoscopic vision）（图 2）。

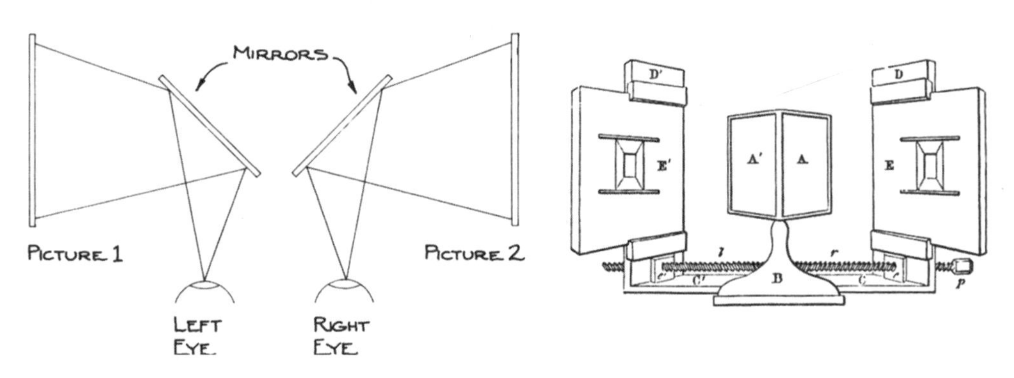

图 2 立体视差原理

相对于传统的单屏幕展示体像，现代技术发展出用多屏幕立体成像并正在被市场逐渐接受。从曲面显示屏再到如今的 Oculus Rift 第三代头戴显示器，VR 技术在视觉模拟方面的技术愈发成熟。

## 二、VR 技术在展示空间设计上的优势

相对于传统的展台，VR 技术改变了观众单方面枯燥地接受信息这一局限行为，将数字化、图像化的信息转变为人们可以互动的虚拟空间，让人们在现场通过听觉、视觉、触觉的模拟感受，产生“身临其境”的代入感。这种代入感能够让观众们更好地“主动”记忆所展示的内容，因此很大程度上强化了展示空间的作用。其中主要优势集中在实时人机互动、信息的高效传播、情景代入感以及虚拟超现实四个方面。

### 1. 实时人机互动

VR 技术为体验者提供了人机交流的及时互动系统，Oculus Rift 公司在 2015 年就推出微软霍洛伦（Microsoft HoloLen），其人机互动的实时交流系统与其他市场化的 VR 头显不同，眼前的透明护目镜可以让设备将图像投射在用户面前，看起来就像是出现在真实世界中一样。随后 HTC 微芙（Vive）的 VR 设备，它在操控和系统性能上都不输给 Microsoft HoloLen 设备。两家公司的 VR 设备上市意味着人机交互系统将很快普及 VR 市场（图 3、图 4）。

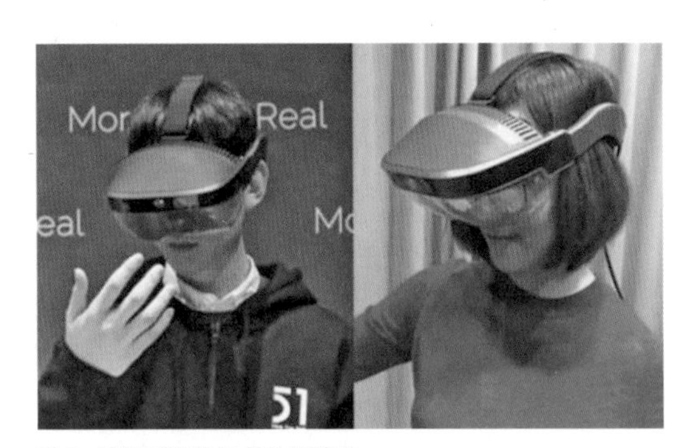

图 3 佩戴霍洛伦设备的体验者

图 4 HTC 维芙头戴显示器

VR 技术相较于传统展示空间手段的独特之处就在于它的实时人机互动性，体验者在虚拟的环境中有着充分的主动权，可以选择想要的角度和方式浏览展示的内容，不会像传统的展台那样受到空间的限制，系统能够实现体验者的意愿，无论是近距离的触碰还是远处的欣赏亦或者是在不同的环境中观看都可以实现。系统还可以记录体验者在不同角度方式接受信息时的情绪，以此来做出调整和改变。VR 技术可以让体验者完全摆脱现实世界在时间和空间上的束缚，没有拘束地畅游在虚拟空间当中。

### 2. 信息的高效传播

展示空间的根本作用就是传播信息，无论是系绳结记录信息的原始社会，还是用甲骨文

记录的殷商朝代，再到战国的竹简、西汉的造纸术甚至现代的云端数据信息，这些都起到了传播的作用。传播效率高低与所对应记录水平有很大的关系，现代数据记录的科技发展日新月异，若要将如此庞大的信息量更高效地传播出去，传统的传播媒介已经达不到要求。互联网出现后，人们通过电脑屏幕、手机屏幕可以接收到大量的信息，这让传统的展示空间在传播的作用上受到了冲击。

简单的展台和展品的摆放所提供的信息量远远无法匹配现代技术所储存的信息量。但是VR 技术的三大模拟系统能够让人们在短时间内通过听觉、视觉、触觉接受到更多的信息量，不仅如此，相比手机电脑屏幕媒介所要展示的内容也更加完整直观。从二维的平面传播到三维的空间感受，VR 从技术上突破了这一点并且让所要展现的信息更加生动形象，展示的信息量也大大高于从前，不仅从图文上展现，更达到了触觉甚至空间上的体验。

### 3. 情景代入感

“情景代入感”是指观众在特定情景下感受到了自身所在的虚拟环境中的真实感。传统的展示手段往往是片面的、单向的，观众所能接收的信息也是局限的。VR 技术带来的情景代入感是传统多媒体手段无法比拟的，它能让使用者感受到如身临其境般的处在所模拟的环境当中，并且真正能够实现多种感知方式的综合体验，观众能够更加主动了解、感知、判断所要展示信息的含义，深层次地体会展示内容的内在精髓。

在 VR 技术的支持下，展示内容无论是现代的新兴科技文化技术，或是过去的传统文化工艺，都能够让观众最大限度地体会所要传达内容的精髓。这不仅弥补了普通屏幕二维视角的局限性，也弥补了传统展台在特定活动区域的局限性，这种全方位空间情景模拟能够让人们更加真实、全面、生动、形象地体会到所要展示的信息，观众不需要去特定地域就可以体会不同地域的风土人情，不需要穿越过去亦可以感受到中国古代国学的魅力，不需要搭乘航天飞机也可以观察到浩瀚的宇宙等。

### 4. 虚拟超现实

正如俄国文学家车尔尼雪夫斯基所阐述的那句话——艺术源于生活却高于生活。同样的道理在信息的传播中也同样适用，如果把“虚拟现实”一词拆分来看，“虚拟”与“现实”是对等的存在。在模拟的过程中“虚拟世界”将“现实世界”里的信息收集起来并且优化、升级、整合，随后展现出来的“虚拟世界”其实比“现实世界”更具备吸引力。这种“超现实”的情景集中把所要展示的信息呈现出来，其更具美感也更能让观众们记住，因此，VR 技术所带来的“虚拟世界”在信息的传播过程中比“现实世界”更具有传播力量。超越现实的美感与通过包装加工的虚拟场景大大拓宽了人们的认知范围，无论是再现中国古代的遗迹亦或是模拟外太空环境都具有其自身的优势。

## 三、VR 技术对于未来展示空间的影响

近年来，由于信息技术水平的提高，展示空间的发展主要向展示体验多元化、展示设计

综合化、展示传统文化的媒介三个方向转变。

### 1. 展示体验多元化

信息传播速度与科技水平的不断提高使现代生活节奏越来越快，现代人接收新鲜事物的时间总是碎片化的。在这样一个快节奏的时代，如何让浮躁的人们用特定的时间去特定地点观看传统的展示空间，这是设计师们未来要面临的巨大问题。相对于电脑屏幕和手机屏幕，展示空间的优势在于，视觉、触觉、听觉上的模拟和互动，从而给人们带来更加身临其境的空间感受，而 VR 技术更好地放大了这一优势，从听觉模拟到视觉模拟再到触觉模拟的全方位的展示，让参观者体验到优于一般传播媒介的空间体验。

### 2. 展示设计综合化

从工业革命诞生之初的第一届世界博览会，再到 2010 年的上海世界博览会，人们可以看到展示设计已经从最初单纯的工业成果展示发展到了现在的一系列复杂的体系。展示空间设计已经不只是“展览”，设计团队需要考虑前期的营销策划、中期的广告宣传、展示的内容所要针对的人群、能够带来的商业利益等，进而针对性地考虑室内外的空间联系、灯具的选择、展台的摆放等具体的设计。因为今后的展示空间设计必将是更加综合化的，这种设计的综合化转变也必将影响未来设计师们的转型方向。

### 3. 展示传统文化的媒介

随着人们意识的提高，传统文化再次受到了重视。对于传统文化传播，展示空间依旧起到了不小的作用。想要使中国的传统文化受到大众的青睐以及走向世界，单方面的宣传是不够的，这更加需要对传统文化的包装。在今后的展示设计中传统文化包装必将越来越频繁地出现，通过 VR 技术将传统文化与现代科技相结合是未来传统文化包装的必要手段，视觉、听觉、触觉的立体化模拟不仅能够让人们再一次看到“圆明园往日的辉煌”，同样也能够让人们体会“古代学堂的读书氛围”等。观看者可以拥有视角调整和选择信息的主动权，给人身临其境之感。

## 结语

从设计师的角度来看，VR 技术的发展不仅是科学技术进步，而且是设计方式的改变，技术革命在悄无声息地发生变化，伴随着技术的更新，我们的生活方式必将受到影响。信息的载体仅仅是从固定的屏幕迁移到移动的屏幕，就给各个行业带来了翻天覆地的危机，而 VR 技术在今后必将会把信息的载体从“屏幕”转移到“空间”上，到那时接收信息的工具将不再是“屏幕”,而是“整个世界”。技术的变革给了展示空间这种特定的信息传播场所发展的机遇，作为传统意义上的信息传播的媒介想要在 21 世纪这种科学技术爆炸发展的时代生存下去，必须要顺应时代的发展而做出变革。

## 参考文献

[1] 陈崇 . 数字时代的影像展示 [D]. 大连 : 大连工业大学，2015.

[2] 王圣霖 . 虚拟现实技术在植物景观设计中的应用研究 [D]. 哈尔滨 : 东北农业大学，2015.

[3] 甘霖 . VR 技术在环境艺术方案展示中的应用研究 [J]. 北京 : 北京工业大学，2009.

[4] 李自力 . 虚拟现实图像中基于图形与图像的混合建模技术 [J]. 中国图象图形学报 : A 辑，2001（1）: 96-101.

[5] 吕燕茹，张利 . 新媒体技术在非物质文化遗产数字化展示中的创新应用 [J]. 包装工程，2016，37（10）: 26-30，10.

# 47 浅析商业综合体空间中沉浸式体验设计的应用价值

原载于：《2019年4月建筑科技与管理学术交流会论文集》

【摘　要】“泛娱乐”时代下，沉浸式体验为空间提供优质的表达形式，缓解商业空间设计的趋同现象，满足观赏者对体验不断增长的精神需求，拉近空间与人之间的距离。本文从沉浸式体验入手，浅析其运用于商业综合体室内空间设计中的设计表达形式，并结合案例分析阐述其应用价值。

【关键词】沉浸式体验；商业空间；互动性

零售行业在电商的冲击下不断发展，商业空间功能由传统的单一买卖模式转变为展示、服务、娱乐、艺术为一体的复合型模式，而对于消费者来说，消费过程不再是单一的买卖而是一种伴随多种行为可能性的生活方式，更注重的是在消费过程中的互动体验。

## 一、空间设计中沉浸式体验的兴起

沉浸理论（flow theory）于1975年被首次提出，指人们在进行某些日常活动时会完全投入情境，集中注意力，并且过滤掉所有不相关的知觉，进入一种沉浸的状态。

如今，沉浸式体验逐步进入展示空间，它借助数字媒体等高科技提供更加多元的沉浸条件，增强观赏者注意的集中性。成功的沉浸式艺术展览层出不穷，以Teamlab团队作品为代表，深受世界各地不同职业人的喜爱，作品将投影技术、声光技术等数字展示技术运用于空间的营造，表达出设计理念，观众参与体验的特征突出，空间艺术表现力和科技感十足。事实上，从艺术发展的角度来看，沉浸式展览来源于舞台的剧场化，它之所以能够在各类空间快速发展，得益于它本身的优势——与受众者的良性互动体验，具有多感官体验、真实感强、内容丰富、互动性强的特点，能够充分调动观众五感，也有利于提高与受众群体的互动性。

## 二、商业空间中沉浸式体验的表现形式

商业空间体验不同于展览体验，现代商业综合体空间中良好体验性的基础便是其可达性，它是消费者与空间关联的必要条件，塑造良好的可达性可以吸引消费者的注意力，延长受众群体停留时间以及增加连带和随机性购买的概率。从沉浸式体验的角度，探讨界面、空间、意境等方面，从而提高商业空间可达性的表现形式。

### 1. 与空间高度契合的沉浸式装置

在商业综合体中，借助沉浸式艺术装置打造空间体验的设计案例并不少见，使用与空间高度契合的沉浸式体验艺术装置能与受众群体（商业综合体中的消费者）建立情感纽带，使空间充满艺术氛围，集文化、体验、生活、消费于一体的标志性空间，吸引消费者前往。一个真正有生命力的艺术装置，总可以兼容并蓄，它不仅是场地氛围、材料感受，更是有情感的展示。这类艺术作品通常方便拆装，便于循环利用，具有高度灵活性，适用于商业空间的实时变化的新鲜要求。例如，济南恒隆广场、上海爱琴海购物公园等各大商业综合体会定期更换艺术装置吻合不同节庆氛围，搭配灯光照射沉浸式体验装置与空间环境交错辉映营造舒适的消费环境，激发受众群体互动热情。

日本东京 GinzaSix 被消费者誉为“最没有商业气息的百货商场”，它注重空间沉浸体验，定期与当代艺术家合作艺术设计装置，如与草间弥生合作的南瓜装置，与商场调性高度契合，装置造型的曲线与空间环境的直线形成对比，白底红点的色彩在香槟色的空间环境下凸显。真实的南瓜并非如此，这种夸张手法并不显得有失真实，反而激发消费者视觉新奇以及心理变化。

### 2. 真实感场景营造

在沉浸理论的指导下，真实感场景营造使消费者基于生理本能直觉即时体验，与环境产生互动，激发消费者进入“身临其境”的沉浸状态，通过多感官体验加深交互引发的沉浸性，也能够赋予商业空间更多参与感与趣味性。真实感场景不仅可以通过色彩、声音为消费者的视觉、听觉带来沉浸感受，甚至可以通过氛围营造和商品陈列吸引消费者注意力，刺激消费者的触觉、味觉和嗅觉共同激发的情感变化。

全沉浸式体验商业空间的代表——上海星巴克旗舰店，夸张的巨型铜罐造型加之罐体标志词语的装饰浮雕给人强烈的视觉冲击，在消费过程中零距离体验咖啡生产全过程，器皿碰撞和咖啡豆传输的声音刺激，加之遍布空气的咖啡豆香无异于处在真实生产间。此空间充分调动了消费者的听觉、触觉、嗅觉、味觉，从外部感觉到知觉再到情景记忆的过程，给予消费者前所未见的互动式全感官咖啡体验，在此氛围下消费者自然而然被其吸引驻留。

## 三、沉浸式体验在商业综合体空间中的应用价值

### 1. 提升空间体验意境与品质

沉浸式体验设计为建筑空间存在的弊端提供解决对策，用艺术的手法表现功能性设计，既满足使用和空间分隔的要求，又提升商业空间的意境和品质，使得可达性空间有了生机。上海 K11 商业综合体就是一个很好的例子，由于建筑空间小且复杂而造成室内空间氛围压抑，消费者很容易在里面迷失方向，原本不太合理的商业空间布局却逐渐发展成为现代人打卡的商业新地标。通过文化、艺术与商业的融合来转型，与艺术家合作营造互动空间，激活空间人气，在艺术中消费与创造，为消费者提供了全方位且具有独特感官体验的新型商业状态，沉浸式体验应时变化的视觉内容。

### 2. 增强宣传效果

商业综合体的沉浸式体验设计为其增加附加值和话题性，借助科技呈现的感官体验给消费者巨大的视觉冲击力，达到良好的宣传效果，即使不购物也会被它吸引。有趣的互动体验可以消除消极情绪，给广大消费者一个值得去消费和欣赏艺术的理由。

沉浸式体验是商业综合体室内空间设计的新型表达媒介，已经逐步成为商业空间的设计手段，它使得设计具有更好的表现空间理念，增加了空间与受众者的思想互动，给人以身临其境的感受，在创造舒适的商业环境的同时，它本身也是具有功能性的艺术品。

## 参考文献

[1] 王铭，沈康，许诺．沉浸式展演空间体验模式与空间组织设计探究 [J]. 华中建筑，2018，36（11）：152–156.

[2] 王红，刘怡琳．交互之美——teamLab 新媒体艺术数字化沉浸体验研究 [J]. 艺术教育，2018（17）：130–131.

[3] 王思怡．沉浸在博物馆观众体验中的运用及认知效果探析 [J]. 博物院，2018（4）：121–129.

[4] 王永菁，陆昕儿．沉浸理论引导下的室内公共交互艺术灯具设计 [J]. 艺海，2018（2）：95–96.

# 第五章

## 传统文化篇

# 48 江南地区运河沿岸民居建筑及其装饰符号研究

原载于 :《符号与传媒》2021 年第 2 期

【摘　要】江南地区运河沿岸的民居建筑及其建筑装饰因其独特的地理环境、深厚的文化底蕴而显示出独具一格的特色，具有极高的艺术审美价值。本文从建筑符号学角度出发，结合符号的分类方法，对这一地域的建筑符号及建筑装饰符号进行分析和阐释，探究建筑实体背后的符号意义，并由此探讨江南传统建筑符号与装饰符号在当代设计中的理念传承和运用。

【关键词】符号学；大运河文化；江南民居；建筑装饰；象征

建筑作为人类实践活动的产物，不只是满足人类的基本生存需要，更是人类各种文化事实的符号表征。正如建筑学家诺伯－舒茨指出的 :“建筑不仅表现机能，实际上也与我们的活动结合……这种结合不仅表现在实质的物体上，更表现在物体反映出的意义层次上。”这种建筑意义层次的获得，要依据各种建筑物体上的符号载体及其解释意义的实现，同时也依赖周边文化的语境阐释。

江南地区运河沿岸民居建筑及其装饰符号所表征的意义，与“运河文化”及“江南文化”密切相关。京杭大运河始凿于春秋，后经隋朝与元朝两次大规模的扩建，形成了一条绵延数千公里，沟通五大水系，跨越四省二市，途经数个城市的人工运河。京杭大运河由不同的河道组成，最南段的河道起自长江南岸，即统称的“江南”，自北向南经镇江、常州、无锡、苏州、嘉兴直至杭州。“运河具有连接南北的重要功能，有助于跨越分离的区域的边界，也有助于促进沿线城镇之间的跨区域交流。因此，一个特定的大运河城市的文化和社会认同不仅仅是由自身所处的北方或南方的地理位置决定，同时也是对外部因素的回应。”

运河文化指运河流经及其辐射地区的区域文化。这种区域文化既包括物质文化、制度文化，也包括精神文化。运河将南北几个不同的文化区域连为一体，通过漕运、商业及社会各阶层的往来，促进了南北文化的交融，因而运河沿岸的城市文化往往会表现出明显的受到外来文化影响的痕迹，呈现出“开放性与凝聚性的统一、流动性与稳定性的统一、多样性与一体性的统一”的特点。比如，作为运河城市的山东济宁，就表现出了江南特征。但江南运河沿岸的城市受到的江南文化的影响明显要大于运河文化的影响。

“江南文化”指长江以南、东南丘陵北部位于长三角的江浙地区风格独特的区域文化，其文化具体呈现出崇文尚教、崇商从商、经世务实、开放包容的特点。在这种文化的推动下，江南地区人才辈出，在经济、文化、思想以及学术等方面都取得了巨大成就，产生了重要影响。江南文化至今还能够自然地引起各种文化符号联想，比如 : 文人墨客笔下的诗意江南，文士阶层避世隐居的江南园林，小桥流水人家的江南古镇，粉墙黛瓦的江南民居，以及具有明显江南地域特色的昆曲、评弹、苏绣、桃花坞年画等艺术。这种文化对江南地区运河沿岸的民居建筑及其装饰题材、图案都具有影响。本文从建筑符号学角度出发，结合符号的分类方法，对这一地域的建筑符号及建筑装饰符号进行分析和阐释，探究建筑实体背后的符号意义，并由此探讨江南地区运河沿岸民居建筑及其装饰符号在当代设计中的理念传承和运用。

## 一、江南地区运河沿岸民居建筑符号分类

20 世纪 50 年代后期，针对单调枯燥的现代建筑形式对建筑环境的控制考量的欠缺，以及现代建筑对建筑意义思考的缺乏所造成的场所感的缺失，建筑学界开始对现代建筑进行批判，国际式建筑遭到质疑，转向对区域性、地方性或历史性的变通，正是在这时，符号学首次被引进意大利学界关于建筑的讨论当中。20 世纪 60 年代后期，法国、英国、德国也开始从符号学与建筑学的关系出发讨论建筑，对功能主义的缺点进行批评。20 世纪 70 年代开始，建筑符号学在美国乃至全世界范围内产生影响。

建筑学界普遍认为，建筑物本身虽然可能是恒常存在的，但建筑物的意义是可以改变的，因此，建筑意义是可以独立于建筑物而存在的。这种意义所关涉的事实上就是格罗皮乌斯认为的人类最崇高的思想热情、人性、信念和宗教的清晰表现。尽管这种说法有时会被认为过分抒情与好高骛远，但其对建筑意义的表述的文化指向是得到肯定的。早在 20 世纪 50 年代，艺术符号美学家苏珊·朗格在谈论建筑时也强调："建筑是民族范域及生活形态的表征。"意义并非直观，甚至可能并非与建筑实体本身完全相合，建筑的意义需要诠释。对建筑中蕴含意义的内容以及建筑传递这些意义的方式的研究，正是建筑符号学的基本内容。

江南地区运河沿岸民居建筑符号与其他符号一样，是形式与内容的统一体。其能指包括建筑的空间、表面、体积、装饰等，还包括与建筑相关的建筑体验；其所指可以表现任意一个意念或意念群，包括图像志、美学、建筑构思、社会信仰、生活方式等内容。皮尔斯将符号分为指示符号、像似符号与规约符号三种类型。江南地区运河沿岸民居建筑符号也能够按照这种模式分为三类，即建筑的指示符号、建筑的像似符号以及建筑的规约符号。每一类符号都包含形式与内容两个层面的内容。

### 1. 建筑中的指示符号

指示符号的形式（能指）与意义（所指）之间有客观实在的关系，即皮尔斯所说，"在物理上与对象联系，构成有机的一对"。这种关系可以是因果关系，也可以是整体与部分的关系等。比如，表示方向的箭头，天气预报的标识，语言中的指示代词"这个""那个"等。就建筑物实体而言，门指示出入，窗指示景观或采光通风，柱梁指示支撑，山墙指示隔断、防火功能。而建筑的指示性符号根据其性质又可以分为三种：

① 基于因果关系的机能性指示符号；

② 基于情感意识的意念性指示符号；

③ 基于传统文化的制度性指示符号。

### 2. 建筑中的像似符号

像似符号表现出的最简单的符号特征，是一种“再现透明性”，是符号与对象之间的像似之处，更简单地说，就是符号形式与内容之间的图像相似性，是一种直观、具象的符号。但像似性是非常复杂的概念，从像似关系到像似性幅度，都需要在实际情况中进一步讨论。建筑的像似符号就是建筑的形式与内容之间的一种形象上的像似关系。传统民居建筑中的装饰图案大多属于像似符号。这类图像性符号根据其表现形式又可以分为三种：

① 通过摹写实在性对象表达意义的图像符号；

② 通过创造虚构性对象表达意义的图像符号；

③ 通过抽象几何图形表达意义的图像符号。

### 3. 建筑中的规约符号

规约符号是社会性的，依靠社会约定符号与意义的关系。符号的意义需要依靠社会规约来确定。规约性是保证符号表意效率的前提，但建筑中的规约符号往往也具有一定的理据性。很多建筑装饰中以动植物、器物的寓意来表达意义，如石榴象征着多子多孙，是建立在石榴“多籽”的生物特征上的。因此，建筑装饰中的规约符号往往从符号的像似性出发，在得到社会的广泛认同之后，才成为一种规约符号并广泛用于相应的建筑中。

## 二、江南地区民居建筑装饰符号

建筑装饰符号是建筑形式的重要组成部分之一，建筑装饰一般指从审美目的出发对建筑进行的美化，这些装饰直接依存于建筑实体，因此，往往与建筑实体结合密切，同时具备实用价值与符号价值。比如，斗拱、月梁、雀替等建筑结构，都具有鲜明的装饰性以及明确的符号价值，其背后蕴含着美学价值、社会意识、历史文化等丰富内涵。江南地区运河沿岸的民居建筑装饰在历史中逐渐形成了独树一帜的风格特色，呈现出江南水乡的婉约气质。

### 1. 小木作中的符号运用

**A 门窗** 明清以来，工匠艺人技艺的不断精湛，使得木雕门窗（图 1）装饰艺术发展到鼎盛时期，江南地区运河沿岸民居建筑中的门窗木雕装饰也更加精细。门窗的形制类型多样，有长窗、半窗、横风窗、隔扇等。门、窗可以作为建筑的指示符号存在，比如，在江南园林中，透过门、窗，视线直接指向风景。这种指示是建立在长期的建筑实践基础上的。严格意义上来说，所有的建筑构件，包括建筑本身、门、窗户等，都是在经过反复的使用之后，抽象成为一种概念，再重新普遍应用于所有建筑的。这个过程事实上是

图 1 木雕门窗

一种规约的过程。因此，可以认为，建筑构件是一种偏向指示性的混合符号。

在大多数江南地区运河沿岸的传统民居建筑中，门、窗上会饰有图案，多以动植物纹样、器物纹样、几何纹样及人物故事纹样为主。其中动植物、器物纹样图案大多属于像似符号，摹写现实或虚拟事物。但是，其意义的表述与阐释却是由文化决定的。以蝙蝠纹样为例，依据“蝠”与“福”同音，将蝙蝠作为吉祥的象征，蝙蝠纹样虽是摹写蝙蝠，但其意义显然是由特定的汉语文化语境决定的。蝙蝠纹样形式多变，有单独纹样，也有与寿字纹、云纹相结合的纹样。类似的祥禽瑞兽图案还有龙纹、凤纹、鸡纹、鱼纹、麒麟纹等。其中，龙纹、麒麟纹、凤纹，与鸡纹、鱼纹等不同，其对象是纯粹虚构的，是符号对对象的创造。

植物纹样的种类更加丰富，以梅花纹、海棠花纹、石榴纹、牡丹纹、百合纹、四君子纹、岁寒三友纹等为主。这些植物纹样虽然都是对植物的像似描绘，但指向的意义也同样是由文化决定的。如牡丹、四君子是纯粹经由文人君子构筑起的文化意象，象征中国传统文化中高洁、坚贞、淡泊的品格，是中国文化的典型象征。

几何纹样大多用在窗棂上，有冰裂纹、回纹、井字纹、柳条式纹样、亚字纹、方格纹、菱格纹、卍字纹等。这种抽象几何纹样最初应当也是一种摹写，因而也属于像似符号。而具有象征吉祥、万福之意的回纹、卍字纹等，其意义也是反复使用而确定的。

人物故事纹样既有对传说的刻写，也有对现实的描绘，因此，人物故事纹样属于像似符号。但对于符号的解释，却需要明确的文化背景。比如，对“二十四孝”故事的描绘，对“二十八贤”以及文王访贤、尧舜禅让、郭子仪拜寿等的表现，都是对江南文化崇尚儒家思想的体现；还有以人民日常生活劳作为题材的纹样，如“渔樵耕读”刻画了中国古代农耕社会里渔夫、樵夫、农夫与书生四种职业，代表了传统社会的基本生活方式。

**B 栏杆、美人靠** 这类构件装饰图案多以吉语文字纹样、几何纹样为主，吉语文字纹样以寿字纹、工字纹为主，都属于规约符号。例如，寿字纹借助汉字中的“寿”字，来表达福寿安康的寓意。几何纹样也主要以卍字纹、回纹为主。

**C 雀替** 位于柱与枋之间的相交处，是为了减小梁枋之间的跨距、加强额枋承受能力的一种功能性构件，清代之后，逐渐演变成美学上的纯装饰构件。雀替大多采用深浮雕、透雕、圆雕工艺，样式有很多种，装饰纹样有动物纹、植物纹、花卉纹、如意纹等，雕刻精致繁细。

**D 挂落** 位于梁枋之下、两柱之间，是一种装饰构件，一般采用透雕、彩绘等工艺。

### 2. 大木作中的符号运用

**A 梁架、柱、斗拱** 这些是建筑的承重构件，其本身可能就具有明确的所指。以斗拱为例，明朝时期有明确规定：“庶民庐舍，洪武二十六年定制，不过三间，五架，不许用斗拱，饰彩色。”也就是说，在这种文化语境下，作为建筑结构的斗拱本身直接指向了社会等级地位的高低，这种意义的指向依靠社会规定。当然，这些承重构件一般还是属于指示符号，能够直接与稳固、牢靠的感觉经验相连。

梁架可以分为“扁作”和“圆作”两种。“扁作”一般用于富有之家的厅堂上，因其承重需要，大多以线雕、平雕、浅浮雕等进行装饰。“圆作”则用于普通人家，无装饰纹样。梁架构件上的装饰还包括建筑彩画，尤其以苏式彩画为主。彩画不仅有美化作用，其矿物质颜料还可以保护木材，防止其腐朽。这种彩画起源于用织锦包裹保护梁架结构、装饰建筑的习俗，这种习俗逐渐演变为直接模仿织锦挂于梁枋上的“包袱锦”状纹样，包袱内再绘有其他装饰图案，如吉祥图案、山水画、花卉植物、人物故事等。而“包袱锦”状纹样属于像似符号，模仿起实际作用的包裹梁架的织锦。但其不再具有使用价值，而是成为单纯的象征，表现苏锦的高超技艺。

**B 轩** “轩为南方建筑特殊之设计”，多出现在江南民居、祠堂的厅堂中，根据其与内四界的位置关系，又可以分为廊轩、内轩、后轩。它可以对室内空间进行划分，增加厅堂的纵深感；可以调节室内高度；还可以在大进深的民居厅堂中增加采光。其主要样式有船篷轩、弓形轩、鹤颈轩、海棠轩、茶壶档轩等。这些样式多是对现实生活中的事物的仿照，属于像似符号。这些样式能够增添民居建筑的丰富性，也进一步展示了主人家的财力及审美品味。

### 3. 石作、瓦作、砖作中的符号运用

**A 柱础** （又称磉盘）江南地区因气候条件潮湿多雨，为了防止雨水堆积而腐朽柱子，底部常做柱础。柱础造型以圆形为主，也有少量方形。有的朴质无纹，有的则用线雕、浅浮雕工艺雕饰以动植物纹、花卉纹、吉祥纹样等。

**B 瓦当、滴水瓦** 瓦当是覆盖在建筑屋檐瓦片前端的遮挡物，不仅具有保护木质飞檐的作用，还是一种美化屋面轮廓的装饰，其类型一般分为圆形、半圆形、大半圆形三种，其上均有图案纹样。江南民居的屋面一般采用青瓦且形状较平，所以覆盖在青瓦前端的瓦当呈扁长的扇形。

滴水瓦位于檐口处，其下端呈圆尖状，在雨天引导雨水下流，保护墙面洁净。瓦当与滴水瓦的装饰图案以吉语文字、动植物纹为主。吉语文字有“福”“禄”“寿”“囍”等纹样，这些纹样都属于规约符号，直接用语言表达人们对于美好生活的向往。瓦当常用的动物纹样大多属于像似符号，如饕餮纹、鹿纹、凤鸟纹等。饕餮纹又名兽面纹，饕餮是人们想象中的一种猛兽，常用来象征庄严、凝重、神秘。饕餮纹雕饰在瓦当之上，是希望通过瑞兽来保护家庭的和平与安宁。鹿被看作是一种神兽，且“鹿”“禄”谐音，是福气的象征，瓦当上雕饰鹿纹，寓意吉祥。还有一些文字与动植物相结合的纹样则属于规约符号，如“五福捧寿”(图 2)，其图案是五只蝙蝠环绕一个寿字。“蝠”与“福”谐音，五蝠代表五福，整个纹样象征着多福多寿。类似的组合还有蝴蝶团寿纹、花朵寿字纹等。

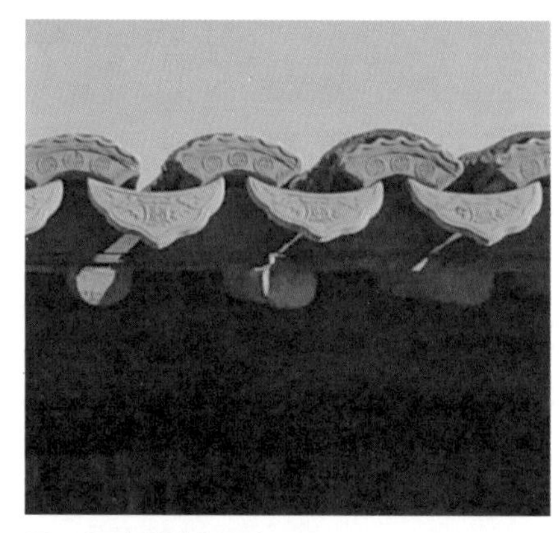

图 2 “五福捧寿”瓦当

图 3 门楼砖雕

**C 砖雕门楼** 《黄帝宅经》言：“宅以门户为冠带。”门楼（图 3）除防御功能外，还象征社会地位、经济状况、户主资望。江南民居中的砖雕门楼数量较多，

门楼的精致程度随主人身份不同而不同。门楼主要装饰部分集中在门楣和横枋。门楣是地位的集中象征，一般采用青砖贴面、画幅式的砖雕，对称分布，中间刻字。雕刻装饰精细复杂，十分讲究。江南地区有崇文尚教、崇尚儒家思想之风，所以像科举及第、博古清供、花鸟竹石等题材的图案常用在门楼上。其中科举及第装饰题材的图案属于规约符号，例如“鲤鱼跃龙门”纹样，其能指是“鲤鱼”和“龙门”组成的图案，所指为“人们想要飞黄腾达的愿望”。以博古清供、花鸟竹石为题材的装饰图案则属于模仿现实表达意义的像似符号，这类题材托物言志，表达了宅主的文化品位与艺术修养。例如，“四艺”图案以琴、棋、书、画的纹样作为能指，其所指是“文人雅士追求清新脱俗的生活，以及主人的深厚修养”。

**D 屋脊** 屋顶前后两个斜坡或相对的两边之间交接处为屋脊（图 4），根据位置的不同，又分为正脊、垂脊、博脊、角脊等类型。在江南民居建筑中的屋脊多在其正脊位置进行装饰，正脊的装饰主要在正脊的中央腰花部位和两端。主要形式有甘蔗脊、纹头脊、雌毛脊等比较简单的样式，也有少数规格较高的民居采用哺鸡脊，这些图案都属于像似符号。普通民居在中央腰花部位没有过多装饰，但是规格较高的大型民居会有八仙灰塑或者是宝瓶、植物等纹样装饰，其中“八仙”与“宝瓶”都属于规约符号。

图 4 屋脊

**E 马头墙** 高于两山墙屋面的墙垣因其形似马头而得名“马头墙”（图 5）。它从具有防火功能的实用物逐渐演变成民居建筑中必不可少的装饰符号及江南民居的象征，是建筑实体从实用物走向纯符号的典型案例。马头墙根据厅堂的大小可以分为一叠式、二叠式、三叠式等，最多可到五叠式，飞檐饰有植物纹或云纹。它作为建筑构件时，与门、窗、柱一样都属于机能性指示符号。作为图案时，则属于规约符号，在反复使用中成为江南民居的象征。此外，马头墙又能够借马的寓意一马当先、马到成功。

图 5 马头墙

建筑装饰符号对区域文化的反应，直接体现为人们对建筑所感受到的反应。“不是指心理学所谓的刺激——反应，而是指关于情感的与智识的反应。”建筑装饰作为传统民居不可缺少的部分，同建筑本体一样，也是特定地域历史记忆的承载和文化的象征。“传统民居包含着因地制宜、因材致用、充分利用空间并与风土环境相适应的建筑原则和经济观点”。江南地区独特的水网体系、繁荣的经济状况、蓬勃发展的传统民俗文化和艺术，以及以“香山帮”为首的营造技艺的存续，都促使江南地区民居建筑装饰呈现出工艺精巧、形式丰富的特点。建筑的外部装饰一般集中在建筑构件形式或构件的装饰纹样上，这些装饰不仅是主人志趣爱好的象征，还承载了驱邪祈福等愿望。明清以后，江南地区更是成为富商、官僚的聚集地。富庶人家的民居颇具规模，建筑装饰更是十分讲究。

## 三、传统装饰符号的现代传承与应用

江南民居的建筑装饰符号是江南地区历史文化记忆的缩影，是极其珍贵的文化遗产。但是，这也并不意味着在当今时代我们要将这些建筑装饰符号全盘接收，在现代建筑设计上生搬硬套，那样只会格格不入、不伦不类。建筑装饰符号也应该随着时代的发展而变化，对传统进行有选择的借鉴和运用。现代江南民居建筑中的实用物大多都失去了实用性，但也有实用物依旧保留着部分实用功能。

### 1. 色彩、装饰构件的沿用

“粉墙黛瓦”是江南民居的象征，在现代建筑设计中，为表现地域特色，建筑师经常会用到这一经典装饰符号。例如，贝聿铭设计的苏州博物馆，整体建筑上保持白墙不变，体现了“粉墙黛瓦”的意蕴，同时将易碎易漏的传统青瓦替换成深灰色花岗石，又用灰黑色钢铁构件对门窗、外轮廓进行点缀，既符合现代建筑的简洁实用的要求，又继承了江南民居建筑的婉约气质。苏州美术馆以及古运河畔改建后的无锡窑群遗址博物馆也都采用了“粉墙黛瓦”的设计。

除“粉墙黛瓦”外，门窗、柱梁的木色也是江南民居的特点。在现代建筑设计经常会用到白墙灰瓦与木色结构的搭配，而不同于江南民居大片使用木板墙的做法，现代建筑将这种结构作为点缀使用。例如，苏州美术馆入口处木结构装饰、杭州富春山居度假酒店室内的木架结构。

除了整体外貌颜色上的标识，还有一些独特的构件可以作为装饰符号运用于现代建筑中。江南潮湿多雨，故其屋顶斜度较大，房屋墙体也较高，这使其屋顶曲线弧度十分优美，成为当地特色。这种大斜坡屋顶在现代建筑设计中可以沿用。马头墙、屋脊、门楼、隔扇、漏窗等元素，也可以作为点缀使用，突出地域特色。

### 2.“形”的转换使用

江南地区工匠艺人手艺高超，民居建筑装饰的图案精细繁杂，需要进行有意识的概括提炼，在不失去装饰符号原有意义的情况下，使其更符合现代建筑设计及审美需要。“形”的转换方式大致有三种：

其一，提炼简化，对装饰符号保留其“形”的特征而去掉繁琐的细节。如基于江南传统建筑样式设计的苏州美术馆，在屋顶造型上沿用了江南民居连绵起伏的形式，却又去掉了山墙、屋脊等装饰部分，只留其“形”。这种“形”的概括还体现在装饰纹样上。上文已经指出，这些纹样大多属于像似符号，过于写实，现代建筑的装饰则需要对这些纹样进行概括、提炼处理。贝聿铭先生设计的苏州博物馆中漏窗的形状，就是从传统纹样中抽象出来的。

其二，变形。对传统装饰符号进行概括变形在现代建筑设计中也经常见到，这种符号既蕴含原意，又具有时代特征。变形可以是对建筑构件本身形式的变形，也可以是纹样的改变。如王澍设计的中国美术学院象山校区的坡屋顶，借用江南传统屋顶的大斜坡形式，进行夸张变形，再利用传统灰色瓦片搭建屋檐，成了今天享誉盛名的“山形大屋顶”，它是对江南地区建筑传统屋顶样式的再创造。纹样的变形，可以是对整个纹样进行，如抽象的几何处理；也可以是对纹样的局部变形，如只对图案中的某一突出部分进行变形设计。

其三，重复。即规律地重复使用装饰符号的处理手法，我们在传统建筑纹样里经常可以看到装饰符号的重复，如回纹、卍字纹重复作为底纹等。对江南民居中极具特色的构件或纹样，我们可以效仿这种做法，在现代建筑中进行重复使用，以形成强烈的视觉冲击力。如王澍设计的乌镇互联网国际会展中心，虽承袭江南民居的“粉墙黛瓦”基础形式，但着重突出了“披檐”这一建筑构件，将其作为装饰符号使用，于是有了建筑外墙上坡度不等、高低错落的青瓦披檐，既能融入江南水乡的自然环境中，又独具特色。

## 结语

对江南地区运河沿岸民居建筑的装饰进行符号学的研究，能够充分挖掘其建筑装饰背后的意义，从而更加准确地对其装饰符号进行具象化、抽象化的提炼，将之运用到现代建筑设计中，保护地域建筑文脉，传承江南民居文化。国家大力推进大运河文化带建设，运河沿岸各城市都在响应国家号召，加快推动对古城、古镇、古街的保护与复兴，打造富有运河人文内涵、传承运河人文情怀的运河古镇，如无锡清名桥古运河景区、常州运河五号创意街区以及计划启动的苏州“运河十景”文化地标建设等。江南地区运河沿岸民居建筑装饰的符号学研究，对于运河沿岸民居建筑的修缮保护、开发利用具有实际作用，不仅能够帮助这些古城、古镇、古街延续其独特的风貌，还有助于保留江南民居建筑文化精髓，让使用功能衰退的老旧民居建筑重放异彩，传承运河文化，为大运河的全面复兴贡献力量。

## 参考文献

[1] 李泉．中国运河文化及其特点 [J]．聊城大学学报（社会科学版），2008（4）：8–13.

[2] 孙竞昊，陈丹阳．一座中国北方城市的江南认同：帝国晚期济宁城市文化的形成 [J]. 运河学研究，2018（1）：145–174.

[3] 孙全文，陈其澎．建筑与记号 [M]. 台北：明文书局，1985.

[4] 张廷玉，等．明史 [M]. 北京：中华书局，1974.

[5] 詹克斯，查尔斯．建筑符号 [M] // 勃罗德彭特，等．符号·象征与建筑．乐民威，译．北京：中国建筑工业出版社，1991.

[6] 张驭寰．古建筑名家谈 [M]. 北京：中国建筑工业出版社，2011.

[7] 祝纪楠．《营造法原》诠释 [M]. 北京：中国建筑工业出版社，2012.

[8] NORBERG–SCHULZ．Intentions in Architecture [M]. Massachusetts，MA: The MIT Press，1968.

[9] SUSANNE K，LANGER．Philosophy in A New Key [M]. Massachusetts，MA: Harvard University Press，1990.

# 49 壮族传统文化在现代室内设计中的应用分析

原载于：《包装工程》2019 年第 6 期

【摘　要】在人类社会不断发展的过程中，历史与文化也在不断地延续，随之形成了日积月累的传统文化。对传统文化的探究并非只是对历史的再次重演，而是通过对传统文化的探究为现在以及将来的室内设计发展提供更好的学习和借鉴。以传承壮族文化为目标，继承传统元素为根本，将中华民族文化弘扬作为基础，提取传统文化中的精华部分，结合现代化的设计理论和设计原理，以全新的态度和高端的眼光重新看待室内设计。量化艺术设计的尺度，努力寻找更加多元化的方法，将壮族传统元素与现代化室内设计理论融合，提升壮族传统元素在现代化室内设计中的地位。总结出既能表达当代室内设计特点又蕴涵壮族传统文化丰富内涵的设计理论和应用方法，并且不断完善该理论和方法，实现壮族传统文化的现代化转变。对自己国家的民族文化加以合理的运用与保护，在室内设计的相关研究运用过程中能够将壮族传统文化元素加以有效利用，然后创造出更高水平的且带有地域性、传统性和文化性的室内设计作品。

【关键词】少数民族文化；壮族传统文化；室内设计；应用分析

在全球一体化不断深入的环境背景下，世界各国的传统文化都受到了一定的重视。我国作为多民族聚集的国家，拥有多种民族文化，每一种民族文化都具有其独特的色彩。我国地域文化和民族文化在近年来的发展形势日益严峻，究其原因是现代化建设进程的不断加快，严重地削弱了人们对传统文化的传承意识。本文以此为出发点，将室内设计的理论和应用作为入手点，就现代化设计行业中设计理论与民族传统文化的结合和运用做出研究，希望通过本文的研究进一步提升传统文化在室内设计中的地位，打造出更高层次和更多层面的民族性室内设计。壮族文化在色彩、设计以及风格上都具有十分明显的民族特色，蕴涵丰厚的文化蕴意。壮族文化的魅力对于在城市中担任设计工作的设计师来说，既是其设计灵感的来源，又是其素材累积的根本。

## 一、研究意义

壮族传统文化造就了壮族的传奇，是壮族在源远流长的历史河流中积攒下来的财富，是我国最珍贵的文化遗产之一。但是近年来，壮族文化在汉族文化影响力不断扩大的背景下受到了严重的冲击。在汉族文化影响力不断扩大的背景下，壮族人民的聚集地已经很少看到传统服饰的踪影，新生代的壮族人甚至不了解壮族的传统文化和传统习俗，也不能清楚地表达壮族的宗教信仰。我国目前有关于壮族传统文化的相关论述数量较少，长此以往，壮族文化的传承和发扬就会遭到严重的冲击。为了进一步提高人们对壮族文化的保护意识，本文研究从元素利用最为相近的装饰设计行业入手，对壮族文化的传统元素进行研究，希望能够引起人们对壮族传统文化的重视，也期望能够通过本文的研究，让壮族传统文化得到更加长远的发展。

## 二、壮族传统元素的资源分析

### 1. 壮族传统的精神元素资源

（1）农耕文明孕育出来的“那”文化

壮族农业耕种所积累下来的历史文明，其中一个显著的特征就是稻作文化。水田是稻作文化的基础，由“那”文明孕育，因此，稻作文化有着较明显的“那”文化特色。近年来，壮族的审美活动和民俗活动已经完美地融合在一起，审美活动也和民俗活动一起成长为“那”文化的缩影。

（2）多神崇拜

通过考古、民族、民间文学等有关材料档案可得知，壮族在古代时，其社会发展经历过图腾崇拜的阶段。壮族所流传的神话故事经历了千年的历史发展并且伴随壮族历史的发展而得到延续。在继承传播的同时也持续被赋予更新的时代烙印，但是其依然能够保留初衷，创造具有“内核”和“母体”的原生态文化。从原生态文化包含的神话故事的蕴意中不难看出，民族先辈们对图腾是十分崇敬的，他们十分信仰神的力量，认为神是一切的起源在对民族宗教信仰的发展演变进行研究时，可以通过该民族的神话故事着手，所获得的研究结果具有极高的文化价值。

### 2. 壮族传统的物质元素资源

在长期的历史发展进程当中，壮族通过自身的智慧，积累了大量元素并创造了丰富的文化。对这些含义进行充分理解后，就能为当前的室内设计提供更合理的借鉴意见。本文将对这种传统元素的发展历史演变、装饰艺术以及文化蕴意做深入分析。

（1）壮族传统民居

在广西诸多的居住建筑风格中，壮族的传统建筑风格是其中最富特色的。按照建筑外在造型的差异，其可分为两种，即干栏式与院落式。

干栏也被叫作葛栏，是具有壮族特色的以木结构为主的高脚楼居住建筑（图 1）。这种建筑风格与造型的形成，是壮族为能够更好地在岭南地区炎热、多雨、潮湿、瘴气、野兽等恶劣的环境中生存所创造出的居住建筑，最主要的用途是满足人们的生理需求和心理需求。明朝《赤雅》云:“积木以居，名曰干栏。”这种建筑能够保持干燥、通风、安全以及舒适，因此得到一代又一代的继承保留，但在现代化建设影响力不断扩大以及人们生活质量不

图 1 壮族干栏式民居

断提高的情况下，干栏式建筑已经极其少见，只有较偏僻的地方还保留和盛行这种建筑风格和造型。

院落式主要分布在广西中部和南部的一些平原地带，是以砖木干栏为基础建筑，并利用汉族的院落式居住建筑风格综合创造出来的，因此带有十分浓郁的汉族居住建筑的风格特色。

壮族的院落式民居有民宅也有官宅。简单来说，官宅就是将宅院按照前中后的顺序分别分为三个院落，住院中的主建筑三个院落的前后顺序分别被称为头堂、二堂和三堂，每个院落中的主建筑，都以砖木为主结构，以典雅、大方为设计的主要原则。屋脊精致、花窗镂空，无处不释放着典雅的气息，拥有十分明显的中原古典院落特色。通常情况下，壮族的院落建筑中，只会在前院设有两间小房，因此，常见的壮族院落建筑都是按照“三高二矮”的格局样式设计的。此种居住建筑是目前保存下来的壮族居住建筑中最多的，是体现壮族和汉族融合的一个重要依据。

（2）五彩瑰丽的壮锦

我国的织锦享誉世界，分别是“云锦”“蜀锦”“宋锦”“壮锦”。其中“壮锦”是壮族人民创造的具有独特民族色彩的织锦（图 2），它经历了长期的发展，吸收借鉴了汉族织锦中传统纹路样式的精髓，根据壮族所特有的审美观、宗教信仰以及生活习惯风俗进行发展与演变，逐渐形成了自己鲜明的装饰艺术特点。

图 2 壮锦

壮族织锦的纹饰通常包括方格纹、水波纹、云纹和多种花草、动物，譬如蝶恋花、双龙戏珠等。其中大部分使用红色、黄色、绿色、白色、黑色等颜色作为底色，然后通过鲜明对比的颜色反差来作画，利用明亮的底色和暗色的花纹或是暗色的底面和明亮的花纹来互为衬托，使其显得更加浓厚艳丽并且生机勃勃，带有浓厚的壮族地区的特色风格。这些丰富多彩的壮锦不仅联通了壮族的民族经济和传统文化，更将壮族人民的智慧结晶进行了良好传承，让壮族人民的审美心理得到了更好的建设。

（3）古老的铜鼓

壮族在其持续发展期间形成了具有鲜明民族传统特色的铜鼓文化。铜鼓的外形十分有特色，所呈现的造型基本都是圆墩形。在美学的理念之中，圆形的含义是圆润、饱满、优美，所展现出的外观是完美的，能够表达出永无止境的意义，给人以丰满、亲切的感受，让人们的视觉能够得到充分的享受。

铜鼓在设计时，鼓的宽、高比例是数学黄金分割比，在将原体作为整体造型主旋律的同时，还考虑了鼓的使用效果和其他结构。铜鼓将花纹与塑像进行了结合，美妙无比，纹饰兼具独立性和整体性，展现出壮族的先辈们追寻对称和谐以及重视秩序的审美风格。利用晕圈和几何图形而构成的纹带、周边雕饰则对图纹的主体部分有着极好的衬托作用，凸显了主要部分与次要部分的鲜明对比。当今设计中，铜鼓元素向人们传递了十分重要的观念，在利用铜鼓元素时，不仅可以从铜鼓整体设计的角度入手，还可以从铜鼓在设计中的应用入手，让人们不断地对民族的传统文化形成全新的认识，让人们能够从更多层次和角度理解民族的传统文化，并且进一步提升人们对传统文化的保护力度。相信在传统文化与现代化设计理论结合的过程中，传统文化一定能够绽放出更加炫目的光彩。

## 三、壮族传统元素在现代室内设计中的应用分析

### 1. 壮族传统元素在现代室内设计中的应用方法

现代化设计理论与壮族传统文化的结合必须要建立有民族色彩的设计风格，并且要按照实际的特征与切实的理论观点，利用维度转换、直白和隐喻等多种方法和多种途径，加大壮族传统文化在现代室内设计中的应用，并提升现代设计理论的改革力度。

（1）直白法

这种方法就是直接引用，这是最基本的方法。在壮族的传统元素之中，把一个部分所具有的特点运用在室内设计的规划之中，不对其做过多改变，其特点可体现在造型、图纹、颜色等多个方面，在对这些特点加以利用之后，可以凸显设计所具有的民族性特征，这种方式十分直截了当，适宜各种文化层次的群体。其具体的内涵就是去掉繁琐的部分，尽量做到简化，在抓住其中神韵的同时也不会失去它的外在造型，利用现代先进的技术功能，使传统元素得以实现继承与发扬，以此促使新的与旧的、古代的和现代的、外来的与本土的共生于一体。

（2）组合法

这种方法就是把各种物象、事件结合起来，形成多种方位和层次的图形构成规则，由此来凸显物质功能和文化作用。在室内设计的过程当中，将多种壮族的传统元素结合利用，设计师们对这些元素进行剖解、重新组合，形成包含新蕴意的装饰造型，使得室内环境更加丰富多彩，提升最终的装饰效果。

（3）隐喻法

通过实际的物象，利用回忆、暗示和联想等多种方法表达其具有抽象感的意境和理念，使广大群众能够借助语言以外的方式，对文化的内容进行领会和感知，同时广大群众也可以通过符号和历史等表象因素，对传统文化加以理解掌握。

利用这种方法把壮族的传统元素结合于现代的室内设计之中，关键就是把握好所体现的理念意义，也就是其中所具有的文化涵义，以相关的设计理念为引导，把多种元素进行演变或是更新，对材料、组合加以改变，使得原先的语言、时间得到重生，使得新旧空间从视觉感官上实现联系。这就好比文学中利用成语典故，再将壮族的传统精神以及艺术放于新的空间之中，实现再次利用，让人们清楚地认识到历史文明的发展离不开传统文化的传承，并且进一步提升室内设计的美学地位，拓宽传统文化在室内设计中的应用范围。

（4）转换法

该方法是对平面加以立体化以及立体加以平面化的改变，以此来进行多种维度之间的转换。比如，在建筑和壮族织锦当中的纹路样式、图案，在经过拉伸、重叠、褶皱等多种方式之后产生立体效果，使装饰显得更有重量，让人在视觉感官上有更鲜明的感受。

## 2. 壮族传统元素在现代室内设计的应用实践——选择广西民族博物馆作为研究对象

（1）设计理念

将广西各民族人民从古到今的精神浓缩后，展列在广西民族博物馆中，该博物馆为了尽可能地发扬广西各族人民吃苦耐劳的精神，以“创新、民族、生态”作为设计的核心。此博物馆位于南宁的青秀山风景区，是该景区的一个热门旅游景点。该馆的建筑风格和周围的自然环境呈现十分协调的融合效果，并且与壮族靠山建房的特征相吻合。该博物馆的建筑平面设计和实际的地势相契合，因此，其建筑造型能够依据当地的气候特征自然地通风和采光，不但符合该馆的使用要求，而且也尽可能地维持了景区的初始面貌。

（2）设计特点

从外观上来看，广西民族博物馆的外观与壮族的铜鼓类似，该博物馆就是充分借鉴了铜鼓外观元素之后的建筑。主体部分由铜鼓构成，另外还有两个铜鼓紧紧守护在两旁。广西民族博物馆（图 3）采用该种方式进行设计的用意主要有以下几点：首先，让更多的广西人民看到，壮族铜鼓是国内最大且种类最丰富的；其次，让人们知道铜鼓的含义是财富和权力，铜鼓的传承离不开优良传统文化的继承；最后，从空中鸟瞰图来看，广西民族博物馆的整体造型与鲲鹏相似，这种造型充分地表现了广西各民族人民坚强奋斗的精神。在建筑风格中可以看到，该博物馆所具有的浓厚的少数民族风貌有极为突出的民族意义。铜鼓是设计师设计的灵感来源，在实际设计过程中，设计师只选用了铜鼓造型中的部分线条和比例特征，在对这种特征加以利用时，可以凸显设计所具有的民族性特点。在材质、颜色、工艺上使用了现代技术，使得其处于相同和不同之间，展现出了壮族传统元素所包含的深层文化蕴意。

图 3 广西民族博物馆

设计师对壮族的羽人纹、钱纹等加以有效的结合，并将其呈对称状放置于馆内的大厅墙面上，参观者可以感受到巨大的视觉冲击感，体会到浓厚的壮族文化氛围。博物馆大厅各界面也可以看到很多不同纹饰的组合装饰。设计师对这些纹饰通过现代审美理念来加以加工改造，使其更简练，还有一些传统纹饰还包含其他民族的传统元素，如八卦图等。但不论哪一类型的传统纹饰，其中都包含壮族的传统元素，如植物纹饰和刺绣中的花纹图案（图 4）。这些元素不易被看出的主要原因是设计师在使用时对这些元素进行了一定程度的简化。

图 4 花纹图案

设计师在设计时把壮族的古老元素进行了不同程度的转化和改变，这就是转换法。例如，对立体化的铜鼓予以平面化创作，只留取顶部平面，将其用作装饰摆设，当铜鼓的装饰纹样展开之后，会发现装饰纹样中会有类似于青蛙的立体雕塑，设计师在进行改造之前，保留了青蛙这一部分，将其融入到展柜的背景装饰中，极大程度地增加了设计的趣味性。

（3）设计总结

该博物馆的设计师在将壮族传统元素使用于室内设计方面已有着全新的理念与方式，不是照抄原来的元素，而是通过现代的新材料和科技所具有的优势，根据其在主观方面的认知来对传统元素加以改造革新，使传统与现代相结合，这与现代的审美观念更契合。

## 结语

壮族的传统元素是我国多元民族传统文化中最具吸引力、最能够代表壮族文化观念的元素，拥有十分浓厚的文化底蕴和强大的文化影响力。现代化室内设计对该元素进行了继承与发展，在吸收和利用的同时还不断加强了该元素受保护的力度，并且对该元素进行了全面革新，将现代化精神与传统文化精神进行了融合，打造出了更具特色和生机的设计风格。相信在设计师的不懈努力下，壮族的传统元素将会在现代室内设计中绽放出更加耀眼的色彩。

## 参考文献


[1] 权威 . 民族传统元素在现代室内设计中的应用研究 [D]. 沈阳：鲁迅美术学院，2015.

[2]DU L N . Zhuang the Use of Traditional Architecture Decoration in Modern Interior Design [J]. Modern Decoration(Theory)，2015（11）：45−46.

[3] 赵冶 . 广西壮族传统聚落及民居研究 [D]. 广州：华南理工大学，2012.

[4] 宋国栋 . 壮族服饰图案纹样在现代室内设计中的应用价值研究 [J]. 家具与室内装饰，2017（3）：90−91.

[5] 徐昕 . 壮族传统纺织工艺及其文化研究 [D]. 上海：东华大学，2016.

[6] 黄淑娴 . 浅谈服装设计中壮族刺绣元素的运用 [J]. 人文天下，2016（10）：90−91.

[7] 刘晓东 . 广西壮族铜鼓纹样在现代包装设计中的应用 [J]. 法制与经济（下旬），2014（3）：121−122.

[8] 肖万娟 . 广西壮族文化元素的挖掘及应用手法研究 [J]. 湖北农业科学，2013，52(8)：1872−1876，1879.

[9] 吴延，黄凯旗，罗建举 . 壮族传统装饰纹样对建筑空间设计的影响 [J]. 家具与室内装饰，2010（4）：88−89.

[10] 李许钰，何鸿芳，李丽凤 . 壮族文化元素在景观雕塑中的运用探析 [J]. 安徽农学通报，2017，23（6）：145−147.

# 50 科学与艺术的新型关系刍议

原载于：《艺术设计》2004年第3期

设计，从第一件人造物的诞生之际，便与科学和艺术建立了不可分割的联系，进入21世纪后，设计师们忽然发现对设计的科学性和艺术性的理解发生了根本性的变化。环顾周围各个时期、各种风格的设计产生的环境，乐观的前景并没有显现，人们不禁要重新思考设计的本质问题。正如马克·第亚尼在《非物质社会》中指出的重新思考设计的重要性："以电脑为中心的生活开辟了一条新的地平线。在关于技术的本质和后果的大辩论后，设计的作用将会在以后的若干年中戏剧化地增加。随着其重要性的扩大，设计的本质也要改变。"

我认为，设计的本质改变，即在于设计中科学与艺术关系的转变。如果说自工业革命以来，近现代设计的成果主要作用于物质生活的话，那么，在信息时代，设计的作用将不仅体现于物质领域，而更多地体现于非物质领域。未来设计的面貌或许是无形式的、不可见的、不可预料的，是依托于物质而又脱离了物质层面的，是试图满足人们艺术需求而又必须通过科技的手段来达到的...... 从未像现在这个时代，让人的逻辑原则失落，让人们在探求事物的本真时陷入悖论的境地。非物质社会的设计将把我们带向何方？科学和艺术建立一种什么样的新型关系才是人类的出路？认清二者之间的动态发展关系，将有助于解答以上问题，有助于认清未来设计的本质及目的。

## 一、广义的"科学"与"艺术"之间的辩证关系

《辞源》对"科学"的定义："科学是关于自然、社会和思维的知识体系。科学可分为自然科学和社会科学两大类，哲学是二者的概括和总结。科学的任务是揭示事物发展的客观规律，探求客观真理，作为人们改造客观世界的指南""自然科学又包括数学、物理学、化学、天文学、生物学等基础科学，以及材料科学、能源科学、空间科学、农业科学、医学科学等应用科学。"《辞源》对"艺术"的定义；"通过塑造形象具体地反映生活、表现作者思想感情的一种社会意识形态……"；艺术，通常包括诗歌、音乐、绘画、雕塑、书法、工艺、艺术设计等内容。

从历史来看，"科学"与"艺术"在人类社会童年期呈混沌、同一的"合"态；随着自然科学的进步和科学研究的独立自主，18世纪后期至20世纪，艺术与科学的分离日益显见，各自划定活动的范围和社会意义，艺术主要被看作情感和想象的世界，与讲究理性和事实的科学划上了一道鸿沟。但是，艺术与科学都是双刃剑，高科技导致人和社会生存的异化（如环境污染、物种灭绝、生态破坏、人口爆炸、核战威胁、精神危机等问题）；不加控制的情感渲泄使某些艺术失去理性，产生了情感化偏向，甚至成为"疯狂"的代名词（如某些行为艺术）。因此，从20世纪50年代起，科学界对"技术万能"论提出了质疑，喊出了艺术与科学

如何统合的呼声，试图解决以上问题。

在我国，李政道等科学家的倡导作用是不能不提的。20 世纪 90 年代，著名科学家李政道先生著《艺术与科学》，力倡科学与艺术的融合，并多次回国组织相关的研讨活动，搭起了科学界与艺术界相互融合的桥梁，沟通了科学家与艺术家的对话，改变了过去两种思维形式的隔阂。我认为，李先生所持观点实际上是从人文主义的角度，倡导“科学”（尤其是自然科学）与“艺术”（主要针对纯艺术领域）二者之间的理解和沟通，它的观点是建立在传统的二元式思维基础之上的，综其所述，乃如下对立统一的辩证关系。

### 1. 科学与艺术的相对独立性

科学与艺术是人们约定俗成的两种不同文化形式的概念界定，它们有着近乎平行的创造，它们都属于人类的文明。科学强调客观理性，重实验、重推理，主要靠理智，以抽象思维为主；而艺术强调主观感受，重想象、重美感，主要靠激情，以形象思维为主。正如吴冠中先生所说，“科学揭示宇宙的奥秘，艺术揭示情感的奥秘”，科学解决人类的物质问题，艺术解决人类的精神问题。

“艺术和科学不是同一件东西，却不知道它们之间的差别根本不在内容，而在处理特定内容时所用的方法，一个是证明，另一个是显示，可是它们都是说服，所不同的只是一个用逻辑结构，另一个用图画而已。”这是别林斯基的著名论述，长期以来被奉为金科玉律。其含义：科学是概念体系，艺术是形象体系。

二者之间具有明显的不可替代性，以电脑美术为例，科学能模仿人的艺术创作（各种笔触、效果、风格……），但不能真正地取代人的艺术创作，人的艺术创作永远走在机器艺术创作的前头，创造性思想永远是第一位的，是计算机所不可比拟的。

显然，似乎能够得出结论：科学与艺术的特征及其思维方法、研究手段等具有明显的本质差异，甚至可以说各自为界，互相对立。

### 2. 科学与艺术的不可分性

科学与艺术原本就有千丝万缕的联系，科学与艺术是不能绝对分开的，我们所谓的“分化”“分野”都不是一刀两断、绝对的分开，科学与艺术之间不存在不可逾越的界限，它们彼此之间的相通性是可以肯定的。

首先，它们追求的目标都是一个，即这个物质世界的普遍规律。正如李政道先生说的：“科学和艺术是不可分割的，就像一枚硬币的两面。它们共同的基础是人类的创造力，它们追求的目标都是真理的普遍性”“艺术是用创新的方法唤起每一个人的意识或潜在的情感，科学是对自然的现象进行新的准确的观察和抽象，这抽象的总结就是自然的定律。”“艺术和科学是不能分离的，它们的关系是与智慧和情感的二元性密切关联的。伟大的艺术美学鉴赏和伟大的科学观念的理解都需要智慧，而随后的感受、升华和情感又是分不开的。”典型的例证如：19 世纪末，高更创作的一幅与众不同的大型作品《我们从何处来？ 我们是什么？我们往何处去？》，他用梦幻的记忆形式，把观者引入似真非真的时空延续中，在长达 4 米半的大幅画面上，树木、花草、果实等意味着从生命到死亡的历程，象征着时间的飞逝和人生命的消失。

这幅画的标题实际上是三个震撼人心灵的发问:我们从何处来？我们是什么？我们往何处去？( Where do we come from？ What are we？ Where are we going？ )。

作为一名艺术家，高更生前和科学家没有什么交往。他可能根本就没想过，他的发问其实是科学界公认的最基本、最有意义、最值得研究的问题。高更的话若转换成科学表述，即：宇宙是怎样起源的？生命是怎样起源的？人的意识是怎样产生的？人类的未来会怎样？

其次，艺术与科学，都是人类获取认识和创造世界的手段，它们所面对的都是这个物质的世界，它们追求的最高境界都是对人类思维和想象力的开发，这两种手段都是人类走向全面发展的必经之路。诺贝尔物理奖获得者、著名物理学家杨振宁说：“艺术与科学的灵魂同是创新。”

最后，历史上科学与艺术有过很好的交融，集科学家、艺术家于一身者不乏其人，如开普勒、爱因斯坦、达芬奇、米开朗基罗……;在运用思维方面，科学家也不仅仅运用逻辑思维，想象力、灵感思维也像艺术家一样丰富，“感觉”、执着的情感也是科学家必备的，据说开普勒在研究行星的运行规律时，就受到过家乡巴伐利亚民歌《和谐曲》的启示；同样，艺术也需要冷静缜密的思考、分析、抽象化，以及科学的计算。如:绘画中解剖学、科学的透视法则、雕塑中力学原理等的运用。

总之，科学与艺术都具有一般事物的属性，又具有各自的特殊属性，它们共处一个统一体，相互依存、相互转化、相互融合，对立统一是它们的本质特征。

## 二、新时期科学与艺术的关系转变对设计的影响

设计一直被认为是介于科学和艺术之间的交叉学科，就像中国古代称有技艺者为“匠人”，实际上是对当时的科技与艺术同属技艺一家的说明。设计的过程既有科学思维的参与，也离不开艺术素养的支持，回顾中外设计史，科学与艺术紧密结合的例子很多，如数学中的“几何比理论”“数学比理论”等在建筑、工艺美术领域一直被广泛应用，帕特农神庙的正立面就是根据黄金分割原理设计的；现代流线型的工业产品是依照流体力学的科学原理设计的……

非物质社会到来之前，人们往往用许多符合逻辑的审美原则来衡量设计产品：设计的科学性往往决定功能美，而形式美通过艺术性体现出来。自 20 世纪初包豪斯学院在理论、实践和教学上将艺术与科学结合起来，设计风格就一直在功能和形式两者之间徘徊，有趋向功能主义的“高技派”，有趋向形式主义的“简约主义”，还有许多介于二者之间的流派和时期。我们不得不承认，自工业革命以来的二百年，科技的作用占了主导，新发明、新技术层出不穷，人们不停地适应、享用新的设计产品，生活也似乎因为“现代化”而方便、快捷、丰富起来。这时期的大部分设计产品是由物质作载体的，是可以被普通人看见、触摸、分析、理解，甚至评估的，但是这些思维方式都已经被无情地抛弃了。

曾几何时，第一台计算机以它庞大的身躯为极少数的科学家服务，微电脑、办公自动化、生产电子化、机器人、金融电子化等名词就已经带我们步入了数字化社会：这是个与过去截然不同的时代，过去依赖的理性的逻辑原则越来越无法解释设计的本质问题，设计的要素渐渐脱离了物质层面，变成一种看不见、摸不着的非物质的东西，超越“功能”和“形式”的

产品使我们已经无法用传统的逻辑去评价它们；设计者的工具也正在变成非物质性的，具体的设计活动也要靠非物质的技术得以实施——因而，在设计领域，再也没有关于科学和艺术的物质体现了，什么审美、功能、比例、形式之类的名词都失去了意义——似乎看上去，已经没有必要研究科学和艺术的关系了。

事实上，我们看清非物质社会的本质后，就会发现，科学和艺术，虽然失去了“脸面”，却以更强大的功能影响着我们的设计理念。理由如下。

**1. 非物质社会中科学和艺术的概念仍将存在**

所谓的非物质社会并不是摒弃以往人类建立并依存的文化成果，“非物质”不是物质，但是“基于物质的”，只不过是脱离了物质的层面。例如，我们常说的“人机关系”设计、虚拟产品设计等虽然是无形的，但是它们都需要物质作依托，都离不开科学和艺术的知识背景，需要物质的人脑去设计、实现并被人使用;而且，人类离不开这两种既已建立的概念及其技术，况且，人们对科学和艺术的理解是不断发展的。所以，观念的改变并不意味着完全摒弃已有的概念，新的设计也必将是对过去概念的理解和扩展。

**2. 非物质社会的科学与艺术的内涵更为丰富**

随着信息时代的到来，科学与艺术已经不再是一组对立的概念，如网络艺术既非纯科学、也非纯艺术，其作品不再关心物质形态和视觉形式，而是注重在交流的互动中所悟的东西；科学不再仅仅是“物质”的，艺术也不再仅仅是“精神”的，设计作为二者之间的边缘学科，对人类的发展起着越来越重要的作用。现在普遍共识是打破各个学科之间的界限，加强设计与其他学科的交叉，这是新时代对设计的新要求，也是对科学与艺术如何交叉的实际探索。

我认为，对新时期科学与艺术如何交叉的问题，应改变过去的二元式思维方式，把人类文化仅仅分成“科学”和“艺术”两大类是否太简单化？现在的“合”，不能是简单地向第一个阶段回归，重复那时的历史形态；也不是简单的相加，而是应该包含更为丰富的社会内容的哲学意义，具有更深刻的文化意义。

**3. 科学与艺术之间呈动态的、不断发展的新型关系**

要想给科学和艺术之间的关系作一个明确的定位几乎是不可能的，同样，设计中到底是科学占主导还是艺术占主导也很难有定论，仁者见仁，智者见智。不同的社会发展时期、不同地域、不同的审美主体，对二者关系的理解都不同。

但是，宏观上来说，我们可以认为“设计”是介于二者之间的、没有明确边界、没有固定的契合点的边缘学科，设计也是呈动态发展的。设计的动态发展取决于科学和艺术的动态关系，科学和艺术的变化每每影响设计的本质变化；反之，设计的发展状况也会影响科学和艺术的关系发展，这种类似钟摆，但又不像钟摆一样有节奏、规律的动态关系，就是设计、科学、艺术之间的辩证关系。

得出上述结论后，就不难看清未来设计的方向了，正如西蒙所说：“对人类的最恰如其分的研究来自设计科学……未来人类都要接受设计教育，设计不仅是技术教育的专业部分，还是自由教育（人文教育）的核心科学。”可以说，人类不断地创造、不断地调整、不断地适应新的环境，其间经历的每一个过程都离不开设计，人类自身也不时地进行自我设计，设计涵盖了物质和精神的各个领域：设计既是具体的，又是抽象的；既是科学的，又是艺术的——它体现的是人的创造性本质，引领人类前进的不仅仅是科技，而是人的创造性本能。

我们有理由相信，不停地学习，不断地反思，设计终将带领人类走向更美好的未来（图1）。

图1 超高层建筑

## 参考文献

[1] 第亚尼．非物质社会 [M]. 滕守尧，译．成都：四川人民出版社，1998.

[2] 广东修订组，等．辞源 [M]. 北京：商务印书馆，1988.

[3] 陈望衡．科技美学原理 [M]. 上海：上海科学技术出版社，1992.

# 51 山东非物质文化遗产的价值——以汉代画像石为例

原载于：《新疆艺术学院学报》2011 年第 4 期

【摘　要】非物质文化遗产是民族传统文化的精髓，是人类文明的宝贵财富。本文从汉代画像石的非物质文化遗产的角度出发，从历史文化、艺术价值等方面对汉代画像石进行研究，得出画像石传统艺术的背后蕴含着非物质的内容以及汉人的宇宙观、美学价值观等文化艺术内容值得我们深入研究和保护传承。

【关键词】山东；汉代；画像石；非物质文化遗产

根据联合国教科文组织通过的《保护非物质文化遗产公约》中的定义，“非物质文化遗产”指被各群体、团体、有时为个人所视为其文化遗产的各种实践、表演、表现形式、知识体系和技能及其有关的工具、实物、工艺品和文化场所。各个群体和团体随着其所处环境、与自然界的相互关系和历史条件的变化，不断使这种代代相传的非物质文化遗产得到创新，同时使他们自己具有一种认同感和历史感，从而促进了文化多样性和激发人类的创造力。汉代画像石通过单个的艺术形象来展示汉代人民的生活状况、典章制度、游戏娱乐、社会关系等。它是我国古代文化遗产中的瑰宝，是世界上众多非物质文化遗产之一，蕴藏着丰富的民众思想和民族精神。这些宝贵的思想、文化、精神财富向后人展示出汉代人的中国特色、中国精神，对于人民智慧的发扬，对于精神文明建设，对于增强民族凝聚力，作用巨大。

## 一、汉代画像石艺术的历史价值

汉代画像石主要分布在“山东－苏北区”“河南南阳区”“陕北－山西区”“四川区”，形成各具地域特色的艺术风格。而山东省作为鲁文化的发源地，也是我国汉画像石遗存较多的地区之一，汉代的青州刺史部、兖州刺史部、彭城国是黄河下游画像石的主要分布地，绝大多数遍布于今山东省境内，现代考古发掘和重点保护的汉画像石分布点就多达 100 多处，如现在的济南长清孝堂山祠堂画像、嘉祥小祠堂画像、武氏祠画像、苍山汉墓画像和沂南画像石墓等闻名中外。这些遗存不仅地上有雕刻精美的画像石祠和石阙，地下还有装饰豪华的画像石墓。它们是研究汉代政治、经济以及绘画、雕刻、建筑、风俗等的重要史料，是宝贵的艺术遗产，是中国石刻版画的先声。

“非物质文化遗产作为‘遗产’，是历史和传统的财富，其历史价值排在首位。”汉代画像石作为一种非物质文化遗产，承载着丰富的历史，我们可以从中更好地了解汉代的生产发展水平、生活状况、道德习俗、典章制度、风土人情等。在现代文化的撞击、交流、吸纳中，传统文化的消亡和濒危现象十分严重，因此，学习、研究、借鉴我们民族优秀的文化传统显得格外重要。汉代是我国封建社会的鼎盛时期，汉代精神有一种“席卷天下，包举宇内”的雄浑气魄，是一种宏阔的文化精神，这也是汉代文化的精华。考古学家俞伟超认为：“汉代画像石中隐藏的精神世界，这可能是最难寻找的，但这恰恰是汉代画像石的灵魂。”因此，作为时代之绝唱的汉代画像石所具有的重要性超越了艺术本身，它简洁、拙朴、浑厚的形式美感超越了时空，至今仍然被人们赞赏和借鉴。

## 二、汉代画像石的教育价值

### 1. 自身的教育价值

在秦汉大一统局面的影响下，儒家和原始道教为山东的代表文化，自汉武帝独尊儒术以后，儒家思想更成为中国绵延两千年的文化主导思想。画像石正是受儒家敬祖思想的影响，在汉代蓬勃发展，因此画像石中充满了大量表现儒家思想的经史故事，如“荆轲刺秦王”“周公辅成王”“二桃杀三士”等，以及大量孝子烈女等故事在沂南汉墓和武氏祠上比比皆是。这些如壁画般镶嵌在墓室壁上的内涵丰富的石刻画像，生动地再现了墓主人生前显赫的地位、奢华的生活和对鬼神的崇拜，揭示了汉代人所追求的羽化升仙、祥瑞纳福的思想。

### 2. 汉画像石进入校园是汉代精神传承和弘扬的重要途径

时任文化部副部长周和平表示，非物质文化遗产进课堂、进教材、进校园是非物质文化遗产保护可持续发展的根本举措，也是国外非物质文化遗产保护的成功经验。随着“活到老，学到老”思想的不断渗透，越来越多的人在学校培养高尚的情操，接受文化的熏陶，但现代教育体系中未纳入或安排一定的传统与民族文化的教与学，导致学校教育中关于非物质文化遗产的相关学科极度缺乏，教育不能培养提供文化遗产所需要的社会人才。汉代画像石是山东优秀的文化遗产，它在艺术创作中融入了道德教化的内容，因此，汉代画像石艺术进入校园是传承和弘扬汉代精神的重要途径。欣赏汉代画像石可以使学生们增长人文历史知识，解读汉代的民族精神。青少年是国家的未来、民族的希望，对他们进行传统文化的教育，既是当务之急，又是长远的目标。了解中国文化辉煌的历史，继承、发扬优良传统，为建设具有中国特色社会主义新文化打下基础。新时代的大学生需要不断地提升自己的文化素质，通过不断参观、了解汉代画像石，使齐鲁精神一点一滴地渗透到我们的日常思想中，这种“寓教于乐”的方式远胜于空洞的说教。

现在，汉画像石墓已经作为传统文化艺术博物馆永久性地开放展出。它的展出广泛传播了历史文化的艺术成果，普及了传统历史文化知识，深入历史文化奥妙与奥秘，解读历史文化的密码，是对后人进行人文教育的艺术殿堂。它作为丰厚的精神文化资源，仍产生极大的吸引力和震撼力，这种力量恐怕是当初汉代人将它们埋入地下时所始料不及的。汉画像石的创作形式和创作原则，因其沉雄博大、丰富生动的艺术特色超越了时空，正如鲁迅先生所说的汉代石刻所特有的“深沉雄大”的气魄，在今天遗存为数不多的汉阙上得到充分体现。

## 三、汉代画像石的艺术价值

儒学作为一种维系社会的纲领，在题材内容上不仅深深地影响着山东汉代画像石，而且在艺术表现形式上也无形地制约着山东汉代画像石的发展。汉代画像石是民间艺人以石为地、以刀代笔，融合绘画、雕刻、工艺美术和建筑艺术，雕刻在墓室、棺椁、墓祠、墓阙上的石刻艺术品，它不仅复原和再现了汉代社会的诸多侧面，而且对汉代以后历代艺术世界具有不可估量的影响作用。汉文化的博大与辉煌都建立在对各种文化的包容、吸收与融合上，因此，各地的汉代画像石艺术呈现出不同的题材和风格，表现的内容大致有社会生活类、动物类、历史故事类、神话神异类等方面。山东为孔、孟故乡，两汉时崇儒之风最为盛行，因此，山东的汉代画像石表达儒家道德理想的历史人物故事较多，如“老子见孔子”“二桃杀三士”等，大胆运用了夸张变形的艺术创作手法，形成浑朴凝重、气势宏大的艺术风格。

### 1. 不受生活制约的艺术表现

在现实生活中，人类的生产活动受着各方面因素的制约。 对生产力水平低下的古人而言，想象几乎成了他们突破限制的最普遍方式，即对现实生活中的素材加工提炼，虽“诚以实事难行”，但并不“失其大貌”。在这种情况下，想象不仅天马行空，而且还具有一定的实用性。在汉画像石中不仅可以表现可见的事物，表现视觉上的逼真效果，还可以表现墓主人的思想感情，还可使后人联想到没有出现在画面上而又和画面图像有密切联系的事物，从而在一定程度上打破了时间和空间的限制。

### 2. 受封建宗教信仰制约的艺术表现

中国本土宗教的重要内容就是对“长生不老”的思考，追求“天人合一”的思想。历时400余年的两汉王朝，是继秦王朝之后中国历史上早期建立的中央集权的封建大帝国，疆域辽阔，国力鼎盛。汉代画像石正是在如此巨大的人力、物力、财力的基础上产生的。相传西王母有长生不老的神药，因此被汉代人视为最高的神灵。他们相信另一个世界的存在，希望死后可以享受如同生前的生活，甚至更好。于是，这种想象在艺术表现上就有了一定的制约性，也形成了艺术的程式化。

### 3. 对画像题材的继承

汉代画像石对之前墓葬绘画在物象方面的继承，学者们历来都给予高度重视和评价。汉代画像石上频繁出现的神兽，如三足乌、九尾狐、鹤、鸟、鹿、兔、蛇等，都在汉墓中出现。

汉代画像石在封建时代伴随着各种建筑类型而存在，无论是祠堂还是民居、陵墓，都体现出因地制宜、传承变异的特点。目前，随着城市现代化建设脚步的加快，很多具有很高历史文化价值的传统建筑遗存已被高楼大厦所取代，许多现代建筑环境设计、壁画设计无论从题材还是艺术表现形式上几乎看不到历史文化的积淀和传承，齐鲁文化的价值也面临着被“西化”的威胁。近年来，国内外不少学者对中国各地的传统建筑、传统艺术等方面进行了许多研究，也有学者从建筑学、考古学等角度对齐鲁各地的建筑遗存有一定研究，但是对齐鲁地区的汉代画像石艺术及其非物质文化的系统化研究尚不多见，对画像石形式的现代室内外壁画环境的系统调研和深入研究也几乎没有。因此，立足本地区，梳理和弘扬齐鲁传统画像石艺术文化的研究，就显得格外重要，目的在于倡导科学、环保的建筑环境建设，营造具有和谐文化内涵和地域特色的齐鲁文化氛围。

## 参考文献

[1] 向云驹 . 人类口头和非物质遗产 [M]. 银川 ：宁夏人民教育出版社，2004.
[2] 信立祥 . 汉代画像石综合研究 [M]. 北京 ：文物出版社，2000.
[3] 李少林 . 汉代文化大观 [M]. 呼和浩特 ：内蒙古人民出版社，2006.
[4] 杨泓，李力 . 文物与美术 [M]. 北京 ：东方出版社，1999.
[5] 顾森 . 秦汉绘画史 [M]. 北京 ：人民美术出版社，2000.
[6] 王建中 . 汉代画像石通论 [M]. 北京 ：紫禁城出版社，2001.

# 52 西北丝绸之路沿线州府级文庙的形制调研

原载于：《中国儒学年鉴》2018卷

【摘　要】西北古丝绸之路是中西文化交流的官方主线，在漫长的丝路地域流变和历史演进中融入了中西文化的多种性格，散布在丝绸之路上的文庙是儒家文化的代表性建筑，有着深厚的儒家文化内涵。州府级文庙是地方文庙中等级较高的文庙，也是现今保存最好的建筑群，探究丝路沿线州府级文庙的建筑平面有助于理解地方文庙的建筑规制和规划营建思想，同时能够了解这种儒家礼制性建筑的地域特色，有助于了解丝路上的中原文化传播与发展历程，对中华文化的传播与复兴和“一带一路”的文化交流提供经验。

【关键词】文庙；丝绸之路；建筑平面；传播

西北古丝绸之路是中国同西方国家进行政治经济和文化交流的陆上主干线，其延续时间之长和地域范围之广是任何文化交流干线所不能及的，自西汉博望侯张骞凿空西域到海运时代到来之前，它一直是中西方之间交流的主要桥梁，因此，这里汇集了历史上多种文化特征，如今散落在这一文化带上的文庙建筑是中原文化最有力的代表。

西方文化同中国文化一样具有悠久的历史和辉煌的政治宗教成就，相比西方宗教主导下的教堂来说，东方的文庙建筑代表了中国政治文化的多种特征，集政治和文化于一身。中国在两千多年尊孔崇儒的政治环境下形成了完备的君主专制的政治体制和高度集权的行政特色，儒家思想也被历代统治者不断加工完善形成了系统完备的服务于政治的思想体系，因此诞生了不同于西方宗教观念的儒教，由文化环境和政治环境造就了不同于西方的中国式政教合一的特色。伴随着科举取士制度和士大夫与天子共天下的政治特点，儒家学说自然成为了谋求功利和社会地位的资本。文庙作为儒家思想的权威代表和官方推行政治理念的半行政机构建筑之所在，从都城到府州县卫等行政地区都有兴建，其建筑规模和等级区分明显。在古代，凡是官方建筑必然会通过建筑形制和规模来体现政权的权威性和合法性，这也是崇礼重教的东方文化和儒家思想的外化特征。不同于一般行政衙门的是，文庙建筑的礼制性和文化特色更加浓厚，它是供奉孔子的庙宇，代表着中华道统、学统和政统，因此更具有崇高性和神圣性。所以，古人在营建文庙时必然会在建筑平面布局上融入儒家思想和中国传统庙宇建筑哲学，使其无论在何地都能保持至高独尊的地位，以彰显皇权和圣人的权威。

随着丝绸之路的开拓和中国文化的西进，文庙自然而然地分布在丝路沿线的主要州县城郭，而今丝路沿线的古城镇文庙保存较好者寥寥无几，只有个别州府级文庙保存较为完好，因此，本文选择郑州州学文庙、西安文庙、静宁州学文庙、凉州州学文庙为研究对象，探究丝路文庙建筑平面形制随地域变迁所体现出的地域特色，同时也对这一礼制建筑的平面规制进行总结，对其建筑平面所蕴含的儒家文化信息和中国古人的营造哲学进行分析，这有助于对文庙建筑的理解，有助于提炼传统文化的传播与发展经验，为传统文化的传播与发展提供理论支持和工作经验，为“一带一路”建设提供有利依据和文化自信，同时也希望能对现代建筑环境设计提供理论依据和文化支撑。

## 一、西北丝绸之路与儒家文化的渊源

西北丝绸之路以洛阳为起点，途径豫、陕、甘、宁、青、新等省或自治区，穿过中亚，直达欧洲和北非，是中国与西域诸国之间政治、经济和文化的交流通道，是中华文明与西方多种文明对话与交流的友好之路。千百年来，这条文化传播带上演了无数动人故事，在漫长的时空流转中留下了不计其数的精神遗产，如敦煌莫高窟、龙口石窟、麦积山石窟等，最具中原文化特色的当属文庙。自汉代以来，儒家文化逐渐在这里生根发芽，但自“永嘉之乱”后，中原地区陷入了前所未有的长达三百多年的大混乱与大动荡时期，斯文扫地，文化尽失，而在远离纷争的祁连山河西地区却相对稳定，儒学之风盛行，出现了许多儒学大家，他们设坛讲经，广收门徒，影响了数千学子，在中国文化史上形成了堪与中原文化和江南文化并列的“河西文化”。国学大师陈寅恪在《隋唐制度渊源略论稿》中对河西文化给出了这样的评价：“唯此偏隅之地，保存汉代中原之文化学术。历经东汉末、西晋之大乱、及北朝扰攘之长期，能不失坠，卒得辗转灌输，加入隋唐统一混合之文化，蔚然为独立之一源，继前启后，实吾国文化史之一大业……。”

文庙肇启于战国，发展于汉晋，扩展于盛唐，完善于两宋，鼎盛于明清，是儒家学说的物化代表，是地方州县培养人才、进行道德教化的场所，更是承载和宣传主流价值观、同化人民意识形态、宣扬政治理念、增强民族文化认同感的教育机构之所在。在这条漫长的丝路上，文庙建筑并不多见，有着客观的历史原因。第一，在民族心理上，古代少数民族（如匈奴、回纥、碣、氐、羌等），对儒家的忠孝仁义思想和礼仪制度一时难以适从，并不容易掌握，但对于外来的佛教却可以顺应自如，因此摩崖造像，佛寺建筑兴旺。第二，文庙建筑的制度完善时代晚于佛窟的开凿时间，早在北朝时期，河西走廊上的佛教造像活动已异常兴盛，而中

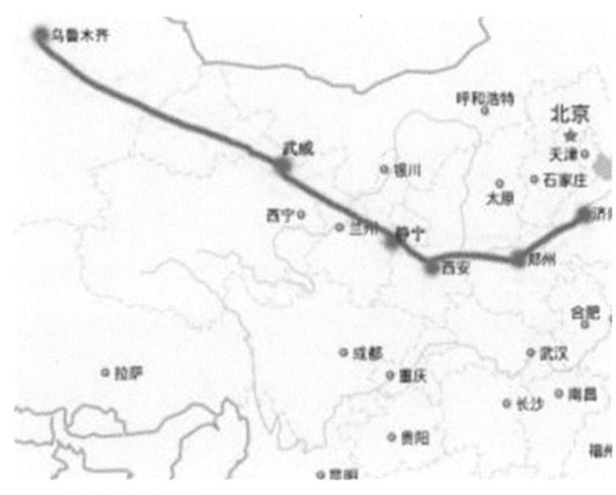

图 1 作者考察路线

图 2 郑州文庙大成殿

原王朝的文庙建筑直到明代才成建制地遍植全国。第三，文庙建筑是官方礼制性建筑，受儒家“礼制”思想的影响，只能处在州府县治所在的城郭内，且在一个行政单位只能修建一座，而佛教提倡避世清修，不受官方严格礼制约束，因此可以不受数量和地域限制，致使民间修寺造像活动频繁，甚至出现了“十山九寺”的现象。

文庙在西北丝路上穿越了“中原文化区”（郑州文庙）、“秦陇文化带”（西安文庙、静宁文庙）、“河西文化带”（武威文庙）、“西域文化带”（乌鲁木齐文庙）。在这四个文化带上分布着规模较为完整的四所州府级别的文庙。本文将重点对这四座文庙的平面特点进行分析比较，从儒家思想和中国传统官方建筑的营造理念入手，总结其背后深层次的理论依据（图1、图2）。

## 二、西北古丝绸之路沿线州府文庙平面对比

### 1. 郑州文庙

（1）概述

郑州地处中原腹地，北临黄河，西依崇岳，自古是人文荟萃之地，文化底蕴深厚，历史悠久，文化繁荣，人才辈出。郑州文庙属于州学级别的文庙，相较于洛阳府学文庙等级略低，但郑州文庙保存修复较好，建制齐全，2004年由郑州政府在原基址上进行重建，文庙内现有过街坊（金声玉振坊）、棂星门、泮池、戟门（大成门）、乡贤名宦祠、大成殿、两庑、敬一亭（井亭）、尊经阁等建筑，整体建筑群布局合理，非常壮观，是郑州最大的古建筑群（图3）。

（2）建筑群平面特征

郑州文庙为三进院落式布局的建筑群，由南至北，沿中轴线依次为棂星门、泮池、大成门、大成殿、尊经阁，从棂星门到大成门为第一进，大成门到大成殿为第二进，大成殿到尊经阁为第三进，三进院空间划分明显，过渡自然紧凑，主次分明，主体空间为第二进大成殿广场，这里是祭祀集会讲学的主要场所。整个建筑群采用中轴对称的平面布局，主要建筑都位于中轴线上，东西两庑相对，整体建筑群坐北朝南，主体建筑为大成殿，其他建筑围绕大成殿展开。所有建筑开间均为奇数（阳数），金声玉振坊各三间，乡贤名宦祠各三间，大成门三间，大成殿七间，两庑各七间，尊经阁七间两层，尊经阁院内东西两庑各九间。大成殿坐子山午向，面向

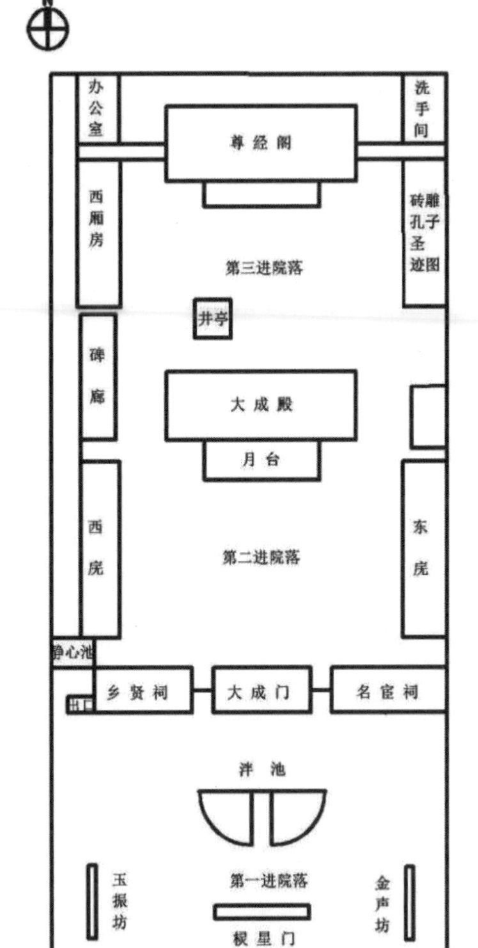

图3 郑州文庙平面图

正南，建筑体量最大，竖向最高，单檐歇山顶，屋顶为绿色琉璃瓦，是该建筑群的主体建筑。

## 2. 西安文庙

（1）概述

西安是故长安所在，人文历史文化极为浓厚，长安自古为帝王都，是中国历史上汉唐盛世的国都所在，历来都是中国政治经济文化的中心，现为四大古都之一。西安文庙历史悠久，是地方文庙中等级最高的文庙，其地址几经迁移，自宋徽宗崇宁二年（1103 年）迁建于府城东南隅之后一直存在至今。据史料记载，西安文庙规模宏大，建制齐全，明成化十一年（1475 年）《重修西安文庙记》记载："扩其旧址，首建大成殿七间，……两庑各三十间……次作戟门，又次棂星门，又次文昌祠，七贤祠、神厨、斋宿房、泮池……。"明万历二十年（1592 年）增建太和元气坊，清代增建御碑亭七座。现存建筑多为明清遗构，除大成殿于 1959 年毁于雷火以外，其他如照壁、太和元气坊、泮池、棂星门、御碑亭、两庑、戟门等建筑均保存完好，形成了今日的格局。如今的西安文庙是集西安碑林、府学、文庙于一处的建筑群，前半部分为文庙，后半部分为碑林，由南至北，自照壁到大成殿遗址为文庙部分，大成殿遗址以后为碑林部分（图 4）。

图 4 西安文庙老照片

（2）建筑群平面特征

西安文庙规模宏大，建制较为完整，为三进院落的建筑群，整体坐北朝南，由南至北，

图 5 西安文庙鸟瞰图

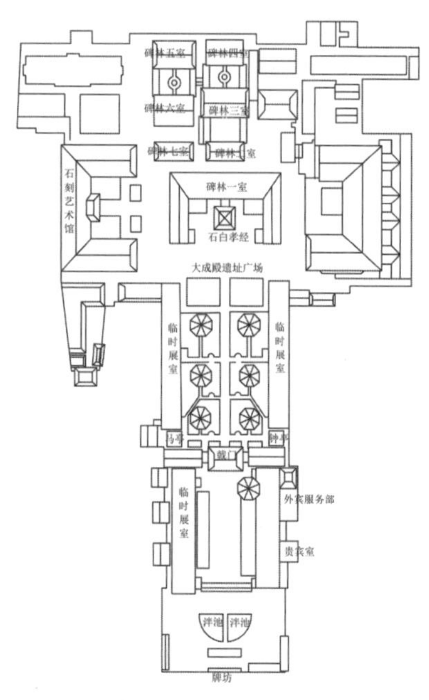

图 6 西安文庙平面图

沿中轴线依次为照壁、太和元气坊、泮池、棂星门、大成门、大成殿，从照壁到棂星门为第一进，棂星门到大成门为第二进，大成门到大成殿为第三进，文庙范围到大成殿遗址为止，三进院落逐次递进，空间主次分明，第三进院落纵向空间跨度最大，东西两庑各为十七开间。建筑群平面中轴对称，主要建筑都位于中轴线，东西两庑及两厢相对。主体建筑为大成殿，大成殿虽已毁，但其柱础遗址仍然存在，依柱础遗迹和历史图片可知面阔七开间，重檐庑殿顶，坐子山午向，面向正南。大成门保存完好，面阔三间，进深两间，单檐歇山顶，上铺绿色琉璃瓦，两侧对称各有一配室，供祭祀大典的文武官员整理衣冠、熟悉仪规之用，这是典型的明代大成门样式（图 5、图 6）。棂星门和太和元气坊各三开间，所有建筑开间均为奇数（阳数）。

### 3. 静宁文庙

（1）概述

平凉是古丝绸之路的首站，素有西出长安第一城、“陇上旱码头”之称，是丝路文化的集中地带。静宁地处甘肃平凉和宁夏自治区的交界地带，六盘山以西，地理位置较为偏僻，这里保存着陇东地区最为完整的一座文庙建筑群，静宁文庙建于明嘉靖二十一年（1543 年）。乾隆十一年（1746 年）县志记载：“文庙，在州治东南，前抵街，后抵训导宅，左射圃，右儒学，庙之东隅为崇圣祠，左右东西庑相连戟门，戟门前泮池，池西一门通明伦堂，池东一门通崇圣宫池，前棂星门射圃，东有菜园十余亩，供一州官吏，饮水环庙入池，西出儒学。大门，戟门左右列名宦乡贤祠，台榭坍塌皆石门，……槐榆门外列雁翅坊。”由史料得知，该文庙规制建制齐全，规模较大，是州治级别的文庙。在宋元明清时期，平凉与静宁分域而治，各为其政，近世因地域行政的整合而合为一处，历史上的平凉文庙有多处，现仅存静宁和镇远两处，而静宁文庙是保存最好且等级最高的一处，为陇东之最（图 7）。

图 7 静宁文庙鸟瞰图

（2）建筑群平面特征

文庙位于凉市静宁县一中校园内，文庙与学宫并存，学宫位于文庙以西，现仅存明代明伦堂一座，学宫整体保存不及文庙完整。整个文庙建筑群进深为两进，由先师庙门（棂星门）到大成门为第一进，大成门到大成殿为第二进。整体布局中轴对称，中轴线建筑由南至北依次为先师庙门、大成门、大成殿，大成殿坐子山午向，七开间，屋顶为单檐歇山顶，绿色琉

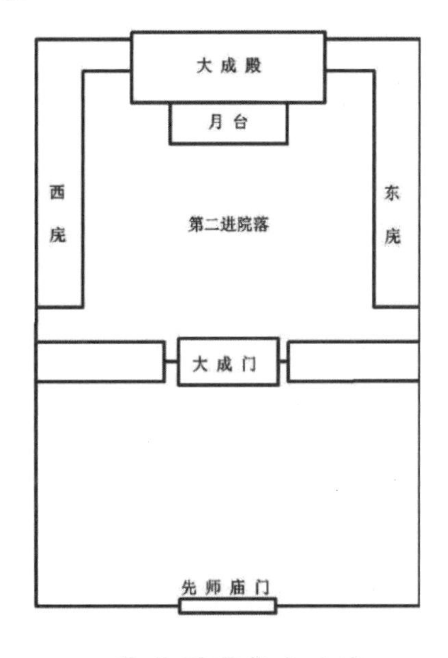


图 8 静宁文庙平面图

璃瓦，大成门三开间，单檐歇山顶，瓦色为灰色，两侧有侧室，是典型的明代特点，大成门东西两侧乡贤名宦祠各三间，东西两庑各十三开间（图 8）。

### 4. 武威文庙

（1）概述

武威是古凉州所在，是丝绸之路在河西走廊段的必经之路，是中西文化交流的重镇，凝聚着多种民族文化形态。这里远离中原，是曾被称为春风不度、王化薄弱的塞上之地，但这里存在一座号称“陇右学宫之冠”的武威文庙，是凉州文人墨客祭祀孔子的圣地，是目前西北地区建筑规模最大、保存最完整的文庙。河西古道上的古丝绸之路如今已经成为历史上的辉煌，但是，武威文庙依然完好，诉说着昔日的繁荣（图 9）。

图 9 武威文庙大成殿

武威文庙建于明正统二年（1437 年），明成化六年（1470 年）《重修凉州卫儒学记》记载：“凉州古为匈奴右地，汉唐以来，或郡其名，或府其名，或州其名，未闻有建学焉，是以人皆夷虏，习俗礼义懵然……正统初，复因行在兵部右侍郎徐公晞之请，而学校所由设也。时大成殿，东西庑，门前泮池，习射圃，文昌祠，暨教官廨，明伦堂，左右斋之类，咸备置焉。”武威文庙在多次历史修复的过程中适应了当地的地域文化特征。

该文庙现位于武威市凉州区东南隅，坐北朝南，由文昌宫、孔庙和儒学院三组建筑构成。目前只存东、中两组建筑，西边儒学院已毁，东以文昌宫为中心，有崇圣祠、桂籍殿、戏楼等。

（2）建筑群平面特征

武威文庙建制完整，等级分明，礼制特点明显，整体坐北朝南，建筑群为四进院落，由最南端的万仞宫墙到棂星门为第一进，棂星门到大成门为第二进，大成门到大成殿为第三进，大成殿到尊经阁为第四进，整体沿中轴线对称，主要建筑都位于中轴线上，中轴线建筑由南至比依次为万仞宫墙（照壁）、泮池、棂星门、戟门、大成殿、尊经阁。照壁内东西两侧各开侧门，西称“礼门”，东称“义路”，泮池上跨状元桥，棂星门为明代建筑，四柱三间，翘

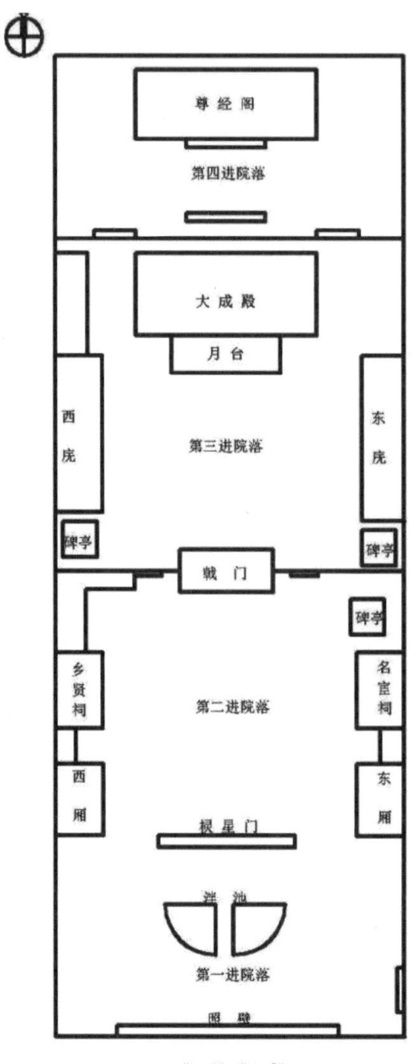


图 10 武威文庙平面图

檐飞角，戟门三间，为清式硬山顶建筑，与中原地区州府文庙的歇山式不同，两侧侧门通往第三进院，乡贤名宦祠各三间，位于第二进院内，大成殿建于明代正统年间，文庙的中心建筑，前设月台，面阔五间，进深三间，重檐歇山顶，顶置九脊，鸱吻螭兽俱全，大有庄重、肃穆之风，东西两庑各七开间。大成殿之后是尊经阁，为明三暗二层木结构楼，开间为明七暗五，重檐歇山顶。该文庙不同于其他文庙的是，所有建筑屋顶均为灰色，屋顶色彩没有等级区分。整个建筑布局对称，结构严谨，规模宏大，气势雄壮。儒家建筑的礼制性氛围弱于中原地区，宗教氛围较为丰富，兼容儒教、道教、佛教于一处，体现出三教合一的特点（图 10）。

## 三、平面特征总结

### 1. 阴阳观念应用

（1）进深

位于中原地区的郑州文庙、西安文庙进深都为三进，而处于丝路沿线的静宁文庙和武威文庙进深分别为二进和四进。官方建筑的进深基本都应该是奇数，依照天生地成、动者为阳、静者为阴的阴阳观念，阳数是生数，一分为二可拆开一阴一阳，所以具有动性，阴数是成数，一分为二只能分成纯阳或纯阴，不能合成阴阳，按照太极观念，一个阴阳即一个太极（生命单元），所以传统上将阳数进深的宅都称作动宅，反之为静宅，动则生，不动则死，所以阳数为吉数。依据此理，所以天子宫殿的进深都为阳数，曲阜文庙为天下文庙祖庭，是国家天子祭祀级别的文庙，其进深附以阳极之数（九进），体现最高等级，就连北京国子监文庙（三进）也要俯首称臣。文庙关乎一地的文运盛衰，是官方极为重视的文化信仰中心，其建设绝不含糊其事，但随着中原文化进入丝路边陲地域，文庙进深对于阳数的崇拜似乎不再严格。文庙作为神圣的礼制性建筑，必然会通过纵向递进延伸空间的方法体现其神秘性，这是自宋以来官方建筑普遍体现出的一种规律，文庙的主体建筑为大成殿，其主体空间自然是大成殿前的广场，但一般不会将主体空间直接暴露在前面，而是层层包裹置于最后，所以地方文庙一般会在大成门之前置两进引导和过渡空间，这也是儒家君子纳言、精华内敛的精神体现，一般采用太和元气坊到棂星门为第一进，棂星门到戟门为第二进，如西安文庙、武威文庙。

（2）开间

府级别的文庙大成殿开间都是七开间，而且都是明间，如天津府学文庙大成殿，济南府学文庙大成殿，西安文庙大成殿，而州级别的大成殿都采用明五暗七的开间形式，以在级别上略低于府学，县级都是五级，也有三级的（小县），武威文庙因在初建时属于凉州卫所的文庙，所以其开间为明三暗五的形式。州府文庙大成门开间都是三间，单檐歇山且两侧带有侧室者为明代建筑形式，如西安文庙，静宁州学文庙，而以硬山顶形式的是清代样式，如天津府学文庙，凉州（武威）文庙，这一建筑形式与祭孔礼仪有关，明代为华夏汉族政权，重礼仪，大成门两侧之侧室为整理衣冠之处，清代则去之。另外，大成门斗拱都为三踩，大成殿斗拱都是五踩，瓦色以绿色为正统。

（3）朝向

中国古代政治文化可称为南面文化，《论语·雍也第六》孔子曰：“雍也，可使南面。”孔子说冉雍这个人可以做官，《周易·说卦》说道："圣人南面而听天下，向明而治。"说明圣人（统治天下的人）应该是南面而坐，朝向阳面，因为阳面（南面）象征着天，所以天子上朝的殿必定背山面水，负阴抱阳，被称为明堂，《木兰诗》中有"归来见天子，天子坐明堂"的诗句。这种政治文化也明显地体现在诸多官方建筑上，民间有谚语"侯门万户向阳开"。所以自天子宫室以至地方诸侯的府衙所在，皆以南面而向，而且天子的明堂必须占子山午向，坐压风水上的大空亡线，所谓大空亡线就是八宫卦的交界之处，在这一区域，无吉亦无凶，但一般只要人住必定无凶即凶，有凶更凶，尤其是四正位的空亡线，一般没人敢住，四正位都是神佛居住的位置，尤其是子山午向，暗通天、地、人三界，在中国只有天子的明堂、孔子的大成殿、玉皇大帝的玉皇殿、佛祖的大成宝殿才能居此位，因为他们都是德配天地、与天地同极的圣人，具有无上的神通，所以可以坐镇子山午向之大空亡位。这完全符合《易经•乾卦》中关于圣人的描述："夫大人者，与天地合其德，与日月合其明，与四时合其序，与鬼神合其吉凶。先天而天弗违，后天而奉天时。天且弗违，而况于人乎？况于鬼神乎？"孔子被封为大成至圣先师文宣王，此王乃周天子之王，并非秦皇以后的王，又被民间称为素王，即无地不称王，无时不称王，是德配天地、道贯古今的王。所以供奉他的大成殿自然要坐子山午向。经笔者实地调研，天津文庙、郑州文庙、西安文庙、静宁文庙、武威文庙大成殿都是坐子山午向，无一偏差，且中轴线上主要建筑都向南。

### 2. 中庸思想的应用

（1）中轴对称

建筑物的每一个细节都不是偶然为之的存在，而必定是某一思想逻辑推理下的物化实体，反映着其存在的哲学理由，有什么样的思维就有什么样的行为，有什么样的文化形态和世界观，便会有什么形态的建筑，这是建筑的人文属性的自然流露。儒家寓教于物，时时处处不忘德施教化，崇尚不言而教、不治而治的教化治世哲学。中庸是君子之德，是儒家处世的最高智慧。《论语·雍也第六》孔子说："中庸之为德也，其至矣乎？"孔子认为中庸是至德，所以儒家弟子的处世哲学也自然是中庸。反映在宫殿和官方建筑中便是中轴对称，这种布局恰好可以实现两边均衡、平稳庄重、威严大气的氛围，也象征着稳定、安全、祥和、太平。文庙作为纯儒家的信仰空间，自然不失时机地处处体现这一特点。中庸也是求取平衡的政治之术，只有持两用中（持其两端，用其中于民）、取长补短、消锐补缺、平衡阴阳，才能永续发展、长治久安。

（2）择中而处

古代天子有择中而居的说法。《吕氏春秋·慎势》说道："古之王者，择天下之中而立国，择国之中而立宫，择宫之中而立庙。"中国、中宫、中庙都是最高等级的意思。因此，文庙中所有重要建筑都位于中轴线的中央，相对于周围来讲，处中能够对其他建筑起到统摄和引领作用。站在大成殿前的月台上能够看到前面任何建筑，这集中体现了中者为尊的思想。

总结：文庙是儒家思想和中国古人造物哲学的物化实体，文庙中对于阴阳的应用充分体现了古人天人合一、法天象地的造物思想，是古人宇宙观和世界观的物化代表，对于中庸思想的应用反映了儒家的最高处事哲学。

启发：文庙是儒家思想外化的体现，是中国古人观天察地，结合人文历史总结出的思想观念指导下的构筑物，其人文属性和自然科学的含量之巨非一般古建筑所能及，因此，必须叩问中华文化的学问之本体，系统学习儒家思想才会充分理解和看待这一巨工古物。作为研究古建的学者，只有设身于古境，理解古人之思，方可操控古物，否则只能停留在史料考索之间，没溺于浅闻小见，牵制于文意之末，被零散浩繁的短句残章所左右，不辨牛马，无所适从，这是非常被动的。

丝绸之路上的文庙未能完全符合中原文化的特点，也有着客观原因。山水无常形，布局无常势，对于礼制的继承，只要不违背丰、节、敬、诚的精神就可以了，也因为千里不同风，百里不同俗，它的变化与融合也对丝绸之路上加强民族融合，同化民族价值观，增强民族意识和民族凝聚力、文化向心力、文化认同感发挥了重要作用。

## 参考文献

[1] 贺根民 . 陈寅恪的中古文化情结 [J]. 广东技术师范学院学报，2016，37（7）：10–16，116.

[2] 程臬翀 . 武威文庙建筑研究 [D]. 天津：天津大学，2012.

[3] 白雪 . 魏晋北朝河西走廊的民族结构与社会变动 [D]. 兰州：兰州大学，2012.

[4] 李彤 . 关中孔庙遗存及其当代价值研究 [D]. 西安：西安理工大学，2015.

[5] 李智君 . 公元 439 年河陇地域学术发展的转捩点 [J]. 中国文化研究，2005（2）：60–74.

[6] 刘袖瑕 . 甘肃省孔庙遗存状况研究 [D]. 兰州：兰州大学，2009.

[7] 孔祥林，孔喆 . 世界孔子庙研究（上）[M]. 北京：中央编译出版社，2011.

# 53 浅析“中国风元素”在现代室内设计中的运用

原载于：《大家》2012 年第 9 期

## 一、传统文化中“中国风元素”的多样性

### 1.“中国风元素”的概念

“中国风元素”是以中国传统元素为表现形式，在中国传统文化和东方个性文化的基础上，并依据全球大环境潮流展示自身独特涵义和韵味的艺术形式。

### 2. 多样的纹样寓意

古代纹样寓意吉祥，祖先们将思维憧憬的美好愿望刻在器皿上，画在织物上，这便是今天的吉祥纹样，其形式多样，如飞禽走兽、风俗信仰等。例如，河南出土的商代青铜器上刻有首尾相呼应的鱼纹纹样，祖先借鱼引申吉祥体现了多子多福之意，随之纹样开始广泛传播；西安半坡出土的彩陶盆中绘有鱼纹和简化鱼纹，商周的饕餮纹、夔纹等。多样性的纹样寓意，将其用于现代室内设计可以赋予空间远古的神秘色彩。

### 3. 多样性的陈设礼法

古代陈设礼法多，何为礼法？荀子认为：“故礼者养也。刍豢稻梁，五味调香，所以养口也；椒兰芬，所以养鼻也。”荀子曰：“礼者，人道之极也。”可见，空间陈设在满足“得人心”的基础上形成的“礼”的要求。

古代陈设广义上包括器具、家具、神兽等。如屏风，自西周以来，屏风主要有带座屏风、曲屏风、插屏和挂屏几种形式。器具如尚方宝剑等。神兽如麒麟、凤凰等。家具、神兽多有辟邪趋吉之寓意。现代室内设计在运用陈设突显独特的同时必须遵守礼法的制约，二者兼具方显价值。

## 二、中国现代室内设计的发展分析

### 1. 从空间的功能使用分析

室内空间与人是一个结合体，同时有着使用和被使用的关系，室内空间的存在不单单是一个封闭的盒子，而是一个有价值的空间。一个有价值的空间，应利用合理手段，采取优质材料充分发挥空间潜质，并满足人们功能上的需求，是室内空间真正意义的体现，也是现代室内设计发展的重要考量。

### 2. 从人的审美需求分析

（1）尺寸比例

不同空间要遵循其特定要求进行尺寸规范，过高过低都要从人的内在感受出发，遵循以人文本的理念。

（2）视觉效应

不同空间有着不同的视觉语言。当今社会，科技发达，多媒体影像的介入让空间也灵活了不少，光环境在室内发挥着举足轻重的作用，其中光在创造空间中扮演着独特的角色。

## 三、“中国风元素”在现代室内设计中运用

### 1. 图案的引用

现代室内设计中图案的引用非常广泛。如剪纸艺术，通过有韧性的线条描绘出一个个活灵活现的图案，它质朴典雅的风格让人赞叹不已，在现代室内设计中有着巨大的挖掘潜力。一般用于美化居家环境。

### 2. 奇妙的变形

“中国风元素”中许多元素复杂扭曲无法直接应用于空间，必须将其进行简化、变形。如前面提到的鱼纹图案，变形后用几何图案代替弧形，使纹样越发有张力，更能适应空间需要。

### 3. 综合运用分析

墙面——以造园取景为例。

江南造园艺术在现代室内设计中也是非常出名的一种装饰手法，它巧妙地将“中国风元素”融进了室内设计，不仅丰富了空间的内涵，而且体现了一种闭而不满的微妙效果。例如，古代的方格纹融入了现代的窗户中，将中国传统几何图案与窗花图案相结合形成了隔断，这种新技术代替了以往的旧技术，是对传统文化的吸取与革新。

## 四、“中国风元素”对现代室内设计的促进与制约

### 1.“中国风元素”促进现代室内设计发展

“中国风元素”在室内设计中起着无可取代的作用。当今社会，许多成功的国内设计师甚至国外设计师也在进一步创新运用“中国风元素”，这不仅仅对自身是一个新的突破，对这个设计界的发展也起到了促进作用。

### 2.“中国风元素”对现代室内设计的局限性与制约性

具有“中国风元素”的室内设计，是在室内布局、形态、色彩搭配以及陈设的造型等方面，吸取传统文化的熏陶而有着象征意义的设计。新技术和新材料作为新元素逐渐注入到现代室内设计中，它们的出现给设计带来了新的惊喜，同时也埋下了隐患。

# 54 传统佛教纹饰在我国现代环境艺术中的应用

原载于：《家具与室内装饰》2017年第10期

【摘　要】佛教纹饰作为佛教艺术最直观的表现形式，是使设计体现出民族特色的重要手段。本文以佛教纹饰为主要研究对象，在分析传统佛教纹饰的演变历史及特征的基础上，通过现代设计案例，总结出将传统佛教纹饰运用于现代环境设计的可行方法与原则。

【关键词】传统佛教纹饰；历史；环境设计；现代运用

在中国发展历史中，佛教的传入是影响至今的一大历史事件。时至今日，佛教开始走进世俗生活，从文化思想、建筑活动、装饰艺术等多方面影响着人们的日常生活。佛教装饰艺术涵盖了多个艺术门类，而在一切视觉形象中，最基本的是纹饰。纹饰是装饰表面上的基本构成单元，同时也是后来的形象构成的出发点。它可以最直接地作用于人们的视觉感知方式，从而形成强烈而原始的冲击力。

## 一、传统佛教纹饰在现代设计运用中的现状及问题

在佛教传播的过程中，艺术手段可谓是最有效的形式，其主要美学思想主张“心识”，有“美由心造，心融万有”“境不自生，由心故显”之说。是故，它以佛教思想的物化形态存在，承担着营造佛教感知方式的重任，巧妙地以美的途径，将佛教思想渗透到人们的生活中。随着时代变迁，人们对于环境民族化的需求日渐强烈。近几年，不论是室内家居空间、政治商业空间还是城市景观，都开始以佛教意境为装饰主题，以满足现代人的精神需求。

然而在运用传统纹饰时，许多问题也随之显现出来：表面形式符号的单一化、对传统装饰元素仅简单罗列、组合或是直接生搬硬套，缺乏符合新时代的审美视角和开阔的设计理念，导致了千篇一律的建筑环境，甚至误导性的空间体验。

我们应当以现代人的审美需求为出发点，以文化再设计为根本，在设计中对其进行概念性的提取凝练，从而提升人们的物质与精神生活水平。

## 二、中国传统佛教纹饰的历史演变及特征

佛教的中国化是一个自然而然发展的历史过程，中华民族将外来文化与本土文化相结合，自觉地对其各方面进行改造以符合各自的理想需求，因此，各个历史时期都展现出了其各具特色的时代审美特征。

① 先秦两汉——以中国传统纹饰为主的时代。佛教传入以前，汉代装饰艺术是模式化的，由于升仙思想的弥漫、阴阳五行学说的盛行，构成了天、地、人三界和四面八方的宇宙模式，装饰艺术也相应地出现了系统的象征性的图式，如以人们的日常劳动生活场景、珍禽瑞兽和带有神仙思想的云气纹为主。造型古拙、厚重、粗犷、流畅、形象生动，映射出人们当时的精神崇拜与社会理想。纹饰强调“四方八位”的严谨构成法则也体现了当时汉代的官吏文化。两汉之际，佛教传入中国并带来了大量具有西域特色的装饰纹样，尤其是植物纹样的兴起，深刻地影响了后世纹饰的发展格局，但整个时期主要还是被本土艺术文化所主宰。

② 魏晋南北朝——吸纳与融合的时代。汉代灭亡后，中国迎来了历史上继春秋战国后的又一文化大融合的时期。这时期的佛教纹饰开始大量吸收外来式样，出现了众多诸如忍冬纹、缠枝纹、葡萄纹等植物纹样，释迦、弥勒、罗汉等人物纹样，以及狮、象、金翅鸟等新的动物纹样，大大丰富了中国佛教纹饰题材。在这些新纹样被原封不动地采用时，也有部分开始与传统本土艺术相互渗透产生新的变化。但即使在外来文化的冲击下，整个历史时期也仍有其时代的审美原则，体现在佛教纹饰上则整体呈现出纤细、灵动、飘逸超然的艺术风格，造型形象单纯，组合简明有序，形式严谨规整，其劲秀的气韵隐约让人感受到一股无限的内驱力。北朝时期的艺术风格具有仙风道骨气质，与现代某些商业空间的营销理念可谓不谋而合，这些商业建筑往往会采用代表洁净的莲花纹、自由舒展的植物纹样以及佛画像等佛教纹饰来装点空间，并辅以木材、灯光变化来打造仙境氛围，使人们体验到不同于日常紧张生活的轻松感。

③ 隋代——民族化风格发展的时代。进入隋代，佛教也进入了鼎盛阶段，佛教装饰的民族化进一步得到发展。隋代作为一个承前启后的过渡时期，其佛教纹饰大体上沿袭了北朝纤细秀丽、灵动活泼的风气，但从其丰富多样的题材，巧思独创的设计思路以及变化多端的组合形式，譬如出现了莲纹与忍冬纹的组合（图 1），可以窥见民族化的发展趋势，展现出新的时代审美和更自由的情感表达。隋代虽然时间短暂，但却有着独特之美。它既有北朝纤细俊美的风格，但又不像过去形式单一，组织结构上增加了许多变化，同时还有别于唐代的富丽繁缛，不过于满，不过于滞，给人一种舒适的感观。就现代人们对环境的需求而言，隋代的这种带有适度原则的佛教纹饰应该加以合理的运用，以营造出清净又不乏生命力的佛境氛围空间。

④ 唐代——包容创造的时代。众所周知，唐代的繁荣富足、开放包容、自信热情是中国历史上任何一个朝代所不及的。首先，发达稳定的社会生活及开放的文化交流，使得这一时期出现了大量植物花卉题材，造成了装饰主题的转变。纹饰的造型也更加写实化，还增添了

图 1 莫高窟第 390 窟藻井图案

图 2 灵鸟石榴卷草纹边饰

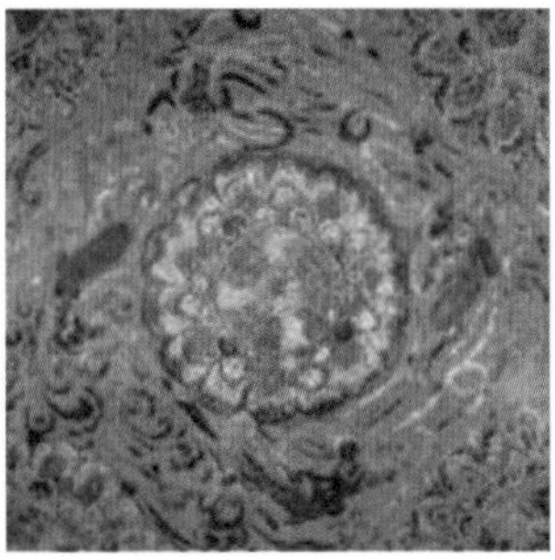

图 3 宝相花图案

图 4 联珠纹图案

许多现实的生活场景，反映出当时社会的安定和谐。其次，唐代的包容性促使其主动地大量吸取外来艺术精华，加之唐代实行“三教并行”政策而使传统艺术风格反过来融入外来佛教纹饰中，最后创造出了完全民族化的新样式。譬如卷草纹（图 2）、宝相花（图 3）、联珠纹（图 4）的出现，卷草纹所展现出的气韵流动、婉转回旋、饱满圆润的艺术特色，不仅代表着唐代整体的审美取向，更体现出中华民族的原始审美情结。总的来说，唐代的佛教装饰纹样，以其圆润的曲线、丰满的构图、多样的题材、瑰丽的色彩展现出了大气磅礴、自由奔放、富丽堂皇的总体形象。因此，在追求简约风格的今天，该如何将传统的精华提炼出来以符合现代审美需求，做到两者之前的平衡，是值得进行探究的问题。

⑤ 宋元明清——世俗化的时代时至宋代，宋儒理学思想影响了人们对艺术的追求，从表面浮华的装饰效果转移到实用艺术，人们的眼光逐渐投向现实生活情趣，装饰艺术趋于世俗化，题材也以山水、花鸟、动植物、生活，甚至书法为主。因此宗教艺术成分逐渐减少，程式化风格开始显现。佛教纹饰中体现规律美的几何纹盛行，如“卍”字纹、回纹等，也是在现代设计中使用较多的纹饰，这种单一纹样的连续对称及重复的出现，产生一种对称平衡和庄重之美。唐代盛行的宝相花纹则日渐演变为符合当时审美的传统莲花纹，并更加写实化。佛教纹饰发展至此，被赋予了新的文化诠释，被纳入到中国民俗文化之中。然而，宋代雅致、内敛、格律、柔润的纹饰风格，是最能体现本土艺术情结的，亦是中华民族内质品格的展现。元朝大一统的局面再一次促进了各国文化交流，在沿袭宋金艺术特点的基础上，呈现出自由豪放、通俗质朴的草原文化装饰特征。由于宋元以后的佛教纹饰多被赋予了新的民族文化寓意，开始朝“吉祥纹样”发展，将佛教艺术中的符合民族理想的元素提取出来，加以改造。人们依托建筑祈福求祥、表达愿望，吉祥图案成为建筑装饰的重要内容。例如，各种植物花卉纹样代表着富足安康的生活，动物纹样也体现了亲近自然的生活情趣。因此，此类纹饰比较适合运用于现代的家居空间中以营造温馨和谐的生活氛围。部分几何纹样的运用也应做适当变化，以改善呆板沉闷的视觉感受。佛教艺术作为中国传统文化的一个分支，只有深入了解传统佛教纹饰的发展历程，掌握不同时期的艺术特色，才能设计出更有文化底蕴、风格更加鲜明的环境空间。

## 三、传统佛教纹饰在现代环境设计中的应用分析

本文分别从室内和室外空间进行分析，探寻传统佛教纹饰在不同性质空间中的运用原则及方法。

① 室内空间。将佛教纹饰运用于现代室内空间中，来满足人们对生活环境的理想状态，而“使用和氛围”“物质和精神”两方面的功能也就是人们对生活环境、精神功能方面的需求，是所有设计最基本的出发点。传统佛教纹饰在室内设计中，尤其是商业环境的运用应遵循以下几个原则。第一，选取传统佛教纹饰为装饰元素时，应考虑其是否符合空间的性质和定位。在一个室内空间中，如果室内的装饰语言与空间的功能失去了固有的对应关系，那么很容易造成室内空间的浪费与令人难以理解的空间含义。比如，在设计禅茶馆时，可选莲瓣纹、忍冬纹来作基本装饰元素，因其造型寓意都比较符合空间意境，因此能够营造出一种洁净、空灵的心理体验，而如果选用了富丽饱满的团花纹来进行装饰，可能就会违背其空间主旨。第二，

在纹饰运用上，不能过分强调形式，依赖佛教纹饰的表面效果而忽视了内涵表达。现在室内设计存在的普遍问题便是不经过思考的堆砌，不顾风格是否协调，就将纹饰运用于任何可以装饰的地方，导致了缺乏和谐统一的效果。第三，传统佛教纹饰代表着传统审美情趣，而现代人的审美情趣已然由繁到简，那么，在运用传统纹饰时，应当将其中繁缛的部分经过简化，以其“形”，延其“义”、传其“神”，并配合现代材料和技术，打造适合现代人的生活空间。

② 室外空间。传统佛教纹饰在室外城市空间的运用，应该有不一样的设计原则。首先，从大范围来说，整体设计应该强调地域性，不同地区有着各自的文化根源，那么在运用佛教纹饰时，可以适当进行文化上的结合，例如，湖北湖南地区是以楚文化为根基的，如果要在这块区域建设佛教文化景观，就可以将莲瓣纹、团花纹、卷草纹等典型传统佛教纹饰结合代表楚文化的云气纹构成设计的主要符号，以体现地方特色。其次，从小范围来说，某一景观的打造应该和城市整体文脉及风格相协调，而不是进行个体设计，这也是中国自古以来的传统设计原则。因此，俊逸秀美的北朝纹饰、富丽华美的唐代纹饰、格律柔美的宋代纹饰，应该有选择地被纳入现代设计，形成形象鲜明的城市空间。

## 结语

传统佛教纹饰作为中国民族文化的体现，其独特的艺术魅力是现代设计师们可以利用的宝贵资源。只有理解与尊重当时的社会历史，深入了解传统佛教纹饰的发展历程，掌握不同时期的艺术特色，并着眼于当代社会，同时从物质环境和精神内涵两方面着手，以创造性的视角来挖掘传统元素的可利用性与可塑性，才能设计出更有本土文化底蕴、风格更加鲜明的环境空间。

## 参考文献

[1] 叶兆信，潘鲁生．佛教艺术 [M]. 北京：中国轻工业出版社，2001.

[2] 宋宇豪，杨绍清．论中国传统文化在室内设计中的应用方法研究 [J]. 家具与室内装饰，2016,（7）：24−25.

[3] 孙迟，王合连．新中式风格中文化元素的传承设计 [J]. 家具与室内装饰，2016,（8）：54−55.

[4] 张朋川．晋唐宋装饰艺术中的抽象倾向 [J]. 装饰，2004,（2）：11−12.

[5] 雷圭元，刘庆孝．魏的样式·唐的风气·宋的格调 [J]. 装饰，1996,（1）：4−5.

[6] 宋国栋．壮族服饰图案纹样在现代室内设计中的应用价值研究 [J]. 家具与室内装饰，2017,（3）：90−91.

[7] 陆文莺．试论中国古代建筑形制与装饰的“情理相依”[J]. 家具与室内装饰，2013,（10）：51−53.

[8] 孙迟，马杨．室内设计中人与自然的设计之道 [J]. 家具与室内装饰，2016,（9）：106−107.

[9] 郭玉山．新中式装饰风格之路的探索——以海鲜酒楼为例 [J]. 家具与室内装饰，2017,（3）：126−128.

[10] 晏莉．形与意的传承 [D]. 重庆：四川美术学院，2003.

# 55 访艺术大师 叹陶塑之美

原载于：《文艺生活·下旬刊》2012 年第 6 期

【摘　要】现代陶艺有它独特的表现语言和发展轨迹，它是任何一种艺术形式所无法代替的，那就是陶艺永远是“水与火”的艺术。利用泥土材料的本质特点与现代艺术创作理念相结合，掌握一定的工艺知识和技术，了解火作用于泥土的质变过程与效果，这些都是陶工们长期实践的经验积累。技术靠的是积累，科学靠的是发展，艺术靠的是感觉，三者结合才是现代陶艺的源泉。总之，这是一个多元的时代，价值取向各有不同，但“真与美”是人类永恒追求的话题。

【关键词】设计思想；文化；艺术；美

## 一、陶塑女像的起源与流变

陶塑工艺制作，有着悠久的传统和历史的艺术渊源。使用泥土制作用具历史悠久。其中，中国最早的一批陶塑是在牛河梁、河北后台子等地和新石器时代遗址中发现的。先民的这一发明创造无疑开启了后世数千年的陶塑女像的先河。考古学家经过多年的考察，发现坐落在博山的古代窑址有十余处。大约从旧石器晚期开始，生产力的提高以及人类在实践中对火的应用，让人们认识到黏土的可塑性，之后就出现了陶器。据考证，淄博地区的瓷器生产已有 1400 多年的历史。劳动人民为了适应生活和审美的需要，就地取材，以手工制作工艺美术品。艺术陶塑具有民间民俗特色，造型朴素，有浓郁的乡土气息，主要分为鸟兽、器皿、微塑，以及人物。陶塑人物脸部的肌肉选用原色的陶土制成，不施加任何的釉彩。现今所见最早的作品是哈姆拉提时期的彩陶塑女像（图 1），高度有 28 厘米，双手高举过头并且向

图 1 陶塑女像

内卷曲，脸部很小呈蛋形，无眉目及秀发，起伏变化的曲线给人一种活泼的动感。

## 二、陶塑女像的表现手法与取材

陶雕塑主要通过划线、浮雕、捏塑、镶嵌等丰富的表现手法来进行人物的细腻刻画。通过与杨玉芬大师的交流，笔者认为她的陶塑作品表现手法是通过着重刻画人物的面部表情，整体以粗犷与细腻相结合来达到作品的协调与统一。面部的神态和带有装饰性的配件是着重刻画的部分，而身体的造型通常较粗犷。从细腻的方面讲，通过对表情的刻画来体现人物的内心情感，以神传情。杨大师的陶塑仕女刻画中，重点在于夸张，适度地拉长仕女的腿部，从而展现女性的曲线美。这些作品通过人物之间的相互呼应，更加精确地描述了人物的神韵，扩展了表现人物情感的难度。

陶塑女像的取材有的选自古代名著上的人物，其中作品《雪中四美》（图2）就是取自《红楼梦》十二金钗中迎春、探春、惜春、园春四姐妹赏雪的场景。通过神态的刻画来表现出人物内心的情感世界。没有绚丽的装饰，却把人物的神态表现得淋漓尽致。有的选自神话传说里的故事情节，其中作品《白娘子与小青》（图3）为典型。还有的是根据其他民族的风俗特点和文化特色为素材进行创作。在笔者来看，真正的艺术是来源于生活的，用自己的聪明才智实现对自然的超越。即如马克思所言："按照任何一个物体的尺度进行创造，同时，也按照美的规律创造。"利用最纯朴的原料，加以精湛的技法来塑造人物的形象，传递给人们一种深厚的文化理念和审美感受。

图2 雪中四美

图3 白娘子与小青

### 1. 不自觉性——随意与模仿

在出土的原始陶塑中，人物造型的出现记载了人们由起初关注自然到关注自身的转变，这些原始的陶塑中在模仿自然的同时也注入了人的主观意识形态，在陶塑中体现内心的情感世界。随着时代的发展，人们开始注重自身的价值，相应的原始陶塑从动物形象转换到人物形象的塑造。动植物的模仿塑造是人们创造能力的一种基石。原始陶塑简单形象的刻画充分体现了先人们内心的情感冲动，并从陶塑中流露出来。原始陶塑中存在许多独立陶塑，这些独立的陶塑与当时的原始巫术有直接的关系，原始社会乐于老死不相往来，抵制外来影响，他们的陶塑中体现了一种脆弱的人与自然间的平衡。原始人的文化遗产丰富了现代文明，在原始陶塑的初级阶段，许多作品是在一种不自觉性的心理下产生的。

### 2. 自觉性——变形与夸张

原始的陶塑绝大部分是写实性的，杨大师的作品造型却大量地运用了夸张变形的处理手法，出现了许多比较有意象的形象。其中“新娘”这一作品很具代表性，身段明显被拉长，纤细的手指也进行了夸张与变形。在塑造女子的脸部时夸张了五官，鼻梁高耸，两眼微微眯起，嘴角上翘，神情神采奕奕，脸部的夸张变形，让人们感受到惊喜的艺术效果（图 4）。

原始陶塑在人物或动物的刻画上，对于一些特定的局部进行重点的刻画，并且理想化以及神化。对于人物的刻画，眼睛、嘴是重点。在进行陶塑的刻画中，受到了情绪的支配，从自然地刻意模仿，逐步地走向了抽象概括。从黄河下游的大汶口文化到山东潍坊姚官庄出土的陶鬶来看，都逐渐脱离自然界的原始形象走向抽象与概括。陶塑发展到这里，其已经不再是只对于自然的模仿，而是在变化中追求和谐的比例关系，给人一种美的视觉享受。这些作品在夸张能力的把握上已经超越古代时期人物陶塑的局限，是一种审美意识上的进步。

## 三、陶塑女像的成型工艺

杨大师的陶塑女像作品的题材多来自对生活细腻的观察，她的作品风格迥然，观者能通过作品巧妙地感受到艺术家自己所要表达的思想情感以及对历史文学、古人思想、行为的理解。通过艺术作品也能深刻地感受到艺术家个人的文化底蕴与修养。正如我们所说的“艺术来源于生活”。笔者个人认为，作品能否打动人并不在于作品本身，而在于通过作品传达出来的意境和思想情感，是否给人们带来一种情绪。

陶塑女像采用的胎体原料，从博山的地质情况看是矿物质黏土，一种含铁成分不高的瓷土或高岭土。是博山人俗称的大缸料、小缸料。制作陶塑胎体的黏土不要含太多的金属矿物质。假如发现类似黏土，用手紧握看看是否具有黏性，如果可以塑造便可以拿回去进行实验检测，观察其是否具有耐火性。创造胎体往往需要耐火性较好的黏土。古朴耐看的泥土本色显得分外的淳朴，这显然是作者悉心求雅的结果。由于陶塑的色彩不施加釉料，色泽朴实并且天然纯正，显得更加沉稳雅致。在胎体的塑造过程中完全靠手工操作，通过精雕细琢进一步刻画出少女的神态姿容，神采奕奕。一部作品细节上的刻画需要数日，有的陶塑女像娇艳欲滴，有的热烈奔放，总之，每一部作品都能完美地展示出杨大师丰富的内心情感。

图 4 新娘

在陶塑女像这些作品中，配饰和头饰进行了细致的刻画，通过使用不同色彩的黏土和在作品的表面刻上花纹方法，来进行装饰。对女像作品进行仔细的观察后发现，装饰品的颜色主要分为两种，一种是色泥与氧化铁这种矿物质进行混合而形成的比较含蓄的色泽。另一种则是泥土与氧化钴调和所形成的另外一种装饰颜色。在整体刻画上基本修整完成后，进入装饰阶段，进一步来刻画人物的形象，从而传达出所刻画人物的生活背景和地域风俗。肌理的表现是利用特殊手工制作的工具在泥土的表面产生的。

完成装饰后进入干燥阶段，干燥阶段就是把黏土中的水分进行蒸发，同时给予素材坚硬的力度。干燥阶段非常重要，如果不进行干燥就烧炙，会使其中的水分遇热膨胀，导致作品断裂损坏。最后将作品进行高温烧制。

## 四、自由精神的表现与传达

克乃夫·贝尔提出“美”是“有意味的形式”的著名论点。在紧张的工作之余，人们往往向往一种轻松、自由的造型，自由的才是真实自然的，自由地表达内心的情感是陶塑艺术的一个重要的特征。在原始社会，人们发挥着他们的想象力，把自然形态和自己内心的情感活动与内心的敬畏以及恐惧转化为对这个世界的意象图形。几乎所有的客观的自然形态被人们内心意识和经验自由塑造，形成了一种超乎自然想象的艺术形式。这种随心所欲的创造，恰恰产生了怪异的艺术形态，恰到好处地表现与传达了自由的精神。

杨大师的这一系列作品中，每一个人物都恰到好处地刻画出其内心的情感世界，显得那样的可亲，是具有“自由精神”的陶塑。其中“踢毽子”（图 5）这组陶塑，形体厚实，聚散有秩，虽然都是站姿，但是姿势各不相同，每个人的脸上也有不同的表情，通过抽象和夸张手法而获得独特的风格。无论是从表现手法还是从制作动机上看，都传达着一种自由精神。

其中“追”（图 6）这组作品，也很好地传达出一种轻松的精神层面，三五成群或两两相对，每个人物的表情和姿势都各不相同。人物与人物之间也相互对应，自然亲切的形态传达出一

图 5 踢毽子

图 6 追

种内心对自由的崇敬。他们有一个共同的特点就是每一个塑像都是那样的贴切自然。其中这组作品的美虽然不同于秦始皇兵马俑的阳刚之美，但是在艺术追求上是一致的。

从这个例子也不难看出杨玉芳大师对自由精神的敏感，以及在此基础上产生的想象力。她的作品立意深远，在制作陶塑时，利用最朴实的泥土，塑造出一系列活泼、温文尔雅的富有民族特色的塑像，将内心的自我感受倾注到整个创作过程中。这种表现方式及深厚的自由精神内涵推动着陶塑艺术不断向前发展。

## 结语

真正的艺术家，在作品的制造上应该具有时代的指向性。泥是具有生命力的材质，制造陶艺不仅仅是材料和技法的问题，更是一个文化的概念。通过与杨玉芳艺术大师的交流，笔者深深地感受到这位艺术大师内心的情怀。当我们运用泥土来体现我们的思想时，其中的妙趣只有体验者方可感悟最深吧。

## 参考文献

[1] 李艾东 . 中国陶塑艺术研究 [M]. 昆明：云南大学出版社，2009.

[2] 卢切西，马尔姆斯通 . 人物陶塑及烧制技法 [M]. 黄超成，译 . 南宁：广西美术出版社，2005.

[3] 陈进海 . 世界陶瓷艺术史 [M]. 哈尔滨：黑龙江美术出版社，1995.

[4] 洪秀明 . 中国陶瓷雕塑工艺浅议 [J]. 南方文物，2001（2）：84-87.

[5] 吴颖 . 试论艺术陶瓷的走向 [J]. 景德镇陶瓷，2007（1）：24-26.

# 56 《鲁班经》对明清设计活动的影响及探析

原载于：邵长婕主编《墨子研究论丛（十一）》2016 年

【摘　要】《工师雕斵正式鲁班木经匠家镜》（下文中简称《鲁班经》）是一部指导性民间工匠营建的经典著作。它是首次以书面的形式总结明代及以前的民间建筑做法和建筑类型的书籍，其中许多做法仍流传至今。本文将从设计学学科的视角来解读《鲁班经》中的设计观，并结合明清营造活动实例进行分析，探究《鲁班经》对明清设计活动的影响。

【关键词】《鲁班经》；设计观；明清民居；明代园林

鲁班一向被认为是墨家学派“工肆百八十人”中的重要成员，有着“建筑工匠之祖”的美誉。鲁班文化作为中华民族文化的重要组成部分，对进一步梳理我国建筑文化的历史脉络、促进建筑文化的发展有着重要的意义。《鲁班经》原名《工师雕斵正式鲁班木经匠家镜》或《鲁班经匠家镜》，午荣编，成书于明代，是一本汉族工匠的业务用书。全书有图一卷，文三卷。《鲁班经》介绍行帮的规矩、制度以及仪式，建造房舍的工序，选择吉日的方法；说明了鲁班真尺的运用；记录了常用家具、农具的基本尺度和式样；记录了常用建筑的构架形式、名称及一些建筑的成组布局形式和名称等。

本文拟在这方面做进一步的探讨，研究《鲁班经》对明清设计活动的影响，旨在通过传统建筑艺术研究带动当代设计文化产业的发展，为打造当代特色的新中式建筑献言献策。

## 一、《鲁班经》中的设计观

《鲁班经》是一本建筑行业人员营造民间房屋及制造木器家具的指南。书中除记录民居房屋施工的详细步骤，以及各个工序中的注意事宜之外，还描述了古代房建工程中的民俗元素，特别是风水论、择吉术对建造房屋的影响。全书不仅阐述了房建、家具的施工流程及工艺，更是中国传统设计观的集中体现。

### 1.“天人合一”的设计观

“天人合一”的思想理念最早可追溯到《黄帝内经》。其中的“天”所指并非天空，而是自然界的万物。因此，所谓的“天人合一”，其实主要就是指人与自然的和谐统一。英国科学家李约瑟说过，在所有的地域文明中，只有中国人表现出对“人与自然相融合”思想的热衷，并将“天人合一”的思想体现在各种建筑形制中。

人类对自然的敬畏之情古而有之，建筑工匠更是意识到建筑物于大自然而言只是一小部分，因此，若想做好设计，必须要处理好和周围自然环境的关系。《鲁班经》开篇第一卷就强调建屋修宅，要挑良辰吉日，因此，从“择日入山采伐木料”到“开工搭建木架”“竖木建屋”，乃至最后的“立木上梁仪式”，对营建过程中的每个步骤，无一不精确到节令、时辰及方位。良辰吉时的选定并非毫无依据，书中“起造厅堂门”部分讲到“或起大厅屋，起门须用好筹头向。……春不作东门，夏不作南门，秋不作西门，冬不作北门”。这一段正是提到了造门与自然界四季之间的关系。因为春季是水草丰茂的季节，万物萌发的方位即该季节所对应的方位——东方，所以春季不宜做东门，夏季、秋季和冬季的意义亦是如此。

这种人类营造活动与自然界万物和谐统一的思想理念一直贯穿于《鲁班经》中，作为设计观应用在工程中，很大程度上提升了建筑设计的水平和建材资源的可持续性。

### 2. 古代朴素唯物主义的设计观

古代朴素唯物主义是唯物主义的最初形态，是当时生产力水平和科学技术水平的反映。关于古代朴素唯物主义的自然观，我国古代有着“元气说”的观点——认为气是天地万物的本原。东晋郭璞的《葬书》提道：“气乘风则散，界水则止。古人聚之使不散，行之使有止，故谓之风水。”这说明风水并不是建立在鬼神的概念上的，而是以“气”和“气场”为核心的理念。它不仅包括物质的空气，也包含各种各样的生物波、电磁波以及可见光形成的一种能量。

风水追求的目标就是人与环境的和谐。《鲁班经》中的风水术对民宅的方位朝向、建筑形制、构件尺寸均提出要求，它调节人及其生活环境并使之气场和谐，民间匠师在它的指导下创造出了与当地自然环境相适应又独具特色的民宅，可见风水术对中国民间建筑的发展产生了不可忽视的影响。

### 3. 大、小木作一体化的设计观

古代建筑有大、小木作之分，大木作指梁架、柱、斗拱、椽望等，小木作则指室内外檐装修。不同于现代意义上的装修，这里指的是安装和修造建筑物中的构件，而古建中的它又被分成外檐装修和内檐装修两大类。前者为门、窗、楣、栏等室内外之间或廊子下面的木装修，后者为天花板、藻井、碧纱橱等安装于室内、分隔内部空间的木装修。依据《营造法式》中的相关内容，地板、楼梯、龛厨、井亭等，也属于小木作的内容。

纵观《鲁班经》，建筑部分涉及内容极广，除建筑的修建流程之外，还包括建筑的形制与造型，而且详细地列出房屋梁架造型的规定、门的种类及制作、各种建筑样式和附属构件。由此可见，《鲁班经》已经系统地将古建中大、小木作的设计工艺囊括于书中，并且形成完整的设计体系。正如现代主义大师密斯·凡德罗所说，魔鬼在细节——只有把握好整体建筑与细节构件的关系，才能建造出宏伟的建筑。而《鲁班经》中将大、小木作一体化的设计理念，极大程度上保证了明清建筑设计整体化观念的贯彻。

### 4. 建筑与家具一体化的设计理念

从隋唐、宋、辽、金时代的绘画作品及相关资料中，不难看出建筑装修、室内与家具的发展在唐宋之间有了突变——唐以前在各方面较简单，到了宋代就得到了空前的发展，在明代则被完整传承。

《鲁班经》中建筑及家具设计制作内容较为完备，对于中国古代民居的业主和设计师而言，其更大的意义在于人们可以参与到自己居住环境的设计过程中，即从建筑到室内及家具均由业主和设计师一同完成，设计与营造活动的完整性和高质量从而得到保障。

值得一提的是，这种设计理念不仅在我国建筑古籍中得以体现，在国外如莱特、柯布西耶、麦金托什等现代著名设计师们追求的也正是这种建筑与家具的一体化的设计。

## 二、《鲁班经》对明清设计活动的影响

《鲁班经》成书于经济富庶的南方地区，加之这是私人编著的民间建筑著作，其推广程度更是远胜于官方修订的专著，因此，它对明清设计活动的影响更为深远。

### 1. 园林设计中的“山”“水”要素

“山”“水”之所以成为阳宅风水中的重要因素，其根本原因在于二者与人的关系。风水学中，山为内气，水为外气，有着“山管人丁水管财”的说法。其中的山水精髓就是为人们择出最佳宜居环境，从而达到人和自然的和谐统一。

私家园林兴盛于明清南方地区，是官宦巨商退养之地。这些园子虽由园主斥资修筑，却低调内敛。“山”“水”作为堪舆理论中的重要元素，亦被列入古典园林构景四要素之中。

（1）扬州个园的“山”要素

俗语云：“山清人贵，山破人悲；山归人聚，山走人离。”在风水看来，分辨山与人之间的关联重要之至。园林中的山石是对自然山石的艺术摹写，除了兼具自然山石的形态点缀空间，也具有分隔空间和遮挡视线的作用。《鲁班经》中提道：“门向须避直冲尖射砂水、道路、恶石、山坳、崩破、孤峰、枯木、神庙之类，谓之乘杀入门，凶。”破碎陡峭、草木不长的石山是风水中的禁忌；反之，圆润端正、高大威猛的石山被视为大吉。

建于清代的个园因园内叠石艺术闻名。个园中的假山（图 1）以四季为主题，分别由笋石、湖石、黄石、宣石堆叠而成，被园林泰斗陈从周先生誉为“国内孤例”。《园冶》“掇山”部分提道：“黄石……其质坚，不入斧凿，其文古拙；宣石……愈旧愈白，俨如雪山也。”反观个园中的假山，不论外形还是质地，非常符合《鲁班经》中“吉石”的特征。

图 1 扬州个园假山

据医学经验，有的石头上会附有很复杂的磁场，对人会产生精神上和生理上的不良反应。园内山石若造型怪异或门前有长石挡道，也会给人的心理造成影响。《鲁班经》中对阳宅山石的选择正是从心理学角度出发的，极具科学依据。

（2）苏州拙政园的“水”要素

“水”在风水中极为重要，这原于它的规律关系着家族和个人的兴旺昌盛。《鲁班经》道：“……（门）宜迎水、迎山，避水斜割、悲声。经云：以水为朱雀者，忌夫湍。”风水学中，“水”有吉凶之分，所谓“吉水”指的是水源深长之水、潮头较高的白色海水、悠扬平缓的溪水等；“凶水”指的是腐臭之水、污浊之水、直大冲射之水、反跳翻弓之水等。住宅周围的水分为六种，分别为朝水、环水、横水、斜流水、反飞水、直去水。前三者为吉水，后三者为凶水。若住宅周围水景布局合理，方可积聚生气。

拙政园始建于明代，是中国园林史上的经典之作。全园以水为中心，山水萦绕，分为东、中、西三部分——东花园位于山峦之间，豁然开朗；中花园位于山水之间，山石同水面相映成趣，是全园集大成之所在；西花园以水面为主，映衬于精美的楼宇之间。园内三部分虽均以山水为主，但各花园中山水比例不尽相同，故而意韵各异。

图 2 拙政园“与谁同坐轩”

园内的“十八曼陀罗花馆”“秋香馆”“倒影楼”等建筑小品面水而筑、推窗见水，非常符合书中提到的“（门）宜迎水、迎山”。“波形廊”“与谁同坐轩”（图 2）临水而建，正如环水之势，亦是风水中的大吉。

（3）苏州艺圃的“山”“水”要素

艺圃（图 3）前身为明嘉靖年间的醉颖堂，万历末年扩建时更名为药圃，基本奠定现在格局。艺圃为东宅西园的格局，东、北以建筑为主，西、南以山池为主。池南假山东北角石桥可达东岸乳鱼亭，保留了明代风格，是欣赏池北厅堂和池南山林的妙处。艺圃主体为一堂一池一山，布局简练疏朗，水池东、北、西三岸较为平直，保持了明代园林的格调。

图 3 苏州艺圃

江南著名的造园家们在构思山、水要素时不仅要综合美学、地质学、生态学、心理学等各种门类学科，更要深谙风水学中的阳宅风水之道。综上所述，风水追求的目标就是人与环境的和谐。

## 2. 室内物件的营造活动

（1）明清家具的种类及尺度

《鲁班经》中最完整的部分是家具设计部分，增编于明式家具高度发展的万历年间。它以图文并茂的形式，详细记录了当时民间日常生活用具和家具的型式、构造及尺度，其内容可大致分为以下几类：

① 床类：包括大床（架子床）、凉床、藤床及禅床；

② 案几类：案棹、八仙桌、琴案、方桌、圆桌、一字桌、折桌、香几；

③ 椅凳类：禅椅、板凳、琴凳、踏脚、仔凳等；

④ 屏风类：单屏、围屏；

⑤ 箱类：扛箱、衣箱、药箱、衣笼；

⑥ 橱柜类：转轮柜、衣橱、食格、药橱；

⑦ 架类：衣架、镜架、面盆架、花架、铜鼓架、锣鼓架、灯架、伞架等；

⑧ 其他：棋盘、招牌、牌匾、茶盘、算盘、洗浴坐板、看炉、香炉等。

作为有关古代家具仅存的一份重要资料，《鲁班经》中所包含的家具种类之齐全、设计之完美，至今仍是中国各地家具传统的精华。书中不仅列出了传世稀少、现在很难遇到的明式家具的品种和做法，也有民宅家具的简易做法，都值得我们注意和学习。

（2）明清家具设计元素中的“仿生学”

《鲁班经》提倡“天人合一”的设计理念——人事应与自然相应，制作器物亦是如此。古人依据从自然界中得到的启发，认为器物也要讲究流畅的曲线。书中“家具的制作”这一章节中提到大量家具的造型设计和装饰纹案中运用了动植物的元素，如“……看炉下豹脚脚二寸二分大，一寸六分厚，其豹脚要雕吞头……方炉盘仔一寸二分厚，绦环一寸四分大，雕螳螂肚接豹脚相秤……”。这里所说的“豹脚”“螳螂肚”等都是从自然界中的动物身上得到的启发。

## 结语

《鲁班经》作为一部民间编纂的建筑类工具书，最大的贡献在于其正式用书面形式总结了明代及以前的民宅做法。这些做法大多沿用至今，说明我国广大的民间建筑设计活动不仅是一脉相承的，还有着经得起时代考验的合理性。书中所展现的设计观对我们当代设计活动仍有很多启迪，其中体现的既是传统的历史性的，又是时代发展中不能丢弃的指南。只有对《鲁班经》有一定深度的了解和研究，才能更好地将其运用于当代的建筑环境设计领域中，发扬传承传统的设计文化。

## 参考文献

[1] 刘敦桢．鲁班营造正式 [J]. 文物，1962（2）：7–8，9–11.

[2] 张燕．论《鲁班经》——兼谈我国古代工艺思想特色 [J]. 东南大学学报（哲学社会科学版），2005（1）：97–98，125.

[3] 计成．园冶 [M]. 北京：中国建筑工业出版社，2014.

[4] 陈耀东．《鲁班经匠家镜》研究 [M]. 北京：中国建筑工业出版社，2010.

[5] 吴道仪．图解鲁班经 [M]. 西安：陕西师范大学出版社，2010.

[6] 北京大学物理系《中国古代科学技术大事记》编写小组．中国古代科学技术大事记 [M]. 北京：人民教育出版社，1977.

[7] 李秋莲，郑卫民，邹里．建筑设计中的经济学 [J]. 湖南农业大学学报（社会科学版），2008（4）：147–150.

[8] 李文芳，赵爱华．浅谈建筑学学生设计中的经济意识培养 [J]. 经济师，2007（4）：145–146.

# 57 师法天地 行以载道——从几个考古新发现解读中国古代车马设计观

原载于：《文博》2007年第4期

车马，自古以来被用作代步、载物之工具，近年来，随着我国越来越多的车马器物、壁画、帛画、青铜车马等实物被发掘出来，中国古代车马技术的璀璨遂成为世人瞩目的焦点。倘若从艺术设计学的角度研究，笔者认为古代中国车马设计的智慧，无论从史学角度还是技术层面，对当代设计师的启发都是非常实际而深刻的。

## 一、悠久的历史渊源

纵观中外艺术史、设计史，车马的形象比比皆是，但是，没有哪个地域能像中华大地这方沃土，孕育了举世无双的车马文化。也许你能在古希腊的一个瓶画上或是古埃及的墓室壁画里见过为数不多的古代车马的影子，或在《荷马史诗》中偶尔看到过车战的故事，但是，你可曾想到，同时期的古代中国，早已是“车辚辚，马萧萧”的“千乘之国”。远在殷商时期，中国古车的形制已经基本完善，西周至春秋战国日趋完美，秦汉时期制车技术达到巅峰，并形成了完备的车马礼仪文化，直至隋唐乘骑之风日盛，牛车、轿子等交通工具陆续出现，壮观浩大的古代车马才渐渐退出历史舞台。

目前我们能看到的最早的考古实物是20世纪30年代以来河南安阳殷墟出土的18辆距今三千多年的独辑车。由这些出土车马的形制来看，商代的造车技术已经相当成熟，而在这之前，必定还有一段漫长的车制发展史，古籍中众多关于车的记载可以说明这一点。如《淮南子•说山训》中“圣人见飞蓬转而知为车”，《史记》中记载了大禹治水时“陆行乘车”，近年来在内蒙古阴山、乌兰察布草原和锡林郭勒草原上，发现古车的岩画数十处，专家鉴定其为新石器时代的岩画，北大的林梅村教授在《古道西风——考古新发现所见中西文化交流》一书中指出，我国的造车技术至少可追溯至中国青铜文化早期(约公元前18世纪)；再加上“黄帝造车”和“奚仲造车”的传说，可以推测，车马在公元前20世纪左右的中国夏朝已经存在；而且，《左传•定公元年》和《续汉书•舆服制》中都有记载：奚仲担任夏朝的“车正”之职，专为夏王制造车辆，并“建其旐旗，尊卑上下，各有等级”。可见，夏朝已有的车辆生产及相关礼制并不是子虚乌有。

从殷墟为代表的商代车马出土实物来看，商代车多为木质两马驾辑（辕），又称独轴车，前有一衡两軶，车舆（厢）较小，一般为长方形，轴贯两轮，辐条多为18根（图1）。相比之下，西方同时期的车马文物很罕见，车制也明显落后。希腊瓶画上的马车比例、形制很不科学，与同时期其他内容的瓶画相去甚远，如公元前13世纪的梯林斯王宫壁画上有″妇女驾车″的形象，图中车轮形式简陋，仅有十字形相交的4根辐条，隐约可见单辕；当然，我们不能仅从壁画上简洁夸张的形象就断定当时西方车马的简陋不能断定其他文明的车马文化也落后于中国。但是，《伊里亚特》中关于雅利安人的描述给了我们肯定的答案，书中描述雅利安人有马，但没有骑兵，作战用一种马拉拽的简陋战车，他们的战车发展远远落后于中国，原因是雅利安人是畜牛的民族，而新石器时代的蒙古利亚人是畜马的民族。同样，古代其他几大文明的发源地也几乎没有与中国出土的结构复杂的古车实物相媲美的考古发现，可见中国的古代车马文化在世界上是独一无二的。

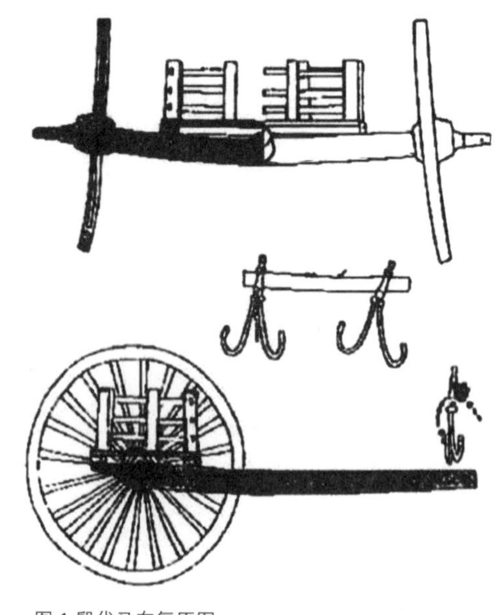

图 1 殷代马车复原图

## 二、高超的设计技术

西周至春秋战国时期近千年的历史，中国古车在车制和装饰方面日趋完备，许多设计原理和机械造型对现代设计不无启发。众多出土文物中，

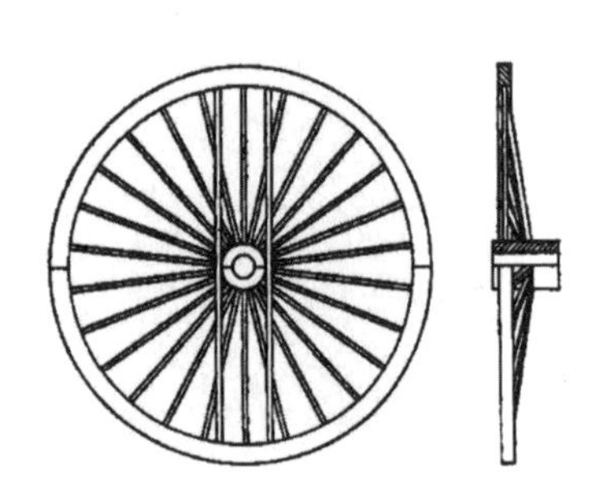

图 2 轮绠装置

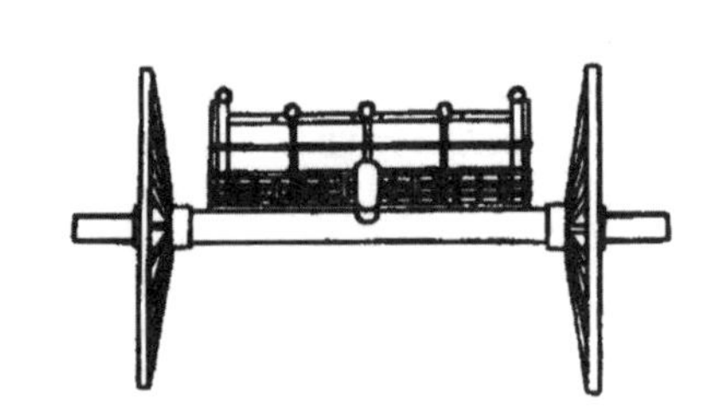

图 3 辉县出土战国车中的轮绠装置

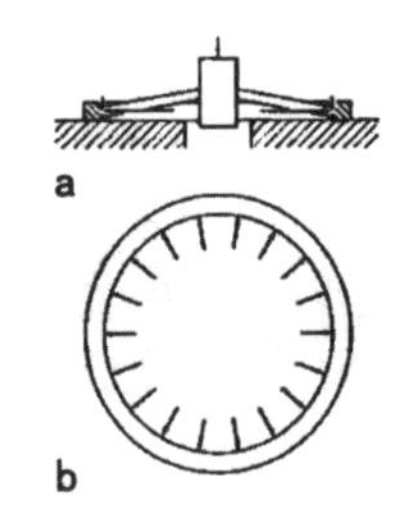


图 4 轮绠装置受力分析

以河南辉县出土的战国车最为典型，其轮子的设计技术令现代人惊叹。那时的古人已经能用科学的力学原理设计轮绠装置（图 2 ～图 4），使作用于轮毂的轴向力通过轮辐转化为径向力，平均分散到轮缘上，增加了轮子的耐用性。

“察车自轮始”，轮子的制造质量至关重要，我国先民在春秋时期已经总结出一套科学的工艺检验标准。《考工记·轮人》中曰：“规之，以目氏其圜也；萬之，以目氏其匡也；县之，以目氏其辐之直也；水之，以目氏其平沈之均也；量其薮以黍，以目氏其同也；权之，以目氏其轻重之侔也。”这是用各种器具对轮子进行质量的定量检验，即用圆规测量判断轮子是否圆，用矩（萬，正方之器）确定辐毂牙的准确位置，用悬绳来衡量车辐是否上下垂直，轮子做成后置于水中，看它是否飘浮平稳以判断斫才是否匀正，将黍米放进轮的两个毂孔内，看两者容量是否一致，“权”则是测试两轮的重量是否相同。经过以上科学而严格的测试，轮子的质量得以保证。

当然，最能体现中国古代制车技术的是20世纪80年代出土的秦陵铜车马（图5），即1号、2号铜车马的形制和装饰，充分体现了秦代独辀车制造的高超技术，许多文献中记载的古代制车工艺都在它们身上得到了解读。典型的例证如《考工记》中的“短毂则利，长毂则安”，意思是说，短毂的车轮轴和毂的摩擦面小，车轮转动时阻力小，车速快；而长毂的车轮要比短毂的车轮摆动幅度小，长毂有助于减震、增加车的稳定性。研究者经测量比较发现秦陵1号铜车之毂长短于2号铜车的毂长，因为1号铜车是立车，战车形制，用短毂（图6）；而2号铜车为安车，乘者地位尊贵，坐乘用的，当然用长毂以求平稳了。秦陵铜车马的许多设计工艺在今天看来仍然是科学、先进的。又如：舆底轴上的“伏兔”设置（图7），看似微不足道，却起着不可替代的减震作用，还能增加车舆高度以弥补曲辕的曲度不足；类似的设计智慧还有很多，如秦陵铜车马的轴用采两端收杀的设计方法（图6），有效地防止了轮子的内靠、外逸问题，并减少摩擦，这些方法同《考工记》中的记载都是吻合的。古代造车技术的高超还体现在对材料的选择和科学的系驾方法上，譬如辀和轴、毂牙和辐、衡和轭、桄与横条凳结构之间的联结方式多用榫铆结构，或用革带缠扎（图8），具有增加弹性、紧固耐用的作用；做轮子部件时，更是注重选材，制毂时用杂榆木，制辋时用枋，制辐时用檀木；中国古代车马的系驾法大体经历了三个主要的发展阶段：轭车引式系驾法、胸带式系驾法和鞍套式系驾法。中国先秦时期的独辀车车轮大，自轭车句至轴的连线接近于水平状态，以车引传力曳车，马的力量能够集中使用，减少无谓的分力。马的承力点在肩胛两侧，轭是受力的部件，鞅虽缚围于马颈上，但因不传力，所以不会压迫马的气管，车子行进速度加快时，也不影响马的呼吸，从而使马奔跑自如。相比之下，同一时期地中海地区的马车却采用“颈带式系驾法”，即将马颈用颈带直接绑在车衡上，颈带是马拉车行进时的主要受力部位，马的气管受到颈带的压迫，马跑得愈快，呼吸就愈困难，从而大大影响了马的力量的正常发挥。因此，我国古代独辀车的系驾法更为合理，性能更简便、科学，西方到公元8世纪才开始应用这种系驾法，比我国晚了近千年。

图5 一号铜车马侧视图

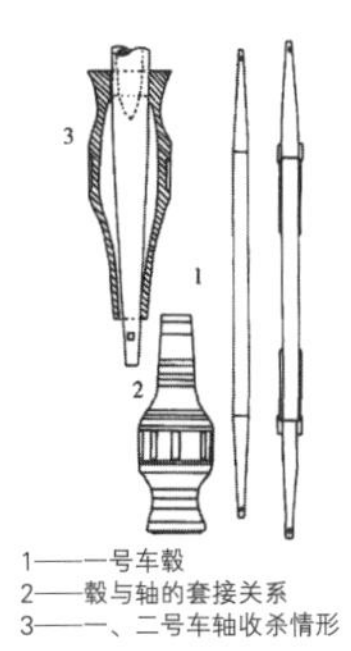

图6 一、二号铜车毂、轴

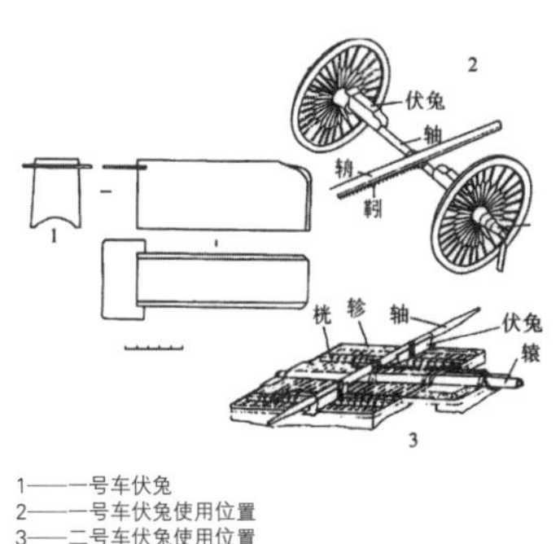

图7 一、二号铜车马伏兔及其使用位置

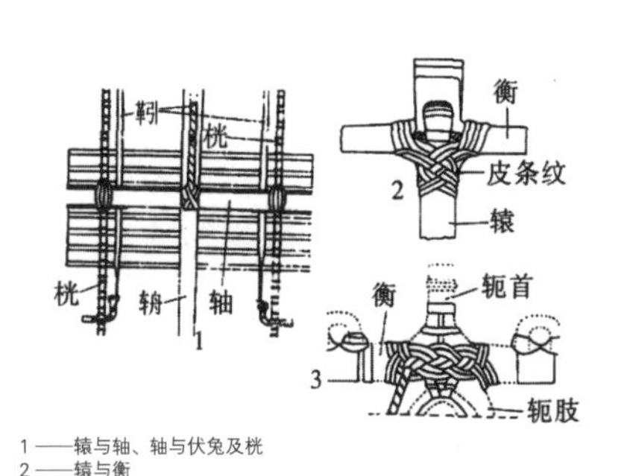

图8 秦陵铜车上的皮条缠扎纹样

## 三、严格的车舆礼制

宋代理学家程颐说“天下无一物无礼乐”，是说一切器物都是从“礼”和“乐”的意义上来设计的。中国古代车马的设计也不例外，小到一个铜泡的装饰大到车舆的尺度，无不体现着森严的等级规划和处理法则，不得擅越雷池一步。因此，正确地解读古代车马的设计观念，要结合当时的历史文化背景。中国古代车马的礼仪在商周即已确立，秦汉时代是车马礼仪发展的峰巅时期，秦陵铜车马是可以考证的典型实物，还有目前已出土的众多汉代画像石、墓室壁画、帛画上也能看到“造车图”“车马出行图”“车骑狩猎图”等，从而为研究汉代的车骑礼仪制度提供了丰富的资料。著名的如山东嘉祥洪山出土的《造车图》(图9)，山东沂南画像石墓的《车马出行图》，长沙马王堆三号墓出土的帛画《车马仪仗图》、山东武氏祠墓出土的《车骑出行画像石》等，这些耀武扬威的古代出行、出游场面是墓主人身份的象征，是当时社会状况的鲜明反映。

图9 嘉祥洪山出土的《造车图》

在阶级社会中，标识身份地位的象征物很多，如服装、建筑、日用品等，但是车马在中国古代是最高级的器用，周人不仅制定了车马礼仪，而且制定了一系列的车制形象，用车轿来巩固、维护天子君王的等级秩序和特权，甚至神化这种内涵。譬如车舆的设计就是典型的制器尚象的表现，《周礼·冬宫》中提到，“轸之方也，以象地也；盖之圆也，以象天也；轮辐三十，以象日月也；盖弓二十有八，以象星也”；孔夫子有云“天道曰圆，地道曰方”，这就是古人在车舆上师法天地、行以载道的用意，小小的车舆竟涵盖了天、地、人，可见古代君王将侯的特权和雄心。《后汉书·舆服志》中也提到，“轺车马，驭方法地，盖圆象天，三十辐以象日月，盖弓二十八以象列星，龙旗九斿……”，这里不仅用盖弓象征列星、用轮辐三十象征日月合宿，用盖斗象征北斗，还用“龙旗九斿”来标识车的拥有者的身份，《周礼•考工记·辀人》中记载：“龙旂九斿以象大火，鸟旟七斿以象鹑火也，雄旂六斿以象伐也，龟蛇四斿以象营室也。”其含义是按照地位的尊卑和职别等级的高下，在参（旗之正幅）上画以物的图形，或用羽的多少和特定的标志来区别（图10)。这令人联想到我们经常看到的河南山彪镇出土的“水陆攻战纹铜鉴”(图11)，图中旗上用星数来表示等级，而《周礼·典命》的记载是：“掌诸侯之五仪（即公、侯、伯、子、男之仪)，诸侯之五等之命（即孤以下四命、三命、再命、一命、不命)”，可见，星数即斿数的又一表示法，爵位的高低在于斿数之多寡，古代车旗上的斿数即命数地位的象征（图 10）。汉承秦制，上述理念在马王堆三号墓利仓之子墓的帛画《车马仪仗图》也可见，图中各色旌旗及车马整齐排列，反映了此小小轪侯的威仪。

阴阳五行学说在古代车仪文化中的体现也是不容忽视的，五行学说孕育于中华文明肇始之初，成长于春秋战国学术繁荣之时，战国时期齐国邹衍的提倡更使其深入社会生活的方方面面。以秦车为例，统治者不仅制定了严格的卤薄制度，设立不可僭越的车行仪仗的等级，而且采用“五德相生”说，《史记·秦始皇本纪》中可见：“数以六为纪”“符法冠皆六寸，而舆六尺。六尺为步，乘六马”的规定。在车马的装饰色彩方面，这种观念更明显：秦陵 1、2 号铜车马的图案，以白色作底色和基调，间以蓝、绿等十余种冷色勾勒图案，设色淡雅，繁而不乱，这种以白色为主的基调正是“东青龙、西白虎、南朱雀、北玄武”的西方之色，在秦陵考古现场，由五色安车和五色立车组成的十辆副车中，1、2 号铜车恰恰位于西方，连马也是白色基调，与“各如方色，马亦如之”的要求吻合。

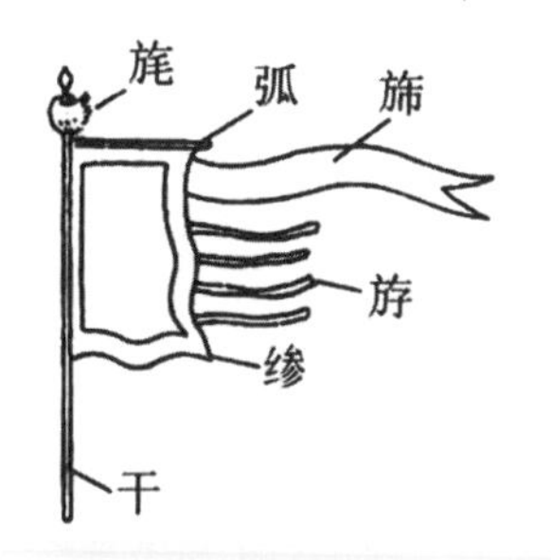


图 10 旗帜各部名称

图 11 水陆攻战纹铜鉴上的金鼓、旗帜图

当然，中国古代车马的产生发展是特定历史时期的产物，随着车战的消失、各种交通工具的发展，双辕车取代了独辀车，牛车增多，礼仪繁缚的马车渐渐冷落下来；公元前 307 年，赵武灵王“胡服骑射”揭开了单骑的历史，到隋唐时，乘骑之风日盛，在大家熟知的《虢国夫人游春图》里，衣着华贵、风度翩翩的贵族们最时尚的活动便是骑马了。

最近几年，越来越多的古代马具和车马器、车马饰陆续出土，为我们正确解读不同历史时期的车马设计提供了线索。虽然现代社会已经充斥着各种高效率的交通工具，现代设计师也不会设计车马，但是，中国古代的许多朴实的造物原则和设计思维并没有完全被摒弃；尽管生活方式变了，潜在的象征文化却一直在影响中国的现代设计，这也是中国的设计虽步西方的后尘却永远不会与西方的作品雷同的原因，相信这也是国人探索具有中国特色的设计之路的一个切入点。理解并发扬古代设计文化的精华，对现代设计理念的开拓也必定大有裨益。

# 58 泰安石头村建筑特点与价值的探析

原载于 :《信息记录材料》2017 年第 s1 期

【摘　要】本文就泰安西部地区石头村的建筑形式与传承价值进行梳理和总结，并结合石头村衰落的现状，阐述了对传统村落保护与复兴的重要意义。

【关键词】泰安；石头村；建筑；特点；价值

## 一、石头村简述

“石头村”位于泰安市道朗镇二起楼村。据村书记讲述，这个村子起建于明清晚期，距今约 300 多年。因地处山地，人丁稀少，至今仍然保留着泰西原始村落的面貌。古村依山而建，建筑都由石头垒成，因此得名“石头村”。二起楼村得名于村内的标志性建筑——二起石楼(图 1)。

## 二、石头村的独特建筑特点

本文主要就石头村建筑的材料、院落布局、地域特点进行分析总结，对其传承价值进行阐述，并进一步对石头村的文化价值、旅游价值、建筑价值等进行论述。

图 1 二起石楼

### 1. 就地取材，石头村落

石头村四面环山，依山而建。据村民讲述，村子建筑选址于地势平坦的中央地区。人们为了采光，选址于北面坡度较缓的坡地上。南面山地因地势不足，多被开垦为农田。石头村所处的泰西山区，石灰岩分布众多。当地居民就地取材、建房铺路，不仅经济方便，而且经久耐用。

村内目之所及之处都为石头所做。石屋、石巷，还有很多石头器具，可谓“比比皆石”。总结来说，“石头”的村落主要表现在以下

图 2 干搓墙图

几个方面。第一，房屋全部采用石头垒成。村里房子在平整的石头上建造，用“干搓墙”（图 2）围合而成。建造时没有采用一丝木料，也不使用任何胶黏剂，坚固耐用。房屋与当地石头环境浑然一体，就像从土地里生长出来的，十分自然。第二，用石头垒筑自家院落平台。由于村落所处之地地质条件独特，有大量的石灰岩石，村民遂可较为便捷地就地取材。村民们将巨大的岩石搬运、平整后铸成房屋底座，形成自家院落平台。沿平台边缘，采用较小的石料向上砌筑，形成自家墙院。第三，建筑构件上大量采用石头为原材料。尤为显著的是民居建筑上的“排水口”，泰西当地人称之为“水流子”。它由一整块石头雕刻而成，上面雕有细条纹，形态十分优美。由于泰西气候干旱，水源较为匮乏，而这种排水口可使雨水直接排落到自家院落之内，方便采集利用。第四，用石料打造生活器具。例如，石制的水窖与大型水池、石磨、石盆、石槽等石制工具。第五，平整石材铺成村路。村民自采山石，简易平整之后铺成石路。石缝间嵌着小草，委延婉转，十分惬意。

### 2. 传统民宅，四合院落

泰西石头村如北方传统民居一样，是以四合院为主的基本格局，以土木结构的梁架式房屋为基本形态。这种院落布局与北方人的观念与生活习惯有着很大的关系，既符合泰西山民一家团聚的理念，又方便劳作生活。

纵观村子四合院的特点，可以总结为以下几点。第一，布局。大门在院落的东南或者西南角，院落北面正中是正房，东西挂房，一个耳房与正房相通。院落的东面是厨房和储藏间，西面为动物圈舍，西南角是厕所。第二，台基构造。北侧房屋大多建于三级台阶之上，少数大户人家则将房屋建在五级台阶上。储藏间与厕所建立在二级台阶上。第三，屋顶。大多为硬山坡顶，檩条数目有五、七、十一等不同的规格，多用杨木。堂屋屋顶最高，耳房次之，其他房屋屋顶为平顶。第四，院落布置。部分水窖建在院落中，设置在靠近南墙的位置。另有部分将水窖建在院落之外，则空置出院落南部，可以在此搭建草棚等用于放置杂物。

### 3. 地域特点，院门独特

我国北方地区传统村落的大门在建造上是十分讲究的。石头村的大门结合泰西当地的地域地点，对传统的大门稍做改变，形成了具有二起楼村特色的院门。据笔者观察，石头村的大门分为两种：屋宇式大门和墙门式大门。屋宇式大门开间较大，一般为两开间，是正式的院门。门上用整块石头做梁。墙门式大门一般安装一到两扇栅栏门。石头村地区，将传统北方民居中的门当和门户结合起来，在竖向门垛的中间位置，会有左右对称的方形石头，当地村民称之为“鼓墩”。石头相对面，打凿出半圆的凸面，形似鼓，起到稳固门框的作用。仔细观察会发现，很多建筑部位有雕琢平整的斜条纹，如鼓面、门窗上下梁、门枕石、顺门石等。

## 三、石头村的传承价值

### 1. 历史文化价值——泰西民俗传统生活

泰安是一座历史古城，研究石头村，对保留泰西传统生活，传承泰西历史文化意义重大。

石头村拥有古朴独特的旅游价值，如保存完整的历史古村、"天人合一"的生活方式、生活气息浓郁的石头文化、淳朴的民风民俗、神秘的图腾传说、山地特色的山林农业以及周围丰富的历史文化带等，这些都是研究北方传统民居生产生活不可或缺的一部分。

**2. 建筑地域价值——典型泰西山区特点**

地域建筑是中国各地区城市体系中城市文化、乡土、民俗文化不可分割的综合组成部分，特别是民居文化，扎根乡土，新陈代谢，有机更新，多属于"没有建筑师的建筑"。吴良镛先生称之为"有生命的建筑"。泰安石头村民居的形成受多方面因素的影响，比如：建筑布局深受儒家伦理观念的影响，形成中庸、四平八稳、方正规矩的布局形式；受泰山文化影响，家户在选址上讲究风水，建筑墙壁上有"泰山石敢当"用以辟邪；受地理条件影响，就地取材形成石头村风貌；受气候条件影响，家家户户有水窖……这些作为泰西地域特点，是形成村貌的重要原因，也是值得我们去探析研究的。

## 结语

泰安石头村的存在，对北方传统民居及明清民居建筑形制的研究有着十分重要的意义。在迈向城镇化的进程中，如何保护复兴独具特色的泰安古村，是值得我们探讨、研究的。

## 参考文献

吴良镛．地域建筑文化内涵与时代批判精神——《批判性地域主义——全球化世界中的建筑及其特性》中文版序 [J]. 重庆建筑，2009（2）：53.

# 59 济南市东泉村民居照壁研究

原载于：《中国科技纵横》2017年第6期

【摘　要】照壁作为建筑的一部分存在于中国建筑中已有三千多年的历史了，是中华民族建筑中文化的象征和代表。东泉村是济南东南部山区内一座传承约700年的历史村落，照壁在这一村落中发展和继承，变化出了各式各样的平面样式，成为北方民居中必不可少的组成部分。在世界文化大繁荣的今天，其彰显了中华民族文化强劲的生命力，以及普通中国人民对中华文化的认可和依赖。

【关键词】东泉村；民居；照壁

中华民族以煌煌五千多年、从未间断的历史文明屹立于世界民族之林，是世界文明史中一颗璀璨的明珠。中华民族在这块大地上所形成的独特建筑形式和文化内涵在今天备受世界瞩目的同时，依然如同春风般影响着今日之中国建筑形式和文化习俗。民居作为中国最广大人民的生活建筑，是最主要反映中国传统建筑文化、建筑习俗、人民生活方式的建筑，对中华传统建筑的继承和发展也是最为重要的。

## 一、济南市东泉村

济南位于山东省中部，其南部和东部为泰山和鲁山所环抱，北部为黄河穿过而形成冲击平原，地势总体上南高北低，四季分明。东泉村是属于济南市历城区彩石镇下的一个村落，位于济南东南部，距济南市中心约40千米，至今已有约700年的历史。村落依山傍水而建，有一条主要河流穿过村落，人民生活以种植、养殖、外出务工为主。村子北部建筑已有大部分被重新翻新，成为被改造后的新生民居；村子南部因地形复杂、山路崎岖，保留了石巷、古碑、石墙、溪流、古雕、土房、老树、清泉的古村落特色。全村形成了非常明显的古老村落建筑与新生村落建筑共同存在的北方山区村落建筑特色。

## 二、济南市东泉村照壁浅析

东泉村，相传因李世民征战时曾率部饮马于此地之泉而得名，位于济南市东南部山区之内，村落整体依山而建，因交通闭塞，保留了部分明清村落的格局，虽然时至今日明清建筑所剩无几，但是村落中的照壁却作为一种文化的遗留保留至今，对每家每户皆有重要的影响。

## 1. 济南市东泉村照壁主要特色

照壁又称“影壁”，在中国已有约3000年的历史，古时有“屏”“树”等称谓，是位于庭院大门之内或庭院大门之外与大门呈呼应关系的一座独立于大门或者与大门有一定连接关系的墙壁。在中国，照壁被广泛应用于民居、宫殿、园林、寺庙、楼阁等传统建筑中，同时在小区、公园、图书馆、政府机关等现代公共建筑中亦非常常见。照壁有遮挡视线、丰富空间层次、转换气流流向、烘托建筑整体气氛、增加建筑气势、震慑和缓冲人们心理的作用。

东泉村中几乎家家皆有照壁，较为富裕的人家大多已盖成新的村舍，门前有一字形照壁、L形照壁、U形照壁，且多数门内门外皆有照壁。壁身的装饰多是简单的瓷砖贴面的形式，以“福”字或者吉祥瓷砖画纹样居多，尽管壁顶、壁座没有雕镂石刻和繁复的装饰纹样，但是中国普通民居中的古朴、自然、简洁、大方之感令人过目不忘、倍感亲切。中等的家庭仅在大门前设置简单的L形照壁，或者借用其他人家的后墙、侧墙简单装饰一番以作自家门前的照壁，大门前是道路的，亦不忘在大门前道路的对面设置简单的一字形照壁；或者在大门外不设置照壁，仅在大门内设置;至于在装饰上，或以简单的瓷砖装饰贴墙，或者直接以水泥刷墙，甚至直接是大块的山石裸露于外，朴实之感扑面而来。贫寒人家多以老房子为主，无论房屋多么低矮破旧，仍会在大门入口后设计拐角充当照壁或者以门前的一颗大树充当照壁；甚至仅仅在房屋门口以从山中捡拾来的小块砖石自行垒叠成不足一米高的土墙以充当照壁；又或者因住宅基地狭小，门内门外皆无从摆放照壁，便将门前设计成“之”字形的曲折之路，而几乎没有人家会在门前没有照壁的情况下设置直接入门的台阶。就连新建成的村委会大院门口前面也设置了一座仅有不足一米高的水泥无装饰矮墙对居委会大门进行一定的遮挡，与照壁十分神似。由此可见，照壁已经作为一种文化深入到东泉村家家户户建筑的骨髓之中，中国民居建筑中的照壁文化在东泉村这一普通的北方山村中得以淋漓尽致地展现和传承。

## 2. 东泉村照壁主要平面形式

东泉村中几乎家家户户都有照壁的特点以及依山而建的村落形式，导致了村中民居的平面形式变化多样，致使村中照壁的平面形式亦产生了丰富的变化，虽少有特别装饰华丽的，但其多变的平面形式仍值得一究。本文将东泉村中的照壁形式分为三类：第一类是大门内外皆有照壁的形式，第二类是仅大门内有照壁的形式，第三类是大门外有照壁的形式。

## 3. 影响东泉村照壁的主要因素

照壁作为中华民族建筑中特有的组成部分，其形成和装饰结构受到经济基础、礼制文化、地理气候、民风民俗、宗教信仰、生活方式等诸多方面的影响。东泉村作为济南市东南山区中的一座村落，地域特点对其照壁文化而言便是第一影响因素。东泉村继承了北方地域照壁典型的巍峨大气的特点，在装饰上非常简单甚至没有装饰。山区的地理气候特点致使家家户户门前的照壁相对高大，且门内门外两层的照壁设置能够有效地抵挡山中寒风的侵袭。照壁壁身上的瓷砖“福”字装饰及吉祥画装饰亦是普通的北方民居地域特色。

照壁作为建筑的组成部分在中国大地已有3000多年的历史，其形成和发展的第二大因素便是自古以来影响深远的礼制。《礼记》中记载了“天子外屏，诸侯内屏，大夫以帘，士为帷”的照壁礼制，此时的照壁是高级建筑标志，只有国君才有资格营造。后来随着时代的变迁，照壁开始出现在官僚贵族的建筑中，并于两宋之后开始流行于民间，明清时成为民居建筑中不可缺少的部分。东泉村中照壁文化即深受中国传统的礼制文化影响，以照壁来彰显居所主人的身份和地位，村中富裕人家皆会斥资修建大门前后的照壁，并且对照壁所做的装饰多于室内真正居住的房间，而贫寒人家亦会筹钱筹力修建照壁或是寻找代替照壁之物，可见照壁不只已经在东泉村中成为家庭身份和地位的象征，甚至已成为家庭今后繁荣和兴旺的希望，寄托着人们的美好向往。

影响东泉村中照壁文化的第三大因素便是风水。“曲则有情”“直来直去损人丁”的说法是照壁初期设置的重要风水观念，认为照壁的设置可以让冲门而来的气流得以缓冲，制造生气、扭转气场，从而凝聚了院内的人气和财气，对院内居住者的健康和运势皆有良好的影响。东泉村中的照壁文化便受此影响，在门前设置照壁或其他以挡滞气流，门前用地紧张的也不设置直上直下的台阶，而是费力设计曲折的台阶。

最后，经济因素也是影响东泉村中照壁发展的重要因素。村中照壁皆装饰简单，甚至没有装饰，雕镂和刻画更是少见，便与村民的家庭经济状况有很大关联。

## 结语

中国的古村落皆有一定的思想文化内涵，时光荏苒，村中居民后来盖新房时也受到村落遗训族规之理念加以指导扩建，所以古村落实际上是古人的一种优秀文化的物质载体，从而达到历史文化的代际传承。东泉村作为北方山区中的一座较为普通的村落，照壁已经成为村中老房子和新村舍建筑都必不可少的一部分，照壁的传承与发展在东泉村中被淋漓尽致地展现出来。考察村落之时，常常感到其实今日家家户户门前门后的照壁占用了大量的宅地空间、消耗了大量的人力财力，尤其有些家庭中的双层照壁令人产生浪费之感，却有着满足人们心理需求、承载地区文化、显示一方人民风俗的作用，照壁已经成为中国北方民居建筑中必不可少的建筑组成部分，文化和习俗也就因此而传承和发展，逐渐成为艺术。这种传承和发展在世界文化大繁荣的今天，确凿无疑地彰显了中华民族文化强劲的生命力。

## 参考文献

[1] 张媛郜．北方传统民居照壁砖雕艺术研究及个案分析 [D]. 西安：西安美术学院，2009.

[2] 刘子奇．照壁的艺术文化内涵研究 [D]. 长沙：中南林业科技大学，2013.

[3] 赵杰．古村落的建筑形式和文化精神 [J]. 广西师范学院学报（哲学社会科学版），2016，37（3）：89－93.

# 60 我国商业银行营业厅的环境艺术设计研究

【摘　要】本文以商业银行的环境艺术设计历史及当代“多元化”的发展趋势为视角，分析银行VI视觉识别系统与其环境艺术设计的关系，并根据银行营业厅的设计实例，提出促进和更新现代以及未来商业银行环境艺术设计的建议。

【关键词】现代；商业银行；环境；艺术设计

## 一、现代商业银行艺术设计的“多元”制式

相对以往专致于一种事物艺术再加工的设计，现代艺术设计融合了更多的元素，商业银行的环境艺术设计更是如此。由于商品经济的变化和知识经济的急速发展，世界范围内的信息交流渠道无限增多，人们的生活观念发生了巨大的变化，产生了更多的要求。这些都使得环境艺术设计不仅仅局限在艺术加工这一层面，而更要展现在舒适、独特、领先的层面上。

### 1. 现代商业银行设计的“多元”制式更重在营造氛围

建筑室内外环境对氛围的营造及对人心理的影响从两千多年以前就有所体现了。例如，宫殿庄严、隆重，显示皇权尊贵让人产生崇敬心理；教堂崇高、神圣，显示宗教的神秘力量使人对上帝向往；园林宁静、雅致，显示悠闲和惬意使人流连；大会堂开阔宏大，显示政权的力量让人感觉肃穆；等等。

建筑室内的家具和建筑构件、装饰构件的款式、尺度、色彩以及光线，也能够不同程度地反映主人的学识、品位、喜好、生活习惯等，同时室内环境设计也会反作用于人，使其修身养性。例如，自古我国文人士大夫们就易寄情风物，而纵使各类建筑有着严格的制式等级，也不影响人们在各种梁上门楣、墙缘柱脚施以图案装饰，或雕或画，表达对美好生活的憧憬、追求崇高理想的思想境界。又如，饮茶之处家具高跷规整，则使饮茶之人感觉严肃、放心商讨，如果家具尺度稍矮、款式稍圆滑灵巧，就会让人感觉放松，可以谈天说地、推心置腹。

建筑也有作为美的欣赏对象的精神性作用。建筑通过它所形成的一种总体环境氛围，向人们发送强大的信息，使人们受到感染。大到桓台楼宇，小到亭榭轩阁，或高大威严，或秀致玲珑，远观如画，近处融身，无不彰显建筑、环境与人的和谐。

从我国现代银行设计的历史和现状，亦能感受到中国环境艺术设计在这方面的提高和发展。现代商业银行的设计已经从各方面满足了人们对功能化的需求，而且在视觉设计和人文关怀方面做出了不少的创新和发展，为客户提供了一个高效、快捷、人性化的服务终端。

### 2. 现代商业银行设计的“多元化”本质

随着经济体制的改变、科学技术的发展，以及全球企业拥有更多更自由发展空间的社会背景，高新技术足以满足各个设计在功能方面的诸多需求。越多的发展就会带来越多的竞争，那么满足人们多元化的情感需求，就成为增强银行企业竞争力的砝码之一。20 世纪 90 年代，各个银行纷纷将企业 VI（visual identity）设计概念引入自身发展与行业竞争中。银行 VI 设计不仅促进了品牌宣传的效率，同时也使银行室内外设计形成越来越模式化的制式。

我国现代银行的环境艺术设计通过其 VI 设计，体现出高端科技含量、高深文化内涵、高精品牌设计视觉形象、高度环保节能等多学科交叉的效应。模式化的制式提高了设计的效率，却也造成了银行营业厅千篇一律的面貌，难以有可以突破的特色。那么，在我国不同于别国的大环境下，商业银行环艺设计发展趋势是怎样的？现代商业银行艺术设计接下来的发展出路又在哪里呢？

## 二、我国现代银行设计伊始到当代的装饰特征

探索发展趋势应当顺藤摸瓜，我们要先了解中国特色银行及其环艺设计的发展过程。

银行这一近代特有的金融机构，最早以票号、钱庄、银号的形式出现在清朝末期，以山西平遥的票号最为出名。由于山西的地域特色，票号最初以四合院民居为载体，室内布置满足基本汇兑业务的柜台，室外悬挂招幌、招牌，票据上盖印刻有票号名称的印章等，这是银行识别形式的最初模式。

图 1 四合院中轴线置水缸

### 1. 最初的银行环艺设计依附于地域特色

从明末到清初，晋商在中国乃至世界商界影响颇大，活跃了 5 个多世纪，积累了大量财富。外出各地行商的需要逐步催生了票号、钱庄等，这些票号、钱庄的总部往往就设在商人山西老家的民居四合院内，因此，此时的银行环艺设计以山西民居建筑为特色。例如，中国第一家票号“日升昌”。

图 2 票号隔门

据史书及旧志记载，山西在历史上不是太平之所，“汉时刘邦征陈豨曾驻兵山西灵邑，唐高祖李渊起兵太原，清朝时蒙古不断入寇中原也给山西、河北广大地区人民造成了深重灾难……凡此种种，使（山西）灵石县及其周边出现了大量军事壁垒”。为躲避刀兵，普通百姓往往也结堡而居。由此山西堡垒式的民居直接为票号的设置提供了便利。

“票号的出现，结束了现银镖运的金融落后历史，包揽了清王朝包括岁银、军饷在内的银钱缴拨汇兑”，业务的发展就要求票号有一整套易识别又善保密的凭证票据，这是对外

VI 形成的必要原因；建筑或住所的豪华程度本身也直接体现了主人的财力和实力，另外，四合院也是堡垒式民居的主要组成单元。山西四合院统一对称的格局、中轴线上石刻元宝和水缸的摆布（图 1）、门窗上“孔方兄”及元宝图案装饰（图 2）、室内或悬挂或雕镂的密押、字画、文饰等，就是中国票号最初的环境艺术的体现。

## 2. 新中国成立以来我国银行环境设计纳新吐故

清末民初，外国银行开始进驻中国，与中国本土票号相互竞争，此时各银行的特色主要体现在建筑上；20 世纪 50 年代至 80 年代，五大国有银行（中国工商银行、中国农业银行、中国银行、中国建设银行、交通银行）装饰简单、沉旧；改革开放时期的中国，各种体制的银行先后产生，有别于各专业银行的商业银行成为独特的银行形式，从 20 世纪 90 年代到 21 世纪的今天，银行体制开始发生了翻天覆地的变化，国有五大银行各管一方的局面开始瓦解，“中行出洋，建行破墙，工行下乡，农行进城”。银行之间不惜重金装饰装修的攀比之风日益盛行，银行业的竞争带动了银行的硬件——设施装饰装修的竞争。为了增强企业竞争力，各类银行先后在环境艺术设计中引入包括 VI、BI、MI 的 CIS 企业识别系统的软设施的装饰。

现代科技改变了银行的观念，冲击了传统的银行工作模式，给银行业带来一场革命。电脑房和电脑台随之产生，安全、轻便的提款卡、信用卡的启用正逐步取代现金交易。现代的监控系统替代了原来的经警，在设计时就需考虑监控设备空间位置的设置和监控探头的方位等。网络时代的到来以及世界经济的一体化使得当代银行的环境艺术设计模式与西方如出一辙，在相同的功能要求下，不同种类、性质的银行更需要通过视觉识别系统彰显特色，这就给当代的环境艺术设计师们提出了更高、更多的要求，来满足日益发展的银行业。

## 3. 与西方同步的当代银行环境设计模本

了解目前国内外银行环境设计的必要内容和设计特点是进一步提升和改进设计的前提。

（1）当代银行环境的设计特点

银行设计讲求一个稳重、安全的形象，接待的来宾和客户都是比较高端和讲究品位的，那就要根据使用者的气质来配合。对于银行、财务及行政人员和客服中心等金融服务系统，属于例行性、重复性高而个人积极性极低的工作形态，朝九晚五。办公室宜采用开放形态，自律性及互动性小，属于比较传统的办公室规划。目前这类办公室加强了现代通信设备的运用，使工作进行更加便捷有效。从服务人的角度，体现人性化，突出形象个性化。服务设施更具舒适化，兼具美观化。

（2）设计原则及基本内容

银行一般由营业厅、自助银行、普通办公室、行政办公室、接待室、会议室、行长室及其他功能空间等基本区域组成。设计的原则必须做到功能布局合理，与周围的环境相适应，突出现代、统一、稳健、严谨，运用视觉设计手段和先进材料与科学施工技术紧密结合，打造完善的建筑结构和感观效果，使之成为该地域的建筑亮点与装饰典范。设计需与银行统一的 VI 识别系统相协调，追求形式上互补和精神内容上的一致，相得益彰。

## 三、现代银行 VI 系统对其环境设计的发展与限制

银行形象分为两个部分：一是银行内容，二是银行形式。所谓银行内容，是指构成银行形象的内在结构，主要指机构、人员。所谓银行形式，是指构成银行形象的外显特征，主要包括银行名称、行徽、营业厅形象等。

VI 翻译为视觉识别系统。从 20 世纪 90 年代开始，为了增强企业竞争力，各类银行先后在环境艺术设计中引入包括 VI、BI、MI 的 CIS 企业识别系统。企业文化与环艺设计呈相互促进的良性循环发展趋势。

### 1. VI 系统促进银行环境设计的快速发展

VI 设计在品牌营销中有着举足轻重的作用。如果没有 VI 设计，就意味着这个企业的形象将淹没于商海之中，让人辨别不清；还意味着它是一个缺少灵魂的赚钱机器；另外，它的产品与服务也会显得毫无个性，让消费者对它毫无眷恋，甚至会导致团队涣散和士气低落。自 20 世纪 90 年代起，各类银行相继引入各自独特的 VI 视觉识别系统，无疑对其自身，甚至对整个社会经济的发展都起到了促进作用。

### 2. VI 系统对银行环境设计有一定的限制作用

“成熟的 VI 视觉识别系统设计一般包括基础设计和应用部分设计两大内容。其中，基础部分一般包括企业的名称、标志、标识、标准字体、标准色、辅助图形、标准印刷字体、禁用规则等；而应用部分则一般包括标牌旗帜、办公用品、公关用品、环境设计、办公服装、专用车辆等。”

由此可以看出，VI 设计限定了银行营业厅设计的方方面面，在保证银行企业面貌统一的同时，要求其标志、设施、色调、材料不考虑地域特色，全部按照已定 VI 设计规范来制作和施工，这大大限制了银行中环境艺术的创新设计。

## 四、未来商业银行的环境设计革新与思辨

作为设计人员，了解了商业银行 VI 设计系统对其环境艺术设计的促进与限制关系，我们更有必要关注在银行设计规范下，不同的银行采用的是什么不同的文化策略、设计风格以达到商业目的的。环境艺术设计、VI 设计与企业之间的关系如图 3、图 4 所示。由此下文提出以下建议来促进和更新现代及未来商业银行的环境艺术设计。

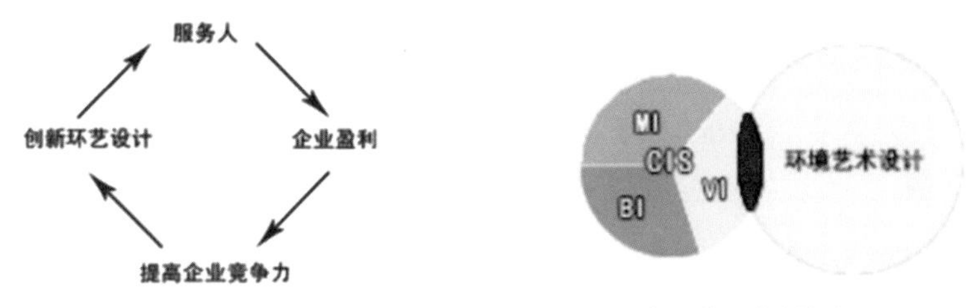


图 3 环艺设计与企业的关系

图 4 VI 与环艺设计的关系

## 1. 平面布局、构造及服务设施要创新、灵活

以往和现在绝大多数的银行营业厅都是以局部店面的形式存在，这就使得其平面布局受到所在建筑形式的很大限制，从而表现为常见的方形状态，显现出比较呆板的模式。

下文以上海浦东发展银行某营业网点设计方案为例展开讨论。此营业厅租用一商业建筑的弧型拐角空间，因其本身平面的矩形与弧形穿插较为灵动，故在平面布局中没有做太大的更改，将弧形部分作为营业大厅，大堂经理接待台、封闭柜台、开敞柜台都随平面做弧形处理和排布（图 5）。在该方案的室外放置石狮坐兽，并设置花坛以愉悦气氛，体现轻松、欢迎与接纳。

在上例银行营业厅设计当中，依附于建筑平面，虽然能够不受其平面限制有意识地增加拐点，利用隔断和家具设施围合出不同的功能空间，能够保持应有的私密性，从而营造更加舒适轻松的氛围，布局上也能体现人性化，但是仍显呆板，不够生动。

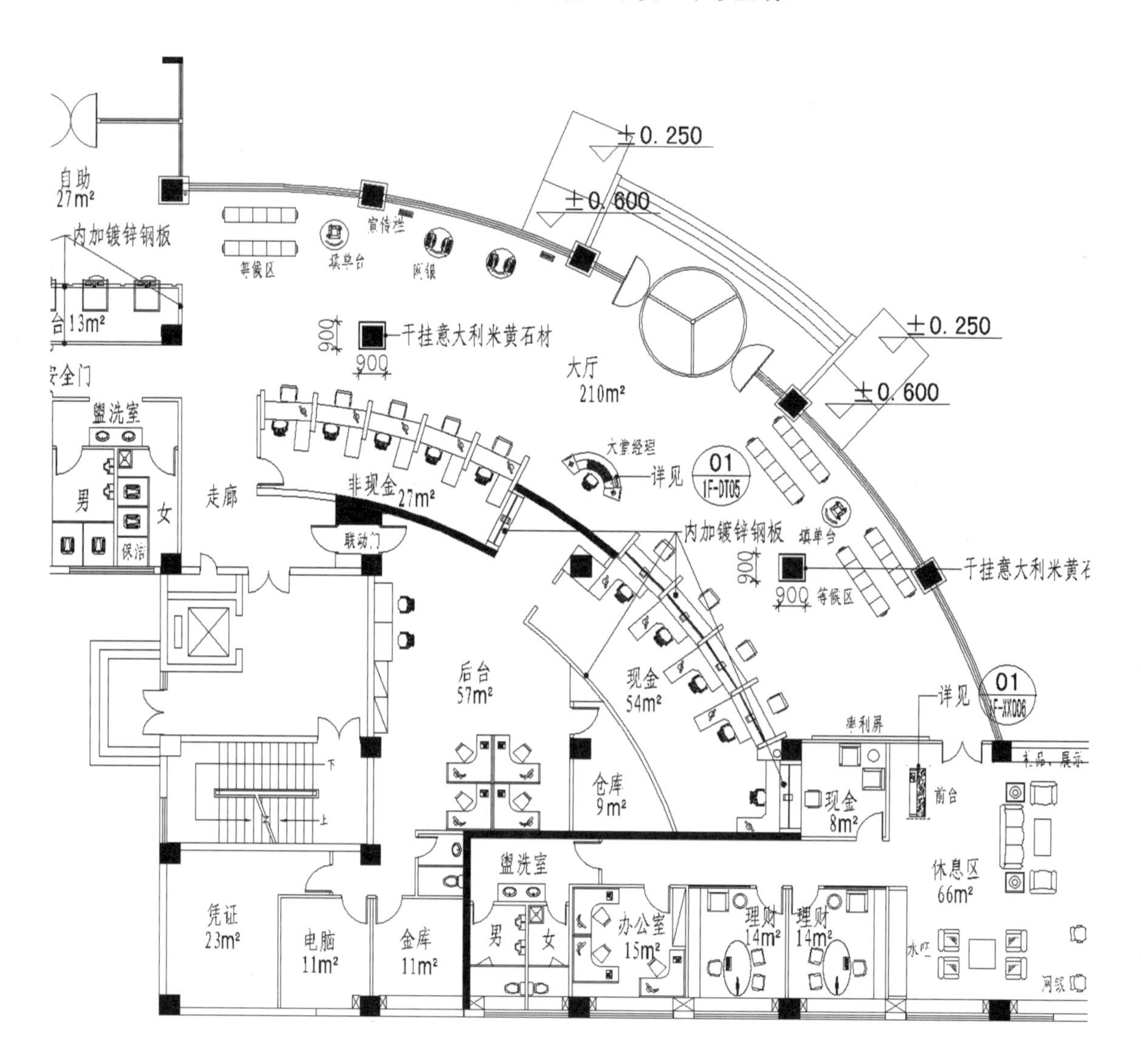


图 5 弧形柜台设置

### 2. 装饰材料及装饰手法要与时俱进

成熟的银行 VI 设计系统规定了银行室内外设计的色调、装饰构件的色彩、款式等，这为银行环艺设计的效果和材料配置大大减少了工作量。而要保持创新，装饰材料及手法应用上就应该与时俱进。接手现代银行营业厅室内外设计工程时，在保持该银行统一形象的同时，在颜色等方面保持其 VI 要求的风格，而选材时摒弃过时材料，使用当时市场新型、环保材料。例如，网点外墙可以采用新型保温隔热的环保装饰材料，并涂以契合该行 VI 系统的颜色，摈弃一贯的大理石装饰，可以节约能源，降低装饰装修成本。这样才能顺应现代设计的发展趋势。

### 3. 银行功能扩展化发展建议

从现行银行营业厅设计中，我们也发现了以下问题并提出了解决方案，以期为现代商业银行发展提出一些可行的、必要的发展思路。

首先，操作界面单一古板、无灵性，这一问题在以后的设计中设计师可以针对不同的窗口加以颜色标示，区分客户以及客户业务量，明确分类窗口功能，如紧急窗口、绿色窗口等，以服务于不同类型客户，为紧急、优先事务客户提供高效、快捷的服务。其次，网点指引标识匮乏，仅仅局限于网点建筑物本体之上，这样一来，外来以及不熟悉该区域的客户，无法在短时间内找到该服务网点，浪费客户时间。对于这个问题，解决方案是在网点道路两边设置与该行 VI 系统遥相呼应、双面鲜明的导引牌，并为导引牌提供夜间照明，再就是在人流量大的区域以及大型公共场所设置网点分布图，并且配以抵达路线图，这样不仅服务了现有客户，而且可以吸引更多的潜在客户资源。最后，精简特殊群体服务构造、通道，企业要长足发展就要体现人文关怀，因此，设计中要设置轮椅通道、低矮窗口以服务于残疾人群体以及未成年人。

## 参考文献

[1] 希思科特．银行建筑 [M]. 王雍，等，译．大连：大连理工大学出版社，2003.

[2] 唐宏，王剑屏，罗涛．现代商业银行企业文化 [M]. 北京：中国金融出版社，2004.

[3] 张昕，陈捷．画说王家大院 [M]. 太原：山西经济出版社，2007.

[4] 雷波．VI 设计 [M]. 2 版．北京：高等教育出版社，2003.

# 第六章
## 会议论文篇

# 61 生态化的室内中庭设计探析

原收录于“社科论坛文集”

【摘　要】随着社会的发展、科技的进步、人们思想意识的提高，生态设计已经进入日常生活中。中庭，作为一个半开放的室内空间，它在建筑中的作用已经逐渐受到人们的重视，如何建设环保、生态的室内中庭已经成为设计师考虑的首要问题。本文从空间布局、生态材料、光、热、色彩、水景、绿化等几个方面介绍了如何实现中庭空间的生态设计。

【关键词】中庭设计；生态；绿色；可持续发展

生态环境的日益恶化是人们不愿意看到的。绿地减少、水污染严重、全球变暖等，都是人类和自然不能和谐相处而导致的后果。意识到这一问题的严重性之后，人们开始呼吁保护环境，对生存环境有了深刻的认识，也为生态理念健康成长创造了条件。建筑设计中采用大量中庭空间理念。将自然环境引入室内空间，这正是解决上述问题的有效方法。

室内中庭的生态设计在现代建筑中，尤其是在商业空间、办公空间中，得到了广泛的应用。如何使中庭设计更加生态化，成为当今设计师日益关注的焦点。

## 一、生态设计的理念和趋势

什么是生态设计？设计师都有自己的理解。西姆·范·德·莱恩和斯图亚特·考恩认为：任何与生态过程相协调，尽量使其对环境的破坏影响达到最小的设计形式，都可称之为生态设计。这种协调意味着设计要对现有资源进行充分利用，从而减少对生态系统的破坏，保持人与自然生态的平衡，使人与环境之间产生积极的对话，和谐发展。

### 1. 生态设计理念

生态设计主要是要求设计者在设计的各个环节充分考虑到“环境”的因素，使环境对人的心理和生理产生影响。也就是设计者在进行设计时，环境成为一个首先要考虑的重要因素，这个因素与一般传统的因素（包括功能、质量、美观等）具有同等的地位，甚至环境因素所占的比例比传统因素所占的比例还要大。

生态设计的优势，首先在于它从保护空间环境的角度出发，充分利用太阳、风、水等自然资源，利用环保材料，对可再生资源实施循环利用，减少对环境的污染。其次在于，从商业成本造价角度考虑，此类设计有利于降低造价成本，减少材料的消耗，从而达到实现零排放、空气零污染的效果。

### 2. 生态中庭的发展趋势

根据英国皇家地理学会释义：中庭是指建筑物内或之间的有顶或无顶的多层通高空间，是集散的中心。中庭通常是指建筑内部的庭院空间，其最大的特点是形成具有位于建筑内部的“室外空间”。在建筑中采用中庭，可解决室内开放空间的交通集散，综合各种功能于一体，组织环境景观，完善公共设施和提供信息交换等。

“人工环境自然化、室内环境室外化”的观点已经越来越为人们所接受，它反映了建筑中室内室外化、室外室内化的倾向。自然环境正在以各种各样的方式被人们引入到室内中庭设计中来。这加强了人与自然的联系，不断地改善和提高人们的生活条件和环境质量。为现代高层建筑空间注入了新的活力，是建筑设计中营造一种与外部空间既隔离又融合的特有形式，使建筑内部分享外部自然环境，或者说是建筑内部环境分享外部自然环境的一种方式。

在现代建筑室外公共空间越来越少的情况下，中庭的作用已经不是传统意义上的室内空间，而是具备了城市公共空间的某些功能和意义。

## 二、如何实现室内中庭的生态设计

生态设计是一个整体环境的设计，结合中庭生态设计来说：一是要具有合理中庭空间的功能分布，能符合人机工程学标准；二是要具有生态的美学设计思想；三是要推广使用生态材料，科学利用绿化、水景调节中庭空间。

### 1. 完善中庭空间的功能分布

如何使中庭空间进行合理的功能分布，要求设计师充分考虑人的行为方式，将日常活动、行走的路线进行分析，合理地组织空间，充分地利用空间。用交通路线将空间进行分割，从而使整体的大面积中庭分割成为不同的功能区域。

根据不同的功能需要，布局的方式也是多种多样的。设计师可以通过休息设施、景观、雕塑、地面高差、栏杆、楼梯、隔断等对空间进行分割，从而达到丰富又美观的功能布局。这样使空间的各部分既能保持各自的功能作用，又不失整体空间的开敞性和完整性。这种分割要从考虑整体的角度出发，符合人的生活习惯及对环境的需求，整体中有细节，小空间为整体空间服务，从而实现一种既富有变化又合理美观的中庭空间，满足人的生理心理需求。

进行空间布局，设计师要充分考虑功能、形式、技术等方面的协调因素，在合理组织空间的同时，考虑到通风、采光等生态自然环境，不能一味地追求装饰效果和视觉冲击力，而应采用自然生态环境的设计来加强布局的实用性，使自然生态环境给人们带来心灵上的享受。

比如，用绿色植物对中庭空间进行功能划分，可以使空间的线条柔和富有变化，增加人们的亲切感和视觉效果，同时也满足中庭空间所需的灵活多样性。

所以合理的中庭空间布局是走向生态化空间设计的基础。

济南恒隆广场的连接式中庭（图 1）的形式是运用高架的玻璃采光和围护结构把两段建筑连接起来。通过回廊、通透的景观电梯、商品的展示空间等处理方式，增添了繁荣的商业气氛。

## 2. 积极推广使用绿色生态材料

说到生态设计，首先能想到的就是生态材料的使用。的确，在社会不断进步、环境破坏日益严重的今天，绿色生态材料已经是室内空间材料选择的必然趋势。在材料的选择上，主要是选安全无污染的绿色建材，可以减少空气污染，提高环境的空气质量，从而实现室内环境生态化。中国目前的现实情况，室内空气污染程度比室外空气污染严重 2 ～ 3 倍，很大一部分是由室内材料的生产和施工过程造成的，因此，选择绿色建材成为生态设计的重中之重。

图 1 济南恒隆广场中庭

例如，选用草、木、藤、竹等原生态的植物或者仿生材料作为装饰的基本材料，可以充分展示原材料的肌理。采用世界先进的科学技术材料（图 2），如能吸收氮氧化合物的涂料、抗菌自洁玻璃、可调节室内湿度的壁砖、可消除噪音的吸音材料等。选用太阳光及高效的节能灯进行照明，如使用高效长寿光源和高效、配光合理的灯具，使用智能化照明管理系统，既节约用电，又能保护人们身心健康。

图 2 济南万达广场中庭高科技的应用

在室内环境的建造、使用和更新的过程中，这些材料要尽可能地循环利用，减少不必要的浪费，降低能源消耗。在满足使用功能的同时，保障环境的安全、人类的健康。综上所述，绿色、环保、健康的材料是生态设计的基础。

## 3. 合理运用光、声、热和色彩

中庭空间由实体的界面和表现空间内容的另一种材料，及构成它们的秩序共同组成。这种材料不以固体方式存在，但是却现实存在并被人们感受到，它包含的物质信息有湿度、温度、通风等，人文信息有光线、声音、气味等。

（1）优化中庭的采光设计

安藤忠雄曾经说：“光照到物体表面勾勒出它们的轮廓；在物体的背后聚集阴影，给予它们以深度。沿着光明与黑暗的界限，物体被清晰地表现出来，获得自身的形式，显现相互之间的关系，处于无限的联系之中。”由此可见光对于空间的重要性，光和其他材料构成了建筑的空间。建筑的中庭具有采光的作用，中庭尽可能长时间地引进自然光，是减少人工照明、生态环保的绝佳做法。

自然光和人工光源相比，具有低碳环保、分布均匀、光照面积大、舒适感强的优点。人们的环保意识提高后，自然光源的环保无污染越来越受到人们重视。中庭独特的环境位置，要求设计师在设计的过程中结合采用多种方法，引入自然光满足人们的需求，达到生态环保的效果。比如，在室内外增加反射、折射的采光板，能随着太阳高度的变化进行调节，达到光照时间的最大化。中庭的空间和光源紧密联系，在远离中庭光源影响的暗部，可以利用镜子等反射材料来增加室内空间的自然光照。

中庭也同样需要人工光源，这些人工照明除采用高效节能的器具外，也应考虑功能性和装饰性的协调统一，引导人们的视线，通过明、暗、冷、暖的调节改变人的心情，使人有积极的心态。

自然光和人工光源相互配合，共同营造中庭空间的良好氛围。

例如，济南万达广场中庭采用大面积玻璃幕墙采光，保证了中庭的透光率（图 3)。

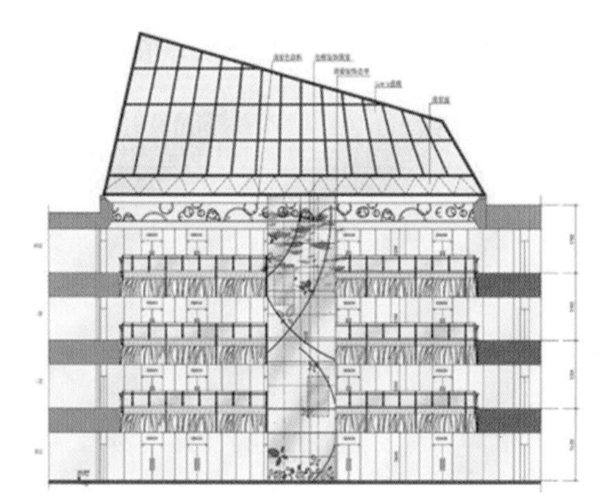
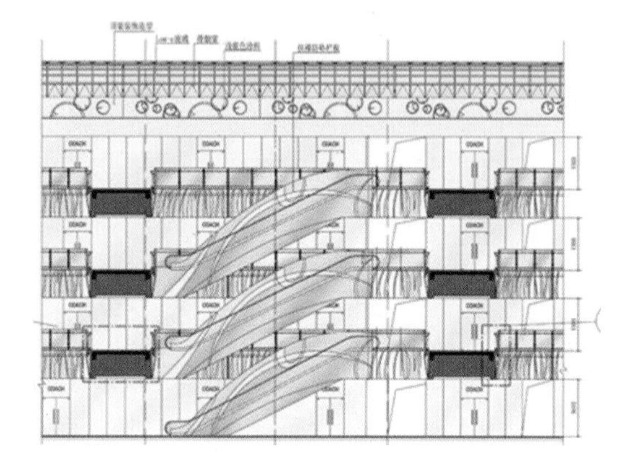

图 3 济南万达广场中庭剖面图

（2）加强中庭声、热环境的运用

中庭空间的声环境和热环境是设计中容易被人们忽略的环节。与光产生的视觉效果所不同的是，视觉具有一定的方向性并且视觉有隔离作用，而声环境和热环境是整体全方位的并且有连接的作用。

中庭声环境的生态设计体现在利用绿化、水体、隔断等降低噪音的分贝;用大自然中鸟声、风声作为背景音乐改善声环境，减少人们在大空间环境下听觉疲劳，有利于释放压力，舒缓心情。声音会给人一种亲切感，使人放松，与视觉相配合加深对空间的记忆。

热环境是指由太阳辐射、气温、周围物体表面温度、相对湿度与气流速度等物理因素组成的作用于人，影响人的冷热感和健康的环境。处理热环境的生态技术在中庭的应用有很多途径，如室内绿化和水体、自然通风、屋顶水池、光电板、遮阳构件等，使人们在享受舒适热环境的同时，接触、感受自然，而不是与自然隔绝开来。

（3）注重中庭的色彩应用

色彩能调节整个中庭的色调氛围和整体效果，能体现出一个空间的品位，烘托出整体的氛围。色彩在中庭空间的使用也具有调节、引导的作用，不同的色彩给人的感受不同，会向人传达不同的空间信息和性格。设计师可以利用色彩的明度、饱和度，利用色彩的对比划分空间布局，增强或减弱空间效果，从而改善空间环境，达到设计师要营造的空间效果。

色彩的生态设计就是运用节能环保的材料，来替代之前所用的一般装饰性材料，达到同样的设计目的。比如，用植物、盆景代替简单的墙面喷漆；选择原生态的植物、木材等原始色彩材料；使用高科技的硅藻泥涂料做出色彩的变化。这些都是运用生态环保材料对人的生理及心理产生影响，从而达到审美要求的做法。

### 3. 科学利用绿化、水景调节中庭空间

在室内空间中，绿化、水景作为新的装饰材料，其功能已经超出简单装饰的作用，更多的是起到净化室内空气、调节室内气候等生态方面的作用。

（1）利用绿植净化空气

芦原义信在《续街道的美学》一书中指出："在城市当中进行绿化，从生态学观点来说是理所当然的。从视觉上来说，绿化又可带来休息和安静气氛；从色彩学上来说，天空的蓝色和树木的绿色都是镇静色，可使人心情得到休息。"中庭空间的绿化也是如此，使人在其中获得身心的舒适感和愉悦感，体现人的亲自然性。

图 4 济南恒隆广场室内的绿植

绿化的生态性体现在吸收一氧化碳、二氧化碳、苯、甲醛等有害的气体和化学物质并通过光合作用释放大量氧气。在室内空间加入大量绿色生物可以净化空气，吸收有害气体，从而创造一个健康的室内空间。

绿化还使空间具有尺度感和空间感，可以在一定程度上进行区域的划分，对视觉导向有一定的引导作用。

植物这种绿色天然生态物的改善局部气候、净化空气、过滤噪音、视觉美感、检测环境的作用，使它成为一种新型的装饰材料，越来越受到人们的青睐（图 4）。

（2）巧设水景调节微气候

水是万物之源。中庭空间引入美的水景可以使人从听觉、视觉、触觉上引起注意，产生共鸣。水可静可动，静态的水由于光的反射，使空间得以延伸又富有生气。动态的水，由于水的流动给环境带来新的生机，在视觉上的动感和听觉上悦耳的水声，都使人感觉回归到自然。如何利用水是中庭环境设计成败的关键。

水景可以调节室内小气候，净化空气。水幕、瀑布、叠水和各种喷泉都有降尘、净化空气和调节湿度的作用，尤其是它能明显增加环境中的负氧离子浓度，使人感到心情舒畅，具有一定的保健作用。同时景观水体也可兼作消防用水或空调冷却水。

总而言之，要将环保节能、设计美观、生态质朴等方面共同结合，多元化发展，才能创造一个和谐统一的生态中庭空间。

## 三、室内中庭的生态设计再思考

中庭这种公共空间，能够在技术的带动下给建筑提供新的环境意义，给建筑空间的拓展带来了巨大的潜力，但是也存在着许多问题，是我们目前面临并要解决的。就目前发展状况来看，在建筑中组织富有生态化的中庭空间还有很长的路要走。

### 1. 尚存在的问题

目前“生态设计”已经成为设计界的时髦口号，另外也有相当一部分设计者错误地认为“生态即绿化”设计。因此出现许多问题，使实践中的“生态设计”并不乐观。

（1）概念区别不清楚

目前理论界和许多一线工作者对传统的“绿化”设计与生态设计概念的区别认识不清，在许多场合将二者混为一谈，由此，导致实践中的混乱。在一些标榜生态设计的建筑内部似乎只搞好绿化就万事大吉。生态设计的含义远比“绿化”更深刻、广泛，它更多地与生态系统、整体和谐、集约高效等概念相联系。仅就商业中庭的室内空间来说，整体体系必须与人流导向、景观连续、创造微观气候等因素相吻合，才真正具有生态设计的意义。

（2）实际操作中的矛盾

生态设计是面向可持续发展的环境未来而言的，只有从整体环境上实现才能称之为真正的实现。往往现实中局部空间对生态设计的精心追求，却又被周围恶劣环境所消蚀。例如，很多建筑只注重内部空间的打造设计，忽略建筑与建筑之间的关系。更有甚者主要表现中庭公共空间，而不去关注其他封闭性空间的生态化。

（3）利益最大化的问题

利益驱动的问题是阻碍生态设计事业一个显在的因素。因为使用材料价格高、占用空间，所以很难使利益最大化，因而在实际操作中因一时利益驱动而削减投资会使中庭的生态设计大打折扣。

### 2. 几点合理化建议

（1）以人为本，强调人与环境和谐共存

生态中庭的基点是从使用者的切身利益出发，有效地利用自然，回归自然。为了能实现都市中的梦想，能身临其境，把自然景观搬到中庭内，来慰藉我们的情感。

（2）建设可持续发展的环保、生态中庭

在强调节能减排的今天，生态中庭将会带来新的发展。人们逐渐认识到中庭空间在促进室内通风、改善自然采光、利用光合作用、吸收太阳辐射等方面的生态效应，中庭在建筑空间的精彩演绎，也是生态建筑中不可或缺的一部分。

（3）加强更理论、更适用技术的支持

在生态设计的研究中，最重要的环节就是理论研究和实践统计。要大力推广生态理念，使之深入人心，在国外先进理论技术策略的基础上，因地制宜，选择与创造适宜本土的生态中庭技术，再与理论结合起来，为生态中庭的发展创造一个可实现的空间。

## 结语

随着人们对环境的要求越来越高，传统的设计理念已经无法迎合现代社会的需求。室内中庭空间的设计由原来的美观、实用向现代的既考虑功能性又考虑环保、生态转变。室内中庭空间的生态设计不仅仅能为人们提供一个更加健康舒适的公共环境，而且能提高整个建筑的使用率，节约建筑的成本，有利于环境的可持续发展。设计师在整个的设计建造中发挥着不容忽视的重要作用，他们通过充分利用自然采光和声音降噪等手段，将绿色融入环境，实现了生态设计。室内中庭空间的生态设计是当今社会的必然选择。

目前，国外技术人员对中庭的研究涉及采光顶、自然通风、烟气控制、双层玻璃幕墙等方面，并大多建立在模型及数值分析的基础上，而国内的期刊、学位论文等文献中对生态化的室内中庭设计的深层次问题只是初步认识。济南室内中庭生态化的发展仍有很大的空间，必须从济南的城市文脉出发，通过分析各类要素之间的内在关联，合理设计整体空间环境，保证济南中庭生态可持续发展。

## 参考文献

[1] 库珀．室内景观 [M]. 吴锦绣，王湘君，译．贵阳：贵州科技出版社，2004.

[2] 顾馥保．商业建筑设计 [M]. 2 版．北京：中国建筑工业出版社，2003.

[3] 王建国，张彤．安藤忠雄 [M]. 3 版．北京：中国建筑工业出版社，1999.

[4] 刘晓陶．生态设计 [M]. 济南：山东美术出版社，2006.

[5] 郑曙旸．绿色设计路线图 [J]. 包装学报，2010，2（3）：14–16.

[6] 王枫．“绿色”的室内设计 [J]. 新材料新装饰，2004（10）：47–48.

[7] 刘克成．绿色建筑体系及其研究 [J]. 新建筑，1997（4）：11–13.

[8] 唐伟军．浅谈绿色设计理念在室内设计中的应用 [J]. 科技创新导报，2008（19）：197.

[9] 张绮曼．室内“绿色设计” [J]. 建材工业信息，1999（4）：13.

[10] 唐浩．室内设计中绿色设计的功效 [J]. 包装工程，2003（4）：118–120.

[11] 雷涛，袁镔．生态建筑中的中庭空间设计探讨 [J]. 建筑学报，2004（8）：68–69.

[12] 任相松，崔博．浅析公共建筑中庭的空间设计 [J]. 建筑设计管理，2011，28（2）：64–67.

# 62 文庙照壁装饰纹样的探析

原载于 :《2017 山东社科论坛暨首届“传统建筑与非遗传承”学术研讨会论文集》

【摘　要】本文主要就文庙照壁的简述、分类、纹样特点、形制与装饰纹样处理手法等五个方面进行了梳理和分析，对其装饰艺术手法进行总结，并阐述了其对现代建筑的传承研究的重要价值。

【关键词】文庙 ; 照壁 ; 装饰 ; 纹样

## 一、文庙照壁的分类与纹样题材

文庙照壁是文庙建筑形制的标志，极大地体现了文庙建筑的性质与特点，本文从照壁的分类、纹样题材的特点来总结文庙照壁的简况。

### 1. 照壁的简述

照壁是中国建筑受风水观念的影响产生的独特建筑形制。照壁是一座独立的墙体，作为屏障的墙，又可以称为“影壁”。经常出现于建筑群大门内外两侧，广泛应用于宫殿、寺观、祠堂、民居、园林等。它有着分隔空间、装饰空间、过渡空间的作用。位于文庙庙门前的照壁又称屏墙、宫墙。辟有正门的文庙一般在门前道路的对面，未辟正门的文庙则成了文庙最前面的围墙。

据《世界孔子庙研究》记载，文庙照壁最早见于曲阜孔庙，其始于明代永乐十五年（1417 年），在庙门前曾建面墙一堵，这里的面墙其实就是照壁。明代虽然建造了照壁，但是还没有普及。从现存的庙图记载看，绝大多数文庙都没有建造照壁。到了清代才普及开来，发展到清末，几乎没有一所文庙不会建造照壁。照壁本来的实用功能是障蔽庙前集秽，后来又开始利用照壁来题字赞颂孔子，于是形成了孔庙独具特色的建筑装饰形制。

### 2. 文庙照壁的分类

照壁的分类可以按名称、位置、材料、形式等因素进行。从名称上来说，照壁的形制取决于平面布局，分为一字照壁、八字照壁、撇山照壁、座山照壁。据考察发现，文庙照壁主要以一字形为主，少有八字形照壁，几乎没有出现其他形式的照壁。

按照材料特点，文庙照壁主要分为以下几种。第一，琉璃照壁。琉璃照壁主要用于皇宫和寺庙建筑。中国最有代表性的是北京故宫和北海的九龙壁，在文庙中少有琉璃照壁，陕西韩城的五龙琉璃照壁在北方文庙中最具代表性。第二，砖雕照壁。它是中国传统照壁的主要形式，使用砖瓦堆砌，大量地使用于传统民居，文庙照壁很多也以此为主要形式，如山东济南府学文庙、山西静升文庙等。第三，其他照壁。其他照壁主要分为石制照壁、木制照壁等，中国很少见这类照壁，距今来看在文庙中尚未出现。

### 3. 立意鲜明的装饰题材

纵观文庙照壁，其主旨意在表现儒家“入世”思想。文庙装饰题材用来教化世人、象征吉祥，鼓励士子奋发图强，科举登高，富贵荣华。总结来说，其装饰题材立意具有寓意鲜明的特点。

（1）“入世”思想，如化世人

自汉代以来，儒家思想成为中国的正统思想，其影响力渗入社会生活的方方面面。文庙是封建时期国家奉祈孔子以显表彰，推崇孔子思想的庙宇。而文庙的兴衰与中国古代科举考试息息相关。因此，到明代因学设庙，随着科举和教育的兴盛文庙随之兴盛。

通过对装饰纹样题材的概括，我们不难发现，文庙照壁受儒家最为直接的影响就是采用了大量的含有“科举”“入仕”意义图案，体现“天人合一”的思想。例如，文庙照壁大量采用了以“学而优则仕”的思想为中心的装饰纹样，如“鱼跃龙门”“五子登科”“入阁拜相”等鼓励士子科举高中的图案，寓意鼓励士子只要读书上进，从而可进入仕途，荣显于世，所崇尚企盼的宗庙之美、百官之富即能随之实现。由此可见，文庙纹样将图形符号的内在美和内涵美相结合，用纹样的装饰形式和寓意内涵来表现内在的儒家文化。

（2）谐音取义，吉祥象征

在建筑装饰应用象征手法时，常借助主题名称的同音字来表达一定的思想内容，这种手法称为“谐音取义”。这种人与自然的哲学关系也深深地影响着中国的传统建筑形制，从而导致了建筑与自然和谐发展。实质上来说，就是把人与自然看作一个整体，而中国文庙的装饰纹样也取之自然，寓意美好。

纵观北方大量文庙照壁图案，植物题材多以荷花、牡丹、莲花为主的形态；动物纹样多采用龙凤、鱼的图腾。由此，人们利用谐音，通过假借、象征等手法，将看作美好的带有寓意的事物运用到建筑纹样的装饰中，以此来表达对美好的向往。例如，“一路荣华”“五子夺魁”“封侯挂印”等，都是取自然界事物中的谐音赋予美好的意义，来象征科举登高、富贵荣华。

（3）故事情节，富贵寓意

民俗故事情节也是形成照壁文化内涵的直接影响因素。一些深远的民间传说与儒家文化有机结合，将比较广泛的社会生活通过概括和想象依托在某一个历史事件、人物或者某种自然物、人造物上。

由南阳府学文庙照壁可见，其背后雕刻“鱼跃龙门”“五子登科”。右侧是一座七级雁塔，塔顶一行飞雁呈倒“人”字形，表现了“雁塔留名”的历史典故。龙门顶端横卷上雕刻神仙“八仙过海”的神话故事，表达了他们对生活的理想和信念。文庙照壁装饰纹样在选题上采用了许多叙事性的纹样，通过叙述故事情节，从而传达民俗文化，在一定程度上也说明了人们对富贵的渴望。

## 二、文庙照壁的形制与装饰纹样的处理手法

文庙照壁的形制与装饰纹样的处理手法丰富多样，本文主要将其归纳为三种表现方式，分别是壁身色彩与砖面的自然对比、文字符号的广泛运用、具象图案的大量普及。从照壁的材质、颜色、纹样等几个方面对文庙照壁的装饰艺术手法进行对比总结。

### 1. 壁身色彩与砖面的对比

中国很多照壁采用这种形式进行装饰——壁身色彩与砖面形成对比。文庙照壁主要有两种形式：壁心抹白处理和壁心刷红处理。这两种处理手法极为简单，却显得格外朴素与大气。

（1）壁心抹白处理

堂邑文庙（图 1、图 2）位于聊城市东昌府区堂邑镇堂邑旧城东北隅，后改名为堂邑文庙博物馆。堂邑文庙照壁重建于 2005 年，是对原文庙照壁的还原。纵观照壁可以发现，它前后两面未刻一字，青砖灰瓦。壁身两侧用青砖砌成两道柱边，在两柱边之内的壁身以白灰照面。通过白灰素面这二者的对比产生了一种有秩序的形式之美，光洁的白色素面与粗糙的灰色砖面形成的对比具有装饰效果。

（2）壁心刷红处理

北京国子监和南京夫子庙的照壁均采用这种形式。首先，值得一提的是北京国子监文庙。弘治十四年（1501 年），“谢铎”上言：“棂星门外有小巷，横沟秽集，宜高筑屏墙、上覆青色琉璃瓦，两旁筑小红墙，覆以筒瓦，护以栏。”国子监照壁属于八字形照壁，照壁两旁还有

图 1 堂邑文庙照壁正面

图 2 堂邑文庙照壁背面

图 3 南京夫子庙照壁

图 4 南京夫子庙照壁夜景

小墙向北延伸。到现代，北京国子监文庙仍然延续这种形式。色彩具有很强的表现力，所以照壁也属于一种很重要的装饰。虽然没有装饰纹样的点缀，但是壁心的红色与八字形照壁的结合，使得国子监照壁显得落落大方。

其次，南京夫子庙照壁（图 3、图 4）也具有显著的代表性。它设在秦淮河对岸，是中国最大的照壁。夫子庙照壁亦为八字形，灰瓦庑殿顶，壁身刷红色。后来，由于秦淮夫子庙景区街灯文化，在照壁上加了二龙戏珠的灯饰。白天黄色的二龙戏珠和红墙相互衬托，夜晚偌大的照壁因发光的双龙进行点彩。二者结合起来既起到了装饰效果，又通过色彩灯光的配置，为灯火通明的街区增添了不少生气。纵观而看，中国的寺庙很多都采用这种方式。例如，山西五台山佛光寺，壁身红色抹面；江苏寒山寺刷黄色壁身等。这种通过建筑材料的质地和颜色与壁身的质地与颜色形成的对比，使得照壁壁身单色照壁秩序井然，落落大方。

图 5 曲阜“万仞宫墙”

## 2. 文字符号的广泛运用

在文庙照壁装饰纹样中，文字符号也被广泛运用。以题刻文字“万仞宫墙”“数仞宫墙”“孔庙”为主。照壁虽然题字不同，但以赞颂孔子为多。

（1）题刻“万仞宫墙”

多数照壁题刻“万仞宫墙”“数仞宫墙”，还有“宫墙万仞”。“万仞宫墙”（图 5）出于《论语·子张》，寓意孔子的学问博大精深，好比数仞宫墙。后来人们认为“数仞”难以表达对孔夫子学问的赞扬，又更改为“万仞”。孔庙照壁这些题词都是出自曲阜城墙上的“万仞宫墙”。据史料记载，明嘉靖元年在曲阜建立起以孔子庙为中心的新县城。由于当时孔子庙没有城门，便在城墙上题刻“万仞宫墙”。现在曲阜城墙上仍然保留着这四个字，只是换成了乾隆皇帝所题刻的。这样的例子还有很多，如南京江宁府学文庙照壁红墙黑边，内外壁心均有“万仞宫墙”四个字。

图 6 西安碑林文庙正面

（2）题刻“孔庙”文字并与其他纹样相结合

题刻“孔庙”的西安碑林（图 6、图 7）砖雕照壁，是西北地区现存最大的一座文字影壁，建于宋代。观察可见，照壁是灰瓦顶，

图 7 西安碑林文庙背面

通过砖砌，檐下装饰有简易斗拱和垂花柱头。照壁正面壁心题刻阳文“孔庙”，壁身高大，呈灰色壁面。照壁背面采用中心四角的形制，壁心中心的图案称为“盒子”，四角称为“岔角”。装饰纹样以植物纹样为主，植物花卉纹样大多集中在这两个地方，也是中心四角形式使用最多的装饰纹样。背面壁心雕刻牡丹纹样，右侧附以梅花和喜鹊图案，象征“花开富贵”“喜上眉梢”。据文献记载，牡丹具有“花王”之称，所以古代常用牡丹寓意仕途腾达，高官显贵，即所谓的“官居一品”。表达对考生的登高祝愿，从此享有荣华富贵。整座照壁拙朴博大，整体显得庄严厚重，是中国封建社会以儒治天下的一种文化象征。

### 3. 具象图案得到普及

（1）高度凝练的植物形态

文庙照壁题材采取各种花卉、植物，主要是因为植物纹样具有写实性与概括性的特点。济南府学文庙（图 8）大部分保留了明代的格局，从照壁的建筑特点来看，应为清代遗物。琉璃瓦屋的一字形照壁位于大门外面，原壁身为青砖砌成的平整的灰面，照壁北墙壁身为圆形砖雕图案，南墙没有图案。2005 年后，经修复补全了壁心破碎的砖雕纹样。壁身刷成大红，中央壁心镶嵌线状植物纹砖雕，雕刻菊花与卷草纹相称而成。作为背景陪衬的卷草纹错综复杂，却使中心的菊花图案更为突出。中心做成铜钱的形状，内饰四朵菊花，图案之间用砖雕的竹节隔开，使之具有了集合的构图美。象征着顽强不息、欣欣向荣的生命力和对莘莘学子的祝福。

（2）鼓励入仕的图案题材

“鲤鱼跃龙门”的传说在中国流传了两千多年，我国最早的词典《尔雅》中便有关于这个传说的记叙。文庙照壁采用这一图案也是因为鱼龙变的寓意。隋代科举制取士制度出现后，或许是古人认为寒窗苦读的士子如同浪里的鲤鱼，层层选拔，只有少数足够幸运的人才能够科举及第，功成名就。北方文庙照壁使用这一图案的有很多，如山西静升文庙、陕西韩城文庙、原河南南阳府学文庙照壁等。虽然鱼龙变的装饰形式和表现技法不同，但是所表达的科举及第的寓意是相同的。下面就以山西静升文庙为例讲述。

山西静升文庙（图 9）棂星门外的“鱼跃龙门”石雕影壁，为元代双面镂作。由 23 块巨大的镂雕石块垒砌而成，绿瓦顶。正脊为琉璃彩塑，黄龙蜿蜒，壁心图案为“鲤鱼跃龙门”。

图 8 济南府学文庙照壁

图 9 山西静升文庙

纵观影壁，只见黄河波涛翻滚，重重山刃，城巍龙门直插河心。图中共现三条龙，两条巨龙高踞云空，露头藏尾。其中一龙在空中窥视，一龙张口吐水直冲龙门。还有一龙头已成龙，尾还是鱼。水中数条鲤鱼逐浪追波，跃跃欲试。在山西平遥县城里有一座砖雕照壁是鱼龙变的图案，推断是在儒家文化的影响下，反映了平遥县城晋商力争发迹的心态。

（3）图腾崇拜的大量使用

祥龙纹样来源于古老的图腾崇拜，在汉高祖自称龙子以前就是中华民族的图腾象征了。一般运用于等级最高的宫殿建筑，属于皇家建筑的标志代表。孔庙建筑中也使用了大量祥龙纹样，由此可见孔庙在中国建筑形制中的地位。文庙照壁装饰也大量以“龙”这一官式建筑装饰内容作为建筑装饰元素。

韩城文庙（图 10）坐落在陕西省渭南韩城市老城东学巷，是一组保存完整的元代建筑群。陕西韩城文庙的“万仞宫墙”是采用了五条巨龙作为主要装饰元素的砖雕宫墙式照壁。照壁建于棂星门前，中间镶嵌五条巨龙的彩色琉璃浮雕，颜色以黄色、蓝色、绿色为主。体态生动、腾挪跳跃、气势磅礴、琉璃放彩。其形象逼真，雕刻精美。韩城文庙的照壁采用了以龙为主，两侧配以鲤鱼图案的照壁。照壁两边做出砖雕的鱼跃龙门，风急浪高，鲤鱼腾跃。这寓意着鱼龙变化，指飞龙跃鱼富有英才辈出之意。采用“龙”作为装饰元素的文庙还有很多，例如，山西太原文庙中间装饰五彩的二龙戏珠，四角各装饰一条五彩的游龙，为照壁中的精品；陕西蒲城县学文庙，正面为三组二龙对翔的图案，在此就不一一列举了。

图 10 陕西韩城文庙照壁

## 三、文庙照壁在现代设计中的传承与应用

对文庙照壁进行研究，可以更加深入地了解中国文庙建筑的精神价值和文化意义，有利于传承文庙建筑的精髓。下文就文庙照壁的传承意义及其在现代设计中的传承与运用两个方面进行探讨。

### 1. 文庙照壁的传承意义

文庙作为儒家文化的载体，具有纪念性的作用。儒家学说在中国文化史上占有重要地位。儒家经典不仅是思想统治工具，同时也是中国封建文化的主体，保存了丰富的民族文化遗产。而照壁可谓中国古建筑的“门面”，它体现着建筑的等级和主人的地位。面对古代建筑的这些装饰，不论是构图简练的还是复杂的，不论是色彩浓艳的还是淡雅的，不论是写实的还是写意的，它们都是古代工艺匠人所应用掌握的技艺，倾注了他们全部的精力与智慧。因此，在照壁的形制与纹样的处理上可见建造者的匠心。研究文庙照壁，可小中见大地了解中国儒家文化和古建筑文化，它是中国古建筑装饰文化的直接体现。

研究文庙照壁对现代传承具有极大意义，体现在以下几方面。首先，文庙照壁的寓意内涵，体现了儒家文化，对于后世了解儒家文化的“耕读”“入仕”“礼仪”等具有重要意义。其次，从建筑形制上来说，照壁对建筑具有总结性，在建筑装饰中是浓墨重彩的一笔。对于现代设计师挖掘其建筑内涵具有极大的意义。最后，文庙照壁的装饰纹样，是文庙的一种建筑视觉符号元素。传承它的设计思想和艺术精神，对于现代设计师提取精华、传承创新有着巨大的现实意义，亦可为中国特色的传统文化增添光芒。

### 2. 文庙照壁在现代设计中的传承与应用

照壁是一面装饰度极高的墙面，对其装饰纹样进行概括、归纳、变形、重组、抽象，提炼出具有代表性的文脉符号，对于现代设计在传承其功能和装饰上以及对于儒家文化的体现和“隐”的延伸，意义重大。

例如，在室内设计中，现代的玄关设计就是传统的照壁的变形。可运用到现代餐厅、会所、家居等室内空间用作装饰强调和空间缓冲。新中式风格就是传承古建筑文化的典范。值得一提的是黄山悦榕山庄的室内影壁（图 11），利用莲花等植物图案对影壁进行装饰，提取了古代照壁纹样精华，简化照壁的形式，加之以现代材料，在整体设计的建筑特点、色感上，延续了传统建筑的简约稳重。

图 11 黄山悦榕山庄的室内影壁

## 结语

文庙装饰纹样，表现出人们对吉祥寓意与外在美的表现形式的追求，也表现出浓厚的儒家说教的含义。对于照壁的研究，有利于更加具体地认识儒家文化，提炼古建筑空间处理形制与文庙装饰纹样，并在现代设计中提炼创新，让儒家文化符号启迪和引导城市建设脉络，为中国现代设计增添传统文化元素，注入儒家文化血液。

## 参考文献

[1] 张朋川 . 中国纹样辞典 [M]. 天津：天津教育出版社 .1998.

[2] 伊东忠太 . 中国古建筑装饰 . [M]. 刘云俊，张晔，译 . 北京：中国建筑工业出版社，2006.

[3] 陈其泰，耿素丽 . 历代文庙研究资料汇编（第 1 册）[M]. 北京：国家图书馆出版社，2012.

[4] 楼庆西 . 中国传统建筑装饰 [M]. 北京：中国建筑工业出版社，1999.
[5] 楼庆西 . 中国古代建筑装饰五书·装饰之道 [M]. 北京：清华大学出版社，2011.
[6] 梁思成 . 中国建筑艺术图集天津 [M]. 天津：百花文艺出版社，1999.
[7] 王建华 . 山西古建筑吉祥装饰寓意 [M]. 太原：山西人民出版社，2014.
[8] 孔祥林 . 世界孔子庙研究 [M]. 北京：中央编译出版社，2011.
[9] 尹文 . 说墙山东 [M]. 济南：山东画报出版社，2005.
[10] 宋昆 . 平遥古城与民居 [M]. 天津：天津大学出版社，2000.
[11] 范占军 . 中国传统建筑中的影壁艺术 [J]. 山西建筑，2006（22）：64-65.
[12] 丰驰 . 大同古城民居中的影壁 [J]. 文物世界，2009（1）：66-68.
[13] 张道一，唐家路 . 中国古代建筑砖雕 [M]. 南京：江苏美术出版社，2006.

# 63 刍议儒家文化对韩国传统建筑设计的影响

原载于：《2015 年第三届经济学与社会科学国际学术研讨会（ICESS2015）论文集》

【摘　要】儒家文化是中国传统文化的思想结晶，在影响中国几千年的政治、伦理、道德的同时，也对周边的国家产生了深远的影响。其中，韩国保存的儒家文化传统相对较多。儒家文化对韩国的影响涉及很多方面，本文从儒家文化在朝鲜半岛的传播与发展入手，阐释儒家文化对韩国传统设计观念的影响，重点分析儒家文化对韩国传统建筑的类型以及建筑形制等方面的影响。

【关键词】韩国；儒家文化；建筑设计；影响

朝鲜半岛与古代中国相邻，地理位置的优势为中朝之间各方面的交流提供了基本条件。朝鲜半岛效仿中国的典章制度，学习中国汉字，自称“小中华”。儒家文化的传入加快了朝鲜半岛汉化的速度，又经过历代政府的扶植以及儒者的钻研、传授，因此，儒家文化在朝鲜半岛深入人心，并在长期的发展中形成了具有本民族特色的文化。

## 二、儒家文化在朝鲜半岛的传播与发展

公元 1 世纪，朝鲜半岛相继出现了高句丽、百济、新罗三国。由于年代久远，儒家文化传入朝鲜半岛的具体年代虽已无从考据，但是韩国学者张志渊认为，韩国的儒学教育始于中国殷朝的箕子。纣王的叔父箕子于公元前 11 世纪将儒家文化引入朝鲜半岛。箕子统治朝鲜半岛期间，与战国时期的燕国有外交往来，在此期间，汉字以及儒家文化一起传入朝鲜半岛，为儒家文化正式传入朝鲜半岛拉开了序幕。

朝鲜半岛三国中，最早接触儒学的是高句丽。高句丽横跨位于朝鲜半岛北部，特殊的地理环境，使高句丽与中国的文化交流更加便捷。儒学对高句丽的影响是分阶段的，按其性质可归纳为汉唐儒学和朱子理学阶段，汉唐儒学影响了高句丽的前期和中期，而朱子理学影响了高句丽的后期。高句丽前期和中期，高句丽王光宗效仿唐朝的科举制度，儒家文化被纳入考试范畴。史料记载，光宗“命翰林学士双冀知贡举，试以诗、赋、颂及时务策取进士”（出自《高句丽史节要》卷 2，光宗 9 年夏 5 月条）。

高句丽后期，中国的朱子理学传入高句丽，并在高句丽进行传播发展。1920 年安珦首次将朱熹的著作带回高句丽，他是第一个将朱子理学引入高句丽的学者，后来又经过李穑、郑梦周等学者的传播并发展，儒家文化在高句丽深深扎根。

百济位于朝鲜半岛中部，接触儒家文化的时间略晚于高句丽。公元 3 世纪，百济已经有

儒学教育机构。到公元4世纪，百济的教育制度已经成熟，设立了专门研究儒学的机构，传授儒学典籍。百济于唐代时期派遣留学生入唐学习儒学，“二月，遣子弟于唐，请入国学”（出自《三国史记》）。百济的王仁博士将儒家文化传入日本，如《论语》《千字文》等儒家文化典籍。由此可见，儒学在当时的百济得到了广泛的传播与发展。

新罗位于朝鲜半岛东南端，离中国较远，因其地理环境因素，儒家文化于公元5世纪初传入朝鲜半岛，虽然新罗接触儒家文化相对较晚，但是得到统治者的高度重视，不但派遣使团访唐，还派遣留学生到唐朝学习儒家文化。新罗注重与唐的外交关系，借助唐的势力统一了朝鲜半岛的三国，这使唐罗文化交流更加频繁。新罗统一了三国后，加强了全国对儒学的传播，设立了专门传授儒家文化的国学，设置博士、助教等。

## 三、儒家文化影响下的韩国传统建筑设计观念

建筑作为一种重要的社会物质生产部门，影响人们精神文明领域和日常生活要素，它的形成、发展以及在建筑技术和艺术上的特色，必然也受到社会思想形态的影响。韩国传统建筑之所以能在很长的历史时期内保持和发展它自己的独特风格，显然和对古代朝鲜影响深远的儒家思想有着密切联系。在儒家文化的影响下，韩国传统的建筑形成了自身独特的建筑设计理念。

### 1. 自然观

“天人合一”“师法自然”等自然观是儒学的重要思想，对韩国传统建筑设计的影响非常深远，强调“人—自然—建筑”三者统一和谐并处于有机的整体中。韩国成均馆受儒家思想影响，基地选址于山林圣地中，师法自然，追求天人合一的境界。

### 2. 等级观

随着儒家的“礼制”思想在韩国的传播，朝鲜半岛出现了许多礼制建筑，如宫殿、宗庙等，它们基本都是严格按照轴线建造单体建筑，从建筑群整体到建筑细部构件，均体现了儒家文化等级观的“上下”“尊卑”等礼制。这一系列的建筑模式，都验证了儒学维护伦理道德的本质。

### 3. 和谐观

儒家认为中庸就是以“仁”为内化的精髓，以“礼”为外化形式的儒学思想，是一种内与外、天与人的关系。表现在建筑上就是体现“礼乐相成、情理并重”的儒家思想。韩国的书院建筑就是这一思想的典型代表，书院建筑兼具礼制和生活情趣的特点，达到建筑内在精神和外在礼制的和谐统一。

## 四、儒家文化对韩国传统建筑设计的影响

在儒学思想观念中，伦理观念的地位从未被削减。以性理学为统治理念的朝鲜王朝对礼

制和宗法关系的重视更是达到了无以复加的程度，文庙、书院、宗庙、社稷坛等皆成为礼制和宗法关系的建筑载体。其影响是全方位的，主要体现在以下几方面。

## 1. 文庙建筑

儒家文化在朝鲜半岛传播后，半岛上兴起了祭祀儒学圣贤的传统，为了推崇儒学，文庙应运而生。文庙建筑成为体现礼制和宗法制度的载体，这是儒家文化在朝鲜半岛深入发展的必然结果。朝鲜半岛最高等级的文庙是国子监，高句丽朝的忠宣王将国子监更名为“成均馆”，以下均称成均馆。

（1）成均馆的选址

成均馆最初选址于汉城东北部，其选址依据推测出自该理论：“君子营宫室，始建祠堂于正寝东。”其东西两侧有两条河流，山水环绕，与自然环境融为一体。东侧由北向南的河流顺势流下，西侧河流呈弧状环绕成均馆的西南部，两河流于该馆的东南角汇合，一同流入汉城的中心河流。

该基地的选址被世人称赞为依山傍水的风水宝地，从侧面反映了儒家文化师法自然、天人合一的理念。成均馆作为传授儒学经典的场所，其日常礼数非常严格，宣扬尊师重教的思想，忌喧哗，其目的是营造严谨肃静的学习氛围，也体现了儒学思想“礼”的秩序。

（2）成均馆的建筑形制

朝鲜半岛文庙建筑与中国唐代祭奠孔子的庙宇建筑的成因大致相同，都是因学设庙。其建筑形制大部分与中国相同，分为前庙后学、左庙右学、右庙左学等几种类型，前学后庙是韩国传统文庙不同于中国的独特布局形制。

朝鲜时期成均馆的平面布局与中国明清时期的庙学建筑相似，大部分都是以大成殿为主的祠庙区域和以明伦堂为主的学堂区域，构成前庙后学的建筑布局。受儒家文化等级观的影响，文庙建筑注重其庄重和权威的精神意义，其建筑形制与中国基本一致，一般采用以纵轴线为主的均衡对称的布局形式，即使各地区的文庙建筑稍有区别，其主要的建筑形制也大致相同。

在儒家文化的影响下，虽然韩国的文庙建筑继承和发扬了中国文庙建筑的精神内涵，但是也融入了朝鲜本土的特色。中国文庙建筑的进入方式一般为南向进入，而韩国汉城成均馆为东、西进入，其原因需进一步考究；中国文庙前大多建有呈圆形或者半圆形的泮池，但在韩国文庙建筑中泮池被周边的河流所替代，周边河流被称为“泮水”，体现了朝鲜本土师法自然的建筑营造理念。

图 1 大成殿

（3）成均馆的建筑细部

儒家文化对文庙建筑细部的影响主要体现在其建筑开间、屋顶和台基的规模等级方面。在古代，朝鲜半岛的地位相当于中国当时的诸侯国，其建筑等级明确，不能逾越。中国曲阜孔庙为文庙建筑之首，其开间为九间，而汉城成均馆大成殿开间为五间；其屋顶的规模也与古代中国等级明确，曲阜孔庙大成殿的屋顶为重檐歇山顶，而韩国传统文庙建筑成均馆大成殿为单檐歇山顶灰瓦，充分体现出当时两国的等级关系；台基的数量及装饰也体现了儒家文化的“礼”的秩序，中国曲阜孔庙大成殿台基为仅次于皇帝等级的二重台基，并配有雕石栏杆，汉城成均馆大成殿（图 1）的台基为无雕石栏杆的单层台基。

## 2. 书院建筑（图 2）

韩国传统教育机构包括成均馆、乡校及书院。其中有国立学府和私立学府的区别，成均馆属于国立学府，而书院属于各级行政机构设立的私立学府。随着性理学由中国传入朝鲜半岛，以性理学为中心的新儒学兴起，出现了新的建筑类型——书院，该建筑是士大夫修身养性，传授儒学思想，培养弟子的场所。学者李华东曾说：“无论在朝鲜的教育还是在社会、政治、风俗、国民思想等方面，均造成了广泛而深刻的影响，对朝鲜王朝的历史意义远比成均馆和乡校重要得多。朝鲜书院的产生发展和衰亡与其国家的盛衰实有莫大的关联。”

图 2 书院建筑

（1）书院的选址

韩国传统书院建筑非常注重环境本身的教化作用，朝鲜书院受中国书院影响，一般选择在风景秀美并隐秘的山林圣地中，以避免世俗的干扰，专心治学，让讲授与求学者感受到人与自然的和谐相处；或者将书院建在儒学先贤曾经的住所或讲学处，以求启迪师生的思想。韩国传统书院的选址从侧面反映了儒学者对孔夫子“乐山乐水”理念的传承和发扬。

（2）书院的建筑形制

书院建筑沿纵轴线排列，纵轴线被看作物化了的“礼制”轴线，在礼制轴线的指引下，区分了建筑物之间的等级关系。书院选址多位于北山面水之地，所以主轴线依照地势高低逐渐抬高空间序列，其建筑物也随着地势高低逐渐升高。其他功能分区的轴线也是按照“左尊右卑”的礼制进行划分。书院多以复道重门来体现上下、尊卑有别的礼制精神。

（3）书院的主要空间

书院的两大核心功能是讲学和祭祀，因此，讲学空间和祭祀空间是其主要空间。讲学空间一般配置在祭祀空间的南部，形成“前学后庙”的组合。

（4）讲学空间

书院的讲学空间与中国类似，都在中轴线重要位置上，讲学空间由讲堂和东、西两斋合成一个院落，形成“堂斋空间”。斋是以性理学的重要思想或道德观念来命名，东、西两斋为儒生们住宿和学习的空间。讲堂是讲学空间的主要建筑，位于两斋中间，讲堂空间的中轴线上，一般为五开间，有时也作为会场。讲学空间最初的平面布局是讲堂在后两斋在前的格局，后期也出现了讲堂在前，两斋在后的讲学空间。

（5）祭祀空间

祭祀空间一般位于书院较隐秘的地方，也位于讲学空间的后方，通过围合形成一个独立的空间。该空间一般为三开间，其正门称为“内三门”，亦称为“神门”，是祭祀空间神圣的标志。内三门中央一间，只有祭祀时才可以打开以供主祭者通过，平时人们只通过西门出入，体现出“礼制”规范。祠堂空间供奉着历代大儒圣贤的排位，被赋予崇高的地位，其建筑的装饰也比书院的其他建筑丰富，祠堂建筑可以雕梁画栋，其他建筑相对朴素。

### 3. 宗庙与社稷坛

宗庙是伴随着儒学在朝鲜半岛取得正统地位出现的，成为朝鲜半岛时期的传统建筑。宗庙是礼制建筑的一种，建于高句丽王朝并保存至今。

（1）宗庙与社稷坛的由来

朝鲜半岛的传统建筑主要受儒家思想中“礼”的影响，而礼制最核心的环节之一就是祭祀。祭祀起源于古代中国祖先崇拜和宗亲血缘关系，这也是儒家文化重视祭祀的根本原因。“宗”所表达的是后世对前世的继承关系，而宗庙和社稷坛就是祭祀祖先的地方，随着儒家礼制对崇拜祖先、继承祖业精神的传承，“君子将营宫室，宗庙为先，厩库为次，居室为后”，祭祀祖先的活动成为重中之重，宗庙和社稷坛作为朝鲜半岛新兴的建筑类型而出现。

（2）宗庙与社稷坛的建筑形制

由于地势因素，汉城宗庙虽严格遵守儒家文化中的“礼制”规范，但并没有像中国传统宗庙和社稷坛一样严格按照中轴线来配置建筑。汉城的宗庙和社稷坛遵循了《考工记》所载“左祖右社”的模式，宗庙位于王宫之东，社稷坛建于王宫之西。

汉城宗庙选址于狭长的山坳中，周边是小山。其主要建筑空间包括斋宫、正殿、永宁殿等建筑。其中斋宫是放置祭祀用品和为朝鲜王祭祀前斋戒的场所；正殿是核心建筑，有19间开间的单层建筑，里面供奉着国王和王妃的排位；而永宁殿的功能和正殿相同，为补充正殿而建，也是长条形单层建筑。

汉城社稷坛（图3）建于1395年，是祭拜土地神和谷神的场所。其建筑形制符合礼制建筑的特点，中轴线的东、西分别是国社坛和国稷坛，两坛严格对称，各坛平面均为正方形，中心都有石雕，象征了社坛的土地神和稷坛的谷神。

图3 汉城社稷坛

## 结语

儒家文化传入朝鲜半岛后，经过两千余年的发展，以高句丽末期性理学的出现为标志，儒家理念在朝鲜半岛已深入人心，对建筑设计方面的影响主要体现在：出现了新的建筑类型、其建筑形制受儒家传统理念的影响、建筑细部构造也等级分明等。儒家文化在潜移默化中影响了韩国传统建筑文化发展的脚步，也为中韩两国的建筑文化的交流做出了贡献。

## 致谢

本文系2014年国家社科基金艺术学项目《中国沿海地区唐代新罗建筑艺术遗存的调查与研究》(14BG078)阶段性成果之一。

## 参考文献

[1] JIN B Q, JIN H X, JIANG N H . The History and Tradition of Korean Culture [M]. Haerbin：Heilongjiang Korean Nationality Press, 2005.

[2] XUE J . Housing and Health [M]. Jinan：Qilu Press, 2010.

[3] XUE J . History of Chinese Modern Design Art [M]. Beijing：Water Resource Publishing House, 2009.

# 64 中国南北方妈祖建筑差异及成因探究

原载于：《2015 年第三届经济学与社会科学国际学术研讨会（ICESS2015）论文集》

【摘　要】本文通过将南北方妈祖建筑中的屋顶形式、脊饰特色、建筑布局三方面进行对比，综合分析两个地区妈祖建筑的差异，并从人文、自然、地理等角度加以剖析其差异产生的根本原因。

【关键词】妈祖建筑；南北地区；差异；成因

## 一、南北方妈祖建筑差异

中国地大物博，民族众多，东部拥有漫长而曲折的海岸线，这导致南北方的自然气候、文化风俗等千差万别。自宋代以来南神妈祖北传，北方各地的妈祖建筑也屡见不鲜。虔诚的南方妈祖信徒不辞辛劳，将当地建筑材料通过海路北上运输过来。虽然北方修筑的妈祖建筑在形制上极大程度地保持了起源地的风格，但在修建时仍融入了大量北方建筑的传统元素，并形成了一种新的建筑风格。本文将从三个方面深入剖析南北方妈祖建筑的差异。

### 1. 屋顶形式不同

中国传统建筑主要由屋顶、屋身、台基三大部分组成。屋顶因其外形尺度最大、装饰独具特色，而成为中国传统建筑中最引人瞩目的构成元素。正如古时的冠冕制度般，“屋顶往往也能从体量、形式、色彩、装饰、质地等方面表现出建筑的等级和风格”。中国南北方建筑在屋顶形式上的差异十分明显，在妈祖建筑中更是被诠释得“淋漓尽致”。

（1）北方妈祖建筑屋顶形式

通过总结可以发现，北方妈祖建筑屋顶形式以歇山顶、悬山顶、硬山顶为主，等级地位较高的正殿则多为重檐歇山顶。图 1 中的屋顶形式为歇山顶，其等级仅次于庑殿顶，在园林建筑或寺庙建筑中运用比较广泛。青岛天后宫的歇山顶古朴端庄，虽为供奉南方女神的庙宇，其建筑形式却是北方传统寺庙建筑的典范。可以说是囊括了北方建筑屋顶的主要特点：曲线形平缓，出檐较小，檐角反翘不大。

图 1 摄于青岛天后宫

（2）南方妈祖建筑屋顶形式

相较于北方的屋顶，南方的则更加丰富多彩。除了常见的歇山、悬山、硬山等形式之外，还有一些具有鲜明地方风格的形式，如三川脊、断檐升箭口、假四垂等。福建永定洪坑天后宫（图 2）的屋顶形式为断檐升箭口。这是一种简化的歇山顶——“硬山、悬山中间（一间或三间）屋顶抬高，使檐部断开，中间抬高的屋顶角端加戗脊”。不同于传统的歇山顶，断檐升箭口正脊的曲线形非常明显，正脊两端起翘呈尖脊，尖脊的样子似燕尾，其两端末端分叉为二，所以又被称为燕尾脊。出檐及檐角的反翘均较大，使建筑主体变得轻灵，自然产生向上升腾之势。

值得一提的是在山东枣庄地区的台儿庄，有一座目前大陆同类建筑规格最高的妈祖神庙，其屋顶形式为典型的闽南风格——三川脊。“三川脊亦称‘假三山’，将悬山、硬山屋顶的正脊分成三段，中间一段抬高，并于两侧加垂脊。明间部位称中港脊，左右次间稍低的称小港脊”。其正殿（图 3）更是南北方妈祖建筑屋顶形式的结合：重檐歇山顶虽为其基本形式，却摒弃传统歇山端庄古朴的特点；正脊下压，檐角飞扬，其曲线得到极大程度的体现。台儿庄天后宫虽为重建建筑，却能利用其优势，将南北方妈祖建筑形式结合得珠联璧合。

图 2 摄于福建永定洪坑天后宫

图 3 摄于台儿庄天后宫

图 4 摄于澳门妈祖阁

## 2. 脊饰特色不同

如果说屋顶是象征身份地位的冠冕，那脊饰无疑是华美夺目的珠饰。“在木构建筑的正脊端处有一根雷公柱，脊下若干承重构件均交汇于此。由于其顶端突出于屋面，因此成为雨水最易侵入的薄弱环节。”为了防止雨水的侵入，能工巧匠们对屋脊进行装饰，脊饰应运而生。脊饰因其实用性和美观性受到古代匠人们的重视，其装饰形式也在历朝历代中逐渐丰富多彩起来。

（1）因地取材

北方妈祖建筑脊饰的材质多以砖石为主。砖石材质质地坚硬，防风耐潮，具有极强的抗腐蚀性和防火性，易于保存流传。只是其材质的缘故，脊饰的颜色略显单一，造型上也具有局限性，多为传统建筑上常见的脊兽。部分等级较高的妈祖建筑上则采用琉璃脊饰。琉璃因其特殊的制作工艺而产生流云般的漓彩，但琉璃本身是玻璃制品，硬度较高，所以很脆，其易碎性与玻璃相似。

屋顶装饰作为闽南建筑的一大特色，在妈祖建筑上亦得以体现。闽南脊饰制作工艺以剪瓷雕和交趾陶为主。作为闽台民间工艺美术品，剪瓷雕主要用于装饰寺庙宫观、照壁墙面。交趾陶为低温多彩釉，融合软陶和广窑，集雕塑、色彩、烧陶之美于一身，主要作为庙宇或传统建筑中的装饰。（图 4）

（2）色彩意象

北方的石质脊饰因其材质的局限而显得色彩相对单调，但建筑上的装饰性构件却也因色调统一而增强了建筑主体的庄重性和主题性。琉璃色彩绚丽，五光十色，不同的颜色也各有其寓意。琉璃脊饰则以含蓄而又张扬的方式向人们传达其主体建筑的等级和地位。

南方的脊饰因其制作工艺复杂精良而色彩鲜艳夺目，因此，岭南古建筑特色最突出的就是脊饰。常用的有古黄、浅黄、浓绿、海碧、宝蓝、红豆紫、胭脂红等基本色，每种釉色具有浓淡深浅变化，同时注重冷暖色差原则的运用，增强了色彩纯度与明度的对比。《周礼考工记》曰：“东方谓之青，南方谓之赤，西方谓之白，北方谓之黑，天谓之玄，地谓之黄。”妈祖建筑上的脊饰以蓝绿色为主色调，从传统配色观念来看这表现了南方先民对水的崇拜。

（3）题材寓意

脊饰作为建筑上最富魅力的构件之一，其题材内容丰富多彩。“从龙、凤到各种飞禽走兽，从神佛仙道到凡夫俗子，从帝王将相到才子佳人，从日月星辰到山川万物，可谓包罗万象，无所不有。”

总体来说，北方脊饰的题材较南方而言相对单一，其内容主要以龙凤文化为主，建筑的正脊两端一般饰以鸱吻。正脊下面便是垂脊，通常分为垂兽、兽前段、兽后段。垂脊兽前段的最前端是“仙人骑凤”的造型，脊身上的走兽排列顺序依次为：龙、凤、狮子、天马、海马、狻猊、押鱼、獬豸、斗牛、行什，这些形象除了代表祥瑞之兆，更有镇火防灾的寓意。除北京故宫的太和殿外，一般的官式建筑最多能用九个脊兽，而北方地区妈祖建筑的屋脊上，脊兽数量以三到五个居多，可见严格的等级观念在宗教建筑上亦有体现。

岭南陶塑脊饰历史悠久，早期题材以花鸟为主，后期则被人物形象取代，其题材内容以忠君爱国、仁义道德等思想居多。然而在传统的妈祖建筑上，主要还是以天马行空的神话瑞兽为主，因“尚水”情结，龙的形象在妈祖建筑上最为常见。不同于北方的是，南方龙的形

图 5　摄于澳门妈祖阁

图 6 摄于福建永定洪坑天后宫

象并不是依赖于抽象的鸱吻来表达，而是以最直观的造型展现在屋顶的正脊上：龙身的走势同正脊的曲线相结合，腾云驾雾之势跃然于屋脊之上。除此之外，南北方屋脊上还有一个明显的区别就是屋脊中间“五宝瓶”的放置。“按照闽南习俗，建筑为防工匠做寇，常在屋脊中部置五宝瓶之类吉祥物，瓶内置五谷、毛笔、钱币、铜镜等。”因此，在南方妈祖建筑的正脊上，常饰有宝瓶、宝塔、宝珠等造型，具有镇邪吉祥的寓意（图 5 、图 6）。

### 3. 建筑布局大同小异

从陕西岐山西周宫殿建筑开始，就奠定了中国古代宫殿建筑采取“前朝后寝”的格局。通过考察可以发现，我国南北方妈祖建筑的平面布局也采用了此制度——行宫作为主体建筑在前，处于院落最重要的位置；寝宫则置于院落后面相对私密的位置。

（1）北方妈祖建筑布局特征

典型的北方妈祖建筑如青岛天后宫，史料记载在清同治四年最后一次重修后，形成包括戏楼、门楼、前殿、正殿、配殿、钟鼓楼及僧舍、客房等规制完整的建筑群。现总体布局分前、后两大院，前院包括前殿及门楼、院墙，后院大殿及其附属建筑曾遭毁坏，但已在旧址上得以修复。天津天后宫坐西朝东，依次为山门、牌坊、前殿、正殿、藏经阁、启圣殿，南北向分列钟鼓楼、配殿等。

（2）南方妈祖建筑布局特征

南方妈祖建筑布局与北方大同小异。以泉州天后宫为例，其建筑布局是由山门、戏台、正殿、寝殿、梳妆楼组成，南北轴线两侧附有东西阙、廊、轩、四凉亭、两斋馆，因此，其成为海内外建筑规格最高、规模最大的妈祖庙。

（3）妈祖庙与其他神殿并存的情况

通过以上三座妈祖建筑布局的分析，我们不难发现一个现象：在一组妈祖建筑群内，不仅有妈祖建筑，还有一些神仙，如海神、龙王等的塑像。根据各个妈祖神邸在建筑群中的地位以及整体建筑布局形式，分为以下几种：

第一，正殿供奉妈祖，配殿供奉地方神邸。如天津天后宫，除供奉妈祖的正殿外，还有王三奶奶殿、碧霞元君殿等。

第二，妈祖大殿与其他大殿共处，虽自成院落，但不处于整个寺庙的主体位置。如北戴河的海神庙，供奉海神的大殿居于整座庙宇的中间；天后宫虽自成院落，但是居于海神庙之后。

第三，天后宫中有“多神并存同一庙宇”现象，其他神殿均处于从属地位。如青岛天后宫，除了供奉妈祖之外，还有龙王、文武财神等诸神像，但妈祖建筑仍处于主体地位。

由此可见，中国妈祖庙建筑具有多信仰的特点，同时也说明妈祖文化具有极强的包容性。此现象在北方地区更为常见的原因是，妈祖作为地域性文化，在北方地区既没有较厚的信仰根基，亦没有得到广泛的推广。

## 二、南北方妈祖建筑差异的产生原因

不同的地域环境与社会需求自然会产生不同的建筑文化体系，因此，地域条件决定了建筑的主要形式。通过研究发现，南北方妈祖建筑差异的产生原因主要有以下几方面。

### 1. 妈祖信仰的普及程度不同

妈祖信仰是以中国东南沿海为中心的海神信仰。妈祖不仅在民间备受拥戴和普及，而且得到政府的高度重视，其封号及地位在历朝历代均尊贵无比。与此同时，北方地区更广为崇奉另一位女神，她就是泰山的碧霞元君。自秦始皇以来，历朝皇帝就有在泰山进行封禅祭天的传统，因此，从政治角度来讲，碧霞元君所居住的泰山地位不言而喻。明清时期更是以山东为中心，在京津、河北、河南等地形成了十分广泛的信仰圈。妈祖信仰是在宋元时期因漕运及海外交通的高度发展才得以北传，逐渐成为全国性海神并远播海外，因此，从某种意义上来说，妈祖信仰对于我国北方地区民众而言亦算是“舶来品”。相较碧霞元君信仰在北方得天独厚的条件，妈祖信仰在北方地区的传播却受到了较大程度的制约，这也是妈祖信仰没有在北方普及兴盛的最主要原因。

### 2. 自然气候对建筑风格的影响不同

夏天东南季风沿海登陆，带来的降水由南向北影响我国，所以南方地区降水多，北方地区降水相对较少。南方地区全年降水量大且沿海地区受台风影响严重，因此，南方建筑为降低重心，屋顶正脊曲线形做的极大；屋顶坡度和有意加大檐角起翘也有利于排水通畅。因而南方建筑普遍檐牙高啄，建筑造型轻巧工致。

冬天北方地区受西北季风影响温度较低，因此，北方地区的建筑更青睐保暖隔热效果较好的砖材石材。由于北方地区的降水量并不大，故不必过多考虑排水的因素，所以檐角起翘比较平缓；加之建筑上多使用质地敦实的砖材石材，北方建筑造型具有沉稳大气的特点。

### 3. 地理环境对建筑材质的影响不同

盛行闽南地区的交趾陶因其色彩艳丽，造型丰富而被装饰于屋脊之上。这是融合软陶和广窑的一种陶艺，而广窑作为宋代瓷窑，位于南方地区的广东肇庆。因而这种装饰材质得以在南方地区盛行，并受到了岭南文化的浸润。北方地区多为平原、高原，土质细密、土层结实，容易挖掘用来烧制砖材。因而其建筑脊饰的材质多为砖石质地，透出朴拙、浑厚的北方风格。

### 4. 其他因素

除此之外，南北方人性格的不同导致建筑审美的差异，北农南商的经济发展方式对建筑风格亦有影响。其他诸多的政治、经济、文化等各方面因素对建筑的影响也是客观存在的。

## 结语

妈祖文化随海运的发展北上传至内陆地区，南下扩散至港澳台一带。其兴盛和传播不仅加强了南北方的经济往来，更成为文化交流的载体。虽然各个地区的妈祖建筑风貌各异，但两岸多地共同信奉一个妈祖，表明妈祖文化在两岸和谐与发展上承载着不可替代的作用。

## 参考文献

[1] XUE J . History of Chinese Modern Design Art [M]. Beijing：Water Resource Publishing House, 2009.

[2] LOCAL CHRONICLE COMMITTEE OF SHANDONG PROVINCE. Shandong Province · Folk Arts [M]. Jinan：Qilu Press, 1996.

[3] WANG Q J . A Book in Series of Traditional Chinese Architecture [M]. Beijing：China Electric Power Press, 2009.

[4] CAO C P . Traditional Architecture of Minnan [M]. Xiamen：Xia men University Press, 2006.

[5] LIANG S C . A History of Chinese Architecture [M]. Beijing：SDY Joint Publishing Company, 2011.

# 65 养体、养心、养德——中国古代人居环境设计理念的思辨与传承

原载于:《南京理工大学学报(自然科学版)》2009 年 10 月第 33 卷

【摘　要】本文梳理了古代"风水"原理中关于人居环境——建筑外部环境、内部环境的设计手法,解读了"居以养体"的朴素设计观;论述了古人如何利用自然条件,实现"居以养心"的可持续发展设计目的,并从"居以养德"的人文角度说明古代人居环境设计不仅是上层建筑和意识形态的载体,更是文人士大夫寄情风物、修身养性、以居养德的体现,如何梳理、传承这些理念成为当务之急。

【关键词】养体;养心;养德;人居环境;设计理念

人生天地之间,一时一刻也不能脱离周围的生活环境,人和环境总是不间断地进行物质、能量、意识、感情、磁场等多方面的交流。现代人的居住建筑带来的生态问题已有目共睹。如何利用中国古代质朴、实用的设计观来进行当下的可持续发展建设,逐渐成为共识。

## 一、"居以养体"——古人"趋利避害""藏风得水"的环境设计智慧

"上古穴居而野处,后世圣人易之以宫室,上栋下宇,以待风雨,盖取诸大壮。"原始人在选择、建造、布局环境的过程中,已经充分地考虑到如何就地取材、趋利避害、依据"藏风得水"的原理来选择和设计居住环境。

以我国北方的自然环境为例,冬季刮着大风,气温年差较大,早期的人类一定会设法选择一个比较合适的地点,建造尽可能舒适的住房形式以免受恶劣环境的袭击。黄河河套地区和中游黄土高原一带有广阔而丰厚的黄土层,土质均匀,地质构造呈大孔性,有垂直向的节理,含有石灰质,有壁立不易倒塌的特点,便于挖作洞穴。因此,这种因地制宜的设计形式成功地代表了原始先人对黄土高原环境的适应性。

从最初有利于居住环境的采光性和保暖性的横穴,发展为营造在丘陵高阜上的纵向的口小膛大的袋穴,到仰韶文化时期,发展为方形和圆形穴,地下部分挖得越来越浅,屋内有了立柱绑扎以承托屋架,为了空气流通和采光,人们在穴内开挖了通风孔道,屋顶覆以树枝并穿插茅草,有的还会在表面涂泥加以装饰。就是这种北方的半地穴居后来成为中国四合院的雏形。

先民卜基选址的方法和仪式虽和周易预测的方法有关,但是内容和过程却与实地考察、观察地形、"尝水相土"以及地理调查和测量有关。古人选址注意"藏风得水",布局注意风、

气、水、土、向，在畜牧、农耕、安全、交通等方面有了精细的考察与选择。现代学者们在陕西省黄陵县实地调查发现：几乎所有的窑洞都朝向南（南、东南或西南）方，以使人们免受北部强劲寒风的袭击；周围的地形一般呈马蹄形的隐蔽地形，住宅群以马蹄形的山丘为靠背，前面有临水的开阔地形，人的栖息之处是干燥的，而附近有供饮用、洗涤和其他日常用的水，居住地点也会靠近葱翠的草木等食物源。

到先秦时期，我国的建筑艺术已经普遍有了相当高的成就，无论是帝王的宫殿还是各地民居，都已达到相当高的水准，显示出“人一居一自然环境”的和谐。主要运用与西方的石材迥异的木材和木结构，营建出赏心悦目的视觉艺术和清静的环境，既具有几何构成、模式表达和逻辑组成，又注重造型和装饰细节，表达情感，象征文化，构成养目、养心、遂生的东方风格。

荀子认为“肉蔬稻粱以养口，椒兰芬芳以养鼻，着文镂物以养目，钟鼓琴瑟以养耳，房几床席以养体”，言外之意，人的居住环境——建筑外部环境、内部环境，自然的、人工的，大至山川河脉，小至雕梁画栋、家具陈设等，都在“养体”之列。儒家尊卑贵贱的等级制、“慎终追远”的孝道观、“视死如生”的居住理念，使得建筑不再具有单一的居住功能，而在很多方面表现出礼制的秩序、政治伦理的精神。古人将三纲五常的伦理道德等价值观转化为美的意识，将室内设计的审美观念置于理性的支配之下，处处显示寓教于“物”的作用。譬如建筑布局、规模组成、间架、屋顶做法，以至细部装饰，都有程序化的规范，目的也是一个字“和”，意即天、地、人及万物的和谐。

因此，客观地说，孕育于先秦，汉代初步形成，魏晋至隋唐时期逐步成熟，至明清滥觞的风水学，必须因时而论、一分为二地看待。它不仅是一种传统文化现象、一种杂糅有迷信色彩的民俗、一种择吉避凶的术数，也是一种有关环境与人、住宅理论与实践的系统学问。仰观天文、俯察地理的实质，无非是通过审察山川形势、地理脉络、时空经纬，以择定吉利的聚落和建筑的基址、内外布局，创造适合长期居住的良好环境。现代科学家已经证实，许多内容是可以用科学合理解释的，甚至有学者称风水学是地球物理学、水文地质学、环境景观学、生态建筑学、宇宙天体学、地球磁场方位学、气象学和信息学合一的综合性科学。

古代上至皇帝，下至贩夫走卒，对于室内家居陈设也有许多世代相传的禁忌，并且千百年来很少有人质疑。许多禁忌用现代环境心理学来解释也是合理的，如对于客厅、餐厅等空间里的家具陈设要求在客厅的接待区，不可以有横梁压住座位的，天花板宜高不宜低，太低矮的结构和空间会使人压抑；起居室空间尽量不要有太多尖角，鱼缸和植物的位置要遵循生态要求；餐桌的形状最好是圆形或椭圆形，避免有尖锐的桌角冲向就餐者，因为圆形象征家业的兴隆和团结，也便于餐桌周围的活动和交通。

室内家居陈设的好坏，直接关系主人的生活——符合需求、有情趣的家居陈设必然是好“风水”的，而有悖常理、治理不当甚至有意外出现的陈设格局必然落个“风水”不好的名声。这就促使人们合理地进行室内陈设，人与物、物与物、物与家具、物与室内空间之间都要有恰当的空间配置，满足人体工学的尺度要求，做到井井有条、舒适怡人。

## 二、“居以养心”的古代绿色人居环境设计原理

古人利用自然条件、使人居环境与自然生态环境水乳交融，达到天人合一的境界的设计理想追求，与可持续发展的现代设计思想相比如出一辙，这也是很值得思考的。

李约瑟说：“中国建筑总是与自然调和，而不反大自然。”

天人合一，一方面包含人与自然的和谐统一，另一方面又包含人、心、性与天的统一。庭院正是人与天、心、性和谐统一的场所。中国的庭院从结构构造角度讲，围合的庭院形成一个封闭独立的空间。墙的存在隔绝了外界的喧闹，形成一个外实内虚的空间。这是中国古人追求虚静，探求观照万物生命本质的体现。《老子》第十六章有“致虚，极也。守静，督也。万物并作，吾以观其复也”，表明人心只有保持虚静状态才能领悟宇宙万物的变化及本质原因，使人们在日常生活中追求一种静的境界。因此，在中国民居中每家都有一片安静天地，成为一种传统。

庭院的围合并不代表与自然的隔绝。中国许多庭院中都种植花草，饲养动物，特别在江南，民居中还设有小园林，设置山石、池塘。院内种植的花草、设置的山石表达了人们对自然的渴望。江南民居中门窗半隔的设置使室内外相通透，可以说庭院是室内空间的延伸，是人拥抱自然的表现，是自然的缩影，“宁可食无肉，不可居无竹”是人们对居所客观环境的要求，也是对自然的依赖。天井就是与天的直接沟通，“看天，祭天”是人们主观心理对天的敬畏与崇拜，在这小小庭院，天、地、人得到很好的融合。至于叠山理水等造景，无论是皇家园林还是江南水乡私家园林均追求“虽由人作，宛自天开”的艺术效果。

## 三、“居以养德”的人文主义思想和现代启示

吴慎说：“养之为道，以养人为公，养己为私。自养之道，以养德为大，养体为小。”古人不仅在日常生活中对于自身的道德修养给予各种标准，更是将社稷、人生的各个层面，包括为官之道、为臣之道、为人子之道以及为民之道，予以秩序化、理论化的高度。不论世事如何沧桑变幻，那些劝人向善、促进环境和谐的思想像宗教一样渗入中华民族子孙后代的信仰，遍布于家居生活的各个角落，居室文化已然与德行之美分不开了。

例如，像“廉隅”这个古建筑术语，本指室之四角、棱角，后被人们用来比喻人的品行端正，有志节，做事细致谨慎。历代的文人、官员常常以室内四角的方正来象征人品的正直不阿、端方不苟，而对于居室室内空间的要求是方正、规矩为上。他们倡行的“廉隅之志”，就是以建筑术语来比拟人的德行。时下，这个词又频繁地在现代生活中出现，无疑是社会现状的表征和对精神文明建设的鞭策。子曰“禹，吾无间然矣！菲饮食而致孝乎鬼神，恶衣服而致美乎黻冕，卑宫室而尽力乎沟洫。禹，吾无间然矣！”中国古代“卑宫室”的思想贯穿历朝历代，儒家、墨家等都以此来衡量君王、君子的建筑规模是否合理。古代君子以卑陋的宫室为美、以高大华丽的屋宇为“恶”，建筑观与经济观、道德观合为一体，其实质还是仁、义，还是“约己束人”。这是一种有利于人的修养的美德，也是值得提倡的绿色建筑观、环境观。

又如，“彻上露明造”的装饰体现出中华民族的务实精神：中国古代的室内装修，为了避免屋顶构架的木材朽坏，最好的办法就是让它们处在一个干燥通风的环境之中。因此，很多时候不在室内另做吊顶天花，而是让构造完全暴露出来，对各个构件做适当的装饰处理，这就是“彻上露明造”。木框架结构的特点是注重结构逻辑的真实性的表达与传递，从椽、檩、梁、柱到基础的结构力学传承，关系非常清楚。因此，材料的性能得到最好的发挥，也不必刻意地附加装饰，结构本身形成的富有变化的子空间和虚实对比的韵律，已经是最好的装饰，再层层包裹，岂不是画蛇添足。

此外，中国古代建筑的构件和装饰纹样中，处处可见阴阳太极图的踪迹。一条S形曲线，把一个宁静的圆形分为两条鱼形，一黑一白，简洁生动地表现了两种因素的运动变化。秦砖汉瓦、屏风帷幔、雕梁画栋上，这种图地反转、阴阳消长的螺旋式图形虽变化万千，但实际上都是一个哲学模式最简洁形象的表现，象征着中华民族的智慧，蕴含着关于阴阳平衡、由“中”致“和”的环境观，如：高台采光多，阳气重，不适宜居住过大的室，采光不好，阴气太重，也不适宜居住。

阴阳太极图、阴阳观带给人们的不仅是养生、养体之道理，更是给人类诸多告诫，有得就有失，有舍才有得；居安应该思危，绝处可以逢生。人与自然、进步与倒退、经济的发达与环境的恶化……任何事物都有对立面，人的任何行为都会对自然有所影响，我们从自然中索取的越多，失去的也越多。

## 结语

古代人居环境设计不仅是上层建筑和意识形态的载体，更是文人士大夫寄情风物、修身养性、以居养德的体现。现代设计没有可以照搬的“古为今用”之法，当务之急是要重视和深入理解古代博大精深的审美文化，厚积而薄发。

## 参考文献

[1] 李约瑟．中国之科学与文明(第十册)[M]. 张一广，沈百先，译．台北：台湾商务印书馆，1977.

[2] 李伟．室内陈设与绿化 [M]. 北京：中国轻工业出版社，1998.

[3] 潘谷西．中国建筑史 [M]. 5 版．北京：中国建筑工业出版社，2004.

[4] 于希贤．法天象地 [M]. 北京：中国电影出版社，2006.

[5] 李允鉌．华夏意匠 [M]. 天津：天津大学出版社，2005.

# 后 记

在时间的长河中，我们常常思考为什么活着、为什么讲述、为什么设计……，假以时日、积腋成裘，这本记录了近20年我和学生们心路历程的研究文集便诞生了。年复一年，书中有我的研究视角的转换、有穿越时空的时代背景再现、也有传统文化与现代创新的碰撞和畅想。我深知教育的本质是唤醒与鼓励，15年来用爱心浇灌、培养了54位优秀的硕士、博士毕业生，也在不断的沟通、教学相长中收获了很多思考和成果，有的时候一个思想的火花就是团队合作研究的起点和契机，记忆中多少茅塞顿开、柳暗花明的惊喜如今已成为我们师生间的快乐回忆。

衷心感谢东华大学出版社各位编辑的辛勤校稿，书稿校对即将结束的时候，患了近三年拖延症的我终于面对“序”和“后记”的问题。何其有幸，从1998年至2006年，我硕士、博士均师从苏州大学艺术学院著名的设计理论家诸葛铠教授。记得2009年工作之余重回苏州，请诸葛老师为我的两本专著撰写了序言，一本是我的博士论文《中国近现代设计艺术史论》，一本是关于古今家居设计文化的《居以养体》，如今恩师虽已仙逝十年有余，但是对学生的激励犹在眼前，日日提醒我在学术的道路上不断精进。更加幸运的是，母校苏州大学的李超德教授十几年来一直对我们为数不多的诸葛门博士们关爱有加，这次又虑周藻密地为我这本书撰写了洋洋洒洒几千字的序言，学生感恩不尽，唯有在各位母校先生的垂范下继续坚韧前行，才能更好地回报苏州大学以及这方江南文化的沃土。我的博士同门师弟张犇教授虽晚我一届但是又长我一岁，学术扎实有成、人品厚重，也欣然为我撰写了序言，深感师门情厚、与有荣焉。

回归苏州已足三年，我越发沉淀下来，在苏州科技大学这个全新的起点上实现了学术转型。这本研究文集，是我第一本搁笔苏州的书，权作阶段总结，后续也会鞭策自己完成更多的前些年搁置的书稿。

天命之年，更加喜爱宋代周敦颐的这段话：予独爱莲之出淤泥而不染，濯清涟而不妖，中通外直，不蔓不枝，香远益清，亭亭净植，可远观而不可亵玩焉。在苏州这个具有2500多年历史的泰伯、仲雍的理想国，这个“最江南”之地、“中国文化宁谧的后院”，我找到了一方安静的书桌，赏莲、读书、教书。

2023年初秋于苏州科技大学江枫校区